Kinematik und Kinetik

Thomas Geike

Kinematik und Kinetik der ebenen Bewegung

Ein Grundkurs mit Python, Julia und SMath Studio

Bibliografische Information der Deutschen Nationalbibliothek: Die Deutsche Nationalbibliothek verzeichnet diese Publikation in der Deutschen Nationalbibliografie; detaillierte bibliografische Daten sind im Internet über dnb.dnb.de abrufbar.

© 2023 Thomas Geike

Herstellung und Verlag: BoD – Books on Demand, Norderstedt

ISBN 978-3-7578-2022-0

Zur Vielfalt der Methoden in der Mechanik

Fortunately, for dynamics, there is no cure-all set of equations that work best under all circumstances; theoretical and applied, exact and approximate (including computational). Different equations [...] have different uses, advantages and disadvantages, like the various tools in a mechanic's toolbox. Some are more conceptually efficient [...] and less computational efficient, and vice versa; some are more fertile and/or beautiful (!) than others. Such a healthy pluralism testifies to the vitality and diversity of the human intellect, keeps our science alive and should be welcome [...].

John G. Papastavridis, 2001, [34]

Zum Prinzip des kleinsten Zwangs von Gauß

This principle is somewhat less popular than the principles of Lagrange, Hamilton, Gibbs and Appell; we assure the reader that what Gauss's principle lacks in popularity, it more than makes up for in its tremendous sweep of applicability. The principle gives a clear description of the general nature of constrained motion in terms of the minimization of a function of the acceleratations of the particles of a system.

Firdaus E. Udwadia und Robert E. Kalaba, 1996, [52]

Zur Relevanz der naturwissenschaftlichen Grundlagen in der Technik

Die Kenntnis der Naturgesetze erlaubt [...] nicht nur die Vorhersage, wie sich bestimmte Zustände unter vorgegebenen Bedingungen ändern, sondern sie bietet auch die Möglichkeit, bestimmte beabsichtigte Zustände hervorzurufen bzw. nicht gewünschte Zustände zu vermeiden. Insofern ist also die Naturwissenschaft unerläßliche Voraussetzung für die Ausübung jeder Technik, soweit diese nicht nur Handwerk oder reiner Empirismus sein will.

Peter R. W. Gummert und Karl-August Reckling, 1986, [13]

Vorwort

Die Technische Mechanik (Engineering Mechanics) ist eine der zentralen Grundlagendisziplinen in den meisten technischen Studiengängen wie Maschinenbau, Verkehrswesen, Verfahrenstechnik, Robotik, Bauingenieurwesen etc. Der Gegenstand der Mechanik sind die allgegenwärtigen Phänomene der Bewegungen und Verformungen von Körpern (und deren Ursachen). Einige Grundlagen der Mechanik werden typischerweise im Schulphysikunterricht behandelt. Die historische Entwicklung der Mechanik und viele aus der Schule bekannte Gesetzmäßigkeiten und Begriffe sind eng mit den Namen vieler allseits bekannter Gelehrter verbunden (Galilei, Newton, Euler, Gauß, etc.).

Schwierigkeiten erwartbar. I. Szabo schreibt im Vorwort zu seiner Einführung in die Technische Mechanik [46], Seite VII, den Satz *Der Anfänger soll wissen, daß die Schwierigkeiten, mit denen erfahrungsgemäß jeder zu tun hat, wirklich in der Natur der Sache liegen, und daß er sich um das Verständnis des schon Feststehenden genauso bemühen muß, wie es die schöpferischen Geister um die richtigen Erkenntnisse getan haben.*
Ja, das Fach Technische Mechanik ist anspruchsvoll. Insbesondere das eigenständige Lösen von Aufgaben gelingt nur mit ausreichender Übung. Stift, Papier, Taschenrechner oder Computer sind beim Aufgabenlösen unerlässlich. Lösungen zu lesen und in Gedanken nachzuvollziehen reicht nicht aus. Wertschätzen Sie die Anstrengung und Konzentration die nötig sind, um sich ein intellektuell anspruchsvolles Fach anzueignen. Versuchen Sie, sich ein „Growth Mindset" (Carol Dweck, Standford University) zu eigen zu machen. Wenn Ihnen das Lösen von Aufgaben nicht gelingt, liegt das höchstwahrscheinlich nicht an mangelnden intellektuellen Fähigkeiten sondern an mangelnder Übung und mangelnder Konzentration.

Verknüpfung mit Mathematik und Programmierung. Neben den inhaltlichen Grundlagen des Fachs wird in den ersten Semestern im Rahmen der Lehrveranstaltungen auch der Grundstein für spätere Arbeitsweisen (z. B. in den konstruktiven Fächern) gelegt. Insofern scheint es dem Autor ausgesprochen wichtig zu sein, die Technische Mechanik gut mit der Mathematik zu verzahnen und von Anfang an Programmiersprachen für die Berechnungen und die Visualisierung von Ergebnissen zu nutzen. In diesem Buch sind daher die meisten Aufgaben mit Python, Julia oder SMath Studio gelöst.

Genug der Vorrede. Lassen wir Taten folgen. Wenn Sie mit den theoretischen Grundlagen bereits vertraut sind (z. B. aus Lehrveranstaltungen zum Thema), dann können

Sie direkt mit der Bearbeitung der Aufgaben im Teil II dieses Buches beginnen. Versuchen Sie stets, die Aufgaben zuerst ohne Rückgriff auf die Lösungen zu bearbeiten.

Viel Spaß und viel Erfolg beim Erlernen des spannenden und zugleich herausfordernden Themas „Kinematik und Kinetik".

Berlin, Sommer 2023

Vorwort für Lernende mit Vorkenntnissen und Lehrende

An vielen Hochschulen ist die Grundlagenlehre in der Technischen Mechanik in drei Teile geteilt: I) Statik starrer Körper/Stereostatik, II) Festigkeitslehre/Elastostatik und III) Kinematik und Kinetik/Dynamik. Häufig sind dazu drei separate Lehrveranstaltungen in den ersten drei Semestern vorgesehen. Ein umfangreiches Angebot an Lehrbüchern steht zur Verfügung, sowohl in kompakter einbändiger Form als auch als mehrbändige Werke (meist in der oben beschriebenen Dreiteilung).

Das vorliegende Buch zur „Technischen Mechanik – Kinematik und Kinetik" unterscheidet sich in drei Aspekten wesentlich von anderen Lehrbüchern dieses Fachgebietes.

Nutzung des Prinzips von Gauß Das wenig bekannte Prinzip des kleinsten Zwanges von C. F. Gauß wird als eine Formulierung der Naturgesetze der Kinetik ausgiebig genutzt. Dabei wird auf virtuelle Größen vollständig verzichtet. In vielen Beispielen wird die Formulierung als Minimalprinzip in der numerischen Umsetzung direkt genutzt – ein Ansatz, den der Autor bisher nirgendwo anders gesehen hat. Zudem wird das Prinzip von d'Alembert in der Fassung von Lagrange ohne Rückgriff auf die Mechanik nach Newton und Euler und für Anfänger und Anfängerinnen gut verständlich erläutert und an vielen Beispielen angewendet.

Enge Verzahnung mit dem Programmieren Die Bearbeitung der Aufgaben erfolgt in vielen Beispielen mit Computerprogrammen, insbesondere mit Python, Julia und SMath Studio. Die numerische Lösung von Anfangswertproblemen wird ausführlich geübt. Zudem wird das Minimum des Zwangs im Prinzip von Gauß in vielen Fällen numerisch bestimmt (zusätzlich zur analytischen Lösung).

Nutzung der automatischen Differentiation Bei der Lösung vieler kinematischer und kinetischer Fragestellungen ist das Ableiten von Funktionen einer oder mehrerer Veränderlicher von zentraler Bedeutung. Neben der symbolischen und numerischen Ableitung wird im vorliegenden Buch die automatische Differentiation in Julia für die numerische Bestimmung von Ableitungen ausgiebig benutzt.

Was ist das Ziel der Grundlagenlehre in Kinematik und Kinetik? Für Studierende ingenieurswissenschaftlicher Studiengänge (z. B. Maschinenbau, Luft- und Raumfahrttechnik, Fahrzeugtechnik, Mechatronik, Theatertechnik) ist das primäre Ziel aus Sicht des Autors wie folgt.

Die Studierenden können die Bewegungsgleichungen für praktisch relevante Systeme herleiten und (numerisch) lösen. Sie können zudem Berechnungsergebnisse interpretieren und bewerten.

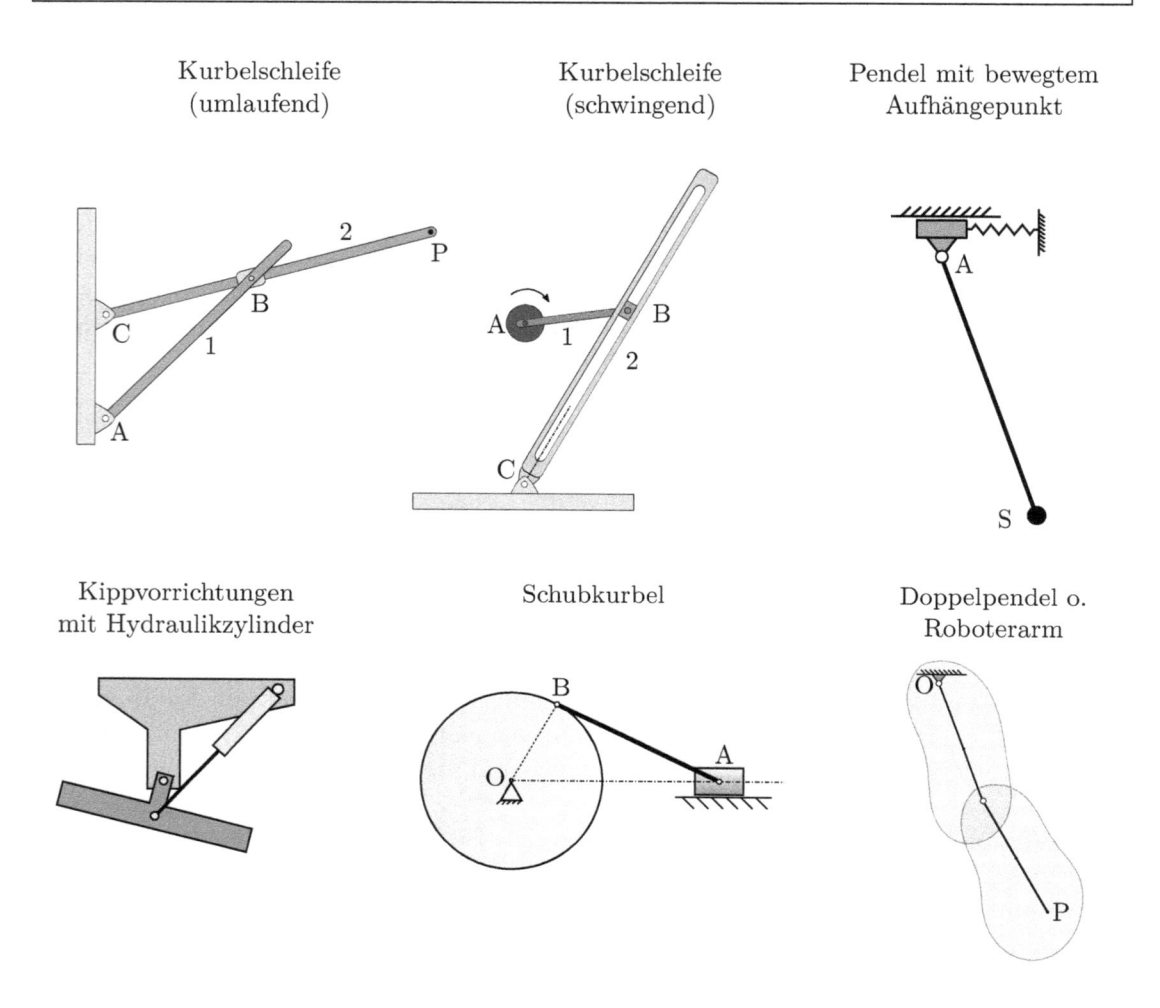

Kurbelschleife (umlaufend)

Kurbelschleife (schwingend)

Pendel mit bewegtem Aufhängepunkt

Kippvorrichtungen mit Hydraulikzylinder

Schubkurbel

Doppelpendel o. Roboterarm

Dieses Ziel schließt die Berechnung von Lagerlasten oder Antriebskräften/-momenten und den sicheren Umgang mit den Grundbegriffen der Schwingungslehre mit ein. Was heißt „praktisch relevante Systeme"? Gemeint sind mechanische Systeme, wie sie in den konstruktiven Fächern weiter untersucht werden, z. B. ungleichförmige Getriebe (Schubkurbel, Kurbelschleife, Kurbelschwinge, Kurvengetriebe, etc.), Seilzugkonstruktionen, einfache Roboter, einfache schwingungsfähige Systeme (Feder-Masse-Schwinger, Pendel, einfache Antriebsstränge mit elastischer Wellenkupplung, etc.). In aller Regel führt das auf die Notwendigkeit, die Bewegung von Mehrkörpersystemen aus wenigen starren Körpern und mit Freiheitsgrad 1 oder 2 zu untersuchen. Je nach zur Verfügung stehender Zeit ist eine Beschränkung auf die ebene Bewegung notwendig oder es können auch räumliche Bewegungen untersucht werden.

Das Ziel wird häufig nur unzureichend erreicht. Ein Kollege aus den Vereinigten Staaten formulierte es einst in einer Email treffend: *The first course in dynamics is a dilemma, [...]. With just particle stuff and a little on planar bodies, students come out without a working knowledge. The d'Alembert variational approach is the way to go, in my opinion, but it is probably too abstract/opaque for a first engineering course.* Was heißt „working knowledge"? Erstrebenswert ist, dass Studierende die kinematischen und kinetischen Gleichungen von Systemen wie aus der oben stehenden Abbildung herleiten und lösen können. Lage, Geschwindigkeit/Bewegungszustand, Beschleunigung und wirkende Kräfte/Kraftmomente sollen für jede Lage (und nicht nur ausgewählte Lagen) solcher oder ähnlicher Systeme berechnet werden können.

Zeit, einen neuen Ansatz zu probieren? Wenn also hauptsächlich die Bewegung von Systemen starrer Körper mit (vielen) Bindungen und niedrigem einstelligen Freiheitsgrad (1, 2, 3) interessiert, dann sollte eine Methode an den Anfang gestellt werden, die sich genau dafür eignet[1].
Der naheliegendste Ansatz für die Grundlagenlehre ist aus Sicht des Autors das Prinzip von d'Alembert in Verbindung mit dem Prinzip der virtuellen Verrückungen (zusammen häufig das Prinzip von Lagrange genannt). Tatsächlich lässt sich damit am Ende der Lehrveranstaltung das oben genannte Ziel erreichen. Studierende tun sich jedoch bis zum Ende schwer mit den Begriffen virtuelle Verrückung und virtuelle Arbeit. Als weitere Methoden stehen u. a. die Lagrange-Gleichungen (1. und 2. Art), die kanonischen Gleichungen von Hamilton, das Prinzip des kleinsten Zwangs von Gauß oder die Gibbs-Appell-Gleichungen zur Verfügung.

Prinzip des kleinsten Zwangs von Gauß als ein gangbarer Weg. Das Prinzip des kleinsten Zwangs von C. F. Gauß tritt typischerweise in der Grundlagenvorlesung und in den meisten Lehrbüchern zur Technischen Mechanik nicht in Erscheinung. Die wenigen Bücher, die das Prinzip behandeln, lösen damit keine oder nur sehr wenige Aufgaben. Papastavridis [34] schreibt dazu in Bezug auf die englischsprachige Mechanikliteratur: *In most of the 20th century English language literature, GP has been barely tolerated as a clever but essentially useless academic curiosity, when it was mentioned at all.*

Ganz im Gegenteil bei P. Stäckel [44]. Er weist dem Prinzip des kleinsten Zwanges im letzten Satz seiner Veröffentlichung von 1919 den Rang des Grundgesetzes der analytischen Mechanik zu. Welchen Stellenwert sollte das Prinzip in der ingenieurwissenschaftlichen Mechanikausbildung nun haben? Aus Sicht des Autors können sowohl das Prinzip von d'Alembert in der Fassung von Lagrange als auch das Prinzip des kleinsten Zwangs die Methode der Wahl für die Grundlagenlehre im Fach „Kinematik und Kinetik" in den Ingenieurwissenschaften sein.

---
[1] Überspitzt gesprochen wurde die Newtonsche Methode für die Himmelsmechanik entwickelt und nicht für die Mechanik von „irdischen" Konstruktionen, d. h. von Mehrkörpersystemen mit vielen Bindungen. Das Vorgehen mit „Freischneiden, Kräfte- und Momentengleichung für alle Körper anschreiben, alle Reaktionskräfte eliminieren" ist jedoch häufig für die Fragestellungen von Ingenieuren und Ingenieurinnen unpraktisch.

Angenommen, die Studierenden kennen aus der Schule die Newtonschen Axiome. Dann kann vorausgesetzt werden, dass die Aussage „Bei der Bewegung eines (freien) Körpers gilt Kraft ist gleich Masse mal Beschleunigung" bekannt ist[2]. Zudem ist meist die analoge Momentengleichung für die ebene Drehbewegung eines starren Körpers aus der Schule bekannt.

Daran anknüpfend kann man unmittelbar formulieren, dass die Bewegungen von Systemen mit Bindungen so erfolgen, dass sie – vereinfacht gesprochen – möglichst dicht den freien Bewegungen folgen, im Rahmen dessen, was die Bindungen zulassen. Die Abweichung zwischen der freien Bewegung und der tatsächlichen Bewegung des Systems mit Bindungen, Zwang $\mathcal{Z}$ genannt, ist zu minimieren. Es ist durchaus einsichtig, dass der Zwang $\mathcal{Z}$ eine Summe aus Quadraten der Differenzen aus Kraft und Masse mal Beschleunigung ist. Für die freie Bewegung ist der Zwang Null, in allen anderen Fällen eine positive skalare Größe.

Zudem eröffnet sich den Studierenden ein zweiter Zugang zum Gaußschen Prinzip. Gauß schreibt am Ende seiner Veröffentlichung von 1829: *Es ist sehr merkwürdig, dass die freien Bewegungen, wenn sie mit notwendigen Bedingungen nicht bestehen können, von der Natur gerade auf dieselbe Art modifiziert werden, wie der rechnende Mathematiker, nach der Methode der kleinsten Quadrate, Erfahrungen ausgleicht, die sich auf unter einander durch notwendige Abhängigkeit verknüpfte Größen beziehen.* Viele Studierende kennen die Gaußsche Methode der kleinsten Quadrate (method of least squares) von der Auswertung experimenteller Daten und können im besten Fall dieses Wissen auf das formulierte Bewegungsgesetz übertragen.

Klare Vorteile sprechen für das Prinzip von Gauß Für die Verwendung des Prinzips des kleinsten Zwangs von Gauß sprechen u. a. die folgenden Argumente.

1. Das Prinzip knüpft gut an die aus der Schule bekannten Inhalte (Newton und Himmelsmechanik) an, da im Zwang die bekannten Größen „Kraft" und „Masse mal Beschleunigung" auftreten. Zudem ist ein dem Zwang $\mathcal{Z}$ ähnliches „Gebilde" aus der Fehlerrechnung (Methode der kleinsten Quadrate) bekannt.

2. Das Prinzip ist effizient in dem Sinne, dass die Bewegungsgleichungen häufig ohne Freischneiden ermittelt werden können und damit viel weniger Gleichungen aufzuschreiben sind und die Elimination der Reaktionskräfte entfällt.

3. Das Prinzip ist sicher in dem Sinne, dass wegen des Wegfalls von vielen Arbeitsschritten (Freischneiden, unzählige Gleichungen aufschreiben, Reaktionskräfte eliminieren) deutlich die Zahl der Fehlerquellen reduziert wird.

---

[2] Ich nenne diese allgemeine Aussage das Newtonsche Bewegungsgesetz oder die Kräftegleichung (letzteres in Anlehnung an das Kräftgleichgewicht der Statik). Ich schreibe bewusst *Studierende kennen*. Der Wortlaut und die Begrifflichkeiten des Newtonschen Grundgesetzes sind i. a. bekannt. *Kennen* heißt nicht *Anwenden können*. Selbst einfache Probleme wie das Herunterrutschen eines Körpers auf der schiefen Ebene können häufig nicht ohne Hilfestellung gelöst werden. Zudem besteht bei der Kräftegleichung häufig Unklarheit, für welche Körper diese Aussage gilt (für alle), welche Kraft gemeint ist (die resultierende aller am Körper angreifenden Kräfte) und welche Beschleunigung zu verwenden ist (die Beschleunigung des Massenmittelpunktes bezüglich eines Inertialsystems).

4. Das Prinzip erfordert keine neuen Konzepte (wie virtuelle Verrückung oder virtuelle Arbeit) und ist damit für die Lernenden leicht(er) zugänglich.

5. Das Prinzip lässt sich leicht in Computercode umzusetzen und schlägt damit die Brücke zwischen den Naturgesetzen und der Untersuchung von konkreten Bewegungen mechanischer Systeme. Wenn keine Rechenzeitoptimierung notwendig ist oder für weitere analytische Berechnungen die Bewegungsgleichung benötigt wird, kann die im Prinzip verankerte Minimumsuche numerisch erfolgen. Somit können die gesuchten Beschleunigungen zu jedem Zeitpunkt numerisch berechnet werden, ohne die Bewegungsgleichung explizit herleiten zu müssen. Das kann u. U. viel Zeit und viele Fehlerquellen sparen. Alternativ zur rein numerischen Minimumsuche können aufgrund der besonderen Struktur der Zwangsfunktion $\mathcal{Z}$ die Bewegungsgleichungen aus der Minimumbedingung mittels automatischer Differentiation ermittelt werden.

In direkter Verbindung zum Prinzip von Gauß werden meist die Gibbs-Appell-Gleichungen angeführt. Diese können ebenfalls ergänzend unterrichtet werden. Bei der Beschäftigung mit dem Prinzip von Gauß oder den Gibbs-Appell-Gleichungen kann leicht der Eindruck entstehen, dass virtuelle Größen (hier: virtuelle Beschleunigungen) für das Verständnis notwendig sind. Dem ist nicht so. Man kann mit beiden Methoden problemlos arbeiten, ohne virtuelle Größen zu benutzen.

Was wird noch gebraucht? Ergänzende Inhalte einer Lehrveranstaltung Kinematik und Kinetik können zudem sein: Stoßvorgänge, Körper mit veränderlicher Masse (Rakete), Schwingungslehre und Maschinendynamik.

Selbstverständlich gehört zum Erlernen der Mechanik auch das Erlernen von „ordentlicher" methodischer Arbeit und ein Verständnis vom Wechselspiel Theorie vs. Experiment. Das sollte im Lehrkonzept, das dem oben genannten Ziel verpflichtet ist, berücksichtigt sein. Insbesondere wenn das Prinzip von Gauß verwendet wird, bietet sich ein frühzeitiger Exkurs in die Auswertung von Messdaten und das Prinzip der kleinsten Quadrate an.

Inhaltsverzeichnis

Vorwort	5
Vorwort für Lernende mit Vorkenntnissen und Lehrende	7

1. Einleitung 17
   1.1. Gegenstand der Technischen Mechanik und Einteilung der Größen und Beziehungen 17
   1.2. Zielsetzung im Fachgebiet Kinematik und Kinetik kann unterschiedlich definiert sein 19
   1.3. Die Mechanik kann auf drei Gesetzen aufgebaut werden 20
   1.4. Große Vielfalt an Methoden vorhanden 22
   1.5. Computereinsatz in der Mechaniklehre unerlässlich 23
   1.6. Produktionssystem Mechanik 28
   1.7. Vorschau auf die Inhalte des Buches 29

I. Grundlagen 33

2. Grundlagen der Kinematik 35
   2.1. Lage und Bewegungszustand eines Punktes 36
   2.2. Starrkörperbewegung in der Ebene 41
   2.3. Generalisierte Koordinaten und die Kettenregel 43
   2.4. Bewegte Bezugssysteme, Inertialsysteme 47
   2.5. Ausblick räumliche Bewegung 48
   2.6. Integration der Bewegungsgleichungen 48

3. Kinetik: Vorbetrachtungen und Energiebilanz 53
   3.1. Vorbetrachtungen 53
      3.1.1. Masse und Massenmittelpunkt 53
      3.1.2. Massenträgheitsmoment und der Satz von Steiner 54
      3.1.3. Schnittprinzip 54
   3.2. Mechanische Leistung und kinetische Energie 55
   3.3. Bilanz der kinetischen Energie oder Energiesatz der Mechanik 57
   3.4. Erhaltung der mechanischen Energie 58

4. Kinetik: Newton und Euler 61
   4.1. Kräftegleichung und Impulsbilanz 61
   4.2. Momentengleichung 63

4.3. Ausblick: Momentengleichung bei räumlicher Starrkörperbewegung . . . 65

5. Kinetik: Gauß und Gibbs-Appell — 67
5.1. Das Prinzip des kleinsten Zwangs von Gauß 67
    5.1.1. Einführung und Formulierung des Prinzips 67
    5.1.2. Typische Vorgehensweise 69
    5.1.3. Einordnung des Prinzips 75
    5.1.4. Abgeleitete Gleichungen 77
5.2. Gibbs-Appell-Gleichungen 77
    5.2.1. Herleitung für die Massenmittelpunktbewegung 78
    5.2.2. Verallgemeinerung für die ebene Bewegung von Systemen starrer Körper 80

6. Kinetik: d'Alembert — 83
6.1. Das Prinzip von d'Alembert 83
6.2. Das Prinzip der virtuellen Verrückungen (PdvV) 86
    6.2.1. Virtuelle Verrückungen 86
    6.2.2. Virtuelle Arbeit und das PdvV 88
    6.2.3. Typische Terme für die virtuelle Arbeit 89
6.3. Die praktische Durchführung beim Lösen von Kinetikaufgaben 89
    6.3.1. Die sieben Schritte zum Erfolg 89
    6.3.2. Variation der potentiellen Energie statt virtueller Arbeit . . . 91
    6.3.3. Umgang mit Coulombscher Reibung 92
    6.3.4. Andere Fälle, in denen man einen Freischnitt benötigt 93

II. Aufgaben — 95

7. Kinematik der ebenen Bewegung — 97
7.1. Freier Fall mit geschwindigkeitsproportionalem Widerstand 100
7.2. Freier Fall mit Luftwiderstand 106
7.3. Heben einer Last über eine Umlenkrolle 111
7.4. Heben einer Last: Seil am rotierenden Hebel 116
7.5. Schubkurbel 119
7.6. Be- und Entladevorrichtung 123
7.7. Polarer Manipulator 124
7.8. Nockenscheibe 126
7.9. Umlaufende Kurbelschleife 130
7.10. Schwingende Kurbelschleife 135
7.11. Kurbelschwinge 136
7.12. Kinematik von Rollen 143
7.13. Auffahrunfall 146

8. Direkte Dynamik — 153
8.1. Zwei Körper mit Seil – Freiheitsgrad 1 154

8.2. Drei Körper mit Seil – Freiheitsgrad 2 156
8.3. Freier Fall mit geschwindigkeitsproportionalem Widerstand 160
8.4. Schiefer Wurf mit Luftwiderstand 166
8.5. Hochlauf einer Maschine über eine Schwungscheibe 167
8.6. Seilwinde mit Flaschenzug 168
8.7. Zwei Körper mit Seil – Rotation und Translation 171
8.8. Seiltrommel auf schiefer Ebene 177
8.9. Riemenscheiben 182
8.10. Stufenrolle 186
8.11. Antrieb mit Seilzug 189
8.12. Be- und Entladevorrichtung 191
8.13. Körper auf Kreisbahn 195
8.14. Schubkurbelgetriebe 202
8.15. Zwei Körper mit Verbindungsstab 211
8.16. Klotz auf Rampe – Freiheitsgrad 2 219
8.17. Seilwinde mit Asynchronmotor 224
8.18. Zwei starr gekoppelte Massepunkte 227

9. Inverse Dynamik 231
9.1. Polarer Manipulator 231
9.2. Be- und Entladevorrichtung 233
9.3. Schubkurbelgetriebe 235
9.4. Ramme 238

10. Schwingungsfähige Systeme 245
10.1. Rollender Zylinder mit Feder 245
10.2. Rotierende Scheibe mit relativ bewegtem Körper 247
10.3. Pendel aus zwei Körpern 252
10.4. Klappe mit Gegengewicht 258
10.5. Pendel mit vertikal bewegtem Aufhängepunkt 270
10.6. Pendel mit horizontal bewegtem Aufhängepunkt 273
10.7. Doppelpendel 275
10.8. Feder-Masse-Schwinger mit harmonischer Kraftanregung 277
10.9. Feder-Masse-Schwinger mit Stoßanregung 279
10.10 Balkenschwingung 281

Literatur   **285**

1. Einleitung

1.1. Gegenstand der Technischen Mechanik und Einteilung der Größen und Beziehungen

Die Mechanik ist eine Teildisziplin der Physik. In der Mechanik werden die allgegenwärtigen Phänomene der Bewegungen und Verformungen von Körpern (und deren Ursachen) untersucht. Die Technische Mechanik ist der Teil der Mechanik, der sich vorrangig mit den für die Ingenieurwissenschaften relevanten Aspekten der Mechanik beschäftigt. Sowohl inhaltlich als auch didaktisch unterscheiden sich Lehrveranstaltungen zur Technischen Mechanik von Mechanik-Vorlesungen für Studierende der Physik.

Die Mechanik wird häufig in die Fachgebiete Kinematik und Dynamik eingeteilt. Im Fachgebiet Kinematik werden die geometrischen Aspekte der Bewegung untersucht. Die Kinematik beantwortet u. a. Fragen wie *Welche Bewegungen sind unter Berücksichtigung der geometrischen Bedingungen des Systems möglich? Wie sind der Bewegungszustand und die Änderung des Bewegungszustands zu charakterisieren? Welche Verschiebungen oder Verdrehungen sind in den Antrieben notwendig, um beim Endeffektor[1] die wünschte Bewegung zu erzeugen?* Die Kinematik ist primär Mathematik und benötigt nur die Grundbegriffe Raum und Zeit. Der Begriff Massenkinematik bezieht sich auf die Kinematik unter Einbeziehung des Begriffes Masse.

Die Dynamik bezieht die wirkenden Kräfte mit ein und beantwortet die Frage nach den Ursachen der Bewegung. Wenn es um das Gleichgewicht der Kräfte geht, spricht man von Statik, andernfalls von Kinetik. Geht es vorrangig um die Bestimmung der Reaktionskräfte in bewegten Systemen, die für die Festigkeit des Systems relevant sind, dann wird manchmal von Kinetostatik gesprochen.

Technische Systeme verbinden zunehmend mechanische, fluidische, elektrische und elektronische Komponenten und werden häufig „mechatronische" Systeme genannt. Auch wenn die Elektronik, die Regelung, die Programmierung immer weiter an Bedeutung zunehmen, müssen auch in Zukunft die mechanischen Fragestellungen zur Bewegung, Verformung und Festigkeit von physischen Systemen beantwortet werden. Daher bleiben die Inhalte der Lehrveranstaltungen zur Kinematik und Kinetik auch in einer zunehmend durch die Digitalisierung geprägten Welt hochgradig relevant für Studierende der Ingenieurwissenschaften.

In der Regel lernen sich die Inhalte eines Fachgebietes leichter, wenn man ihnen eine (einfache) Struktur gibt. Abbildung 1.1 zeigt eine denkbare Struktur für die auftretenden Größen und Beziehungen zwischen den Größen. Die unten aufgezählten Beispiele

---
[1] Endeffektor: Punkt oder Körper des Mechanismus/Roboters/mechanischen Systems, der die vorgesehene Aufgabe/Funktion ausführt.

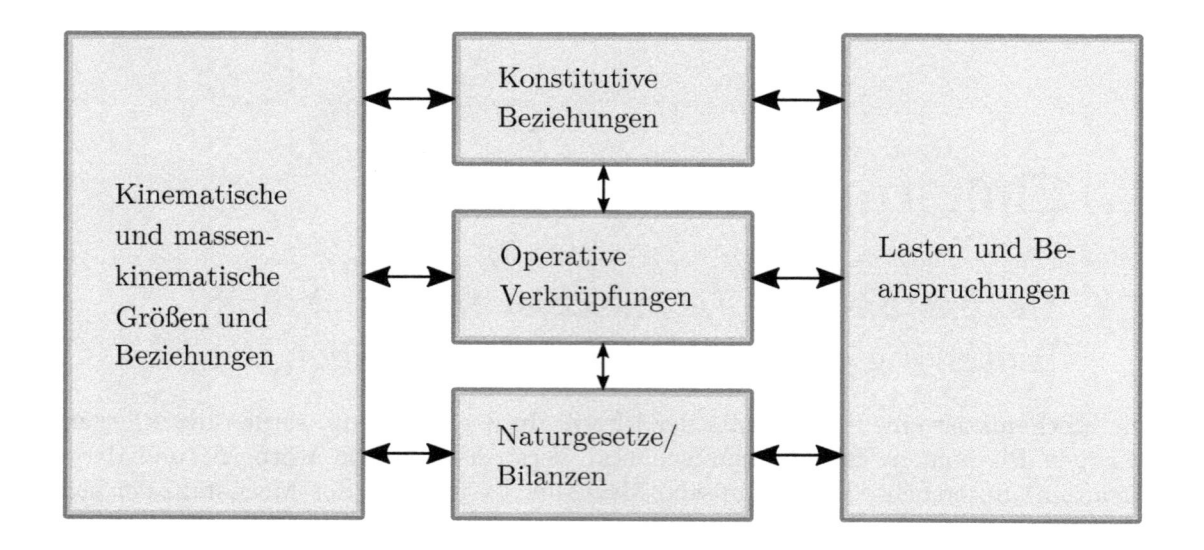

Abbildung 1.1.: Einteilung der Größen und Beziehungen in der Mechanik

geben eine Orientierung, was mit den einzelnen Blöcken in Abbildung 1.1 gemeint ist. Ergänzen Sie gerne die Liste um eigene Beispiele.

Kinematische Größen Koordinaten eines Punktes in einem gegebenen Koordinatensystem, Abstand zwischen zwei Punkten, zurückgelegter Weg, Geschwindigkeit eines Punktes (Bewegungszustand), Beschleunigung eines Punktes (Änderung des Bewegungszustands), Dreh- bzw. Winkelgeschwindigkeit, Dreh- bzw. Winkelbeschleunigung ↗ Kapitel 2

Kinematische Beziehungen Mathematische Formulierung von Bedingungen an die kinematischen Größen, die während der Bewegung eines Systems gelten müssen, z. B. beim Fadenpendel mit undehnbarem Faden muss der Abstand zwischen dem Massepunkt und dem Aufhängepunkt konstant sein. ↗ Kapitel 2

Massenkinematische Größen Impuls, Drehimpuls, Impulsmoment, kinetische Energie ↗ Kapitel 3 und 4

Konstitutive Beziehungen Federgesetz (z. B. bei der linearen Feder besteht ein linearer Zusammenhang zwischen Federweg und Federkraft), Dämpfergesetz, Hooke-Gesetz für linear-elastische Werkstoffe, Reibungsgesetze (z. B. nichtlinearer Zusammenhang zwischen Reibungskraft und Relativgeschwindigkeit)

Operative Verknüpfungen Leistung (z. B. als Skalarprodukt aus Kraft und Geschwindigkeit des Kraftangriffspunktes), Arbeit ↗ Kapitel 3

Naturgesetze/Bilanzen Bilanz der kinetischen Energie, Bewegungsgesetze von Newton und Euler, Prinzip des kleinsten Zwangs von Gauß, Prinzip von d'Alembert, Prinzip von Hamilton ↗ Kapitel 3 bis 5

Lasten Kraft, Kraftmoment, Streckenlast, Spannung/Druck, Volumenkraft(dichte)

Die abgebildete Struktur kann auch in späteren Fachvorlesungen der Orientierung dienen. Der Autor nutzt sie u. a. in den Lehrveranstaltungen zur Fluidtechnik (Hydraulik und Pneumatik).

1.2. Zielsetzung im Fachgebiet Kinematik und Kinetik kann unterschiedlich definiert sein

Im Vorwort wurde bereits das Ziel für einen Kurs zur Kinematik und Kinetik diskutiert. Verschiedene Zielsetzungen sind prinzipiell denkbar, u. a. die folgenden.

1. Verstehen, wie „Stein für Stein" eine Wissenschaft (hier die Mechanik) aus Axiomen und experimentellen Erkenntnissen aufgebaut wird. Dies kann sowohl der historischen Entwicklung folgen (z. B. über G. Galilei, I. Newton, L. Euler usw.) als auch davon losgelöst geschehen. So wird bei Landau und Lifschitz [23] mit der Lagrange-Funktion (Differenz aus kinetischer Energie und potentieller Energie) und dem Prinzip von Hamilton begonnen.

   Dieses Ziel orientiert sich daran, die Lernenden auf die wissenschaftliche Arbeit und den Einstieg in kompliziertere Fragestellungen z. B. in der Kontinuumsmechanik oder in der Physik (Quantenmechanik, Relativitätstheorie, etc.) vorzubereiten. In der Technischen Mechanik muss man nicht notwendigerweise die Größen Kraft und Kraftmoment an den Anfang stellen. Bei Gummert und Reckling [13] wird von Beginn an ein kontinuumsmechanischer Ansatz gewählt, der die Spannungen und nicht die Kräfte und Kraftmomente an den Anfang stellt und axiomatisch den Impulssatz und den Drehimpulssatz einführt.

2. Verstehen, wie die Bewegungsgleichungen für praktisch relevante Systeme hergeleitet und gelöst werden können und dies eigenständig, unter Nutzung geeigneter Programmiersprachen umsetzen können. Dazu gehört auch die Interpretation und Bewertung von Berechnungsergebnissen. Dies ist nach meinem Verständnis die wesentliche Zielsetzung für die Grundlagen-Mechaniklehre in den Ingenieurwissenschaften.

3. Verstehen, wie Algorithmen der Mehrkörpersystemdynamik (MKS) funktionieren, d. h. verstehen, wie automatisiert durch den Computer die Bewegungsgleichungen – ausgehend von einem CAD-Modell oder einer anderen grafischen oder textbasierten Darstellung – hergeleitet und gelöst werden können. Das kann das Ziel eines Kurses in den höheren Semestern eines ingenieurwissenschaftlichen Studiums sein. Stellvertretend seien die Arbeiten von E. Haug [17] und J. McPhee [29, 42] genannt.

4. Eigenständig MKS-Software (kommerziell oder frei) nutzen und Ergebnisse interpretieren und bewerten können. Das ist ein typisches Ziel für eine Übung im Rahmen eines Studiums in den Ingenieurwissenschaften.

5. Verstehen und anwenden können der wesentlichen Konzepte der Bewegungstechnik bzw. Getriebelehre (Bewegungsdesign für Übertragungs- oder Führungsaufgaben, Aufbau von mechanischen Getrieben, Synthese von Getrieben), der Fahrzeugdynamik, der Flugmechanik oder der Robotik. Dazu gibt es in den Ingenieurwissenschaften typischerweise eigenständige Lehrveranstaltungen.

Das erste Ziel sollte in den Grundlagenveranstaltungen immer eine Rolle spielen, selbst wenn man in einem ersten Dynamikkurs dem zweiten Ziel den Vorrang einräumt. In jedem Fall besteht keinerlei Notwendigkeit, der historischen Entwicklung zu folgen. Insbesondere gibt es keine Notwendigkeit für ein Vorgehen in der Reihenfolge Massepunkt, Massepunktsystem, Starrkörper, auch wenn viele Lehrbücher und einige Interpretationen der Mechanikhistorie diesen Pfad nahelegen. Stattdessen kann die gewählte Formulierung des Naturgesetzes sofort für die Bewegung (eben oder räumlich) von mechanischen Systemen (von Starrkörpern) angeschrieben werden. Das lässt mehr Zeit für das Anwenden der Gesetzmäßigkeiten an konkreten Aufgaben und verhindert, dass das Wesentliche unter einem Berg an Gesetzen oder Einzelphänomenen begraben wird.

1.3. Die Mechanik kann auf drei Gesetzen aufgebaut werden

Ein denkbarer Aufbau der klassischen Mechanik gründet sich auf drei fundamentale Naturgesetze[2].

Die drei fundamentalen Grundgesetze der klassischen Mechanik sind die

1. Kräftegleichung,
2. Momentengleichung und
3. Leistungsgleichung.

Die in den Grundgesetzen formulierten Gesetzmäßigkeiten gelten für beliebige Körper, wobei die Masse der betrachteten Körper unveränderlich ist.

Fundamental verweist in diesem Kontext darauf, dass alle drei Gesetze unabhängig voneinander sind. In anderen Worten: Keines der drei Gesetze kann aus den beiden anderen hergeleitet werden.

Eine andere gängige Bezeichnung für die drei Naturgesetze lautet Bilanz von Impuls, Drall/Drehimpuls und kinetischer Energie. Die drei Naturgesetze werden in Kapitel 4 (Kräftegleichung und Momentengleichung) bzw. in Kapitel 3 (Leistungsgleichung)

---

[2] Andere Herangehensweisen, z. B. über das Prinzip von Hamilton und die Lagrange-Funktion (siehe Landau und Lifschitz [23]), sind denkbar.

formuliert. Die Kräftegleichung (Impulsbilanz) wird sehr häufig Newtonsches Grundgesetz, 2. Newtonsches Axiom oder Newtonsches Bewegungsgesetz genannt. Diese Bezeichnungen verweisen darauf, das I. Newton als Erster die Gesetzmäßigkeiten für die translatorische Bewegung von Körpern formuliert hat.

In der Mechanik ist neben den Grundgesetzen das Eulersche Schnittprinzip für das Bearbeiten sehr vieler theoretischer und praktischer Fragestellungen von größter Wichtigkeit (Erläuterungen siehe Abschnitt 3.1.3). Aus dem Schnittprinzip in der auf Seite 54 dargestellten Formulierung folgt auch, dass die Grundgesetze sowohl für Körper mit endlichen Abmessungen als auch für infinitesimale Körperelemente gelten.

In der Mechanik der Starrkörpersysteme, auf die wir uns im vorliegenden Buch beschränken, reichen Kräfte- und Momentengleichung für die Berechnung der Bewegung aus. Wie Truesdell [49] herausarbeitet, ist L. Euler 1775 der Erste, der Kräfte- und Momentengleichung *als fundamentale, allgemeine, und voneinander unabhängige Gesetze der Mechanik für jede Bewegung von Körpern jeder Art* erkennt. Nach Truesdell sollten diese Gleichungen demnach die *Eulerschen Gesetze der Mechanik* heißen. In vielen Büchern wird die direkte Anwendung von Kräfte- und Momentengleichung (unter Nutzung des Schnittprinzips) bei der Lösung von konkreten Aufgaben der Dynamik die Methode nach Newton und Euler genannt.

Sehr empfehlenswert ist der Artikel *Die Entwicklung des Drallsatzes* von C. Truesdell [49]. Dort wird nicht nur die historische Entstehung des Drallsatzes nachgezeichnet, sondern auch auf Irrtümer im Bezug auf die Unabhängigkeit des Drallsatzes hingewiesen. Im Artikel heißt es, bezugnehmend auf die von Truesdell benannten Fehler und Ungereimheiten, u. a. *... ist der Drallsatz immer und ohne jeden Zweifel ein wahres Grundprinzip der allgemeinen Mechanik.* Zum Thema Energiebilanz lohnt sich ein Blick in §1 *Die Grundlagen* (Seite 9) im Buch von G. Hamel [14] und in Abschnitt 1.6.2 *Kurzform der Energiebilanzen für abgeschlossene Systeme* im Buch von I. Müller [32]. Zudem können bei I. Szabo [48] im Kapitel 1 *Die erste Fundierung der klassischen (Starrkörper-)Mechanik durch Newton, Euler und d'Alembert* die Ursprünge der mechanischen Grundgesetze nachvollzogen werden. Dort finden sich u. a. Informationen darüber, was in Newtons epochalem Werk tatsächlich steht.

Im folgenden Abschnitt wird herausgearbeitet, dass für das Aufstellen der Bewegungsgleichungen von Starrkörpersystemen eine Vielzahl von Methoden verfügbar ist. Unter einer *Methode* wollen wir hier eine Vorgehensweise verstehen, mit der ein bestimmtes Ziel erreicht werden kann. Das Ziel ist in unserem Kontext meist entweder die Bestimmung der Bewegung eines mechanischen Systems bei bekannten Lasten (direktes Problem) oder die Dimensionierung der Antriebe und der anderen Bauteile bei gegebener Bewegung (inverses Problem).

Die direkte Nutzung von Kräfte- und Momentengleichung unter Nutzung des Schnittprinzips erweist sich bei vielen praktischen Fragestellungen als vergleichsweise aufwändig und fehleranfällig.

1.4. Große Vielfalt an Methoden vorhanden

Heute, gut 330 Jahren nach dem Erscheinen von Newtons *Philosophiae naturalis prinipia mathematica* im Jahr 1687 und 250 Jahre nach Eulers Formulierung von Kräfte- und Momentengleichung im Jahr 1775, stehen uns in der klassischen Mechanik eine Vielzahl von Methoden zur Verfügung, um die Bewegungsgleichungen mechanischer Systeme aufzustellen. Der Begriff „Klassische Mechanik" bezieht sich auf die Mechanik, die ohne Relativitätstheorie und ohne Quantenmechanik auskommt. Sie ist die Grundlage für den Großteil der Dynamik-Berechnungen von technischen Systemen des Maschinenbaus, der Robotik, der Luftfahrt-, Fahzeug- und Verfahrenstechnik.

Methoden zur Aufstellung der Bewegungsgleichungen sind u. a.

- Kräftegleichung und Momentengleichung (Newton und Euler),

- Prinzip von d'Alembert (z. B. in der Fassung von Lagrange),

- Lagrangsche Gleichungen 1. und 2. Art,

- Prinzip von Hamilton,

- Hamiltonsche oder kanonische Gleichungen,

- Prinzip des kleinsten Zwangs (Gauß), Gibbs-Appell-Gleichungen und Fundamentalgleichung von Udwadia und Kalaba.

Die verschiedenen Methoden unterscheiden sich u. a. darin, wie aufwendig die Untersuchung von Mehrkörpersystemen (mit vielen Bindungen) ist und wie gut sich die Methoden auf Bereiche außerhalb der klassischen Mechanik (Relativitätstheorie, Quantenmechanik) erweitern lassen.

Prinzipiell können wir für unsere Zwecke jede der oben genannten Methoden an den Anfang der Kinetik stellen[3]. Wir wählen das Prinzip von d'Alembert in der Fassung von Lagrange und das Prinzip des kleinsten Zwangs als die beiden „Hauptmethoden". Das Prinzip von d'Alembert in der Fassung von Lagrange ist weit verbreitet. Mit überschaubarem mathematischen und physikalischen Wissen können in der Praxis damit viele technische Fragestellungen gut bearbeitet werden. Es hat den Nachteil, das Anfänger und Anfängerinnen häufig massive Probleme mit virtuellen Größen haben. Wir nutzen das Prinzip des kleinsten Zwanges, weil es nach Ansicht des Autors sehr anschaulich ist und sich mit dem Computer gut nutzen lässt.

Diese beiden im Buch am häufigsten benutzen Methoden sollen hier – im Vorgriff auf spätere Kapitel – kurz niedergeschrieben werden.

---

[3]In vielen Büchern zur Technischen Mechanik wird der erste Weg gewählt, häufig in der Abfolge Kinematik und Kinetik des Massepunktes, Massepunktsysteme, Kinematik und Kinetik des Starrkörpers, Schwingungslehre. Im Lehrbuch von Landau und Lifschitz [23], das sich vornehmlich an Studierende der Physik richtet, wird hingegen das Prinzip von Hamilton an den Anfang gesetzt.

Prinzip von d'Alembert in der Fassung von Lagrange Das Prinzip fußt auf der Größe virtuelle Arbeit δW. Für Systeme starrer Körper mit ausschließlich holonomen, zweiseitigen Bindungen gilt[4]: Die wahre Bewegung des Systems erfolgt so, dass für die virtuelle Arbeit $\delta W = 0$ gilt. Im Ausdruck für die virtuelle Arbeit δW ist neben der virtuellen Arbeit der (aus der Mechanik nach Newton und Euler bekannten) eingeprägten Kräfte auch die virtuelle Arbeit der Trägheitskräfte nach d'Alembert (auch Scheinkräfte/Scheinkraftmomente genannt) zu berücksichtigen. Für die ebene Bewegung von Starrkörpersystemen sind dies drei zusätzliche Terme je Körper, zwei mit der Translation verbundene Scheinkräfte und ein mit der Rotation verbundenes Scheinmoment.

Prinzip des kleinsten Zwanges Für das Prinzip des kleinsten Zwanges von C. F. Gauß wird für ein mechanisches Systeme eine Funktion $\mathcal{Z}$, der Zwang, eingeführt. Der Zwang ist für einen einzelnen Körper ohne Bindungen null. Wenn Bindungen vorhanden sind, ist der Zwang stets positiv. Das Prinzip des kleinsten Zwanges besagt, dass für die wirkliche Bewegung eines mechanischen Systems der Zwang einen Minimalwert annimmt. Das Minimum ist hinsichtlich der Beschleunigungen zu verstehen. Das Prinzip ist der Gaußschen Methode der kleinsten Fehlerquadrate nachgebildet.

> Welche der oben genannten Methoden sind Ihnen bekannt? Wie lauten die drei Newtonschen Axiome, die Sie bereits im Schulunterricht kennengelernt haben?

Für den Autor sind die Bücher von Kurt Magnus und Hans Heinrich Müller-Slany [28], Georg Hamel [15] und Cornelius Lanczos [22] die wichtigsten Quellen, wenn es um die Kinematik und Kinetik geht. Kurz vor der Fertigstellung des vorliegenden Buches ist der Autor auf die Bücher von Papastavridis [34] und Udwadia und Kalaba [52] gestoßen. Das Buch von Papastavridis ist mit knapp 1400 Seiten das vermutlich umfangreichste Buch zur Analytischen Mechanik. Das Buch von Udwadia und Kalaba sticht aus der Menge der Bücher zum Thema heraus, in dem es das Gaußsche Prinzip des kleinsten Zwangs an den Anfang stellt und stark auf Methoden der Matrixalgebra baut. Als deutschsprachige Veröffentlichung, die einen kurzen Überblick über verschiedene Methoden zur Beschreibung der Dynamik von Mehrkörpersystemen gibt, sei exemplarisch die von Fischer und Lilov [7] genannt.

1.5. Computereinsatz in der Mechaniklehre unerlässlich

Auch wenn man es nicht in allen Lehrbüchern zur Technischen Mechanik sieht: die Arbeitsweise und die Lernschwerpunkte haben sich durch die zunehmende Verbreitung von Computern und der fortschreitenden Digitalisierung aller Lebensbereiche verschoben. Neben soliden Kenntnissen der Physik und Mathematik sind heute auch Pro-

---

[4]Wir beschränken uns im vorliegenden Buch auf holonome, zweiseitige Bindungen. Der Frage, inwiefern die verwendeten Methoden auch für andere Systeme anwendbar sind, soll hier nicht nachgegangen werden.

grammierkenntnisse unerlässlich für alle Bereiche des Ingenieurwesens[5]. Daher gehört die Bearbeitung von Berechnungsaufgaben mit dem Computer zu den Pflichtanteilen in meinen Lehrveranstaltungen zur Technischen Mechanik.

Verschiedene Programme sind denkbar

Im Kurs wird keine Spezialsoftware für Dynamikaufgaben (z. B. Simulationstools für die Dynamik von Mehrkörpersystemen) benutzt. Diese kann bei Bedarf später erlernt werden. Stattdessen werden Programmiersprachen und „universelle" Berechnungsprogramme benutzt. Die verwendeten Programme lassen sich grob (und nicht ganz überschneidungsfrei) in drei Kategorien einteilen.

Skriptsprachen mit mathematischen Bibliotheken Python, Julia, Matlab, GNU Octave

Mathematische Notizbücher SMath Studio, PTC Mathcad

Computeralgebrasysteme Maxima, SageMath, Maple, Mathematica

Die Verwendung von „universellen" Berechnungsprogrammen (im Gegensatz zu spezieller Dynamiksoftware) hat zwei wesentliche Vorteile: (i) eine enge Kopplung zwischen Theorie, händischer Berechnung und Computerlösung erleichtert das Lernen der Mechanik-Inhalte und (ii) die erlernten Programmierkenntnisse helfen bei allen anderen Themen im Studium und in der Praxis. Ganz naheliegend ist die Anwendung der erlernten Programmierkenntnisse in den konstruktiven Lehrveranstaltungen. Gegenüber einer händischen Berechnung liegt der Vorteil einer Computerberechnung klar auf der Hand: Parameter (Längen, wirkende Kräfte etc.) können angepasst werden und eine Neuberechnung erfolgt in Sekundenbruchteilen.

Teilweise werden heute in der Praxis Berechnungsaufgaben mit Tabellenkalkulationsprogrammen durchgeführt. Aus Qualitätssicherungsgründen ist das kritisch zu hinterfragen. In einer Tabellenkalkulation sind die hinterlegten Berechnungsformeln meist nur mit erheblichem Aufwand zu prüfen. Insbesondere ist in der fertigen Lösung (Berichte, Folien) der tatsächliche Berechnungsweg nicht sichtbar. Zudem kann nach meinem Kenntnisstand nicht mit Einheiten gerechnet werden.

Python oder Julia lernen lohnt sich

Python und Julia sind zwei im naturwissenschaftlich-technischen Bereich weit verbreitete Programmiersprachen mit einem sehr großen Angebot an Bibliotheken. Die Nutzung der Programmiersprachen Python und Julia setzt Mindestkenntnisse im Erstellen und Testen von Programmen voraus. Diese Grundkenntnisse kann das vorliegende Buch nicht vermitteln. Insofern ersetzt es keinen Kurs und kein Buch zum

---

[5]Kopfrechnen und das Rechnen mit einem herkömmlichen Taschenrechner bleiben dennoch wichtig. Grafische Methoden haben i. a. nur noch ihre Berechtigung zur Plausibilisierung oder Prüfung von Ergebnissen oder zur Illustration von Zusammenhängen bzw. Gesetzmäßigkeiten.

Programmieren. Wer jedoch bereits das Programmieren erlernt hat, wird sich schnell zurechtfinden.

Falls Sie noch nicht programmieren können: Es lohnt sich, eine Programmiersprache zu beherrschen. Fangen Sie am besten sofort mit dem Lernen an. Sie werden es im weiteren Studium und in der beruflichen Praxis gut gebrauchen können. Sowohl für die Berechnungen in den konstruktiven Fächern im Rahmen der Dimensionierung oder Nachweisrechnung als auch in allen Laborübungen, die die Auswertung von Daten erfordern, ist der sichere Umgang mit einer Programmiersprache von großem Wert.

Für einen Einstieg in die Programmierung mit Python bieten sich die Bücher von Ceder [4], Woyand [55] und Sweigart [45] an. Für den Einstieg in die Programmierung mit Julia bietet sich das Buch von Lauwens und Downey [25] an. Das Numerikbuch von Novak [33] enthält neben der Theorie der numerischen Mathematik Hinweise auf die Benutzung von Julia, Python und Matlab für numerische Berechnungen. Insbesondere gibt es auf den Seiten 370ff eine hervorragende Übersicht zu den verfügbaren Lösern für Anfangswertprobleme (AWP) gewöhnlicher Differentialgleichungen. Zudem enthält das Buch von Novak auch Inhalte, die man in vielen Lehrbüchern zu Numerik vergeblich suchen wird, zum Beispiel Ausführungen zur automatischen Differentiation (AD) in Abschnitt 11.2.

Relevante Bibliotheken/Pakete, die Sie für die Lösung von Aufgaben der Kinematik und Kinetik benötigen, sind für Python `numpy`, `matplotlib`, `pint`, `scipy.optimize`, `scipy.integrate` und für Julia `ForwardDiff`, `Roots`, `DifferentialEquations`, `Optim`, `Plots`, `LinearAlgebra` und `Unitful`.

Beide Programmiersprachen erlauben die Berechnung mit einheitenbehafteten Größen. In Python ist dafür das Modul `pint` zu benutzen[6], in Julia das Paket `Unitful`. Das Arbeiten mit Einheiten in Python und Julia scheint auch bei Programmierenden mit viel Erfahrung nicht durchgängig bekannt zu sein. Für die technische Praxis ist diese Möglichkeit jedoch von unschätzbarem Wert.

Beide Programmiersprache bieten zudem die Nutzung von Computeralgebra.

Während dieses Buch entsteht, ändert sich die Welt des Programmierens merklich. In den letzten 25 Jahren waren die Internetsuche (über die Suchmaschine) nach einzelnen Befehlen der gängige Weg für Einsteiger (und möglicherweise auch Fortgeschrittene), anstehende Programmieraufgaben zu bearbeiten. Heute stehen Tools auf Basis des maschinellen Lernens zur Verfügung, die in Sekunden vollständige Computercodes für gestellte Programmieraufgaben generieren können.

---

[6] Details siehe https://pint.readthedocs.io/en/stable/getting/overview.html

SMath Studio ist leicht zu nutzen – ein paar Hinweise vorab

SMath Studio ist weitestgehend selbsterklärend und kann ohne weitere Einführung benutzt werden. SMath Studio ist kostenfrei und wird vom Autor unter Windows 7, 10 und 11 sowie unter Ubuntu 16.04 LTS in den Versionen 0.99 (build 7030 bzw. 7610) und 1.0 (build 8151) genutzt. Zudem ist eine Cloud-Version von SMath Studio verfügbar. Zur Einarbeitung in SMath Studio bietet sich das Skript von Martin Kraska *SMath Studio mit Maxima – Einführung und Referenz* an, das auf der Homepage von SMath Studio verfügbar ist.

Das Arbeiten mit SMath Studio gelingt durch die Beherrschung einiger Tastaturbefehle bequemer und schneller. Daher ist im folgenden eine Auswahl an Tastaturbefehlen angegeben. Tastaturbefehle, die in nahezu allen Anwendungen verwendet werden (z. B. [ctrl] + [A] alles markieren, [ctrl] + [C] kopieren) sind nicht explizit erwähnt. Zudem werden ausgewählte Hinweise zur Verwendung von SMath Studio gegeben.

Tasten	Symbol	Funktion
[⇧] + [.]	:	Zuweisung einfügen
[⇧] + [2]	"	Textfeld einfügen
[⇧] + [return]		Neue Zeilen in Textfeld beginnen
[ctrl] + [B]		Textfeld auf Fettdruck umstellen
[ctrl] + [I]		Textfeld auf Kursivdruck umstellen
[⇧] + [#]	'	Einheit einfügen
[Alt Gr] + [ß]	\	Wurzel einfügen
[.]	.	Namens- bzw. Textindex einfügen
[Alt Gr] + [8]	[	Elementindex einer Spaltenmatrix einfügen
[ctrl] + [M]		Matrix einfügen
[Alt Gr] + [9]	]	Einfügen einer senkrechten Linie (Codeblock)
[Alt Gr] + [Q]	@	Einfügen eines Diagramms (2D)
[ctrl] + [G]		Umwandeln in griechischen Buchstaben
[F9]		Dokument neu berechnen

In der Tabelle werden zwei verschiedene Typen von Indizes erwähnt. Der mit einem Punkt [.] erzeugte Index ist ein tiefgestellter Namenszusatz (Namens- oder Textindex). Der Namenszusatz hilft, die gewünschten Variablen aussagekräftig zu bezeichnen. Beispiele sind p_0, F_A, σ_{zul}.
Der mit [Alt Gr] + [8] erzeugte Index ist der Elementindex einer Spaltenmatrix, d. h. q_1 ist der erste Eintrag in der Spaltenmatrix q. In q_j muss j dementsprechend eine positive ganze Zahl sein. Bei genauerem Hinsehen werden Sie feststellen, dass Elementindizes in SMath Studio tiefer und weiter entfernt stehen als Namensindizes.

a	α	i	ι	r	ρ
b	β	k	κ	s	σ
c	χ	l	λ	t	τ
d	δ	m	μ	u	υ
e	ϵ	n	ν	v	ϖ
f	ϕ	o	o	w	ω
j	φ	p	π	x	ξ
g	γ	q	θ	y	ψ
h	η	J	ϑ	z	ζ

Die nebenstehende Zuordnung der lateinischen zu den griechischen Buchstaben ist in SMath Studio hinterlegt. In der Tabelle sind die Buchstaben nicht streng alphabetisch hinterlegt, sondern j und J sind verschoben, so dass ϕ und φ sowie θ und ϑ zusammenstehen.

Insbesondere bei der Programmierung von Schleifen werden Blöcke zusammengehöriger Befehle benötigt. In SMath Studio sind diese Blöcke durch eine vertikale schwarze Linie zu erkennen. Der Block wird mittels [Alt Gr] + [9] erzeugt und hat standardmäßig zwei Zeilen. Wenn in einem Block mehr als zwei Zeilen benötigt werden, können zusätzliche Zeilen wie folgt generiert werden.

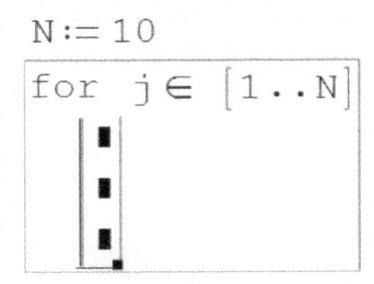

$N := 10$

```
for j ∈ [1..N]
```

1. Markiere die senkrechte Linie.
2. Ziehe mit der Maus am unteren schwarzen Kästchen (hier markiert), bis die gewünschte Zeilenzahl erreicht ist.

Eine Spaltenmatrix mit äquidistant verteilten Werten, z. B. in $j \in [1..N]$, wird über den Befehl `range` oder über den Block Matrices eingegeben.

Wenn Sie einen Befehl schreiben, lohnt es sich die Vorschläge von SMath Studio im Blick zu behalten. Meist muss nicht der komplette Befehl ausgeschrieben werden, sondern es kann aus dem Auswahlmenü der gewünschte Befehl ausgewählt werden. Bei einigen Befehlen oder Elementen (z. B. `roots`, `for`, `diff`) gibt es Befehlsvarianten mit unterschiedlicher Anzahl an Parametern. Lesen Sie die Hilfetexte und entscheiden Sie dann, welche Variante die geeignete ist.

Der grafischen Darstellung von Daten in Diagrammen sind in SMath Studio enge Grenzen gesetzt. Daher bietet es sich an, Berechnungsergebnisse zu exportieren und die Datenvisualisierung mit einem anderen Tool vorzunehmen, z. B. Julia, Python (mit der Bibliothek `matplotlib`), R oder gnuplot.

1.6. Produktionssystem Mechanik

Das Ziel ingenieurmäßiger Arbeit ist die Lösung einer technischen Fragestellung mit hoher Qualität, Produktivität und Pünktlichkeit. Bei technischen Fragestellungen geht es häufig darum, mit begrenzten Ressourcen eine Lösung zu finden, die mit (sehr) hoher Wahrscheinlichkeit „brauchbar" ist. Technische Berechnungen als Teil ingenieurmäßiger Arbeit sind integraler Bestandteil des Produktentwicklungsprozesses in verschiedenen Phasen, sowohl bei der Dimensionierung von Bauteilen als auch beim Nachweis von korrekter Funktion und ausreichender Haltbarkeit. Technische Berechnungen können zudem in einer späteren Phase des Produktlebenszyklus als Teil der Schadensanalyse relevant sein.

Für die Lösung einer Fragestellung aus dem Bereich Mechanik (ähnlich wie bei allen technischen Fragestellungen) wird im Allgemeinen mehr als nur Fachwissen zu den Größen, Beziehungen und Methoden benötigt. Die unten stehende Aufzählung zeigt eine denkbare Zusammenstellung notwendiger Bausteine. Die Gesamtheit aller Bausteine könnten wir etwas großspurig das „Produktionssystem Mechanik" oder etwas weiter gefasst das „Produktionssystem Technische Berechnungen" nennen. Im folgenden sollen die Bausteine kurz skizziert werden.

Fachlich: Größen, Beziehungen, Methoden

- Größen: Kraft, Kraftmoment, Geschwindigkeit, Impuls, etc. (siehe Abbildung 1.1)

- Beziehungen: Kinematische Beziehungen, Naturgesetze/Bilanzgleichungen, Materialgesetze, etc. (siehe ebenfalls Abbildung 1.1)

- Methoden: Zusammenstellung ausgewählter Größen, Beziehungen und Techniken (z. B. Freischneiden) zu einer Vorgehensweise zur Lösung der gestellten Aufgabe[7] (siehe Abschnitt 1.4)

Mensch und Team

- Eigene Fachkompetenz: sicher verstandene, anwendungsbereite Kenntnisse der Mechanik und der benachbarten Disziplinen und Klarheit über die eigenen Grenzen (Was weiß ich nicht? Wo sollte ich mir Hilfe holen? Wo sollte ich besser werden?)

- Teamzusammenstellung: Mitarbeiter:innen mit ihren Kenntnissen und Kompetenzen entsprechend den Erfordernissen der Aufgabe zu einem Team zusammengestellt (Kenntnisse in Elektrotechnik, Werkstofftechnik, Konstruktion, Produktion, experimenteller Analyse, Programmierung, High Performance Computing etc. aber auch Sozialkompetenz etc.)

---

[7]Beispiele: **Newton-Euler-Methode** mit den Größen Impuls, Kraft, Drehimpuls, Kraftmoment, der Kräfte- und der Momentengleichung als Naturgesetze und dem Freischneiden als wesentliche Technik, **Lagrange-Methode** mit der Größe Lagrangefunktion und dem Hamilton-Prinzip als Naturgesetz, **Gauß-Methode** mit der Größe Zwang und dem Naturgesetz Prinzip des kleinsten Zwangs

- Teamarbeit: Zusammenarbeit, bei der gegenseitige Unterstützung und Ergänzung sowie die Ergebnisvalidierung und kontinuierliche Verbesserung im Vordergrund stehen

IT und Daten

- Spezialsoftware: Computerprogramme für technische Berechnungen, z. B. Finite Elemente, Randelemente, Mehrkörpersysteme, Computational Fluid Dynamics (oft integriert in vollständige Entwicklungsumgebungen bzw. CAD-Systeme)
- Allgemeine Software: Programmiersprachen (Python, Julia, etc.), mathematische Notizbücher (PTC Mathcad, SMath Studio) und Computeralgebrasysteme (Maxima, Maple, etc.)
- Hardware: verfügbare Rechenleistung und Speicher
- Daten: Materialkennwerte, Geometriedaten, sonstige Bauteildaten, Versuchsdaten (z. B. aus einer Zustandsüberwachung)

Leitlinien und Arbeitskultur

- Vollständige, zeitnahe Dokumentation und Visualisierung von Zwischen- und Endergebnissen
- Standardisierung von Arbeitsschritten
- Einbeziehung der (internen) Kunden und Lieferanten
- Eigenverantwortung, Transparenz und Ehrlichkeit (z. B. hinsichtlich offener Fragen, ungelöster Probleme)
- Growth Mindset und kontinuierliche Verbesserung

In den Lehrveranstaltungen zur Technischen Mechanik (auch in denen des Autors) gehen die hier vorgestellten Überlegungen meist unter. In der Regel werden Aufgaben bearbeitet, bei denen die zentralen fachlichen Inhalte adressiert werden. Selbst Aspekte der Modellbildung und die Einordnung der Lösung in den technischen Gesamtzusammenhang kommen oft zu kurz. Entsprechend wird meist mit Strichzeichnungen gestartet, die keinen Aufschluss über die spezifische technische Fragestellung und die konstruktive Umsetzung erlauben.

1.7. Vorschau auf die Inhalte des Buches

Das vorliegende Buch ist vorrangig ein „Arbeits- bzw. Rechenbuch". Insofern sind die theoretischen Ausführungen bewusst kurz gehalten. Ausnahmen sind das Prinzip von d'Alembert in der Fassung von Lagrange (Kapitel 6), das Prinzip des kleinsten Zwangs (Gauß) und die Gibbs-Appell-Gleichungen (beides in Kapitel 5). Das Prinzip von d'Alembert wird hier ohne Rückgriff auf Kräfte- und Momentengleichung (Newton und Euler) eingeführt und benötigt daher etwas ausführlichere Erläuterungen.

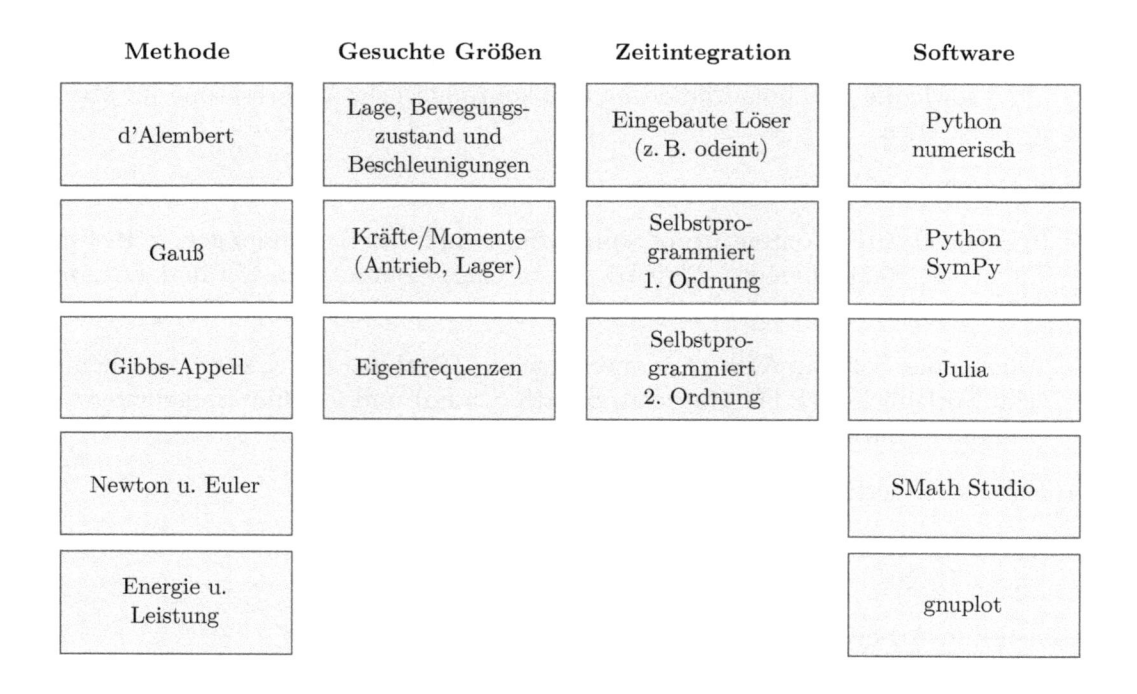

Methode	Gesuchte Größen	Zeitintegration	Software
d'Alembert	Lage, Bewegungszustand und Beschleunigungen	Eingebaute Löser (z. B. odeint)	Python numerisch
Gauß	Kräfte/Momente (Antrieb, Lager)	Selbstprogrammiert 1. Ordnung	Python SymPy
Gibbs-Appell	Eigenfrequenzen	Selbstprogrammiert 2. Ordnung	Julia
Newton u. Euler			SMath Studio
Energie u. Leistung			gnuplot

Abbildung 1.2.: Lernnavigator für die Kinetik-Aufgaben in diesem Buch (ab Kapitel 8)

Das Prinzip des kleinsten Zwangs und die Gibbs-Appell-Gleichungen werden in den meisten Grundlagenbüchern nicht behandelt, können also nur beschwerlich andernorts nachgelesen werden. In Ergänzung ist das Vorgehen nach Newton und Euler in Kapitel 4 dargestellt. Den Kapiteln zu den verschiedenen Methoden zur Herleitung der Bewegungsgleichungen sind die Kapitel 2 und 3 vorangestellt. In Kapitel 2 werden die Grundlagen der Kinematik für die ebene Bewegung und in Kapitel 3 die wesentlichen kinetischen Grundbegriffe und die Bilanz der kinetischen Energie dargestellt.

Der zweite, größere Teil des Buches besteht aus durchgerechneten Beispielen. Die Lösungen sind teils analytisch mit Stift und Papier hergeleitet. Zum großen Teil werden Berechnungsprogramme benutzt.

Zur besseren Orientierung im Kinetik-Aufgabenteil des Buches dient der abgebildete Lernnavigator. Er zeigt eine geeignete Struktur, nach der die Lerninhalte in den Kinetik-Kapiteln (ab Kapitel 8) gedanklich gegliedert werden können.

Bevor es mit der Kinetik losgeht, werden in Kapitel 7 ab Seite 97 rein kinematische Aufgaben betrachtet. Welche Kräfte oder Kraftmomente während der Bewegung wirken, wird nicht betrachtet. Ein tabellarischer Überblick über die Kinematikaufgaben findet sich am Anfang des Kapitels 7.

In Kapitel 8 wird das „direkte" dynamische Problem behandelt. Dabei sind die wirkenden Kräfte (z. B. Gewichtskraft, Antriebskräfte) bekannt und es ist die resultierende Bewegung gesucht. Das entspricht in der Spalte „Gesuchte Größen" dem obersten Kasten.

```
┌─────────────────────────────────┐
│ Kapitel 1: Einführung           │
└─────────────────────────────────┘
                │
                ▼
┌─────────────────────────────────┐
│ Kapitel 2: Kinematik (Theorie)  │◄──┐
└─────────────────────────────────┘   │
                │                     │
                ▼                     │
┌─────────────────────────────────┐   │
│ Kapitel 7: Kinematik (Aufgaben) │   │
└─────────────────────────────────┘   │
                                      │
                ┌─────────────────────┘
                ▼
┌──────────────────────────────────────┐        ┌──────────────────────────────────────┐
│ Kapitel 3: Masse, Energie, etc.      │───────▶│ Kapitel 6: d'Alembert, PdvV (Theorie)│
│ (Theorie)                            │        └──────────────────────────────────────┘
└──────────────────────────────────────┘                        │
                │                                               │
                ▼                                               │
┌─────────────────────────────────┐                             │
│ Kapitel 4: Newton/Euler         │                             │
│ (Theorie)                       │                             │
└─────────────────────────────────┘                             │
                │                                               │
                ▼                                               │
┌─────────────────────────────────┐                             │
│ Kapitel 5: Gauß, Gibbs-Appell   │                             │
│ (Theorie)                       │                             │
└─────────────────────────────────┘                             │
                │                                               │
                ▼                                               │
┌─────────────────────────────────┐                             │
│ Kapitel 8: Direkte Dynamik      │◄────────────────────────────┘
│ (Aufgaben)                      │
└─────────────────────────────────┘
                │
                ▼
┌─────────────────────────────────┐
│ Kapitel 9: Inverse Dynamik      │
│ (Aufgaben)                      │
└─────────────────────────────────┘
                │
                ▼
┌─────────────────────────────────┐
│ Kapitel 10: Schwingungen        │
│ (Aufgaben)                      │
└─────────────────────────────────┘
```

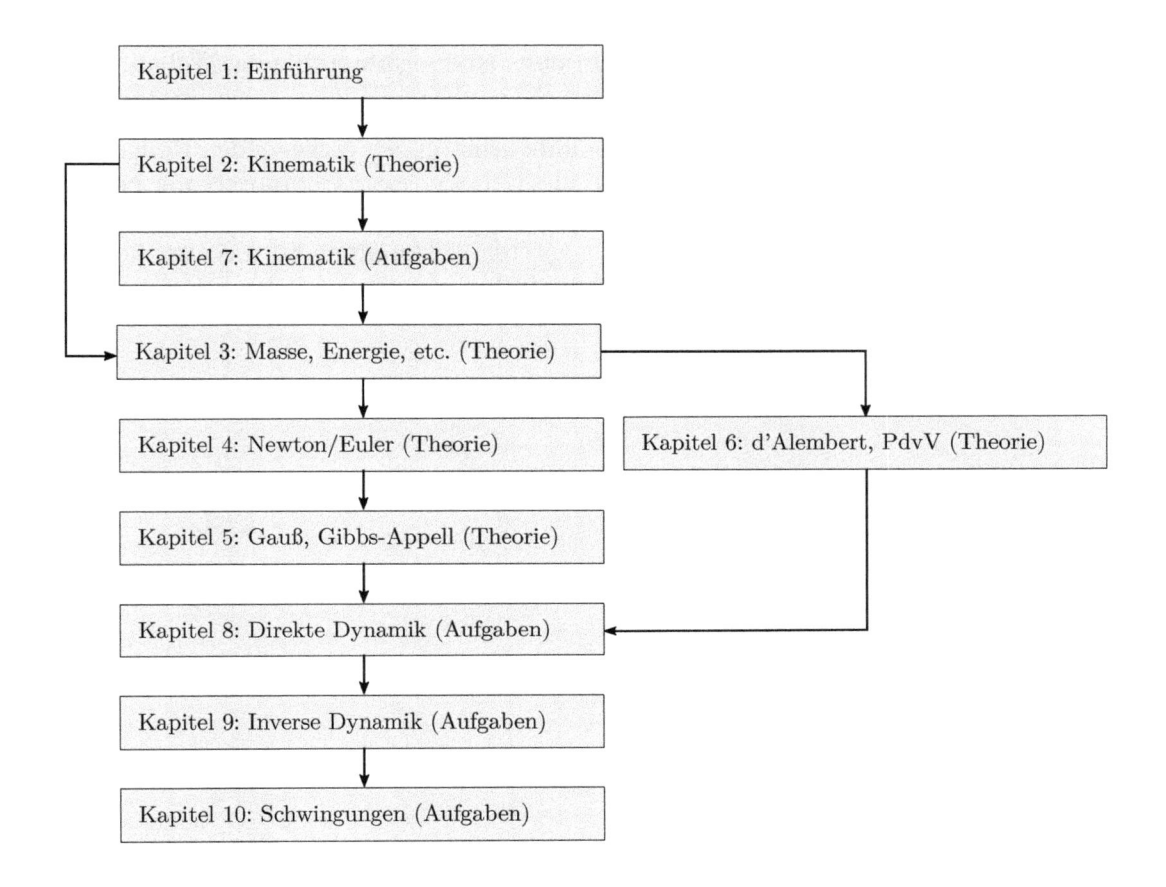

Abbildung 1.3.: Der Weg durch das Buch

In Kapitel 9 wird das „inverse" dynamische Problem behandelt. Dabei ist die Bewegung des Systems bekannt und die Antriebskräfte und Antriebsmomente sind gesucht. Das entspricht in der Spalte „Gesuchte Größen" dem zweiten Kasten.

In Kapitel 10 werden schwingungsfähige Systeme behandelt. Gesucht ist meist die Bewegung bei gegebenen Kräften. Das entspricht in der Spalte „Gesuchte Größen" dem obersten Kasten. Zusätzlich wird teilweise nach Eigenfrequenz oder Schwingungsdauer gefragt. Das entspricht in der Spalte „Gesuchte Größen" dem untersten Kasten.

Abbildung 1.3 zeigt den Aufbau des Buches in grafischer Darstellung. Nach der Bearbeitung des Kapitels 2 zur Kinematik bietet sich das Durcharbeiten der zugehörigen Aufgaben (Kapitel 7) an. Alternativ können Sie auch direkt mit der Theorie (Masse, Leistung, Energie, Arbeit, etc., Kapitel 3) fortsetzen. Im Anschluss an Kapitel 3 bieten sich zwei Pfade: Kapitel 4 und 5, d.h. Newton, Euler, Gauß oder Kapitel 6, d.h. d'Alembert und das Prinzip der virtuellen Verrückungen. Entscheiden Sie sich vorläufig für einen Pfad und überlasten Sie sich nicht unnötig.

Die meisten Aufgaben in diesem Buch sind vollständig gelöst. Für einige Aufgaben wird auf die Website verwiesen. Dort finden sich Lösungen, z. B. als Pluto-Notebook. Wenn

Sie in einem der Kurse des Autors eingeschrieben sind, erfahren Sie die Webadresse in der Lehrveranstaltung. Andernfalls schreiben Sie eine Email an tm-vorlesung@gmx.de.

Empfehlung: Bearbeiten Sie die Aufgaben möglichst in der vorliegenden Reihenfolge. Häufig gibt es ausführliche Erläuterungen zu Methoden und Computercode beim ersten Auftreten. Schwierigkeiten, die erfahrungsgemäß bei Lernenden häufig auftreten, werden immer wieder adressiert. Dadurch entstehen Dopplungen, die aus Sicht des Autors aus dem genannten Grund vertretbar sind.

Teil I.
Grundlagen

2. Grundlagen der Kinematik

Die Kinematik ist das Fachgebiet, das die Geometrie der Bewegung beschreibt. Die in diesem Kapitel behandelten Größen und Beziehungen finden sich in Abbildung 1.1 von Seite 18 im linken Kasten *Kinematische und massenkinematische Größen und Beziehungen*[1]. Zwei zentrale Größen der Kinematik sind die Geschwindigkeit und die Beschleunigung. Diese werden für den Punkt definiert, bevor die ebene Starrkörperbewegung und die Größen Winkelgeschwindigkeit und Winkelbeschleunigung betrachtet werden. Das Kapitel enthält zudem Ausführungen zur Kettenregel, die u. a. im Kontext von kinematischen Beziehungen (Bindungsgleichungen) immer wieder benötigt wird, und zu Bezugssystemen. Das Kapitel endet mit einer Einführung zum Thema Integration der Bewegungsgleichungen.

Die Beschreibung der geometrischen Zusammenhänge für beliebige Lagen des betrachteten Systems ist der Ausgangspunkt jeder dynamischen Berechnung und zugleich für viele Studierende die erste große Hürde. Vier typische Schwierigkeiten bei der Erarbeitung der Kinematik seien vorab umrissen.

- Erkennen/Verstehen, dass in der Kinematik aufgrund der Bewegung der betrachteten Punkte und Körper viele Größen (Abstände, Koordinaten, Winkel) zeitabhängig sind.

  Tipp Erstellen Sie zu Beginn jeder Aufgabenbearbeitung eine Liste der zeitabhängigen Größen. Notieren Sie, bei welchen Größen die Zeitabhängigkeit durch eine bekannte Funktion gegeben ist (z. B. Drehwinkel an einem Antrieb) und bei welchen Größen die Zeitfunktion (noch) unbekannt ist.

- Beim Differenzieren an die Kettenregel denken.

  Tipp Notieren Sie auf Ihrem Formelzettel eine sichtbare Erinnerung, dass viele Größen als Zeitableitung definiert sind und daher die Kettenregel bei den meisten Problemstellungen berücksichtigt werden muss, auch wenn die Zeit in der geschriebenen Formel gar nicht auftaucht.

- Beim Differenzieren komplizierter Funktionen unter Anwendung von Produkt- und Kettenregel den Überblick behalten.

  Tipp Üben Sie das Ableiten von zusammengesetzten Funktionen ausgiebig. Aber verlassen Sie sich nicht ausschließlich auf händische Berechnungen. Nutzen Sie Computeralgebra (z. B. in Python, Julia oder SMath Studio) oder die automatische Differentiation (Paket `ForwardDiff` in Julia), um Ihre Ergebnisse zu prüfen. Erstellen Sie Diagramme, wo immer dies möglich ist, um die Plausibilität der

---
[1] Massenkinematische Größen werden erst in Kapitel 3 betrachtet.

Ergebnisse zu prüfen. Nutzen Sie dazu Ihre Fertigkeiten im Bereich Kurvendiskussion, die Sie sich in der Schule und in den Mathematiklehrveranstaltungen angeeignet haben.

- Erkennen/Verstehen, dass die Naturgesetze i. a. ein System von Differentialgleichungen für die Beschleunigungen[2] liefern, das analytisch oder numerisch gelöst werden muss.

  Tipp Machen Sie sich bei einfachen Beispielen, in denen die Beschleunigung konstant ist, klar, dass auch ein konstanter Wert für die Beschleunigung eine Bewegungsgleichung (eine Differentialgleichung) darstellt.

2.1. Lage und Bewegungszustand eines Punktes

Die Begriffe Geschwindigkeit und Beschleunigung sind den meisten aus dem Alltag bekannt. Meist ist Geschwindigkeit als „Weg pro Zeit" verinnerlicht. Dabei ist häufig nicht klar, wie mit dem vektoriellen Charakter der Geschwindigkeit und zeitlich veränderlicher Geschwindigkeit umzugehen ist. Beschleunigung ist als (zeitliche) Änderung der Geschwindigkeit bekannt und vielen ist bewusst, dass Beschleunigungen bei Auto-, Achterbahn- oder Fahrstuhlfahrten spürbar ist.

Definitionen von Geschwindigkeit und Beschleunigung

Für jeden materiellen Punkt P eines Körpers $\mathcal{B}$ ist der Ortsvektor $\underline{r}$ als Funktion der Zeit gegeben:
$$P \mapsto \underline{r} = \underline{r}(P, t) \,. \tag{2.1}$$

Meist nutzen wir in der Lehrveranstaltung kartesische Koordinatensysteme und schreiben dann
$$\underline{r} = x\underline{e}_x + y\underline{e}_y + z\underline{e}_z \,. \tag{2.2}$$

Ein Körper enthält stets dieselben materiellen Bestandteile (materiell geschlossenes System). Die Lage eines Punktes P kann statt über den Ortsvektor auch über die Angabe von Koordinaten in einem (unter Umständen krummlinigen) Koordinatensystem beschrieben werden, also z. B. $P(x, y, z)$.

Definition: Die Geschwindigkeit $\underline{v}$ (velocity) eines Punktes P charakterisiert den Bewegungszustand und ist die Zeitableitung des Ortsvektors
$$\underline{v} = \underline{\dot{r}}(P, t) \,. \tag{2.3}$$

Definition: Die Beschleunigung $\underline{a}$ (acceleration) eines Punktes P charakterisiert die Änderung des Bewegungszustandes und ist die Zeitableitung des Geschwindigkeitsvektors
$$\underline{a} = \underline{\dot{v}}(P, t) = \underline{\ddot{r}}(P, t) \,. \tag{2.4}$$

---
[2]Dieses System aus Differentialgleichungen wird typischerweise „Bewegungsgleichungen" genannt.

Geschwindigkeit und Beschleunigung sind vektorielle Größen[3]. Im Falle ebener Bewegung bewegen sich alle Körperpunkte in parallelen Ebenen. Bei Gebrauch eines kartesischen Koordinatensystems, dessen eine Koordinatenebene zu den Bewegungsebenen gehört, haben Geschwindigkeit und Beschleunigung (höchstens) zwei von Null verschiedene Komponenten.

Vorsicht Beim Bilden der Ableitungen ist häufig die Kettenregel zu beachten! Verinnerlichen Sie die oben notierten Definitionen für Geschwindigkeit und Beschleunigungen: Beide Größen entstehen durch Ableitung nach der Zeit. Wenn z. B. bei der Bewegung eines Punktes entlang einer Geraden die Geschwindigkeit v als Funktion des Weges s bekannt ist (z. B. aus einer Messung mit ortsfesten „Blitzern"), dann folgt für die Beschleunigung a nach der Kettenregel

$$a = \dot{v} = \frac{\mathrm{d}v}{\mathrm{d}s}\frac{\mathrm{d}s}{\mathrm{d}t} = \frac{\mathrm{d}v}{\mathrm{d}s}v\,. \tag{2.5}$$

Im Grunde ist mit den oben stehenden Ausführungen alles Wesentliche zur Punktkinematik gesagt. Bei Bedarf können ausführlichere Darstellungen in jedem Mechanikbuch nachgelesen werden, z. B. in [5] das Kapitel „26 Kinematik des Punktes" oder in [28] der Abschnitt „5.1 Punkt-Bewegungen".

Die drei Wege zur Ableitung mit dem Computer

Die Bestimmung der Ableitung unter Nutzung der entsprechenden Regeln ist ein zentrales Thema im Schulunterricht der Sekundarstufe II und in den Lehrveranstaltungen zur Mathematik für Studierende technischer Studiengänge und kann für alle im Buch behandelten Aufgaben von Hand erfolgen.

Mit dem Computer kann die Ableitung auf drei verschiedenen Wegen erfolgen: numerisch, symbolisch und mittels automatischer Differentiation (AD).

Numerisch Bei der numerischen Differentiation werden finite (endliche) Differenzen berechnet; der Differentialquotient wird durch den Differenzenquotient ersetzt. In anderen Worten: Statt des Anstiegs der Tangente wird der Anstieg einer Sekante berechnet.

Symbolisch Symbolische Differentiation verweist auf die Nutzung von Computeralgebra. Im Wesentlichen bedeutet es, dass der Computer einen symbolischen Ausdruck für die Ableitung bestimmt, indem er den gleichen Regeln folgt wie Sie beim händischen Differenzieren.

AD Bei der automatischen Differentiation werden (nur) Zahlenwerte für die Ableitung berechnet (wie bei der numerischen Ableitung). Dabei werden jedoch die Ableitungsregeln auf die im Computercode vorliegende Funktion angewendet, sodass die Ergebnisse genauer als beim numerischen Ableiten sind.

---
[3]Im Englischen bezeichnet „velocity" den Geschwindigkeitsvektor. Das Wort „speed" bezeichnet den Betrag der Geschwindigkeit, im Deutschen Bahngeschwindigkeit oder zuweilen Schnelligkeit genannt.

Vielleicht fragen Sie sich, warum nicht generell der symbolischen Berechnung der Vorzug gegeben werden sollte. Symbolische Berechnungen sind häufig dann am wertvollsten, wenn die entstehenden symbolischen Ausdrücke so kurz sind, dass sie sich vom Menschen noch überschauen lassen. Ein symbolischer Ausdruck für eine Ableitung oder eine andere berechnete Größe, der sich über mehrere A4-Seiten erstreckt, ist meist nicht hilfreich.

Erläuterungen zur AD und eine kurze Betrachtung zu den Vor- und Nachteilen der drei Wege finden sich z. B. bei Novak [33] im Abschnitt 11.2, Seite 299ff. Zudem wird bei Bättig [2] im Abschnitt 8.3 auf symbolisches und automatisches Differenzieren eingegangen.

Ausblick: Krummlinige Koordinaten, natürliche Basis

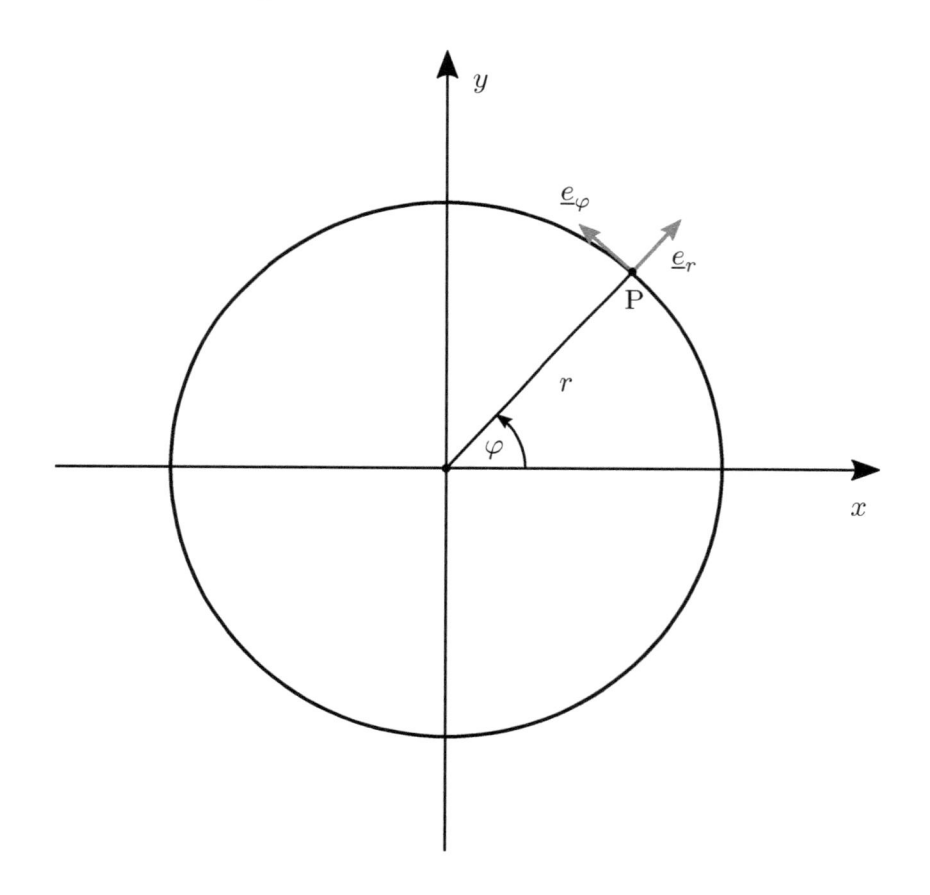

Abbildung 2.1.: Polarkoordinaten r und φ und die zugehörigen Basisvektoren

Wie bereits erwähnt, arbeiten wir meist mit kartesischen Koordinaten und den Basisvektoren $\underline{e}_x$ und $\underline{e}_y$. Diese Basisvektoren bilden eine orthonormale Basis und sind an jedem Punkt der Ebene gleich. Manchmal ist es praktisch, mechanische Systeme in anderen Koordinatensystemen zu beschreiben. Ein wesentlicher Grund für die Beschreibung in anderen als kartesischen Koordinaten ist, dass bestimmte Geometrien sich in diesen anderen Koordinaten besser beschreiben lassen. In früheren Zeiten waren numerische Lösungen nicht oder nur äußerst umständlich zu ermitteln. Daher wurden – auch in Dynamikkursen für Anfänger und Anfängerinnen – deutlich größere Anstrengungen unternommen, analytische Lösungen zu finden. Ein wichtiges Instrument war und ist hierbei die Wahl von Koordinaten, in denen das mechanische Problem auf besonders einfache mathematische Gleichungen führt. Das geeignete mathematische Hilfsmittel zur Beschreibung von Bewegungen in krummlinigen Koordinatensystemen ist die Tensorrechnung.

Polarkoordinaten Für bestimmte Bewegungen, z. B. in der Himmelsmechanik, aber auch bei vielen „irdischen" Anwendungen, eignen sich sogenannte Polarkoordinaten (r, φ). Gemäß Abbildung 2.1 gilt für den Ortsvektor $\underline{r}$ des Punktes P der einfache Ausdruck

$$\underline{r} = r\underline{e}_r \,. \tag{2.6}$$

Für die Geschwindigkeit in Polarkoordinaten gilt

$$\underline{v} = \dot{r}\underline{e}_r + r\dot{\varphi}\underline{e}_\varphi \,. \tag{2.7}$$

Für die Beschleunigungen in Polarkoordinaten gilt

$$\underline{a} = a_r \underline{e}_r + a_\varphi \underline{e}_\varphi \tag{2.8}$$

mit

$$a_r = \ddot{r} - r\dot{\varphi}^2 \tag{2.9a}$$
$$a_\varphi = r\ddot{\varphi} + 2\dot{r}\dot{\varphi} \,. \tag{2.9b}$$

Achtung: Wie in Gleichung (2.9) zu erkennen ist, berechnen sich die skalarwertigen Komponenten a_r, a_φ des Beschleunigungsvektors $\underline{a}$ nicht durch zweimaliges Differenzieren der Koordinaten r und φ nach der Zeit. Und nochmal: $a_r \neq \ddot{r}$, $a_\varphi \neq \ddot{\varphi}$. Typischerweise werden die Beschleunigungen in krummlinigen Koordinatensystemen mit den Mitteln der Tensoranalysis berechnet. Am einfachsten ist hier jedoch mit der Darstellung von P in kartesischen Koordinaten x, y zu starten und anschließend x und y über r und φ auszudrücken. Da die Basisvektoren $\underline{e}_x$ und $\underline{e}_y$ konstant sind, kann dann mühelos abgeleitet werden.

> Leiten Sie Gleichung (2.9) auf dem angedeuteten Weg her. Schauen Sie bei Bedarf die ersten beiden Gleichungen von (6.3) von Seite 87 an und leiten Sie diese ab. Bedenken Sie, dass im allgemeinen Fall sowohl r als auch φ zeitabhängige Größen sind.
> Wie vereinfacht sich Gleichung (2.9) für den Fall der Bewegung von P auf einem Kreis? Erläutern Sie die Bedeutung der Radialbeschleunigung bei der Kreisbewegung. Warum ist sie von Null verschieden, selbst wenn sich der Punkt mit konstanter Bahngeschwindigkeit auf dem Kreis bewegt?

Natürliche Basis Eine besondere Art der Beschreibung ist die sogenannte natürlichen Basis bzw. das begleitende Dreibein. Die Differentialgeometrie der räumlichen Kurven lehrt uns, dass jedem Punkt der Bahn eine lokale Basis (ein begleitendes Dreibein) zugeordnet werden kann[4]. Die drei Basisvektoren des begleitenden Dreibeins sind der Tangentenvektor $\underline{e}_t$, der Normalenvektor $\underline{e}_n$ (manchmal Hauptnormalenvektor) und der Binormalenvektor $\underline{e}_b$. Der Tangentenvektor charakterisiert die Richtung der Tangente an die Bahn sowie den Durchlaufsinn. Der Normalenvektor zeigt zum lokalen Krümmungsmittelpunkt der Bahn. Der Binormalenvektor ergänzt die beiden anderen, um eine orthonormale Basis (als Rechtssystem) zu bilden.

Die Geschwindigkeit $\underline{v}$ eines Punktes lässt sich dann als

$$\underline{v} = v\,\underline{e}_t \tag{2.10}$$

schreiben. Der Vektor der Geschwindigkeit ist das Produkt aus Bahngeschwindigkeit (skalare Größe) und Tangentenvektor (Einheitsvektor).

Die Beschleunigung $\underline{a}$ eines Punktes bei ebener und räumlicher Bewegung hat generell nur Anteile in Richtung der beiden erstgenannten Basisvektoren. Die Beschleunigung kann somit als Summe aus Tangential- und Normalbeschleunigung geschrieben werden,

$$\underline{a} = \underline{a}_\mathrm{t} + \underline{a}_\mathrm{n} = \dot{v}\,\underline{e}_t + \frac{v^2}{\rho}\,\underline{e}_n\,, \tag{2.11}$$

wobei ρ den ortsabhängigen Krümmungsradius der Bahn angibt. Die Größen v und $\dot{v}$ heißen Bahngeschwindigkeit bzw. Bahnbeschleunigung.

Achtung: Die auftretenden Basisvektoren (Tangentenvektor und Hauptnormalenvektor) sind i. d. R. an jedem Punkt der Bahn anders. Dementsprechend sind die Zeitableitungen der Basisvektoren bezüglich eines raumfesten, kartesischen Koordinatensystems von Null verschieden.

> Was folgt aus Gleichung (2.11) für die Bewegung auf einem Kreis? Vergleichen Sie das Ergebnis mit den Darstellungen zu Polarkoordinaten. Welcher Zusammenhang gilt zwischen den verschiedenen Basisvektoren (Polarkoordinatensystem vs. natürliche Basis) bei der Kreisbewegung?

---

[4] Zur Differentialgeometrie der räumlichen Kurven siehe einschlägige Werke zur Differentialgeometrie oder Tensorrechnung, z. B. [19, 27]. Ausführungen zum begleitenden Dreibein sind auch in Mechanikbüchern zu finden.

2.2. Starrkörperbewegung in der Ebene

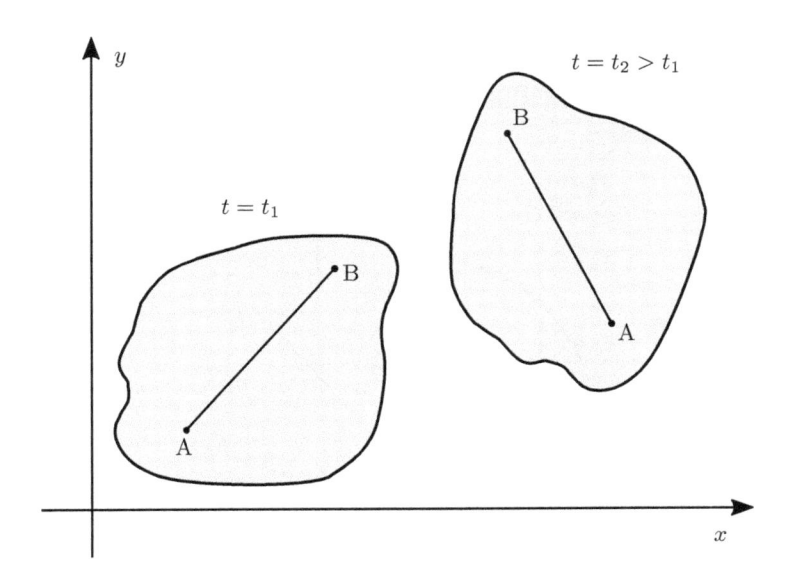

Abbildung 2.2.: Starrkörper: Körperpunkte behalten einen festen Abstand während der Bewegung, d. h. $\ell\left(\overline{AB}\right) = $ const. für beliebige Punkte A und B

Starrkörper und seine Bewegungsmöglichkeiten in der Ebene Der Starrkörper ist eine Modellvorstellung, bei der angenommen wird, dass Verformungen der beteiligten Körper für das untersuchte Problem nicht relevant sind. Es gilt beim Starrkörper, dass der Abstand zwischen beliebigen Punkten *eines* Starrkörpers zeitlich konstant bleibt. Abbildung 2.2 illustriert dieses Merkmal.

Mit den Begriffen der Schulmathematik (Sekundarstufe 1) kann die ebene Bewegung eines starren Körpers als Kongruenzabbildung beschrieben werden, wobei nur Translation (Verschiebung) und Rotation (Drehung) möglich sind[5].

Bei einer reinen Translation des Körpers haben alle Körperpunkte die gleiche Geschwindigkeit und die gleiche Beschleunigung. Es ist dann unerheblich, welcher Körperpunkt zur Charakterisierung des Bewegungszustandes herangezogen wird. In der Praxis heißt das, dass auch die Bewegung großer Objekte (Fahrzeuge, Flugzeuge, Planeten) – abhängig von der konkreten Fragestellung – hinreichend genau durch die Bewegung eines Punktes beschrieben werden kann. Welcher Punkt gewählt wird, ist im Einzelfall aus praktischen Erwägungen zu entscheiden. Wenn auch kinetische Fragestellungen[6] zu beantworten sind und Drehbewegungen eine Rolle spielen, wird häufig der Massenmittelpunkt S (Schwerpunkt) benutzt.

---

[5] Die dritte Kongruenzabbildung, die Spiegelung, kommt als Bewegung in der Ebene offensichtlich nicht in Frage.

[6] Die Kinetik beantwortet die Frage nach dem Zusammenhang zwischen den Kräften und Kraftmomenten auf der einen Seite und der Bewegung der Körper auf der anderen.

Beispiel: Zwei Fahrzeuge auf einer geraden Straße sollen beschrieben werden. Die Frage ist, ob bei gegebener Bremsverzögerung ein Auffahrunfall stattfindet. Folgende Wahl ist praktisch: P$_1$ vordere Stoßstange des hinteren Fahrzeugs 1 und P$_2$ hintere Stoßstange des vorderen Fahrzeugs 2. Wenn beide Punkte am gleichen Ort sind, hat eine Berührung der Fahrzeuge stattgefunden. Bei positiver Relativgeschwindigkeit sprechen wir von einem Auffahrunfall.

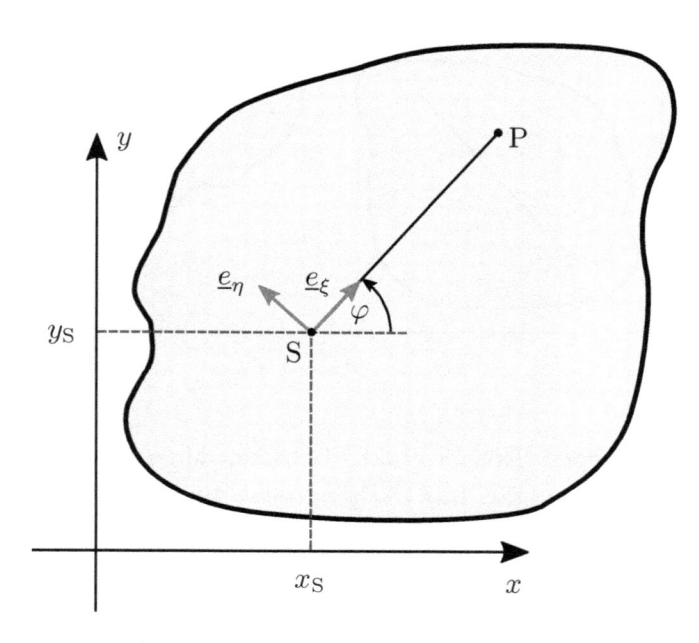

Abbildung 2.3.: Kinematik der ebenen Starrkörperbewegung

Lage und Orientierung Im allgemeinen ist die Lage und Orientierung eines Starrkörpers in der Ebene eindeutig durch drei skalare Größen gegeben (siehe Abbildung 2.3). Das können z. B. die Koordinaten des Massenmittelpunktes S (x_S und y_S) und ein Drehwinkel φ sein. Alle drei Größen sind im allgemeinen Funktionen der Zeit. Wenn ein Körper um einen raumfesten Punkt rotiert, genügt der Drehwinkel zur vollständigen Beschreibung der ebenen Bewegung.

Winkelgeschwindigkeit und -beschleunigung In Analogie zu Geschwindigkeit und Beschleunigung eines Punktes P werden Drehgeschwindigkeit (Winkelgeschwindigkeit) und Drehbeschleunigung (Winkelbeschleunigung) bei der ebenen Bewegung als Zeitableitungen eingeführt. Drehgeschwindigkeit und Drehbeschleunigung sind im Hinblick auf die besonderen Umstände bei der Beschreibung von räumlichen Drehungen die treffenderen Bezeichnungen. Da meist jedoch von Winkelgeschwindigkeit und Winkelbeschleunigung gesprochen wird, werden wir dies ebenfalls tun.

Es gilt bei Verwendung des Winkels φ für die Winkelgeschwindigkeit ω bei ebener Bewegung

$$\omega = \dot{\varphi} \tag{2.12}$$

und die Winkelbeschleunigung

$$\alpha = \dot{\omega} = \ddot{\varphi} \,. \tag{2.13}$$

Die Winkelgeschwindigkeit charakterisiert den Bewegungszustand bei der Drehbewegung und die Winkelbeschleunigung charakterisiert die Änderung des Bewegungszustands. Offensichtlich sind bei der ebenen Bewegung des Starrkörpers die Größen ω und $\dot{\omega}$ dem Körper zugeordnet und nicht davon abhängig, welcher Punkt des Körpers betrachtet wird.

Das Formelzeichen ω wird in allen dem Autor bekannten Büchern für die Winkelgeschwindigkeit benutzt. Für die Winkelbeschleunigung gibt es kein allgemein verwendetes Formelzeichen. Meist wird in Büchern einfach $\dot{\omega}$ geschrieben. In den Computerprogrammen wird in diesem Buch häufig das Formelzeichen α verwendet (in Anlehnung an a für die Beschleunigung).

2.3. Generalisierte Koordinaten und die Kettenregel

Generalisierte Koordinaten

Im allgemeinen wird die Lage und Orientierung aller Körper im System zu Beginn der Herleitung über die entsprechenden Koordinaten der Massenmittelpunkte und die Winkel gegenüber einer definierten Achse beschrieben. Bei der ebenen Bewegung von n Körpern sind dies $3n$ Koordinaten. Typischerweise unterliegen die Körper einer Vielzahl von Bindungen, z. B. Verbindungen durch Gelenke, Hülsen, Normalkontakte. Der Freiheitsgrad des mechanischen Systems ist deutlich kleiner als $3n$. Alle Systeme, die wir im Buch untersuchen werden, haben den Freiheitsgrad 1 oder 2. Für eine effiziente Behandlung der Aufgaben ist es meist zweckmäßig, eine minimale Anzahl geeigneter Größen zur Beschreibung der Lage und Orientierung zu wählen – bei Freiheitsgrad 1 genaue eine Größe, bei Freiheitsgrad 2 genau zwei Größen. Die Größen (Längen oder Winkel), die zur Beschreibung der Kinematik genutzt werden, nennen wir generalisierte Koordinaten. Wenn die minimale Menge an generalisierten Koordinaten verwendet wird, spricht man von Minimalkoordinaten. In der Literatur werden die generalisierten Koordinaten häufig mit dem Buchstaben q bezeichnet.

Wir betrachten ausschließlich Systeme, in denen alle Lage- und Orientierungskoordinaten für das mechanische System aus den generalisierten Koordinaten allein über algebraische Gleichungen berechnet werden können. Solche Systeme nennt man holonom[7]. Häufig hängen die Bindungsgleichungen nicht explizit von der Zeit ab. Solche Bindungen werden „skleronom" genannt. Bindungen, die explizit von der Zeit abhängen, werden im Gegensatz dazu „rheonom" genannt.

---

[7]Im Gegensatz dazu wird ein System nichtholonom genannt, wenn Bindungsgleichungen nur in differentieller Form bestehen. Genaueres findet sich in Kapitel I, §3 in [47] und in Kapitel II, §5 in [15].

Kettenregel: Funktionen mit mehreren Veränderlichen

Die generalisierten Koordinaten seien in einer Spaltenmatrix organisiert, d. h. $\mathbf{q} = \{q_1, q_2, \ldots\}^T$, und eine Größe u, z. B. eine andere Koordinate, lässt sich aus den generalisierten Koordinaten über eine Funktion f berechnen,

$$u = f(\mathbf{q}) \, . \tag{2.14}$$

Wenn u eine Koordinate ist, dann beschreibt die Funktion f eine holonome, skleronome Bindung. Es gilt dann für die Zeitableitung $\dot{u}$ gemäß Kettenregel

$$\dot{u} = \sum_i \frac{\partial f}{\partial q_i} \dot{q}_i = \operatorname{grad} f \cdot \dot{\mathbf{q}} \, . \tag{2.15}$$

In der praktischen Arbeit mit dem Computer können die partiellen Ableitungen (der Gradient) ggf. mittels automatischer Differentiation (AD) bestimmt werden. Im Julia-Paket `ForwardDiff` gibt es die Befehle `derivative` für eine Ableitung nach einer Veränderlichen und `gradient` für die Berechnung des Gradienten bei mehreren Veränderlichen. Der Gradient ist ein Vektor bzw. eine Zeilenmatrix.

Wenn statt einer skalaren Größe u eine vektorielle Größe $\underline{u}$ (bzw. eine Spaltenmatrix) vorliegt, dann ist Gleichung (2.15) entsprechend auf jede skalarwertige Komponente des Vektors (bzw. jeden Eintrag der Spaltenmatrix) anzuwenden. Exemplarisch sei auf Aufgabe 7.7 *Polarer Manipulator*, Seite 124ff, verwiesen.

Beispiel 1 Betrachten Sie die Gleichung (7.16) in Aufgabe 7.3, Seite 112. Die Koordinate y_C der Last wird als Funktion der (generalisierten) Koordinate x_A der Person angegeben, wobei offensichtlich x_A eine Funktion der Zeit ist. Die anderen Größen (y_D und l) sind Konstanten. Um die Geschwindigkeit $\dot{y}_C$ zu ermitteln, muss die Kettenregel gemäß Gleichung (2.15) angewendet werden, wobei hier nur eine Koordinate $q_1 = x_A$ auftritt.

Beispiel 2 Im Abschnitt 7.9, Seite 130, wird eine umlaufende Kurbelschleife untersucht. Die Bindungsgleichung (7.40), die den Drehwinkel θ des Antriebs mit dem Drehwinkel φ des Abtriebs verknüpft, lautet

$$f(\theta, \varphi) = \sqrt{2} \sin(\theta - \varphi) - \cos \varphi = 0 \tag{2.16}$$

bzw. aufgelöst nach φ

$$\varphi = \arctan\left(\left(\sin \theta - \frac{1}{2}\sqrt{2} \right) \frac{1}{\cos \theta} \right) = \Psi(\theta) \, . \tag{2.17}$$

Der Drehwinkel φ eines Bauteils hängt von dem Drehwinkel θ eines anderen Bauteils ab, d. h. $\varphi = \Psi(\theta)$. Für die Winkelgeschwindigkeit $\dot{\varphi}$ gilt demnach

$$\dot{\varphi} = \frac{\partial \Psi}{\partial \theta} \dot{\theta} \, . \tag{2.18}$$

Beispiel 3 Für die Schubkurbel aus Aufgabe 7.5, Seite 119ff, gibt Gleichung (7.25) die Position s des Schiebers als Funktion vom Kurbelwinkel φ an. Bei der Berechnung der Geschwindigkeit $v = \dot{s}$ des Schiebers in Abhängigkeit vom Bewegungszustand der Kurbel ist ebenfalls die Kettenregel zu berücksichtigen (siehe auch Gleichungen (9.17) und (9.20) von Seite 236).

Zur Auffrischung empfiehlt sich der Blick in einschlägige Mathematikbücher, z. B. Meyberg und Vachenauer [30] Abschnitt 2.6 (Kapitel 7, §2), Papula Band 2 [35], Kapitel III-2, Bättig [2], Kapitel 8 und Smirnow [43] Abschnitte 69 und 153 (Kapitel II, §5 bzw. Kapitel V, §1).

Kettenregel: Implizite Funktionen

Häufig liegt die (holonome) Bindungsgleichung als implizite Funktion vor, im skleronomen Fall

$$f(\mathbf{q}) = 0, \qquad (2.19)$$

im rheonomen Fall

$$f(\mathbf{q}, t) = 0. \qquad (2.20)$$

In den meisten Aufgaben in diesem Buch lässt sich die Bindungsgleichung nach den „überzähligen" Koordinaten auflösen. Die Gleichungen, die die „überzähligen" Koordinaten, nennen wir sie u_i, mit den Minimalkoordinaten verknüpfen, haben dann die Form (2.14).

In der Praxis gelingt das Auflösen der nichtlinearen Gleichung(en) häufig nicht (gar nicht oder zumindest nicht mit vertretbarem Aufwand). Dann sind die Bindungsgleichungen der Form (2.19) bzw. (2.20) numerisch nach den „überzähligen" Koordinaten aufzulösen. Die Zeitableitungen der „überzähligen" Koordinaten werden dann wie folgt berechnet. Wir betrachten den skleronomen Fall, Gleichung (2.19), für den Spezialfall von zwei Koordinaten q_1 und q_2 und Freiheitsgrad 1. Die Koordinate q_1 soll als Minimalkoordinate dienen; die Koordinate q_2 ist demnach von q_1 abhängig. Dann folgt durch einmaliges bzw. zweimaliges Differenzieren aus (2.19)

$$0 = f_1 \dot{q}_1 + f_2 \dot{q}_2 \qquad (2.21)$$
$$0 = f_1 \ddot{q}_1 + f_2 \ddot{q}_2 + f_{11} \dot{q}_1^2 + 2 f_{12} \dot{q}_1 \dot{q}_2 + f_{22} \dot{q}_2^2 \,, \qquad (2.22)$$

wobei die Abkürzungen

$$f_i = \frac{\partial f}{\partial q_i} \qquad (2.23)$$

$$f_{ij} = \frac{\partial^2 f}{\partial q_i \partial q_j} \qquad (2.24)$$

verwendet werden und $f_{12} = f_{21}$ gilt. Demnach gelten für $\dot{q}_2$ und $\ddot{q}_2$ die folgenden Formeln:

$$\dot{q}_2 = -\frac{f_1}{f_2} \dot{q}_1 \qquad (2.25)$$

$$\ddot{q}_2 = -\frac{f_1 \ddot{q}_1 + f_{11} \dot{q}_1^2 + 2 f_{12} \dot{q}_1 \dot{q}_2 + f_{22} \dot{q}_2^2}{f_2} \,. \qquad (2.26)$$

Achtung: Die sieben Funktionen f, f_i und f_{ij} sind alle von q_1 und q_2 und damit mittelbar von der Zeit t abhängig. In der numerischen Simulation ergibt sich folgender Ablauf für jeden Zeitpunkt.

Schritt 1: Bestimmung der unbekannten Werte für die überzähligen Koordinaten durch numerisches Lösen der Bindungsgleichung (2.19) bzw. (2.20). Dazu müssen der Zeitpunkt und die numerischen Werte für alle Minimalkoordinaten vorliegen.

Schritt 2: Berechnung der ersten Zeitableitung der überzähligen Koordinaten gemäß (2.25) aus der Zeit und den Werten aller Koordinaten.

Schritt 3: Berechnung der zweiten Zeitableitung der überzähligen Koordinaten gemäß (2.26) aus der Zeit und den Werten aller Koordinaten und ersten Zeitableitung aller Koordinaten.

Die zweiten Ableitungen können in einer Matrix, der sogenannten Hesse-Matrix, organisiert werden,

$$\mathbf{H}_f = \begin{bmatrix} f_{11} & f_{12} \\ f_{21} & f_{22} \end{bmatrix}, \tag{2.27}$$

wobei daran erinnert sei, dass $f_{12} = f_{21}$ gilt. In anderen Worten: die Hesse-Matrix $\mathbf{H}_f$ ist symmetrisch. Offensichtlich gilt

$$f_{11}\dot{q}_1^2 + 2f_{12}\dot{q}_1\dot{q}_2 + f_{22}\dot{q}_2^2 = \dot{\mathbf{q}}^T \mathbf{H}_f \dot{\mathbf{q}} \tag{2.28}$$

Im Julia-Paket `ForwardDiff` gibt es den Befehl `hessian` für die Berechnung der Hesse-Matrix $\mathbf{H}_f$ bei mehreren Veränderlichen.

Beispiel 4 Für die umlaufende Kurbelschleife (Aufgabe 7.9, Seite 130ff) ist in Gleichung (7.40) die Bindungsgleichung in impliziter Form angegeben. Die Gleichung (7.40) verknüpft den Winkel θ des Antriebs mit dem Winkel φ des Abtriebs. In dem Fall lässt sich die Bindungsgleichung nach dem Winkel φ des Abtriebs auflösen (siehe oben). Das muss in der Praxis aber nicht immer so sein.

Beispiel 5 Für die Kurbelschwinge (Aufgabe 7.11, Seite 136) ist in Gleichung (7.52) die Bindungsgleichung in impliziter Form angegeben. Die Gleichung (7.52) verknüpft den Winkel θ_1 des Antriebs (Kurbel) mit dem Winkel θ_2 des Bauteils 2. In dem Fall ist die Auflösung der Bindungsgleichung nach dem Winkel θ_2 nicht trivial. Daher wird es in der Aufgabe nicht versucht, sondern es wird konsequent mit der impliziten Gleichung gearbeitet. Die Formeln (2.25) und (2.26) finden sich in Form der Gleichungen (7.58) auf Seite 140 wieder.

Näheres zur Hesse-Matrix siehe z. B. Meyberg-Vachenauer [30] Abschnitt 3.2 in Kapitel 7, §3.

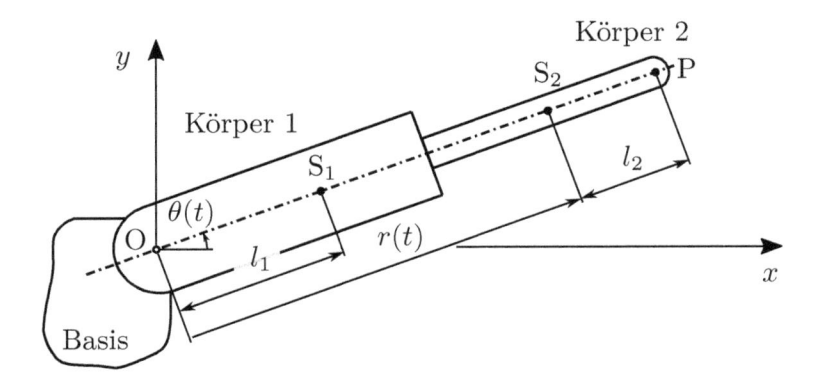

Abbildung 2.4.: Polarer Manipulator als Beispiel für bewegte Bezugssysteme

2.4. Bewegte Bezugssysteme, Inertialsysteme

Die Bewegung eines Körpers wird häufig von einem bewegten Bezugssystem aus beobachtet oder vermessen.

Roboter/Manipulator Beim dargestellten Roboterarm kann Körper 2 gegenüber Körper 1 mit einem Linearantrieb (elektrisch, hydraulisch, pneumatisch) relativ verschoben werden. Diese Aus- oder Einfahrbewegung wird über die Größe $r(t)$ als Relativverschiebung gegenüber Körper 1 beschrieben. In anderen Worten: Die Bewegung von Körper 2 wird im ersten Ansatz gegenüber Körper 1 beschrieben. Ein an Körper 1 befestigtes Koordinatensystem ist demnach das Bezugssystem für die Bewegung von Körper 2. Wenn Körper 1 sich um O dreht, handelt es sich um ein bewegtes Bezugssystem.

Bewegungen in einer Maschine Die Bewegung von Bauteilen einer Maschinen wird zweckmäßigerweise gegenüber dem Maschinengehäuse geschrieben. Das Maschinengehäuse selbst kann sich gegenüber der Erde bewegen, ist demnach ein bewegtes Bezugssystem.

Bewegungen auf der Erde Die Bewegungen von Fahrzeugen, Flugzeugen, Maschinen wird meist bezüglich der „ruhenden Umgebung" beschrieben. Genaugenommen ist die Erde ein bewegtes Bezugssystem und unsere vermeintlich „absolute" Beschreibung ist genaugenommen eine relative.

Aus der Schule ist bekannt, dass für die Translationsbewegung eines Körpers der einfache Zusammenhang „Kraft ist gleich Masse mal Beschleunigung" gilt. Ein Inertialsystem ist ein Bezugssystem, bei dem – im Rahmen der klassischen Mechanik[8] – das Gesetz für die im Bezugssystem gemessene Beschleunigung exakt gilt.
Ein Bezugssystem, das sich geradlinig gleichförmig gegenüber dem Fixsternhimmel bewegt, ist für unsere Zwecke ein Inertialsystem. Für viele praktische Anwendungen

---
[8]Zur Erinnerung: Mechanik ohne relativistische oder quantenmechanische Phänomene

des Maschinen- oder Fahrzeugbaus ist die Erde in hinreichend guter Näherung ein Inertialsystem, obwohl sie sich gegenüber dem Fixsternhimmel bewegt.

Weitere Ausführungen zum Thema Inertialsystem finden sich z. B. im Buch von Landau und Lifschitz [23], Kapitel I, §3 *Das Galileische Relativitätsprinzip*.

2.5. Ausblick räumliche Bewegung

Bei der freien räumlichen Bewegung eines Starrkörpers werden sechs unabhängige Variablen benötigt. Die Orientierung des Körpers wird dann z. B. über Euler- oder Kardanwinkel beschrieben. Die Vektor der Drehgeschwindigkeit ergibt sich *nicht* direkt durch Ableiten der drei Winkel. In der Mehrkörpersystemdynamik werden die Lage und Orientierung mathematisch über Transformationen beschrieben. Häufig wird dies die analytische Beschreibung genannt. In der klassischen Vektormechanik nach Newton und Euler werden meist die Vektorgleichungen

$$\underline{r}_P = \underline{r}_A + \underline{r}_{AP} \tag{2.29}$$

$$\underline{v}_P = \underline{v}_A + \underline{\omega} \times \underline{r}_{AP} \tag{2.30}$$

$$\underline{a}_P = \underline{a}_A + \underline{\dot{\omega}} \times \underline{r}_{AP} + \underline{\omega} \times (\underline{\omega} \times \underline{r}_{AP}) \tag{2.31}$$

benutzt. Wir werden meist die analytische Beschreibung nutzen.

Erläuterungen zur Drehgeschwindigkeit bei räumlichen Bewegungen können den meisten Mechanikbüchern oder dem Buch von Lindgren [26] entnommen werden. Ausführungen zur analytischen Beschreibung, wie sie typischerweise in MKS-Programmen genutzt werden, finden sich u. a. im Buch von Haug [17].

2.6. Integration der Bewegungsgleichungen

Die Anwendung der Naturgesetze liefert i. a. Gleichungen für die Beschleunigung. Die Berechnung des Bewegungszustands und von Lage/Orientierung der Körper eines mechanischen Systems benötigt im letzten Schritt die Integration der Bewegungsgleichungen.

Allgemeine Formen der Bewegungsgleichungen

Hat das mechanische System den Freiheitsgrad 1 und ist die generalisierte Koordinate mit q bezeichnet, dann ergibt sich die Bewegungsgleichung in der Form

$$\ddot{q} = f(\dot{q}, q, t) \,. \tag{2.32}$$

Die Funktion f kann ein komplizierte Funktion der generalisierten Koordinate q, der zugehörigen Zeitableitung $\dot{q}$ und der Zeit t sein. Im einfachsten Fall ist sie eine Konstante. Systeme, bei denen f linear in q und $\dot{q}$ ist, werden z. B. in den Fachgebieten Schwingungslehre und Maschinendynamik sehr ausführlich untersucht. Die höchste

Ableitung in der Bewegungsgleichung (2.32) ist die zweite; demnach liegt eine gewöhnliche Differentialgleichung 2. Ordnung vor.

Für Systeme mit Freiheitsgrad $N > 1$ liefern die Naturgesetze ein System aus Differentialgleichungen. Statt $\ddot{q}$ steht auf der linken Seite das Produkt aus der verallgemeinerten Massenmatrix $\mathbf{M}$ und der Spaltenmatrix $\ddot{\mathbf{q}}$ der generalisierten Beschleunigungen. Auf der rechten Seite steht statt einer skalaren Funktion eine Spaltenmatrix $\mathbf{f}$ mit den Funktionen aller generalisierten Koordinaten q_k, den zugehörigen Zeitableitungen $\dot{q}_k$ und der Zeit t.

$$\begin{bmatrix} M_{11} & M_{12} & \cdots \\ M_{21} & M_{22} & \cdots \\ \vdots & \vdots & \ddots \end{bmatrix} \begin{Bmatrix} \ddot{q}_1 \\ \ddot{q}_2 \\ \vdots \end{Bmatrix} = \begin{Bmatrix} f_1(t, \dot{q}_1, q_1, \dot{q}_2, q_2, \ldots) \\ f_2(t, \dot{q}_1, q_1, \dot{q}_2, q_2, \ldots) \\ \vdots \end{Bmatrix} \text{ bzw. } \mathbf{M}\ddot{\mathbf{q}} = \mathbf{f} \qquad (2.33)$$

Die Massenmatrix $\mathbf{M}$ kann, je nach mechanischem System und der gewählten Beschreibungsweise, regulär oder singulär sein. Die Elemente M_{ij} der Massenmatrix können vom Zustand $\mathbf{q}$, $\dot{\mathbf{q}}$ abhängen oder konstant sein. Die meisten Methoden führen auf die Form (2.33).

Wenn das Prinzip des kleinsten Zwanges verwendet wird, können die Bewegungsgleichungen alternativ auch in der Form

$$\mathcal{Z}(\ddot{q}_1, \ddot{q}_2, \ldots) = \min! \qquad (2.34)$$

als echtes Minimumproblem für die skalare Funktion $\mathcal{Z}$ geschrieben werden. Wenn mehr generalisierte Koordinaten verwendet werden als nötig, dann ist die Extremwertaufgabe (2.34) durch entsprechende Nebenbedingungen auf Beschleunigungslevel zu ergänzen. Die Extremwertaufgabe (2.34) kann numerisch gelöst werden, ohne die Bewegungsgleichung explizit in der Form (2.33) angeben zu müssen. Die Nutzung der Befehle `minimize` in Python bzw. `optimize` in Julia werden wir in vielen Beispielen dafür nutzen.

Bei der Integration der Bewegungsgleichungen treten – wie immer beim Integrieren – Integrationskonstanten auf. Bei dynamischen Problemen sind typischerweise Lage und Geschwindigkeit zu Beginn (meist $t = 0$) bekannt. Die um die Anfangsbedingungen ergänzten Bewegungsgleichungen legen das sogenannte Anfangswertproblem fest.

Integration bei konstanter Beschleunigung

Im einfachsten Fall ist die Beschleunigung eine Konstante, $\ddot{q} = \tilde{a} = \text{const}$. Wenn für den Anfangszustand bei $t = 0$ die Werte $q(0)$ und $\dot{q}(0)$ bekannt sind, ergibt sich durch einmaliges bzw. zweimaliges Integrieren das Folgende.

$$\dot{q} = \tilde{a}t + \dot{q}(0) \qquad (2.35)$$

$$q = \frac{1}{2}\tilde{a}t^2 + \dot{q}(0)t + q(0) \qquad (2.36)$$

Die generalisierte Geschwindigkeit $\dot{q}$ ist eine lineare Funktion der Zeit. Die Koordinate q hängt quadratisch von der Zeit ab. Analog ist für jede einzelne Koordinate vorzugehen, wenn der Freiheitsgrad größer als 1 ist.

Integration bei linearen Differentialgleichungssystemen

Ein häufiger Fall, insbesondere in der Schwingungslehre, Maschinendynamik und Regelungstechnik, sind Bewegungsgleichungen in Form von Systemen linearer Differentialgleichungen mit konstanten Koeffizienten. Die Bewegungsgleichung lautet dann

$$\mathbf{M}\ddot{\mathbf{q}} + \mathbf{D}\dot{\mathbf{q}} + \mathbf{K}\mathbf{q} = \mathbf{f}, \qquad (2.37)$$

wobei alle Matrizen konstant sind. Standardwege zur Lösung solcher Gleichungen sind der $e^{\lambda t}$-Ansatz oder die Laplace-Transformation. Insbesondere bei der Benutzung von Computern bietet sich u. U. auch die Nutzung der Matrixexponentialfunktion an. Hinweis: Die Bewegungsgleichungen müssen „ursprünglich" nicht notwendigerweise linear sein. Häufig werden nichtlineare Bewegungsgleichungen um gewählte Arbeitspunkte linearisiert.

Zur Lösung von gewöhnlichen Differentialgleichungen (einschließlich der Laplace-Transformation) finden sich in Kapitel 9 im Buch von Meyberg und Vachenauer [31] gut verständliche Ausführungen. Zudem können bei Papula [35] im Kapitel IV und bei Bättig [3] in den Kapiteln 4 bis 7 die Grundlagen nachgelesen werden. Lineare Systeme (einschließlich der Nutzung der Matrixexponentialfunktion) werden u. a. im Kapitel 1 im Buch von Perko [36] ausführlich besprochen. Bei Perko finden sich zudem ausführliche Darstellungen zur Dynamik nichtlinearer Systeme. Im übrigen finden sich in allen Büchern zur Schwingungslehre, Maschinendynamik oder Kinematik und Kinetik Ausführungen zur Lösung von linearen Differentialgleichungen. Zur linearen Approximation einer Funktion mehrerer Veränderlicher siehe Kapitel 7, §2, Abschnitt 2.4 in Meyberg und Vachenauer [30].

Integration im allgemeinen Fall

Im allgemeinen sind die Bewegungsgleichungen (2.33) nichtlinear in q_k und $\dot{q}_k$. Die Nichtlinearität kann sowohl durch die Geometrie bedingt sein als auch aus den konstitutiven Gleichungen der Systemkomponenten folgen[9]. Eine analytische Lösung der Bewegungsgleichungen ist daher nur in Sonderfällen und dann häufig mit deutlichem Aufwand zu erzielen.

In der Praxis wird ein Großteil der Anfangswertprobleme der Mehrkörpersystemdynamik numerisch gelöst. Das vorliegende Buch ist kein Buch zur numerischen Mathematik. Insofern liegt der Schwerpunkt auf der Nutzung vorhandener Löser in Python, Julia und SMath Studio. In Aufgabe 7.13 wird im Detail erläutert, wie der Befehl `odeint` in Python zur numerischen Lösung des Anfangswertproblems genutzt wird. Von besonderer Bedeutung ist dabei die Einsicht, dass eine Differentialgleichung 2. Ordnung (oder ein System von Differentialgleichungen 2. Ordnung) in ein System 1. Ordnung umzuschreiben ist.

---

[9]Die Anwendung von Sinussatz, Cosinussatz oder des Satzes des Pythagoras führt zu trigonometrischen Funktionen oder Wurzelfunktionen in den Bewegungsgleichungen (geometrische Nichtlinearität). Physikalische Nichtlinearität folgt häufig aus nichtlinearen Federkennlinien, nichtlinearen Dämpferkennlinien oder Reibungskräften.

In den Aufgaben 8.13 und 8.14 werden Integrationsverfahren 1. und 2. Ordnung im Detail erläutert, vor allem, um das Grundprinzip der numerischen Lösung von Anfangswertproblemen zu verstehen. Wer tiefer einsteigen möchte, sei auf die umfangreiche Literatur zur numerischen Mathematik verwiesen (z. B. Novak [33]).

3. Kinetik: Vorbetrachtungen und Energiebilanz

Die Kinetik ist das Fachgebiet, dass den Bewegungszustand (beschrieben über die kinematischen Größen) in Relation zu den wirkenden Kräften und Kraftmomenten setzt. Eines der zentralen Naturgesetze der Kinetik ist die Bilanz der kinetischen Energie, die Aussagen darüber trifft, wie sich die kinetische Energie eines mechanischen Systems unter der Einwirkung von Kräften und Kraftmomenten zeitlich ändert. Für die Formulierung der Naturgesetze sind die Definitionen der massenkinematischen Größen von Bedeutung.

Die in diesem Kapitel behandelten Größen und Beziehungen finden sich in Abbildung 1.1 von Seite 18 im linken Kasten *Kinematische und massenkinematische Größen und Beziehungen* (Massenmittelpunkt, Massenträgheitsmoment, kinetische Energie) und in den beiden Kästen in der Mitte *Operative Verknüpfungen* (Leistung) und *Naturgesetze/Bilanzen* (Bilanz der kinetischen Energie). Zudem wird an das aus der Statik bekannte Schnittprinzip (L. Euler) erinnert.

3.1. Vorbetrachtungen

3.1.1. Masse und Massenmittelpunkt

Einem Körper $\mathcal{B}$ (materiell geschlossenes System) wird die positive skalare Größe Masse zugeordnet[1]. Die Masse (gemessen z. B. in der Einheit Kilogramm) ist aus dem Alltag und aus der Statik von der Berechnung der Gewichtskräfte bekannt. Es gilt die Additivität der Masse. Wenn ein Körper $\mathcal{B}$ als Vereinigung zweier Teilkörper $\mathcal{B}_1$ und $\mathcal{B}_2$ entsteht, dann ist die Masse von $\mathcal{B}$ die Summe der Massen der beiden Teilkörper. Zudem setzen wir voraus, dass die Masse eines Körpers $\mathcal{B}$ zeitlich konstant ist.

Der Massenmittelpunkt S, der für unsere Betrachtungen mit dem aus der Statik bekannten Schwerpunkt zusammenfällt, ist durch

$$\underline{r}_S = \frac{1}{m} \int_{\mathcal{B}} \underline{r}(P,t) \, dm \tag{3.1}$$

gegeben. Für zusammengesetzte Körper ergibt sich das bekannte Ergebnis

$$\underline{r}_S = \frac{1}{m} \sum_i (\underline{r}_{Si} m_i) \quad \text{mit} \quad m = \sum_i m_i \,. \tag{3.2}$$

---

[1] Wir unterscheiden hier nicht zwischen träger und schwerer Masse.

In Worten: Der Massenmittelpunkt S berechnet sich als gewichteter Mittelwert der Massenmittelpunkte $\underline{r}_{Si}$ der Einzelkörper. Das Wichtungsmaß oder Gewicht sind die Massen m_i der Teilkörper.

3.1.2. Massenträgheitsmoment und der Satz von Steiner

Für die Untersuchung der Drehbewegung wird eine weitere massengeometrische Größe benötigt, das Massenträgheitsmoment (moment of inertia). Für die ebene Bewegung ist das Massenträgheitsmoment eine skalare Größe. Anders als bei der Masse bedarf das Massenträgheitsmoment der Angabe eines Bezugspunktes. Bezüglich des Massenmittelpunktes S schreiben wir für gewöhnlich J_S für das Massenträgheitsmoment. In anderen Büchern wird der Buchstabe Θ verwendet und der Bezugspunkt hochgestellt. In der Praxis wird das Massenträgheitsmoment typischerweise Tabellenbüchern entnommen oder ergibt sich aus CAD-Modellen. Für die ebene Bewegung in einer Ebene mit $z = \text{const.}$ kann allgemein

$$J_S = \int_{(m)} x^2 + y^2 \, dm \tag{3.3}$$

geschrieben werden. Der Koordinatenursprung für die Integration liegt dabei im Massenmittelpunkt S.

Bei der Verschiebung des Bezugspunktes, z. B. im Zuge der Berechnung von J_S für zusammengesetzte Körper, gilt der Verschiebungssatz/der Satz von Steiner (Parallel-Axis Theorem): Es sei g_1 eine Gerade durch den Massenmittelpunkt S und g_2 eine zu g_1 parallele Gerade im Abstand d von g_1. Für das Massenträgheitsmoment des Körpers mit Masse m bezüglich eines Punktes A auf g_2 gilt

$$J_A = J_S + md^2 \,. \tag{3.4}$$

Es ist unmittelbar einsichtig, dass $J_A \geq J_S$ gilt. Von allen Geraden parallel zu einer gegebenen Richtung ist jene durch den Massenmittelpunkt S die mit dem kleinsten Massenträgheitsmoment. Für einen Massenpunkt gilt entsprechend für das Massenträgheitsmoment $J_A = md^2$, da der Eigenanteil $J_S = 0$ ist.

Zuweilen wird der sogenannte Trägheitsradius r_T (radius of gyration) gemäß

$$r_T = \sqrt{\frac{J_S}{m}} \leftrightarrow J_S = m r_T^2 \tag{3.5}$$

anstelle des Massenträgheitsmomentes gegeben.

Bei räumlicher Bewegung tritt an die Stelle des Skalars J_S ein symmetrischer Tensor 2. Stufe mit sechs unabhängigen Bestimmungsstücken (siehe Abschnitt 4.3).

3.1.3. Schnittprinzip

Für alle makroskopischen physikalischen Systeme lassen sich die universellen Naturgesetze in gleicher mathematischer Form aufstellen. Die Naturgesetze (z. B. in der Statik

Kräfte- und Momentengleichgewicht) gelten gleichermaßen für einen Körper, für Systeme von Körpern, für ein beliebig herausgeschnittenes Subsystem, für ein infinitesimales Körperelement etc. solange wir im Gültigkeitsbereich der behandelten Theorie (hier klassische Mechanik) bleiben. Gleiches gilt auch für die übrigen physikalischen Aussagen (konstitutive Beziehungen), solange die Systeme auch in den Materialeigenschaften und in der Struktur gleichartig sind.

Zudem setzen wir voraus, dass für jedes von seiner Umgebung getrennte System eine vollständige mathematische Beschreibung der Wechselwirkungen des Systems mit seiner Umgebung existiert. In der Technischen Mechanik sind die Wechselwirkungsgrößen z. B. die Kräfte und Kraftmomente in Lagern und die Schnittgrößen in Bauteilen.

Die Anwendung des Schnittprinzips und das Anfertigen von Freischittskizzen (freebody diagram) sind Kernelemente der Statiklehrveranstaltung (meist Technische Mechanik 1) und eine der großen Hürden für Studienanfänger und -anfängerinnen. In der Statik und Festigkeitslehre ist das Freischneiden Bestandteil nahezu jeder Aufgabe. Wir werden sehen, dass für viele kinetische Fragestellungen das Freischneiden vermieden werden kann.

3.2. Mechanische Leistung und kinetische Energie

> Die Leistung P einer Einzelkraft $\underline{F}$ ist als das Skalarprodukt von Kraft und Geschwindigkeit $\underline{v}_P$ des Kraftangriffspunktes P definiert,
>
> $$P = \underline{F} \cdot \underline{v}_P \,. \qquad (3.6)$$

Gemäß Gleichung (3.6) ist die Leistung P eine zu jedem Zeitpunkt definierbare skalare Größe. Die Leistung hängt im allgemeinen von der Zeit und der konkreten Bewegung des Punktes P ab. Die Gesamtleistung mehrerer Kräfte errechnet sich als Summe der Einzelleistungen,

$$P = \sum_j \underline{F}_j \cdot \underline{v}_j \,. \qquad (3.7)$$

Der Vorteil der Definition (3.6) gegenüber der häufig benutzten Definition „Leistung ist Arbeit je Zeit", mit der Arbeit als Wegintegral der Kraft, ist die Einfachheit der Berechnung.

Im Hinblick auf die Darstellung der Größen und Beziehungen in Abbildung 1.1 von Seite 18 ist die Leistung in das Kästchen *Operative Verknüpfungen* einzuordnen. Die Lastgröße Kraft und die kinematische Größe Geschwindigkeit werden multiplikativ miteinander verknüpft, um eine neue Größe, die Leistung, zu bilden. Ob die so definierte Größe Leistung nützlich ist, ist an diesem Punkt noch nicht geklärt.

Analog gilt bei ebener Bewegung für ein Kraftmoment M und die Winkelgeschwindigkeit ω

$$P = M\omega \,. \qquad (3.8)$$

Bei räumlicher Bewegung sind Kraftmoment und Winkelgeschwindigkeit Vektoren und die multiplikative Verknüpfung ist das Skalarprodukt.

Wird ein mechanisches System aus mehreren Körpern mit Freiheitsgrad $N \geq 1$ über die generalisierten Koordinaten $q_1 \ldots q_\nu$, $\nu \geq N$ beschrieben, lässt sich die Leistung auf die Gestalt

$$P = \sum_{k=1}^{\nu} Q_k \dot{q}_k \qquad (3.9)$$

umformen. Die darin auftretenden Größen Q_k werden generalisierte Kräfte genannt. Abhängig davon, ob q_k eine Länge oder ein Winkel ist, ist die Größe Q_k eine Kraft oder ein Kraftmoment. Das Produkt der beiden Größen ist stets eine Leistung.

Neben der Leistung einer Kraft ist die Arbeit einer Kraft eine gebräuchliche Größe. Sie ist definiert als das Wegintegral der Kraft,

$$W_{12} = \int_{\underline{r}_1}^{\underline{r}_2} \underline{F} \cdot \mathrm{d}\underline{r}. \qquad (3.10)$$

Das Skalarprodukt sorgt dafür, dass bei der Berechnung der Arbeit nur die Projektion der Kraft in Richtung des Weges berücksichtigt wird. Ist die Kraft entlang des zwischen den Orten 1 und 2 zurückgelegten Weges konstant und wirkt stets in Richtung des Weges, dann gilt einfach Arbeit W_{12} ist Kraft F mal zurückgelegter Weg s, als Formel $W_{12} = Fs$.

> Zeigen Sie, dass die Zeitableitung der Arbeit einer Kraft die nach Gleichung (3.6) definierte Leistung ist.
> Wann ist das Skalarprodukt zweier Vektoren positiv, negativ oder Null? Welche Arbeit leistet eine Kraft, die stets senkrecht zum Weg steht?

Als weitere massenkinematische Größe wird die kinetische Energie E_kin gemäß der Formel

$$E_\text{kin} = \int_\mathcal{B} \underline{v} \cdot \underline{v} \, \mathrm{d}m \qquad (3.11)$$

eingeführt. In Abbildung 1.1 von Seite 18 ist die kinetische Energie in den linken Kasten *Kinematische und massenkinematische Größen und Beziehungen* einzuordnen.

Die kinetische Energie E_kin eines in der Ebene bewegten Starrkörpers ist

$$E_\text{kin} = \frac{1}{2}m\underline{v}_S^2 + \frac{1}{2}J_S\omega^2, \qquad (3.12)$$

wobei S der Massenmittelpunkt des Körpers und J_S das Massenträgheitsmoment bezüglich S sind. Besteht das System aus mehreren Körpern, so ist die kinetische Energie aller Körper zu addieren.

> Zeigen Sie, dass aus der allgemeinen Definition der kinetischen Energie, Gleichung (3.11), die Formel für die kinetische Energie beim Starrkörper, Gleichung (3.12), folgt, wenn für die Geschwindigkeit $\underline{v}$ die Eulersche Geschwindigkeitsformel (2.30) für den Starrkörper angesetzt wird.

Aus der Schule ist die kinetische Energie für den Starrkörper in der oben stehenden Form meist bekannt. Bei räumlicher Bewegung ist die Winkelgeschwindigkeit ein Vektor und das Massenträgheitsmoment ein Tensor 2. Stufe. Der Summand für den rotatorischen Anteil nimmt dann entsprechend eine andere Gestalt an.

3.3. Bilanz der kinetischen Energie oder Energiesatz der Mechanik

> Beim Starrkörper gilt: die zeitliche Änderung der kinetischen Energie E_kin ist gleich der Leistung P_e der eingeprägten Kräfte und Kraftmomente. Beim deformierbaren Körper gilt für die Bilanz der kinetischen Energie
> $$\dot{E}_\text{kin} = P_\text{e} - P_\text{i} \,, \tag{3.13}$$
> mit der inneren Leistung oder Deformationsleistung P_i.

Für deformierbare Körper ist die Bilanz der kinetischen Energie ein eigenständiges Naturgesetz. Sie lässt Rückschluss auf die Deformationsleistung P_i zu. Im Fall von Starrkörpersystemen genügen zwei der drei fundamentalen Gesetze (Bilanz der kinetischen Energie, Kräfte- und Momentengleichung). In Abbildung 1.1 von Seite 18 ist die Bilanz der kinetischen Energie in den Kasten *Naturgesetze/Bilanzen* einzuordnen.

Nach dem ersten Hauptsatz der Thermodynamik[2] führt die Deformationsleistung P_i neben der Wärmeleistung P_q zu einer zeitlichen Änderung der inneren Energie U,

$$\dot{U} = P_\text{i} + P_\text{q} \,. \tag{3.14}$$

Aus der Bilanz der kinetischen Energie (3.13) folgt der Arbeitssatz:

$$E_{\text{kin}2} - E_{\text{kin}1} = W_{12} \,. \tag{3.15}$$

Die Änderung der kinetischen Energie zwischen zwei Zeitpunkten entspricht der geleisteten Arbeit. Bei Starrkörpersystemen ist nur die Arbeit der äußeren Kräfte und Kraftmomente zu berücksichtigen; die mit der Formänderung verbundene Arbeit entfällt. Der Arbeitssatz ist kein fundamentales Naturgesetz, sondern lässt sich aus den anderen Gesetzen herleiten.

---
[2] Erläuterungen finden sich u. a. im Thermodynamikbuch von I. Müller [32] oder im Buch von G. Hamel [14].

3.4. Erhaltung der mechanischen Energie

Aus der Schulphysik ist bekannt, dass viele Kräfte, die sogenannten konservativen Kräfte, aus einem Potential (einer potentiellen Energie) abgeleitet werden können. In anderen Worten: statt die beobachtete Wirkung über eine Kraft zu beschreiben, kann im Falle konservativer Kräfte die Beschreibung über eine potentielle Energie erfolgen.

Beispiel 1: Im Schwerefeld der Erde erfährt ein Körper der Masse m eine Gewichtskraft mit dem Betrag mg in Richtung des Erdmittelpunktes. Dieser Gewichtskraft kann eine potentielle Energie $E_{\text{pot}} = mgy$ zugeordnet werden. Die y-Achse hat die Richtung der Verbindungslinie vom Erdmittelpunkt zum Schwerpunkt des Körpers und ihr Richtungssinn ist vom Erdmittelpunkt zum Körperschwerpunkt hin. Es gilt offensichtlich der Zusammenhang

$$\underline{F}_{\text{G}} = -mg\underline{e}_{\text{y}} = -\frac{\partial E_{\text{pot}}}{\partial y}\underline{e}_{\text{y}} = -\operatorname{grad} E_{\text{pot}} \,. \tag{3.16}$$

Beispiel 2: Eine Feder speichert potentielle Energie, wenn sie aus dem ungedehntem Zustand gestreckt oder gestaucht wird. Für die skalarwertige Komponente der Federkraft in Richtung der Längsachse der Feder gilt bei linearer Kennlinie (Steifigkeit c)

$$F_{\text{F}} = c\Delta l \,, \tag{3.17}$$

wobei mit Δl die Längenänderung der Feder bezeichnet wird. Für die potentielle Energie kann

$$E_{\text{pot}} = \frac{1}{2}c\Delta l^2 \tag{3.18}$$

geschrieben werden. Man erkennt, dass auch in diesem Beispiel der Ausdruck für die Federkraft durch Ableiten der potentiellen Energie gewonnen werden kann. Wir werden zu einem späteren Zeitpunkt am Beispiel vertiefen, wie die Anwendung der potentiellen Energie für die Feder in (vergleichsweise) komplizierten Fällen funktioniert.

Falls alle Kräfte aus einem Potential ableitbar sind[3], dann folgt aus der Bilanz der kinetischen Energie für Starrkörpersysteme die Aussage

$$\dot{E}_{\text{kin}} + \dot{E}_{\text{pot}} = \frac{\mathrm{d}}{\mathrm{d}\,t}(E_{\text{kin}} + E_{\text{pot}}) = 0 \,. \tag{3.19}$$

Aus Gleichung (3.19) folgt unmittelbar, dass die Größe $E_{\text{kin}} + E_{\text{pot}}$ zeitlich konstant ist. Das nennt man die Erhaltung der mechanischen Energie (in konservativen Systemen). Alternativ kann auch die Energieerhaltung in der Form

$$E_{\text{kin1}} + E_{\text{pot1}} = E_{\text{kin2}} + E_{\text{pot2}} \tag{3.20}$$

geschrieben werden. Die Gleichung (3.20) ist wie folgt zu lesen.

---

[3] Nochmal: Alle Kräfte sind aus einem Potential ableitbar heißt, dass alle Kräfte Potentialkräfte/konservative Kräfte sind. Die häufigsten Vertreter in unseren Aufgaben sind Gewichts- und Federkräfte.

- Betrachte zwei Zustände des mechanischen Systems (hier 1 und 2 genannt) für zwei verschiedene Zeiten t_1 und t_2.

- Schreibe für beide Zustände die Summe aus kinetischer und potentieller Energie und ggf. die Arbeit W_{12}.

- Setze beide Summen, also die für Zustand 1 und die für Zustand 2, gleich und löse nach der gesuchten Größe (Lage oder Geschwindigkeit) auf.

Die Erhaltung der mechanischen Energie führt bei manchen Aufgaben zu einfachen und schnellen Lösungen. Aber nochmal zur Erinnerung: Die Erhaltung der mechanischen Energie gilt nur in konservativen Systemen. Insbesondere dürfen Reibungseffekte oder Antriebskräfte für die betrachtete Bewegung keine (nennenswerte) Rolle spielen. Zudem liefert die Energieerhaltung nur eine Gleichung. Hat das System einen Freiheitsgrad größer als 1, genügt selbst bei konservativen Systemen die Energieerhaltung nicht aus, um die Bewegung des Systems vollständig zu ermitteln.

Zeigen Sie am Beispiel des einfachen Feder-Masse-Systems im Schwerefeld der Erde (Masse m, Federsteifigkeit c, Erdbeschleunigung g, ohne Dämpfung/Widerstand), dass die Energieerhaltung in diesem Fall gilt.

4. Kinetik: Kräftegleichung und Momentengleichung

Kräfte- und Momentengleichung sind typischerweise das Fundament des Fachgebietes Kinetik im Rahmen eines Grundkurses zur Technischen Mechanik. Dies folgt im wesentlichen der historischen Entwicklung. Im vorliegenden Buch dürfen diese beiden Gleichungen selbstverständlich nicht fehlen, auch wenn wir sie im folgenden kaum benutzen.

Aus der Statik kennen wir die zentralen Größen Kraft und Kraftmoment bereits. In der Statik sind das Kräftegleichgewicht und das Momentengleichgewicht die fundamentalen Naturgesetze, die bei praktisch jeder Aufgabe herangezogen werden. In diesem Kapitel wird gezeigt, wie die Naturgesetze der Statik anzupassen sind, um auch dynamische Vorgänge korrekt beschreiben zu können. Grundsätzlich sollten diese Gesetze aus dem Schulunterricht bekannt sein.

Die Größen Kraft und Kraftmoment sind in den rechten Kasten *Lasten und Beanspruchungen* in Abbildung 1.1 von Seite 18 einzuordnen. Die Größen Beschleunigung, Impuls, Drehimpuls gehören in den linken Kasten *Kinematische und massenkinematische Größen und Beziehungen*. Die hier behandelten Naturgesetze Kräftegleichung und Momentengleichung, die die Lasten und die (massen-)kinematischen Größen miteinander verbinden, sind in den Kasten *Naturgesetze/Bilanzen* einzuordnen.

Im Buch von Szabo [48] lässt sich diese historische Entwicklung im Kapitel I gut nachvollziehen. Eine Diskussion mit historischen Anmerkungen findet sich auch bei Magnus und Müller-Slany [28] im Abschnitt 6.2.1.

4.1. Kräftegleichung und Impulsbilanz

In vielen Büchern zur Technischen Mechanik und auch im Schulunterricht werden die Bewegung von „Massepunkten" und das Bewegungsgesetz „Kraft gleich Masse mal Beschleunigung" an den Anfang der Kinetik gesetzt[1].

---

[1] Dieses Bewegungsgesetz wird häufig das Newtonsche Grundgesetz oder das zweite Newtonsche Axiom genannt.

Kräftegleichung/Newtonsches Bewegungsgesetz Wir formulieren ganz allgemein für beliebige Körper:

> Der Massenmittelpunkt S eines beliebigen Körpers $\mathcal{B}$ mit der Masse m bewegt sich unter dem Einfluss von äußeren Kräften gemäß der Kräftegleichung
> $$m\underline{a}_S = \underline{F}_R \, . \tag{4.1}$$
> Die rechte Seite der Gleichung ist die resultierende Kraft aller äußeren Kräfte.

Man kann sagen, dass sich der Massenmittelpunkt S so bewegt, als ob die gesamte Masse in ihm vereinigt wäre und alle äußeren Kräfte an ihm angriffen. Die entscheidene kinematische Größe ist die Beschleunigung.

Aus der Kräftegleichung/dem Newtonschen Bewegungsgesetz (4.1) folgen unter anderem drei Aussagen.

- Die Beschleunigung (des Massenmittelpunktes) und die resultierende Kraft haben die gleiche Richtung und den gleichen Richtungssinn.

- Die Bewegung des Massenmittelpunktes eines Körpers (bzw. eines abgeschlossenen Systems) kann durch innere Kräfte nicht geändert werden.

- Der Massenmittelpunkt eines Körpers (bzw. eines abgeschlossenen Systems) bewegt sich geradlinig gleichförmig, genau dann, wenn die Resultierende der äußeren Kräfte verschwindet.

Wir wiederholen: Die entscheidende kinematische Größe in diesem Naturgesetz ist die Beschleunigung. Die Beschleunigung ist bezüglich eines Inertialsystems zu messen. Eine Beschleunigung (= zeitliche Änderung der Geschwindigkeit) liegt sowohl vor, wenn sich der Betrag der Geschwindigkeit ändert als auch bei einer Änderung der Richtung bei konstantem Betrag. Der Geschwindigkeitsvektor lässt sich stets als Bahngeschwindigkeit (Skalar) multipliziert mit dem Tangentenvektor an die Bahn schreiben. Der Beschleunigungsvektor hat i. a. sowohl eine von Null verschiedene Tangential- als auch eine von Null verschiedene Normalkomponente. Die Kräftegleichung (4.1) gilt für Körper konstanter Masse. Die Kräftegleichung gilt für Festkörper und Fluide. Es gibt *keine* Einschränkung auf starre Körper. Aus dem Schnittprinzip folgt, dass die Kräftegleichung auch für ein infinitesimales Masseelement dm gilt.

Die Kräftegleichung macht Aussagen zur translatorischen Bewegung eines Körpers. Das Gesetz gilt bei beliebiger Bewegung des starren Körpers; bei Rotation reicht es lediglich für eine vollständige Beschreibung der Bewegung nicht aus. Das ist vergleichbar mit der Notwendigkeit, in der Statik neben dem Kräftegleichgewicht auch das Momentengleichgewicht zu benutzen.

Impulsbilanz Mit der physikalischen Größe Impuls $\underline{I} = m\underline{v}_\mathrm{S}$, kann die Kräftegleichung (4.1) als Impulsbilanz für einen Körper $\mathcal{B}$ aufgefasst werden,

$$\frac{\mathrm{d}\underline{I}}{\mathrm{d}t} = \underline{F}_\mathrm{R} \ . \tag{4.2}$$

Die Größe $\underline{v}_\mathrm{S}$ im Ausdruck für den Impuls ist die Geschwindigkeit des Massenmittelpunktes. Zur Erinnerung: Der Körper $\mathcal{B}$ hat die zeitlich konstante Masse m, sodass m in die Zeitableitung hineingezogen werden kann.

Aus Gleichung (4.2) folgt unter anderem, dass beim Verschwinden der an einem beliebigen Körper angreifenden resultierenden Kraft $\underline{F}_\mathrm{R}$ der Impuls erhalten bleibt. Bei Systemen aus mehreren Starrkörpern mit Massen m_j und Massenmittelpunktgeschwindigkeiten $\underline{v}_{\mathrm{S}j}$ gilt demnach bei $\underline{F}_\mathrm{R} = \underline{0}$

$$\sum_j \underline{I}_j = \sum_j m_j \underline{v}_{\mathrm{S}j} = \mathrm{const.} \tag{4.3}$$

Die Impulserhaltung wird u. a. bei Stoßprozessen verwendet. Dann gilt häufig in guter Näherung, dass äußere Kräfte während der kurzen Zeitspanne des Stoßprozesses vernachlässigt werden können.

Krummlinige Koordinaten Bei der praktischen Anwendung von Gleichung (4.1) in krummlinigen Koordinaten ist darauf zu achten, dass die Beschleunigung als absolute Ableitung des Geschwindigkeitsvektors aufzufassen ist. Mit den Mitteln der Tensorrechnung lässt sich für beliebige krummlinige Koordinaten die linke Seite in einen Ausdruck umformen, der statt „Masse mal Beschleunigung" Ableitungen der kinetischen Ergänzungsenergie T aufweist[2]. Wenn die so umgeformte Kräftegleichung für alle Körper eines Systems aufaddiert wird, ergeben sich die in der Mehrkörpersystemdynamik häufig genutzten Lagrange-Gleichungen. Auf der rechten Seite stehen dann die uns bereits bekannten generalisierten Kräfte.

4.2. Momentengleichung

So wie in der Statik das Kräftegleichgewicht nicht genügt, so muss der Kräftegleichung beim Aufbau der Kinetik eine weitere Gleichung hinzugefügt werden, die Momentengleichung, Drallsatz, Drehimpulsbilanz oder 2. Bewegungsgesetz (Euler) heißt. Die dafür notwendige massenkinematische Größe Drehimpuls oder Drall bezüglich eines Punktes O ist als

$$\underline{L}^{(\mathrm{O})} = \int_\mathcal{B} (\underline{r}_{\mathrm{OK}} \times \underline{v}_\mathrm{K})\,\mathrm{d}m \ . \tag{4.4}$$

definiert, wobei der Punkt K bei der Integration durch den Körper „wandert".

---

[2]Herleitung siehe z. B. Kapitel 11 im Buch von Kay [20]. Die Größe T ist im Fall der klassischen Mechanik wertgleich mit der bekannten kinetischen Energie E_kin und ist lediglich eine Funktion der generalisierten Koordinaten und Geschwindigkeiten. Insofern entfällt in dieser Schreibweise die Notwendigkeit, die Beschleunigungen auszurechnen. Dafür ist T mehrfach abzuleiten, was in komplexen System ebenfalls nicht einfach ist.

> Die Momentengleichung (der Drallsatz, das 2. Bewegungsgesetz, etc.) lautet
>
> $$\underline{M}^{(O)} = \frac{\mathrm{d}\,\underline{L}^{(O)}}{\mathrm{d}\,t}\,. \qquad (4.5)$$
>
> Hierbei sind $\underline{L}^{(O)}$ der Drehimpuls bezüglich eines raumfesten Punktes O und $\underline{M}^{(O)}$ das resultierende Kraftmoment bezüglich des raumfesten Punktes O.

In Worten: Die absolute zeitliche Änderung des Gesamtdralls eines Systems bezogen auf einen ruhenden Bezugspunkt O ist gleich dem resultierenden Kraftmoment aller auf das System einwirkenden äußeren Kräfte und Kraftmomente bezogen auf O.

Für die Beschreibung der Bewegung starrer Körper bezieht man sich häufig nicht auf einen ruhenden Punkt O sondern auf den sich i. a. beschleunigt bewegten Massenmittelpunkt S, für den eine analoge Formulierung der Momentengleichung gilt. Im vorliegenden Buch beschränken wir uns auf ebene Bewegungen. Für die ebene Bewegung eines Starrkörpers ist der Drehimpuls als

$$L^{(S)} = J_S \omega \qquad (4.6)$$

definiert. Der Drehimpuls ist in diesem Fall eine skalare Größe, das Massenträgheitsmoment J_S ebenso. Da die Richtung der Drehachse zeitlich konstant ist (meist z-Richtung), ist die Zeitableitung des Drehimpulses im ebenen Fall $\dot{L}^{(S)} = J_S \dot\omega$.

> Die Momentengleichung für die <u>ebene</u> Bewegung eines Starrkörpers lautet
>
> $$M^{(S)} = J_S \dot\omega\,, \qquad (4.7)$$
>
> wobei J_S das Massenträgheitsmoment bezüglich des Massenmittelpunktes S ist.

Wie bereits in Abschnitt 1.3 ausgeführt, muss der Drallsatz im Allgemeinen separat axiomatisch eingeführt werden[3]. Für den Starrkörper kann man den Drallsatz aus der Existenz der Energiebilanz herleiten.

---

[3]Erinnert sei erneut an die Ausführungen von Truesdell [49]. Bei Magnus und Müller-Slany [28] lohnt sich ein Blick in Abschnitt 6.2.3 *Der Drallsatz*. Bei Gummert und Reckling [13], die ein kontinuumsmechanisches Modell und die Spannungen an den Anfang stellen, werden die Axiome der Mechanik im gleichnamigen Kapitel 4 erörtert.

4.3. Ausblick: Momentengleichung bei räumlicher Starrkörperbewegung

Die Kräftegleichung (4.1) gilt in gleicher Form für ebene und räumliche Bewegungen. Die Herausforderung bei der Beschreibung räumlicher Bewegungen liegt in den Drehungen und den damit verbundenen mathematischen Schwierigkeiten. Man kann zeigen, dass beim Starrkörper der Drehimpuls oder Drall eine lineare Abbildung der Drehgeschwindigkeiten ist, d. h. es gilt

$$\underline{L}^{(P)} = \underline{\underline{J}}_P \underline{\omega} \,, \tag{4.8}$$

mit dem symmetrischen Massenträgheitstensor $\underline{\underline{J}}_P$. Der Drallsatz für den Starrkörper lautet dann

$$\underline{M}^{(P)} = \underline{\dot{L}}^{(P)} = \underline{\underline{J}}_P \underline{\dot{\omega}} + \underline{\omega} \times \left(\underline{\underline{J}}_P \underline{\omega} \right) \,, \tag{4.9}$$

sofern der Punkt P der Massenmittelpunkt oder ein körperfester Fixpunkt ist. Der Trägheitstensor ist sinnvollerweise in einem körperfesten (d. h. mitrotierenden) Koordinatensystem anzugeben. Gleichung (4.9) ist grundlegend in der Kreiselmechanik.

5. Kinetik: Prinzip des kleinsten Zwangs und Gibbs-Appell-Gleichungen

Das Prinzip des kleinsten Zwangs von Gauß und die Gibbs-Appell-Gleichungen sind weitere Formulierungen der naturgesetzlichen Zusammenhänge der Kinetik und können alternativ zu Kräftegleichung und Momentengleichung genutzt werden. Auch sie gehören in den Kasten *Naturgesetze/Bilanzen* in Abbildung 1.1 von Seite 18.

5.1. Das Prinzip des kleinsten Zwangs von Gauß

5.1.1. Einführung und Formulierung des Prinzips

Im Vorwort wurde das Prinzip des kleinsten Zwanges von C. F. Gauß[1] bereits kurz vorgestellt. Es ist eine weitere Möglichkeit, die Bewegungsgleichungen von mechanischen Systemen herzuleiten. Für mechanische Mehrkörpersysteme mit vielen Bindungen und niedrigem Freiheitsgrad ist das Prinzip von Gauß insbesondere bei Verwendung eines Computers eine sehr bequeme Möglichkeit, die Bewegungsgleichung aufzustellen. Im Vergleich zum Vorgehen nach Newton und Euler (Kräftegleichung und Momentengleichung) entfällt das Freischneiden, sofern die Zwangskräfte nicht berechnet werden sollen.

Das Prinzip des kleinsten Zwanges besagt, dass die wirkliche Bewegung in möglichst großer Übereinstimmung mit der freien Bewegung verläuft; in anderen Worten unter möglichst kleinem „Zwang". Im allgemeinen wird der Zwang $\mathcal{Z}$ als

$$\mathcal{Z} = \int \left(\underline{a} - \frac{\mathrm{d}\underline{F}}{\mathrm{d}m} \right)^2 \mathrm{d}m \qquad (5.1)$$

definiert, mit Beschleunigung $\underline{a}$ und eingeprägter Kraft $\mathrm{d}\underline{F}$. Gleichung (5.1) kann auch als

$$\mathcal{Z} = \int \left(\underline{a} - \underline{f}_\mathrm{R} \right)^2 \mathrm{d}m \qquad (5.2)$$

geschrieben werden, wobei $\underline{f}_\mathrm{R}$ die auf die Masse bezogene resultierende Kraft ist[2]. Für

---

[1] Carl Friedrich Gauß, 30. April 1777 (Braunschweig) bis 23. Februar 1855 (Göttingen)
[2] Die Resultierende $\underline{f}_\mathrm{R}$ berücksichtigt sowohl die am Körperelement angreifenden Volumen- als auch die Oberflächenkräfte.

die ebene Bewegung eines Systems von Starrkörpern kann die Funktion Zwang als

$$\mathcal{Z} = \sum_j \left[\frac{1}{2m_j} \left(m_j \underline{a}_{Sj} - \underline{F}_{Rj} \right)^2 + \frac{1}{2J_{Sj}} \left(J_{Sj} \dot{\omega}_j - M_{Rj}^{(S)} \right)^2 \right] \quad (5.3)$$

geschrieben werden. Der Index j ist von 1 bis zur Anzahl der Körper zu iterieren. Für die praktische Durchführung mag eine Tabelle, in der für alle Körper des Systems die Massenmittelpunktbeschleunigungen, Winkelbeschleunigungen, die wirkende Kräfte und Kraftmomente zusammengetragen werden, hilfreich sein.

> Betrachtet wird die ebene Bewegung eines Starrkörpers, bei der sich der Körper um eine durch den Schwerpunkt S gehende Achse dreht. Nutzen Sie Gleichung (5.2), um herzuleiten, dass
>
> $$J_S = \int_{(m)} x^2 + y^2 \, \mathrm{d}m \quad (5.4)$$
>
> gilt. Falls Sie mit der Tensorrechnung vertraut sind, dann leiten Sie anschließend auf gleichem Weg die Formel für den Massenträgheitstensor (Tensor 2. Stufe) her.

Das Prinzip des kleinsten Zwanges lautet wie folgt.

Die Beschleunigungen während der wahren Bewegung eines mechanischen Systems sind gerade so, dass der Zwang $\mathcal{Z}$ gemäß Gleichung (5.1) bzw. Gleichung (5.3) für den Sonderfall der ebenen Bewegung eines Systems aus starren Körpern minimal wird. Das Prinzip von Gauß ist ein echtes Minimumprinzip. Wenn eine Beschreibung in Minimalkoordinaten q_j vorliegt, lässt sich das Prinzip des kleinsten Zwanges formelmäßig als

$$\mathcal{Z}(\ddot{q}_1, \ddot{q}_2, \ldots) = \min! \quad (5.5)$$

schreiben. Die Minimumsuche, d.h. die Bestimmung der Beschleunigungen aus dem Zwang, kann analytisch oder numerisch erfolgen.

Wenn keine Minimalkoordinaten verwendet werden, ist die Minimumsuche gemäß (5.5) durch entsprechende Nebenbedingungen zu ergänzen.

Bei der analytischen Herleitung der Bewegungsgleichungen ist der Zwang $\mathcal{Z}$ nach den (generalisierten) Beschleunigungen zu differenzieren, um die Bewegungsgleichungen zu erhalten. Bei der numerischen Minimumsuche entfällt das symbolische Ableiten von $\mathcal{Z}$. Stattdessen wird das Minimum des Zwanges $\mathcal{Z}$ mittels geeigneter Algorithmen bestimmt. Dafür stehen die Befehle `minimize` in Python bzw. `optimize` in Julia zur Verfügung. Wenn die Beschleunigungen nicht konstant sind, ist die numerische Minimumsuche in jedem Zeitschritt erneut durchzuführen. In gewisser Weise ein Mittelweg zwischen einer analytischen Herleitung (mit Stift und Papier oder Computeralgebra) und einer rein numerischen Berechnung der Beschleunigungen mit einem „Minimumfinder" wie `minimize` bzw. `optimize` ist die Nutzung der automatischen Differentiation zur Berechnung der Beschleunigungen aus dem Zwang $\mathcal{Z}$ (semianalytische Minimumsuche in Abbildung 5.2).

Die Herleitung der Bewegungsgleichungen über virtuelle Beschleunigungen, wie es typischerweise in Büchern zu finden ist, ist weder notwendig noch erscheint es dem Autor aus didaktischer Sicht zielführend.

Szabo [48] verweist in Anlehnung an die Originalarbeit von Gauß auf die Nähe zur Methode der kleinsten Quadrate: *Das Prinzip ist offenbar eine Nachbildung der Methode der kleinsten Quadrate: Die freien Bewegungen werden infolge der Bindungen von der Natur auf dieselbe Weise modifiziert, wie der Mathematiker physikalische Messungen ausgleicht.*

Erläuterungen zum Prinzip finden sich u. a. in den Büchern von Hamel [15], Lanczos [22] und am ausführlichsten bei Papastavridis [34]. Im Buch von Papastavridis finden sich auch Anmerkungen zur Geschichte des Prinzips und wenige Aufgaben. Zudem sind die Ausführungen Stäckels [44] aus dem Jahr 1919 aufschlussreich. Dem Autor sind keine Arbeiten bekannt, in denen die numerische Minimumsuche in Zusammenhang mit dem Gaußschen Prinzip für die Bestimmung der Beschleunigungen genutzt wird.

5.1.2. Typische Vorgehensweise

Wir greifen die Überlegungen vom vorangegangenen Abschnitt auf. Abbildung 5.1 zeigt verschiedene Optionen, um aus dem Minimum-Prinzip

$$\mathcal{Z}(\ddot{q}_1, \ddot{q}_2, \dots) = \min!$$

die Beschleunigungen zu ermitteln[3]. In den folgenden zwei Paragraphen wird dies näher erläutert.

Analytische vs. numerische Minimumsuche Bei der praktischen Umsetzung des Prinzips des kleinsten Zwangs unterscheiden wir zwei Grenzfälle.

1. Analytische Herleitung der Bewegungsgleichung(en) und damit der Beschleunigung(en) aus dem Zwang $\mathcal{Z}$ durch symbolisches Ableiten des Zwangs nach den generalisierten Beschleunigungen (von Hand oder mittels Computeralgebra wie `Sympy` in Python). Das entspricht dem rechten Ast in Abbildung 5.1. Dabei ist im nächsten Schritt zu prüfen, ob Minimalkoordinaten genutzt werden (siehe nächster Paragraph).

2. Numerische Bestimmung der Beschleunigungen durch numerische Minimumsuche sowohl als Minimumsuche ohne Nebenbedingung (bei Verwendung von Minimalkoordinaten) als auch als Minimumsuche mit Nebenbedingungen. Das entspricht dem linken Ast in Abbildung 5.1.

---
[3] Die Abkürzungen ODE und DAE in Abbildung 5.1 stehen für Ordinary Differential Equation (gewöhnliche Differentialgleichung) bzw. Differential-algebraic Equation (Algebro-Differentialgleichungen). Letztere sind Gleichungssysteme, bei denen ein Teil der Gleichungen Differentialgleichungen und ein anderer Teil der Gleichungen algebraische Gleichungen sind.

```
                    ┌─────────────────────────────────────────┐
                    │ Naturgesetz (Prinzip des kleinsten Zwangs, Gauß) │
                    │      𝒵(q̈₁, q̈₂, . . .) = min!           │
                    └─────────────────────────────────────────┘
```

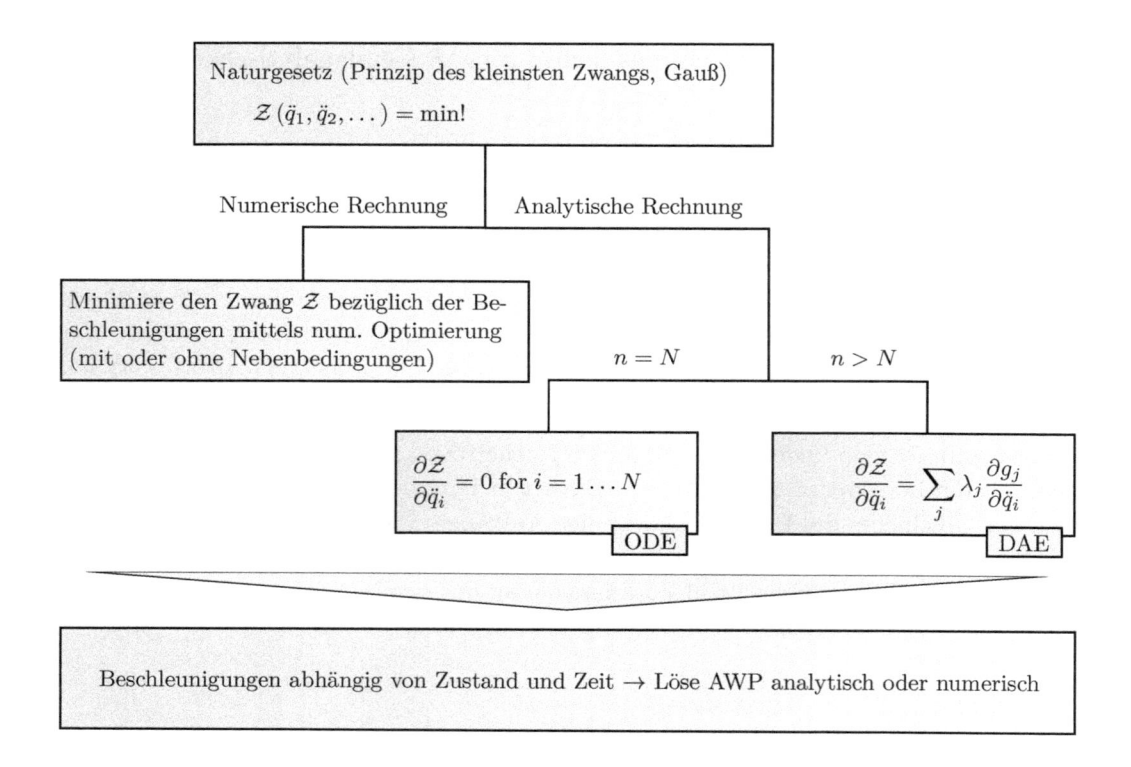

Abbildung 5.1.: Ermitteln der Beschleunigungen aus dem Minimum-Prinzip – verschiedene Optionen

In Python steht für die numerische Minimumsuche der Befehl `minimize` aus dem Paket `scipy.optimize` zur Verfügung. In Julia kann der Befehl `optimize` aus dem Paket `optim` dafür verwendet werden.

Alternativ zur rein numerischen Minimumbestimmung bietet sich der folgende Weg an: Das in den Beschleunigungen lineare Gleichungssystems grad $\mathcal{Z} = \underline{0}$ wird mittels automatischer Differentiation (Julia-Befehle `ForwardDiff.gradient` und `ForwardDiff.hessian`) bestimmt, d. h. die Koeffizientenmatrix und die rechte Seite des Gleichungssystems grad $\mathcal{Z} = \underline{0}$ werden bestimmt. Anschließend wird das lineare Gleichungssystems für die gesuchten Beschleunigungen gelöst[4].

Beide Varianten werden in zahlreichen Beispielen genutzt.

Für die numerische Bestimmung der Beschleunigung $\ddot{q}$ bei Freiheitsgrad-1-Systemen wird in einigen SMath Studio-Beispielen eine spezielle Art der Minimumsuche genutzt.

---
[4]Die kinematischen Beziehungen, die wir zulassen, sind stets als in den Beschleunigungen lineare Gleichungen formulierbar. Somit ist der Zwang $\mathcal{Z}$ eine quadratische Form der generalisierten Beschleunigungen. Das zu lösende Gleichungssystem grad $\mathcal{Z} = \underline{0}$ ist folglich linear in den generalisierten Beschleunigungen. Mittels automatischer Differentiation können die Koeffizientenmatrix und die rechte Seite für gegebene Zahlenwerte „exakt" aus der gegebenen Funktion $\mathcal{Z}$ bestimmt werden. Dieser Weg wird in Abbildung 5.2 semianalytische Minimumsuche genannt.

Bei Freiheitsgrad-1-Systemen ist der Zwang $\mathcal{Z}(\ddot{q})$ eine nach oben geöffnete Parabel. Durch Bestimmen des Scheitelpunktes der Parabel wird demnach die Stelle minimalen Zwangs berechnet. Diese Variante wird man ebenfalls eine „numerische" Berechnung nennen. Die Lage des Minimums wird jedoch nicht mit einem allgemeinen Minimum-Algorithmus gefunden, sondern über die bekannten Formeln für den Scheitelpunkt einer Parabel.

Minimalkoordinaten ja/nein Bei der analytischen Herleitung der Bewegungsgleichungen sind zwei Fälle zu unterscheiden. Wenn Minimalkoordinaten verwendet werden, handelt es sich um ein Extremwertproblem ohne Nebenbedingungen. Entsprechend muss

$$\frac{\partial \mathcal{Z}}{\partial \ddot{q}_k} = 0 \tag{5.6}$$

für alle $\ddot{q}_k$ gelten. Wenn die Zahl n der generalisierten Koordinaten größer als der Freiheitsgrad N des Systems ist, liegt ein Extremwertproblem mit Nebenbedingungen vor. Wie aus der Mathematik bekannt, kommen dann sogenannte Lagrange-Multiplikatoren λ_j hinzu. Exemplarisch wird die Arbeit mit Lagrange-Multiplikator in den Aufgaben 8.15 und 9.2 gezeigt.

Sieben Schritte Die sieben Schritte bei der Bearbeitung konkreter Aufgaben sind in Abbildung 5.2 dargestellt[5].
Im Schritt 4 sind links und rechts die beiden Grenzfälle „Numerische Minimumsuche" und „Analytische Minimumsuche" gezeigt. Dazwischen gibt es einen „fließenden" Übergang. Die zweite Variante von links – Numerische Minimumsuche mit Zusatzinformationen – bezieht sich darauf, dass der numerischen Minimumsuche Informationen wie Gradient und Hessematrix übergeben werden können. Sowohl Gradient als auch Hessematrix können mittels automatischer Differentiation bestimmt werden. Wenn der numerischen Minimumsuche Gradient und Hessematrix zur Verfügung stehen, konvergiert die Minimumsuche in einer Iteration.

> Warum konvergiert die Minimumsuche nach einer Iteration, wenn dem Löser Gradient und Hessematrix bekannt sind?

---

[5] Vergleiche dazu die Ausführungen in Abschnitt 6.3.1 von Seite 89 für die Lösung mit dem Prinzip von d'Alembert in der Fassung von Lagrange.

1	System verstehen (Bewegungsmöglichkeiten, Freiheitsgrad), Koordinaten wählen, ggf. Freischnitt anfertigen

2	Kinematische Beziehungen und eingeprägte Kräfte und Kraftmomente zusammentragen (ggf. tabellarisch)

3	Zwang $\mathcal{Z}$ unter Berücksichtigung aller Bewegungsmöglichkeiten und Kräfte/Kraftmomente aufstellen

	\multicolumn{4}{c}{Naturgesetz: $\mathcal{Z}(\ddot{q}_1, \ddot{q}_2, \ldots) = \min!$}
4	Numerische Minimumsuche (minimize, optimize)	Numerische Minimumsuche mit Zusatz- information (Gradient, Hessematrix)	Semianalyt. Minimumsuche mit AD	Analytische Minimumsuche (händisch, Computer- algebra)

5	Falls noch nicht geschehen: Kinematische Beziehungen für Koordinaten und Geschwindigkeiten sowie konstitutive Gesetze einsetzen

6	Gleichungen ggf. vereinfachen und analytisch oder numerisch lösen

7	Post Processing: Weitere Größen berechnen, Ergebnisse visualisieren und in Bezug auf die technische Fragestellung deuten

Abbildung 5.2.: Vorgehen nach dem Prinzip von Gauß

Trommel 1: J_1, r_1, R_1

Trommel 2: J_2, r_2, R_2

Seiltrommeln: Radien r_1, r_2

Reibräder: Radien R_1, R_2

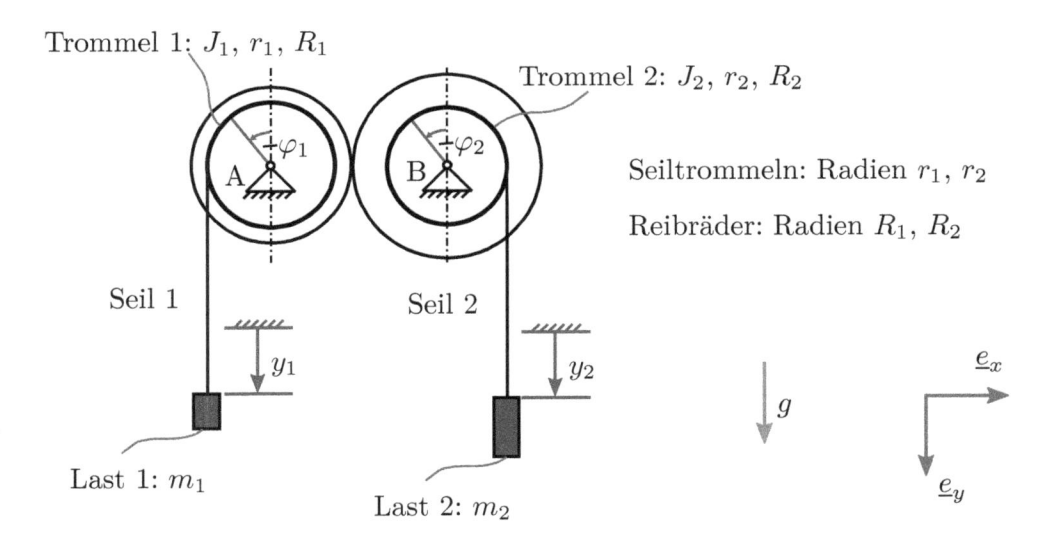

Seil 1 y_1

Seil 2 y_2

g

$\underline{e}_x$

$\underline{e}_y$

Last 1: m_1

Last 2: m_2

Abbildung 5.3.: Hebevorrichtung

Ein Beispiel Das dargestellte System (Abbildung 5.3) zeigt eine Hebevorrichtung bestehend aus zwei Seiltrommeln und zwei Lasten. Die Seiltrommeln (bzw. die Wellen der Seiltrommeln) sind über Reibräder verbunden, die in erster Näherung ohne Schlupf aufeinander abrollen. Es soll die Bewegungsgleichung für den Sonderfall ausgefallener Antriebe und Bremsen hergeleitet werden.

Auf der nächsten Seite ist ein übersichtliche Lösung der Aufgabe mit dem Prinzip des kleinsten Zwangs gezeigt. Die Seite kann im DIN A3-Format von der Website heruntergeladen werden. Sie kann Ihnen möglicherweise als Wegweiser bei der eigenen Aufgabenbearbeitung helfen.

Vollziehen Sie die Lösung Schritt für Schritt nach. Lösen Sie die Aufgabe außerdem mit Kräfte- und Momentengleichung. Welche Vorteile hat das Prinzip von Gauß im Vergleich zum Vorgehen mit Kräfte- und Momentengleichung?

1. Schritt: System verstehen

Trommel 1: J_1, r_1, R_1
Trommel 2: J_2, r_2, R_2

Seiltrommeln: Radien r_1 und r_2
Reibräder: Radien R_1 und R_2

Last 1: m_1 Last 2: m_2

Freiheitsgrad 1 (FG 1) → 1 generalisierte Koordinate genügt zur Beschreibung

- Reibräder 1, 2 sind mit den jeweiligen Seiltrommeln (1 bzw. 2) starr verbunden
- Der Reibkontakt zwischen Reibrad 1 und Reibrad 2 ist ohne Schlupf (reines Rollen)
- Trommeln 1 und 2 drehen sich um A bzw. B, wobei die Drehwinkel φ_1 und φ_2 gekoppelt sind (s. o.)
- Absenkbewegungen der Lasten sind mit den Drehbewegungen gekoppelt (Abwickeln ohne Schlupf)

Wenn beispielsweise der Winkel φ_1 der Seiltrommel 1 vorgegeben wird, dann folgen eindeutig die Bewegungen aller anderen Körper und damit die Werte für φ_2, y_1 und y_2

4 Koordinaten zur Beschreibung von Lage und Orientierung gewählt: φ_1, φ_2, y_1 und y_2
→ 3 kinematische Beziehungen notwendig.

Vernachlässigt:
☐ Reibung in den Lagern A und B
☐ Schlupf im Kontakt der Reibräder
☐ Dehnbarkeit und Masse der Seile
☐ Pendelbewegung der Lasten
☐ Verformbarkeit der Körper, etc.

Hinweis: Häufig sind bei Übungsaufgaben die Annahmen (nur) implizit enthalten.

2. Schritt: Kinematische Beziehungen und eingeprägte Kräfte und Kraftmomente zusammentragen

Rollen ohne Schlupf im Kontakt der starren Reibräder: $R_1 \dot\varphi_1 = -R_2 \dot\varphi_2$

Abwickeln der undehnbaren Seile ohne Durchrutschen: $\dot{y}_1 = r_1 \dot\varphi_1$ und $\dot{y}_2 = -r_2\dot\varphi_2 = r_2 \dfrac{R_1}{R_2}\dot\varphi_1$

Die 3 kinematischen Beziehungen gelten für alle Zeiten und behalten daher bei der Differentiation nach der Zeit ihre Gültigkeit.

Eingeprägte Kräfte und Kraftmomente (Bremse und Antrieb seien ausgefallen)
- Gewichtskräfte der Lasten: $m_1 g\, \vec{e}_y$ und $m_2 g\, \vec{e}_y$
- Eingeprägte Kraftmomente wären z. B. Brems- oder Antriebsmomente
- Zwangskräfte werden in $\mathcal{Z}$ nicht berücksichtigt!!!

3. Schritt: Zwang $\mathcal{Z}$ unter Berücksichtigung aller Bewegungsmöglichkeiten und Kräfte/Kraftmomente aufstellen

$$\mathcal{Z} = \frac{1}{2m_1}(m_1\ddot{y}_1 - m_1 g)^2 + \frac{1}{2m_2}(m_2\ddot{y}_2 - m_2 g)^2 + \frac{1}{2J_1}(J_1\ddot\varphi_1 - 0)^2 + \frac{1}{2J_2}(J_2\ddot\varphi_2 - 0)^2 \xrightarrow{\text{Einsetzen der Kinematik}} \frac{m_1}{2}(r_1\ddot\varphi_1 - g)^2 + \frac{m_2}{2}\left(r_2\frac{R_1}{R_2}\ddot\varphi_1 - g\right)^2 + \frac{J_1}{2}\ddot\varphi_1^2 + \frac{J_2}{2}\left(\frac{R_1}{R_2}\ddot\varphi_1\right)^2 \quad ; \quad \mathcal{Z} \text{ ist eine Funktion einer Variablen (hier } \ddot\varphi_1)$$

Gewichtskraft wirkt in Koordinatenrichtung — keine Antriebs- oder Bremsmomente — keine weiteren eingeprägten Kräfte

4. Schritt: Anwendung des Naturgesetzes $\mathcal{Z}(\ddot\varphi_1) = \min!$ (hier: analytische Auswertung)

Wir wiederholen: Das System hat den Freiheitsgrad 1. Daher genügt eine generalisierte Koordinate zur Beschreibung der Bewegung. Der Zwang $\mathcal{Z}$ ist demnach eine Funktion einer Variablen (hier $\ddot\varphi_1$).

Für das (lokale) Minimum muss $\dfrac{\partial \mathcal{Z}}{\partial \ddot\varphi_1} = 0$ gelten. Daraus folgt nach einigen Umformungen das gesuchte Ergebnis $\boxed{\ddot\varphi_1 = g\,\dfrac{m_1 r_1 + m_2 r_2 (R_1/R_2)}{m_1 r_1^2 + J_1 + (m_2 r_2^2 + J_2)(R_1/R_2)^2}}$. Dies ist die Bewegungsgleichung des Systems. Durch Integration ergeben sich Geschwindigkeiten und Lage/Orientierung.

5. Schritt: hier nicht notwendig

6. Schritt: Mit Hilfe der kinematischen Beziehungen werden alle anderen Beschleunigungen und Winkelbeschleunigungen berechnet.

7. Schritt: hier nicht dargestellt

Hinweis: Die Aufgabe wird bei Brommundt et al.: Technische Mechanik, DeGruyter, 5. Auflage, S. 282ff, mit dem Prinzip von d'Alembert (in der Ursprungsfassung) bearbeitet.

5.1.3. Einordnung des Prinzips

Gauß schreibt in seinem Artikel „Über ein neues allgemeines Grundgesetz der Mechanik" von 1829[6]:

> *Es liegt daher in der Natur der Sache, dass es kein neues Grundprinzip für die Bewegungs- und Gleichgewichts-Lehre geben kann, welches der Materie nach nicht in jenen beiden schon enthalten und aus ihnen abzuleiten wäre. Inzwischen scheint doch wegen dieses Umstandes noch nicht jedes neue Prinzip wertlos zu werden. Es wird allezeit interessant und lehrreich bleiben, den Naturgesetzen einen neuen vorteilhaften Gesichtspunkt abzugewinnen, sei es, dass man aus demselben diese oder jene einzelne Aufgabe leichter auflösen könnte, oder dass sich aus ihm eine besondere Angemessenheit offenbare.*

Dass es viele andere (ältere) Methoden gibt, sollte uns nicht davon abhalten, auch abseits der typischen Wege nach geeigneten Alternativen für die Grundlagenvorlesung zu schauen.

Warum erscheint das Prinzip des kleinsten Zwangs nicht in den Grundlagenbüchern? Einen Hinweis darauf geben die Ausführungen von Lanczos [22]: *The Gaussian principle of least constraint is thus a true minimum principle [...].* und weiter unten *[...] not requiring the calculus of variations because no definite integral, but an ordinary function, has to be minimized.* Das ist die gute Botschaft. Im folgenden nennt Lanczos den für ihn entscheidenden Nachteil: *However, the great disadvantage of the principle is that it requires the evaluation of the accelerations; this, in general, involves rather cumbersome and elaborate calculations [...].* Die Berechnung der Beschleunigungen ist tatsächlich zuweilen lästig. Hier empfiehlt sich bei aufwendigeren Aufgaben die Nutzung von Computeralgebrasystemen (z. B. `Sympy` in Python) oder die Verwendung der automatischen Differentiation (z. B. `ForwardDiff` in Julia)[7].

Stäckel [44] sieht im Prinzip des kleinsten Zwanges nicht eine beliebige weitere Methode zum Aufstellen der Bewegungsgleichungen. Er weist dem Prinzip des kleinsten Zwanges in seiner Veröffentlichung von 1919 *den Rang des Grundgesetzes der analytischen Mechanik* zu. Das Prinzip des kleinsten Zwanges gilt sowohl bei holonomen als auch bei nichtholonomen Bindungen und kann auch in singulären Fällen brauchbare Resultate liefern.

Für den Einsatz in der Lehre im Grundkurs zur Technischen Mechanik – Kinematik und Kinetik verbleibt die Frage, ob es auch einfach zu verstehen und anzuwenden ist. Der Autor denkt ja und tritt den Versuch eines Nachweises durch eine Vielzahl von gelösten Aufgaben in diesem Übungsbuch an. Fünf Vorteile wurden bereits im

---

[6] Die Rechtschreibung wurde den heutigen Regeln angepasst. Die beiden Prinzipien, auf die sich Gauß bezieht, sind das Prinzip der virtuellen Geschwindigkeiten und das Prinzip von d'Alembert.

[7] Das Buch von Lanczos wurde erstmalig 1949 veröffentlicht – lange bevor auf jedem Schreibtisch ein Computer stand. Er bezieht sich hier auf einen Vergleich mit den Methoden, die auf der kinetischen Energie basieren (Lagrange-Gleichungen). In der kinetischen Energie werden nur die Geschwindigkeiten, nicht jedoch die Beschleunigungen, benötigt. Dafür ist die kinetische Energie jedoch im weiteren nach der Zeit zu differenzieren – zuweilen auch kein Vergnügen.

Vorwort angeführt. Die Vorteile im Bereich der Qualitätssicherung und Arbeitseffizienz für Anwender und Anwenderinnen sollen noch einmal näher betrachtet werden.

Hohe Qualität des Ergebnisses und schnelle Abarbeitung einer gestellten Aufgabe sind häufig die relevanten Kriterien für eine „gute" Lösung. Hohe Qualität heißt bei computergestützten Berechnungen mechanischer Systeme meist eine dem Problem angepasste Modellbildung und eine korrekte Umsetzung in einem Berechnungsprogramm.

Häufig kommt es heute nicht mehr darauf an, den effizientesten Algorithmus zu implementieren sondern die Methode zu verwenden, bei der die Richtigkeit der Umsetzung am ehesten sichergestellt werden kann[8]. Was nutzt der Vorsatz, eine sehr effiziente numerische Umsetzung zu programmieren, wenn die Fehlerträchtigkeit auf dem Weg dahin groß ist oder wenn das Vorgehen die Entwicklungs- oder Konstruktionsabteilung unverhältnismäßig viel Zeit kostet? Zudem stehen leistungsfähige symbolische Manipulationsmöglichkeiten in vielen Programmiersprachen und Berechnungsprogrammen zur Verfügung.

> Dem Leitgedanken „Sicherheit vor numerischer Effizienz" folgend, rücken Methoden in den Vordergrund, die möglicherweise früher (ohne Computer) als zu aufwendig empfunden wurden. Tools wie Computeralgebra, numerische Minimumsuche und automatische Differentiation können, jedes für sich oder gemeinsam, das Vorgehen beim Herleiten der Bewegungsgleichungen deutlich ändern. Das gilt auch (und vielleicht sogar vor allem) für Studierende in den ersten Semestern.

Zwei elegante Methoden, die bisher keine Rolle in der Mechanik-Lehre spielten, das Prinzip des kleinsten Zwanges von Gauß und die Gibbs-Appell-Gleichungen, werden in diesem Buch vielfach benutzt. Beide Methoden kommen i. a. ohne Freischneiden aus und lassen sich gut mit dem Computer anwenden. Das Prinzip des kleinsten Zwanges ist aus Sicht des Autors zudem von seiner Klarheit und Eleganz kaum zu überbieten.

Eine interessante Notiz am Rand: Gauß schreibt zu den virtuellen Größen, von denen in der analytischen Mechanik so ausgiebig Gebrauch gemacht wird, das Folgende.

Der eigentümliche Charakter des Prinzips der virtuellen Geschwindigkeiten besteht darin, dass es eine allgemeine Formel zur Auflösung aller statischen Aufgaben, und so der Stellvertreter aller andern Prinzipe ist, ohne jedoch das Creditiv dazu so unmittelbar aufzuweisen, dass es sich, so wie es nur ausgesprochen wird, schon selbst als plausibel empföhle. In dieser Beziehung scheint das Prinzip, welches ich hier aufstellen werde, den Vorzug zu haben: es hat aber auch den zweiten, dass es das Gesetz der Bewegung und der Ruhe auf ganz gleiche Art in größter Allgemeinheit umfasst.

Auch viele Studierende zeigen deutliche Schwierigkeiten, sich mit virtuellen Größen (Verrückung, Geschwindigkeit, Arbeit) anzufreunden. Diese Notwendigkeit entfällt bei

---

[8] Selbstverständlich gibt es Anwendungen, bei denen die numerische Effizienz von höchster Wichtigkeit ist, z. B. wenn die Gleichungen zu Steuerungs- oder Regelungszwecken in Echtzeit zu lösen sind.

der Verwendung des Prinzip des kleinsten Zwangs. Das Prinzip kann zwar mit virtuellen Beschleunigungen ausgedrückt werden – muss aber nicht!

5.1.4. Abgeleitete Gleichungen

Alternativ zum oben beschriebenen Vorgehen können u. a. auch die Gibbs-Appell-Gleichungen oder die Fundamentalgleichung von Udwadia und Kalaba [50, 51] genutzt werden, die beide aus dem Prinzip des kleinsten Zwanges folgen. Die Gibbs-Appell-Gleichungen werden in einem eigenen Abschnitt ausführlicher behandelt. Die Fundamentalgleichung von Udwadia und Kalaba ergibt direkt ein System von Differentialgleichungen in der Form $\ddot{x} = \ldots$. Für die Nutzung der Fundamentalgleichung wird die Moore-Penrose-Pseudoinverse einer Matrix benötigt, die für die praktische Anwendung entweder symbolisch mit Computeralgebrasystemen oder in jedem Zeitschritt numerisch (Befehl `pinv` im Paket `numpy`) berechnet wird. Im Lehrbuch von Udwadia und Kalaba [52] sind die notwendigen Herleitungen und einige Beispiele zu finden.

5.2. Gibbs-Appell-Gleichungen

Wir werden uns im folgenden mit einer weiteren Methode zur Bestimmung der Bewegungsgleichungen eingehender beschäftigen: der Appell-Gleichungen oder Gibbs-Appell-Gleichungen[9]. Die Gibbs-Appell-Gleichungen folgen unmittelbar aus dem Prinzip des kleinsten Zwanges.

Die Bewegungsgleichung eines mechanischen Systems lässt sich nach Appell in der Form

$$\frac{\partial \mathcal{S}}{\partial \ddot{q}_i} = Q_i \qquad (5.7)$$

schreiben, wobei $\mathcal{S}$ die sogenannte Appellsche Funktion ist und die Q_j die generalisierten Kräfte. Die Appellsche Funktion $\mathcal{S}$ für die Massenmittelpunktsbewegung lautet

$$\mathcal{S} = \frac{1}{2} \sum_{i=1}^{n} \left(m_i \underline{a}_{Si}^2 \right) . \qquad (5.8)$$

Die strukturelle Ähnlichkeit zur kinetischen Energie lässt sich leicht erkennen. Statt der Geschwindigkeitsquadrate stehen hier die Beschleunigungsquadrate. Die generalisierten Kräfte sind die Vorfaktoren vor den generalisierten Geschwindigkeiten im Ausdruck der Leistung der eingeprägten Kräfte (siehe Gleichung (3.9) auf Seite 56).

---

[9]Paul Appell, 27. September 1855 (Straßburg) bis 24. Oktober 1930 (Paris), Josiah Willard Gibbs, 1839 bis 1903 (New Haven)

5.2.1. Herleitung für die Massenmittelpunktbewegung

Die Form (5.7) der Bewegungsgleichung gilt sehr allgemein und kann ohne Nachweis axiomatisch an den Anfang der Mechanik gesetzt werden. Es ist durchaus aufschlussreich und motivierend zu sehen, wie die Gleichung (5.7) aus der aus der Schule bekannten Kräftegleichung (Newtonsches Grundgesetz) hergeleitet werden kann. Bei der Herleitung beschränken wir uns auf die Massenmittelpunktsbewegung und schränken uns hinsichtlich der Bindungsgleichung wie folgt ein: Die Bindungen seinen zweiseitig, holonom und skleronom. Skleronom heißt eine Bindung, wenn die Bindungsgleichung nicht explizit von der Zeit abhängt. Wohlgemerkt: wir machen diese Einschränkungen für eine einfachere Herleitung. Der Gültigkeitsbereich der Gibbs-Appell-Gleichungen ist sehr viel größer.

Eine Behandlung der Gleichung von Appell ist in den wenigsten Lehrbüchern zur Technischen Mechanik zu finden. Es sei hier auf den Klassiker von Georg Hamel [15] und die Bücher von Papastavridis [34] und Päsler [38] verwiesen.

Mit den oben genannten Einschränkungen kann man für die Ortsvektoren der Massenmittelpunkte

$$\underline{r}_{Si} = \underline{c}_i(q_j) \tag{5.9}$$

schreiben ($i = 1\ldots n$). Die q_j sind die generalisierten Koordinaten, die die Lage des mechanischen Systems zu jedem Zeitpunkt eindeutig festlegen. Wir haben die generalisierten Koordinaten so gewählt, dass deren Anzahl gerade dem Freiheitsgrad N des mechanischen Systems entspricht (also $j = 1\ldots N \leq 3n$). Die generalisierten Koordinaten sind Funktionen der Zeit t. Für eine bessere Übersichtlichkeit vereinbaren wir die folgende Abkürzung

$$\partial_j \underline{c}_i := \frac{\partial \underline{c}_i}{\partial q_j} . \tag{5.10}$$

Dann gilt für Geschwindigkeit und Beschleunigung des Massenmittelpunktes

$$\underline{v}_{Si} = \dot{q}_j \partial_j \underline{c}_i , \tag{5.11}$$

$$\underline{a}_{Si} = \ddot{q}_j \partial_j \underline{c}_i + \text{Terme ohne } \ddot{q}_j . \tag{5.12}$$

Die Umformung der Kräftegleichung Wir nehmen die Kräftegleichung

$$m_i \underline{a}_{Si} = \underline{F}_{Ri} , \tag{5.13}$$

multiplizieren beide Seiten skalar mit dem Ausdruck $\ddot{q}_j \partial_j \underline{c}_i$ und erhalten

$$m_i \ddot{q}_j \partial_j \underline{c}_i \cdot \underline{a}_{Si} = \ddot{q}_j \partial_j \underline{c}_i \cdot \underline{F}_{Ri} , \tag{5.14}$$

wobei für den Index j die Einsteinsche Summenkonvention gelten soll.
Nun addieren wir die Gleichungen (5.14) für alle n Körper auf und erhalten

$$\sum_{i=1}^{n} (m_i \ddot{q}_j \partial_j \underline{c}_i \cdot \underline{a}_{Si}) = \sum_{i=1}^{n} (\ddot{q}_j \partial_j \underline{c}_i \cdot \underline{F}_{Ri}) . \tag{5.15}$$

Mit der Abkürzung

$$Q_j = \sum_{i=1}^{n} (\partial_j \underline{c}_i \cdot \underline{F}_{\mathrm{R}i}) \tag{5.16}$$

ergibt sich

$$\sum_{i=1}^{n} (m_i \ddot{q}_j \partial_j \underline{c}_i \cdot \underline{a}_{\mathrm{S}i}) = Q_j \ddot{q}_j \ . \tag{5.17}$$

Wir werden beide Seiten der Gleichung eingehender untersuchen.

Die linke Seite: Darstellung über die Appellsche Funktion Wir werden im folgenden zeigen, dass sich die linke Seite so umschreiben lässt, dass die Ableitung der Appellschen Funktion $\mathcal{S}$ nach den Beschleunigungen $\ddot{q}_j$ dort erscheint. Die Appellsche Funktion $\mathcal{S}$ für die Massenmittelpunktsbewegung lautet

$$\mathcal{S} = \frac{1}{2} \sum_{i=1}^{n} \left(m_i \underline{a}_{\mathrm{S}i}^2 \right) \ . \tag{5.18}$$

Für die genannte Ableitung gilt

$$\frac{\partial \mathcal{S}}{\partial \ddot{q}_j} = \sum_{i=1}^{n} \left(m_i \frac{\partial \underline{a}_{\mathrm{S}i}}{\partial \ddot{q}_j} \cdot \underline{a}_{\mathrm{S}i} \right) = \sum_{i=1}^{n} (m_i \partial_j \underline{c}_i \cdot \underline{a}_{\mathrm{S}i}) \ . \tag{5.19}$$

Aus den Gleichungen (5.17) und (5.19) ergibt sich schließlich

$$\left(\frac{\partial \mathcal{S}}{\partial \ddot{q}_j} - Q_j \right) \ddot{q}_j = 0 \ . \tag{5.20}$$

Für beliebige Beschleunigungen ist dies nur erfüllt, wenn die Gibbs-Appell-Gleichung

$$\frac{\partial \mathcal{S}}{\partial \ddot{q}_j} = Q_j \tag{5.21}$$

für jedes $j = 1 \ldots N$ gilt.

Die rechte Seite: Generalisierte Kraft Der Ausdruck Q_j taucht in der Mechanik häufiger auf (z. B. bei den Lagrangeschen Gleichungen) und wird generalisierte Kraft genannt. Wir sind der generalisierten Kraft bereits im Kapitel 3 begegnet[10]. Zur Erinnerung: Die generalisierte Kraft hat die Dimension Kraft oder Kraftmoment abhängig von der Dimension der generalisierten Koordinate.

Formal kann Q_j aus Gleichung (5.16) berechnet werden. Wir werden zwei weitere Überlegungen bezüglich der generalisierten Kraft anstellen.

---

[10] Vergleiche auch die Ausführungen zu generalisierten Kräften im Kontext des Prinzips von d'Alembert in der Fassung von Lagrange im Kapitel 6.

Die Leistung P einer einzelnen Kraft $\underline{F}_\mathrm{A}$ deren Kraftangriffspunkt sich mit der Geschwindigkeit $\underline{v}_\mathrm{A}$ bewegt, ist definitionsgemäß

$$P = \underline{v}_\mathrm{A} \cdot \underline{F}_\mathrm{A} \ . \tag{5.22}$$

Entsprechend ist die Leistung aller resultierenden Kräfte im betrachteten mechanischen System gerade

$$P = \sum_{i=1}^{n} (\underline{v}_{\mathrm{S}i} \cdot \underline{F}_{\mathrm{R}i}) = \sum_{i=1}^{n} (\dot{q}_j \partial_j \underline{c}_i \cdot \underline{F}_{\mathrm{R}i}) = Q_j \dot{q}_j \ . \tag{5.23}$$

Die Leistung aller Kräfte lässt sich als Produkt der generalisierten Kräfte Q_j und generalisierten Geschwindigkeiten $\dot{q}_j$ schreiben. Zur Leistung tragen nur die eingeprägten Kräfte bei. Zwangskräfte, also die Kräfte, die zur Aufrechterhaltung der Bindung notwendig sind, tragen hingegen nichts zur Leistung bei. Daher können sie bei der Berechnung der Leistung von vornherein ausgeschlossen werden[11].
Nun ist die Leistung das Produkt $Q_j \dot{q}_j$. Die Leistung hängt für beliebige (mit den Bindungen des Systems verträgliche) Bewegungen, also für beliebige $\dot{q}_j$, nicht von den Zwangskräften ab. Daher können die Zwangskräfte auch nicht in die Berechnung von Q_j einfließen. Das heißt für die Praxis, dass bei der Berechnung der generalisierten Kräfte Q_j nur die eingeprägten Kräfte heranzuziehen sind! In der praktischen Anwendung kann der Ausdruck für die Leistung mitunter einfach hingeschrieben werden. Dann können die Q_j als Koeffizienten vor den $\dot{q}_j$ abgelesen werden.
Sind die Kräfte aus einem Potential E_pot ableitbar, dann gilt

$$Q_j = -\frac{\partial E_\mathrm{pot}}{\partial q_j} \ . \tag{5.24}$$

In der praktischen Anwendung wird das Potential (z. B. für das Schwerefeld der Erde oder eine Feder) angeschrieben und die Terme Q_j werden durch formale Differentiation nach den generalisierten Koordinaten gewonnen.

Ausblick: Allgemeiner Fall Für beliebige Bewegungen ist die Appellsche Funktion durch Integration des Beschleunigungsquadrates über dem Körper $\mathcal{B}$ zu definieren. Es gilt

$$S = \frac{1}{2} \int_\mathcal{B} \underline{a}^2 \, \mathrm{d}m \ . \tag{5.25}$$

Eine Herleitung unter deutlich schwächeren Voraussetzungen als den oben gemachten kann z. B. bei Georg Hamel [15] nachgelesen werden.

5.2.2. Verallgemeinerung für die ebene Bewegung von Systemen starrer Körper

Ausgehend von der Gibbs-Appell-Gleichung (5.7) und der allgemeinen Definition für die Appellsche Funktion (5.25) für beliebige mechanische Systeme soll die Appellsche

---

[11] Anders formuliert: Würde man die Zwangskräfte bei der Bearbeitung einer konkreten Aufgabe mitführen, würden sie im Verlauf der Rechnung stets herausfallen.

Funktion $\mathcal{S}$ und die Gibbs-Appell-Gleichung für die ebene Bewegung eines Starrkörpers hergeleitet werden.

Wir gehen von der allgemeinen Formulierung der Appellschen Funktion (5.25),

$$\mathcal{S} = \frac{1}{2}\int_{\mathcal{B}} \underline{a}^2 \, dm, \qquad (5.26)$$

aus und setzen für die Beschleunigung eines beliebigen Punktes P des Starrkörpers die Beschleunigungsformel (2.31) – vereinfacht für die ebene Bewegung – an.

$$\underline{a}_P = \underline{a}_S + \underline{\dot{\omega}} \times \underline{r}_{SP} - \omega^2 \underline{r}_{SP} \qquad (5.27)$$

Die Appellsche Funktion ist dann (nach etwas rechnen)

$$\mathcal{S} = \frac{1}{2}\int_{\mathcal{B}} \underline{a}_P^2 \, dm$$
$$= \frac{1}{2}m\underline{a}_S^2 + \frac{1}{2}J_S\dot{\omega}^2 + \frac{1}{2}J_S\omega^4$$
$$= \frac{1}{2}m\underline{a}_S^2 + \frac{1}{2}J_S\dot{\omega}^2 + \text{const},$$

mit dem Massenträgheitsmoment bezüglich des Massenmittelpunktes

$$J_S = \int_{\mathcal{B}} \underline{r}_{SP}^2 \, dm.$$

In der Rechnung wurde benutzt, dass das statische Moment bezüglich des Massenmittelpunktes verschwindet,

$$\int_{\mathcal{B}} \underline{r}_{SP} \, dm = 0.$$

Die Konstante im Ausdruck für die Appellsche Funktion ist hier so zu verstehen, dass der Term nicht von einer Beschleunigung, $\underline{a}_S$ bzw. $\underline{\dot{\omega}}$, abhängt. Da in den Gleichungen von Appell (5.7) nur die Ableitungen nach den generalisierten Beschleunigungen relevant sind, ist die Konstante unerheblich. Es folgt:

Für ein System aus starren Körpern, das sich in einer Ebene bewegt, kann die Appell-Funktion $\mathcal{S}$ als

$$\mathcal{S} = \sum_{i=1}^n \left(\frac{1}{2}m_i \underline{a}_{Si}^2 + \frac{1}{2}J_{Si}\dot{\omega}_i^2 \right) \qquad (5.28)$$

geschrieben werden.

Auch hier ist die Analogie zur kinetischen Energie bei der ebenen Bewegung von Starrkörpersystemen leicht erkennbar.

6. Kinetik: Prinzip von d'Alembert in der Fassung von Lagrange

Das Prinzip von d'Alembert in der Fassung von Lagrange ist eine häufig genutzte Formulierung der naturgesetzlichen Zusammenhänge der Kinetik und wird auch das Prinzip von Lagrange oder Lagrangesches Prinzip (LP) genannt. Es ist eine Kombination des (ursprünglichen) Prinzips von d'Alembert mit dem Prinzip der virtuellen Verrückungen. Das Prinzip von Lagrange ist häufig der Ausgangspunkt für einen axiomatischen Aufbau der Analytischen Mechanik. In Abbildung 1.1 von Seite 18 ist das Prinzip in den Kasten *Naturgesetze/Bilanzen* einzuordnen.

6.1. Das Prinzip von d'Alembert

Das Prinzip von d'Alembert[1] führt die Kinetik auf die Statik zurück. Dazu werden sogenannte Schein- oder Trägheitskräfte neu eingeführt.

Rückblick auf die Statik

Der Untersuchungsgegenstand der Statik sind ruhende Systeme starrer oder deformierbarer Körpern. Eine Bewegung des Systems oder von Teilen des Systems ist i. a. nicht erlaubt. In der Statik müssen typischerweise die Kräfte berechnet werden, die im sogenannten Gleichgewichtszustand wirken[2]. Diese Kräfte werden für die Dimensionierung oder Nachrechnung von Bauteilen benötigt.

In der Statik haben wir zwei Grundgesetze als wesentlich kennengelernt: Summe aller Kräfte und Summe aller Kraftmomente sind Null. Anders formuliert: Die resultierende Kraft und das resultierende Kraftmoment müssen im Gleichgewichtszustand verschwinden, sowohl für den einzelnen Körper als auch für Systeme aus beliebigen Körpern.

Wir haben in der Statik die Kräfte u. a. in eingeprägte Kräfte und Reaktionskräfte unterschieden. Typische eingeprägte Kräfte sind Gewichtskräfte der Bauteile, äuße-

---

[1] Jean Le Rond d'Alembert, geb. 16. November 1717 in Paris, gest. 29. Oktober 1783 ebenda

[2] Wie bereits beim Kapitel zur Kinematik erörtert, ist der Zustand der Ruhe relativ. Alle Bezugssysteme, die sich geradlinig gleichförmig gegenüber dem Fixsternhimmel bewegen, sind hinsichtlich der Formulierung der Naturgesetze gleichwertig und werden Inertialsysteme genannt. Für unsere Zwecke beziehen wir uns bei geradlinig gleichförmig meist auf die Erde. Gleichgewichtszustand der Kräfte und Kraftmomente impliziert, dass ein Körper, der in einem gewählten Inertialsystem zu einem Zeitpunkt ruht, in diesem Inertialsystem den Ruhezustand beibehält.

re Lasten, Kräfte in Federn. Typische Reaktionskräfte sind Lagerreaktionen und die Schnittgrößen (Normalkraft, Querkraft, Biegemoment, Torsionsmoment).

Widerstand gegen die Änderung des Bewegungszustandes: der Begriff der Trägheit

In der Kinematik und Kinetik untersuchen wir die Bewegung von Körpern. Die Erfahrung – sowohl im Alltag als auch bei Experimenten – zeigt, dass Körper der Änderung des Bewegungszustandes (= Beschleunigung) einen Widerstand entgegensetzen. In anderen Worten: Soll ein Körper beschleunigt werden, muss die auf den Körper wirkende resultierende Kraft von Null verschieden sein. Dieser Widerstand wird Trägheit oder Massenträgheit genannt. Bei translatorischer Bewegung ist dieser Widerstand proportional zur Masse und zur Beschleunigung des Körpers. Um den Bewegungszustand zu ändern, muss demnach dieser zu Masse und Beschleunigung proportionale Widerstand überwunden werden.

Bei der Drehbewegung eines Körpers hängt der Widerstand gegen die Änderung des Bewegungszustands (= Drehbeschleunigung) sowohl von der Masse als auch von der Verteilung der Masse ab. Konkret: umso weiter (ein Teil der) Masse eines Körpers vom Drehpunkt entfernt ist, umso größer ist der Widerstand des Körpers gegen eine Änderung des Bewegungszustandes.

> Vergegenwärtigen Sie sich Beispiele aus Ihrer Erfahrungswelt, die die obigen Aussagen bestätigen. Gibt es in Ihren Augen widersprechende Beobachtungen?

Rückführung der Kinetik auf die Statik mittels der Trägheitsterme

Um die Methoden und Gleichungen der Statik in die Kinetik hinüberzuretten, wird nun folgendes getan. Zu den bisherigen Kräften werden weitere Kräfte hinzugefügt, die diesen Widerstand gegen eine Änderung des Bewegungszustandes abbilden. Diese zusätzlichen Kräfte werden meist Scheinkräfte[3] oder Trägheitskräfte genannt. Für die Massenmittelpunktbewegung eines Körpers der Masse m gilt für die Trägheitskraft

$$\underline{F}_T = -m\underline{a}_S . \tag{6.1}$$

In Worten: Die Trägheitskraft $\underline{F}_T$ ist minus Masse m mal Beschleunigung $\underline{a}_S$ des Massenmittelpunktes S. Das Minus bedeutet, dass die Trägheitskraft der Beschleunigung entgegen gerichtet ist. Die Beschleunigung ist als Absolutbeschleunigung, d. h. als Beschleunigung gegenüber einem Inertialsystem zu verstehen. Beschleunigung und Trägheitskraft sind vektorielle Größen.

Bei der ebenen Bewegung kann das Koordinatensystem so gewählt werden, dass sich nur zwei Komponenten zeitlich ändern[4]. Meist nutzen wir in den Aufgaben ein x-y-Koordinatensystem.

---

[3] Der Begriff Scheinkraft verweist auf die Tatsache, dass diese neu eingeführten Kräfte sich in einem Punkt deutlich von den bisherigen Kräften unterscheiden: eine Scheinkraft hat keine Gegenkraft.

[4] Bei einem kartesischen Koordinatensystem kann z. B. ohne Einschränkung der Allgemeinheit festgelegt werden, dass die Bewegung in einer Ebene mit z = const. stattfindet. Dann sind nur die skalarwertigen Komponenten $x(t)$ und $y(t)$ des Ortsvektors zeitabhängige Funktionen.

Für die ebene Drehbewegung des starren Körpers wird zusätzlich ein Scheinmoment benötigt:
$$M_\mathrm{T} = -J_\mathrm{S}\dot\omega . \tag{6.2}$$
Die Größe $\dot\omega$ ist die Winkel- oder Drehbeschleunigung des Körpers bei ebener Bewegung. Die Größe J_S ist das Massenträgheitsmoment bezüglich des Massenmittelpunktes S.
Für die Größe M_T ist dem Autor kein gängiger Begriff bekannt. Formal kann man diese Größe Trägheitskraftmoment nennen. Die Größen M_T und $\dot\omega$ sind im Fall der ebenen Bewegung skalare Größen. Im räumlichen Fall sind das Trägheitskraftmoment und die Drehgeschwindigkeit Vektoren. Für den starren Körper tritt an die Stelle der skalaren Größe J_S ein Tensor 2. Stufe mit insgesamt sechs unabhängigen Größen.

Formulierung des Prinzips von d'Alembert

Mit diesen Vorüberlegungen lässt sich nun das Prinzip von d'Alembert formulieren:

> Fügt man die Scheinkräfte und Scheinmomente gemäß den Gleichungen (6.1) bzw. (6.2) den sonstigen Kräften und Kraftmomenten hinzu, muss – wie aus der Statik bekannt – Gleichgewicht der Kräfte und Kraftmomente gelten, und zwar auch für den Fall der (beschleunigten) Bewegung.

Diese Idee, die Kinetik durch die Einführung von Scheinkräften und -momenten auf die Statik zurückzuführen, stammt von d'Alembert und wird meist das Prinzip von d'Alembert genannt.

Zur historischen Einordnung ist das Kapitel I (Abschnitt C) im Buch *Geschichte der mechanischen Prinzipien* von I. Szabo [48] sehr hilfreich. Zudem sind die Ausführungen von G. Hamel im Kapitel IV seines Buches zur Theoretischen Mechanik [15] empfehlenswert. Das Prinzip von d'Alembert formuliert Hamel u. a. wie folgt: *Man füge zu den eingeprägten Kräften die negativen Massenbeschleunigungen als Scheinkräfte hinzu und behandle dann das System wie ein statisches.* Gute Erklärungen und Beispiele zum Prinzip von d'Alembert sind zudem im Kapitel I, §3 in [47] und im Kapitel IV in [22] zu finden.

Im Prinzip von d'Alembert wird nicht gesagt, mit welcher Methode das statische Gleichgewicht ermittelt werden soll. D'Alembert hat in seinem Werk von 1743 Kräfte- und Momentengleichgewicht benutzt [48]. Alternativ kann auch das Prinzip der virtuellen Verrückungen (PdvV) benutzt werden. Die Kombination der beiden unabhängigen Prinzipe (d'Alembert und PdvV) wird häufig das Prinzip von d'Alembert in der Fassung von Lagrange oder das Prinzip von Lagrange (LP) genannt.
Wir werden im vorliegenden Buch in der Regel mit dem Prinzip von d'Alembert in der Fassung von Lagrange und nicht in der Originalform arbeiten. Dazu werden wir uns zunächst mit dem Prinzip der virtuellen Verrückung eingehender beschäftigen.
Hinweis: In einigen Lehrbüchern wird das Prinzip von Lagrange das Prinzip von d'Alembert genannt.

6.2. Das Prinzip der virtuellen Verrückungen (PdvV)

Das PdvV stellt eine alternative Methode zur Berechnung von Gleichgewichtszuständen in der Mechanik dar. In der Anwendung auf bewegte Systeme (mit dem Prinzip von d'Alembert) spart die Anwendung des PdvV im Vergleich zu den bekannten Gleichgewichtsbedingungen (Kräftegleichgewicht und Momentengleichgewicht) viel Arbeit. Das ist insbesondere der Fall bei der Bestimmung der Bewegungsgleichungen von Systemen aus mehreren Körpern, bei denen aufgrund von Bindungen der Freiheitsgrad klein ist. Grundlage des PdvV sind die sogenannten virtuellen Verrückungen.

6.2.1. Virtuelle Verrückungen

Wir führen nun den Begriff der virtuellen Verrückung ein. Eine virtuelle Verrückung ist eine gedachte Verrückung (Verschiebung, Verdrehung) eines mechanischen Systems, die mit den Bindungen (kinematischen Beziehungen) vereinbar ist. Wir beschränken uns im folgenden auf infinitesimal kleine Verrückungen.

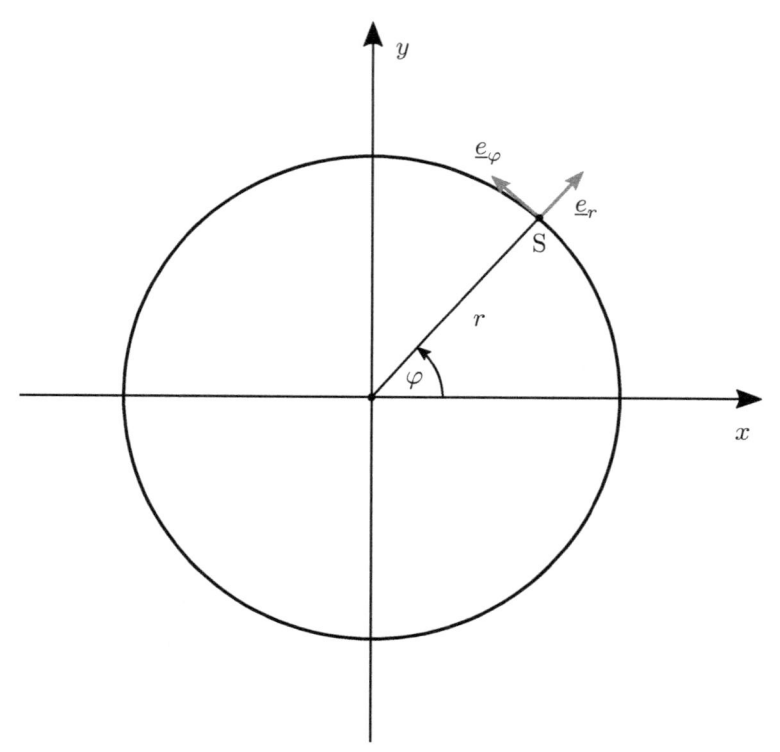

Basisvektor $\underline{e}_\varphi = -\sin\varphi\,\underline{e}_x + \cos\varphi\,\underline{e}_y$

Abbildung 6.1.: Polarkoordinaten r und φ und die zugehörigen Basisvektoren

Beispiel Bewegung auf einer Kreisbahn Bei der Bewegung auf der Kreisbahn muss auch die virtuelle Verrückung entlang der Kreisbahn erfolgen. Andernfalls würde die virtuelle Verrückung die geforderte Bindungsgleichung verletzen. Sinnvollerweise wird die Bewegung auf der Kreisbahn über den Winkel φ beschrieben. Entsprechend wird die virtuelle Verrückung am einfachsten über eine virtuelle Winkeländerung $\delta\varphi$ beschrieben. Für den Ortsvektor von S gilt $\underline{r} = r\,\underline{e}_r$. Für die virtuelle Änderung des Ortsvektors, die mit der Bindung verträglich ist, gilt entsprechend $\delta\underline{r} = r\delta\varphi\,\underline{e}_\varphi$. Das gleiche Ergebnis kann – wie im Folgenden gezeigt – durch formale Rechnung erhalten werden.

Hängt die Lage des Massenmittelpunktes S eines Körpers, hier beschrieben über die skalarwertigen Komponenten x_S und y_S des Ortsvektors, nur von einer generalisierten Koordinate, dem Drehwinkel φ ab, so gilt bei entsprechender Wahl der Koordinaten

$$x_S = r\cos\varphi\,, \tag{6.3a}$$

$$y_S = r\sin\varphi\,, \tag{6.3b}$$

wobei die Größe r konstant ist. Für die skalarwertigen Komponenten des Geschwindigkeitsvektors $\underline{v}_S$ gilt unter Beachtung der Kettenregel

$$\dot{x}_S = -r\sin\varphi\,\dot{\varphi}\,, \tag{6.3c}$$

$$\dot{y}_S = r\cos\varphi\,\dot{\varphi}\,. \tag{6.3d}$$

Für die virtuellen Verschiebungen des Massenmittelpunktes S gilt nun

$$\delta x_S = \frac{\partial x_S}{\partial \varphi}\delta\varphi = -r\sin\varphi\,\delta\varphi\,, \tag{6.3e}$$

$$\delta y_S = \frac{\partial y_S}{\partial \varphi}\delta\varphi = r\cos\varphi\,\delta\varphi\,. \tag{6.3f}$$

Es gilt demnach für die virtuelle Änderung des Ortsvektors das oben genannte Ergebnis

$$\delta\underline{r} = -r\sin\varphi\,\delta\varphi\,\underline{e}_x + r\cos\varphi\,\delta\varphi\,\underline{e}_y = r\delta\varphi\,\underline{e}_\varphi\,. \tag{6.3g}$$

Die Größe $\delta\varphi$ ist, wie oben bereits erwähnt, eine virtuelle Winkeländerung bzw. Verdrehung.

Allgemeines Vorgehen Die virtuellen Verrückungen erfolgen zeitlos und können jede mit den Bindungen des Systems vereinbare Lageänderung sein. Die virtuellen Verrückungen sind in der Regel nicht identisch zu den Verschiebungen und Verdrehungen während der wirklichen Bewegung.

Wie aus den Gleichungen (6.3) erkennbar ist, gilt für die Praxis das folgende, einfach zu merkende Rezept:

- Berechne die Geschwindigkeiten und Winkelgeschwindigkeiten des mechanischen Systems in Abhängigkeit von den Zeitableitungen $\dot{q}_j$ der generalisierten Koordinaten q_j.

- Streiche alle Terme, die keine Zeitableitungen $\dot{q}_j$ der generalisierten Koordinaten enthalten.

- Ersetze alle Zeitableitungen der generalisierten Koordinaten durch die zugehörigen virtuellen Verrückungen, d. h. ersetze $\dot{q}_j$ durch δq_j.

Es ist wenig verwunderlich, dass bei skleronomen Bindungen die virtuellen Verrückungen und die Geschwindigkeiten den gleichen Formeln genügen, denn die virtuellen Verrückungen müssen mit den Bindungen verträglich sein. In einfachen Worten: ich kann das System nur so verrücken wie es sich auch bewegen kann und die Bewegungsrichtungen entsprechen den Richtungen der Geschwindigkeit. Bei rheonomen Systemen entstehen Unterschiede zwischen den wahren Bewegungen und den virtuellen Verrückungen, weil letztere zeitlos erfolgen.

6.2.2. Virtuelle Arbeit und das PdvV

Wir führen nun den Begriff der virtuellen Arbeit ein. Unter der virtuellen Arbeit δW verstehen wir die Arbeit, die eine gegebene Kraft $\underline{F}$ verrichtet, wenn ihr Kraftangriffspunkt die virtuelle Verrückung $\delta \underline{r}$ erfährt, also

$$\delta W = \underline{F} \cdot \delta \underline{r} \, . \tag{6.4}$$

Im ebenen Fall gilt für das Kraftmoment M und die virtuelle Verdrehung $\delta\varphi$ entsprechend

$$\delta W = M \, \delta\varphi \, . \tag{6.5}$$

Virtuelle Arbeiten aller Lasten (Kräfte und Kraftmomente), die an einem System angreifen, können addiert werden (auch wenn die Angriffspunkte verschieden sind).

Das Prinzip der virtuellen Verrückung besagt nun:

> Die virtuelle Arbeit δW aller eingeprägten Kräfte und Kraftmomente muss gleich Null sein, wenn Gleichgewicht herrschen soll.

Der große Vorteil der Nutzung des PdvV für die Bestimmung des Gleichgewichts besteht darin, dass i. a. keine Reaktionskräfte berechnet werden müssen und ein Freischnitt meist nicht nötig ist.

Zwei Gedanken in Bezug auf die typischen Startschwierigkeiten mit dem PdvV:

- Virtuelle Verrückungen und die virtuelle Arbeit sind gedankliche Konstrukte, um in einfacher und effizienter Weise Gleichgewichtszustände zu berechnen. Die mit dieser Methode berechneten Vorhersagen zur Bewegung von mechanischen Systemen standen bisher immer im Einklang mit der Natur, und wir können guten Gewissens annehmen, dass dies auch in Zukunft so ist – selbst wenn Sie keinen intuitiven Zugang zum PdvV finden.

- Alle Studierenden tun sich zu Beginn schwer mit virtuellen Größen. Ausgiebiges Üben lässt früher oder später die Arbeit mit virtuellen Größen zur Selbstverständlichkeit werden.

Erklärungen zu den virtuellen Verrückungen und zum PdvV sind z. B. im Kapitel I, §3 in [47], in Kapitel IV, §2 in [15] und in Kapitel III in [22] zu finden.

6.2.3. Typische Terme für die virtuelle Arbeit

Abbildung 6.2 gibt einen Überblick über häufig auftretende Terme für die virtuelle Arbeit δW. Ähnliche Ausdrücke können z. B. für Drehfedern, Drehdämpfer oder Reibungskräfte formuliert werden.

Wenn die Lage des Massenmittelpunktes S nicht in kartesischen Koordinaten (x_S, y_S) sondern in Polarkoordinaten (r, φ) angegeben werden soll, gilt für die virtuelle Arbeit der Trägheitskräfte

$$\delta W_T = -m \left[\left(\ddot{r} - r\dot{\varphi}^2 \right) \delta r + r \left(r\ddot{\varphi} + 2\dot{r}\dot{\varphi} \right) \delta\varphi \right] . \qquad (6.6)$$

Leiten Sie die Formel (6.6) her. Gehen Sie dabei von einer Beschreibung in kartesischen Koordinaten (x_S, y_S) aus und vereinfachen das Ergebnis für δW_T, bis Sie Formel (6.6) erreicht haben.

6.3. Die praktische Durchführung beim Lösen von Kinetikaufgaben

In der praktischen Durchführung sind stets die gleichen sieben Schritte zu durchlaufen. Ein systematisches Vorgehen erhöht die Erfolgschancen deutlich. Für die Praxis ist es häufig sinnvoll, die virtuelle Arbeit der konservativen Kräfte (insbesondere der Federkräfte) durch die Variation der zugehörigen potentiellen Energie zu ersetzen.

6.3.1. Die sieben Schritte zum Erfolg

Wir beschränken uns auf die ebene Bewegung von Starrkörpersystemen. Alle Bindungen seien holonom und zweiseitig[5].

Anmerkung: Viele grundsätzliche Überlegungen behalten beim Übergang zur räumlichen Bewegung ihre Gültigkeit. Die Beschreibung der räumlichen Drehung und der Trägheitseigenschaften des starren Körpers bei räumlicher Drehung sind mathematisch anspruchsvoll und im Rahmen dieser Einführung nicht zu bewältigen.

---

[5] Inwieweit die von uns benutzten Gesetzmäßigkeiten auch über unsere Einschränkungen hinaus gelten, diskutieren wir zum jetzigen Zeitpunkt nicht. Falls einseitige Bindungen auftreten, vereinbaren wir das folgende: Bei einseitiger Bindung soll ein stetiger Übergang stattfinden von dem Zustand, in dem die Bindung vorhanden ist, zu dem neuen Zustand (ohne Bindung), siehe dazu: G. Hamel [15], Kapitel IV, §2.

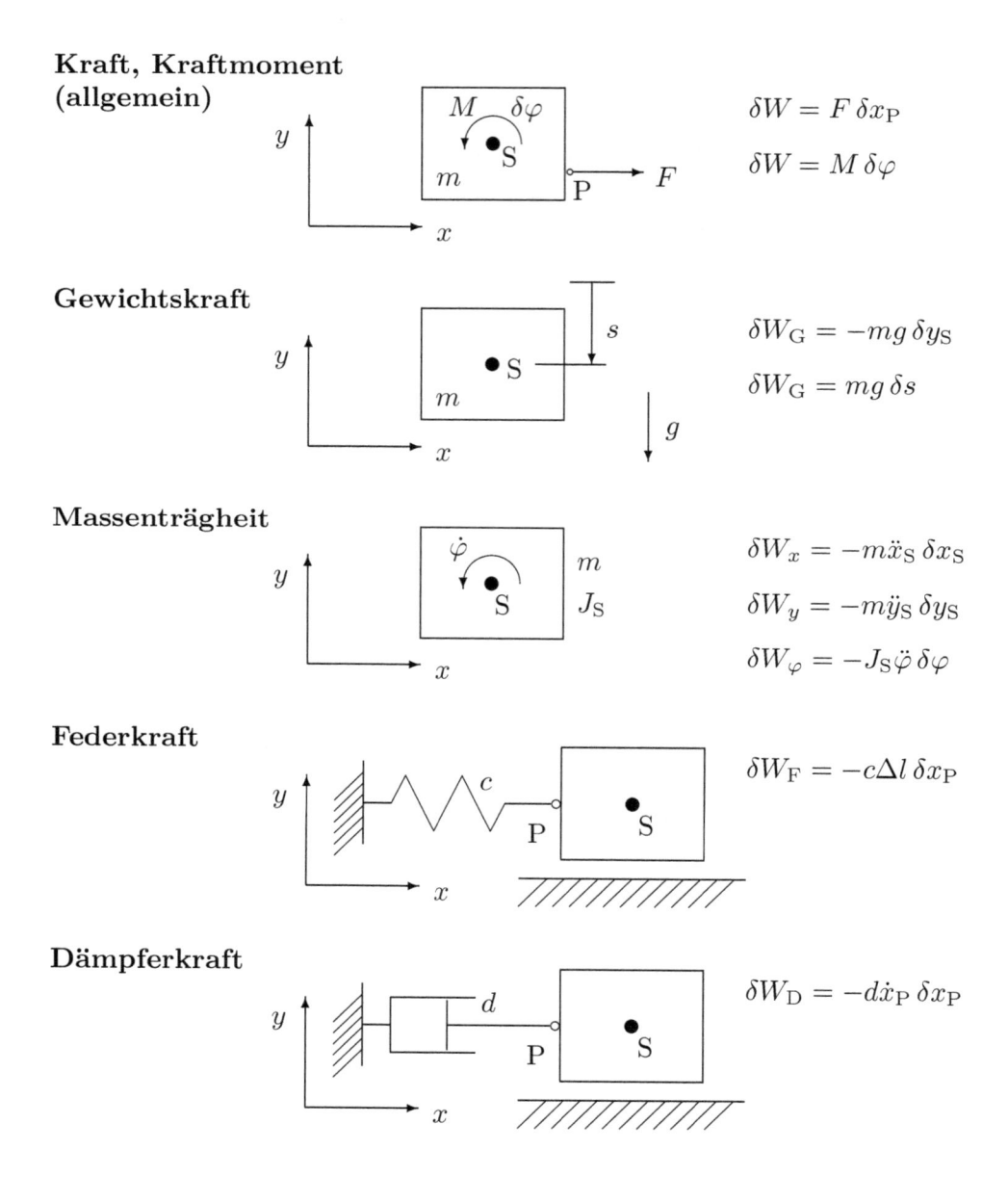

Kraft, Kraftmoment (allgemein)		$\delta W = F\,\delta x_P$ $\delta W = M\,\delta\varphi$
Gewichtskraft		$\delta W_G = -mg\,\delta y_S$ $\delta W_G = mg\,\delta s$
Massenträgheit		$\delta W_x = -m\ddot{x}_S\,\delta x_S$ $\delta W_y = -m\ddot{y}_S\,\delta y_S$ $\delta W_\varphi = -J_S\ddot{\varphi}\,\delta\varphi$
Federkraft		$\delta W_F = -c\Delta l\,\delta x_P$
Dämpferkraft		$\delta W_D = -d\dot{x}_P\,\delta x_P$

Abbildung 6.2.: Virtuelle Arbeit für ausgewählte, häufig auftretende Fälle

Kraft bzw. Kraftmoment	Angriffspunkt bzw. Körper	Zugehörige virtuelle Verrückung	Kinematische Beziehungen

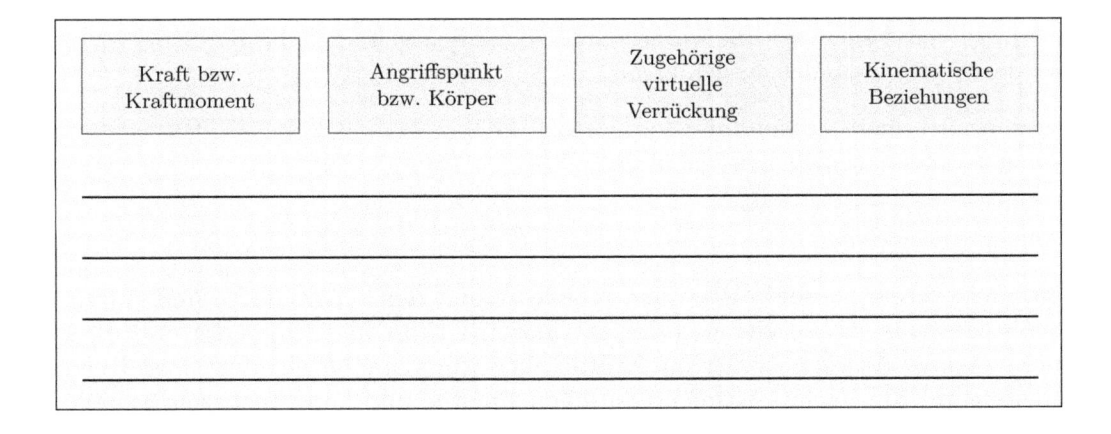

Abbildung 6.3.: Tabelle für eine bessere Übersichtlichkeit bei der Aufstellung der virtuellen Arbeit

Im Detail empfiehlt sich ein Vorgehen in sieben Schritten.

1. Mechanisches System der Aufgabenstellung verstehen (Bewegungsmöglichkeiten, Freiheitsgrad), Koordinatensystem wählen, generalisierte Koordinate(n) wählen und ggf. Freischnitt anfertigen

2. Tabelle mit allen eingeprägten Kräften und Kraftmomenten (inkl. Trägheitstermen), den zugehörigen virtuellen Verrückungen und den kinematischen Beziehungen erstellen

3. Virtuelle Arbeit δW auf Basis der Tabelle aufstellen

4. Die virtuellen Verrückungen aller *überzähligen* Koordinaten mittels der kinematischen Beziehungen eliminieren, die virtuelle Arbeit δW zu Null setzen und schließlich die Bewegungsgleichungen mittels der Argumentation *Virtuelle Verrückungen der generalisierten Koordinaten müssen beliebig sein* extrahieren

5. Noch nicht verwendete kinematische Beziehungen und konstitutive Gesetze (Feder, Dämpfer, trockene Reibung) einarbeiten

6. Gleichungen vereinfachen und analytisch oder numerisch die Bewegung des Systems berechnen

7. Post Processing: Weitere Größen berechnen, Ergebnisse visualisieren und in Bezug auf die technische Fragestellung deuten

6.3.2. Variation der potentiellen Energie statt virtueller Arbeit

Hinweis vorab: Im folgenden wird nicht der Energieerhaltungssatz oder der Arbeitssatz thematisiert. Es wird vielmehr gezeigt, wie bei der Herleitung der Bewegungsgleichungen mit dem Prinzip von d'Alembert die Variation der potentiellen Energie an Stelle der virtuellen Arbeit der Kraft verwendet werden kann.

Bei der praktischen Anwendung kann statt $\delta W = \delta W_\text{T} + \delta W_\text{N} + \delta W_\text{K} = 0$ unter Nutzung der potentiellen Energie auch

$$\delta W_\text{T} + \delta W_\text{N} - \delta E_\text{pot} = 0 \tag{6.7}$$

geschrieben werden, wobei δW_T die virtuelle Arbeit der Scheinkräfte und -momente, δW_N die virtuelle Arbeit der nichtkonservativen Kräfte und Momente und δW_K die virtuelle Arbeit der konservativen Kräfte und Momente bezeichnen. Der Ausdruck δE_pot steht für die Variation der potentiellen Energie und berechnet sich gemäß

$$\delta E_\text{pot} = \sum_j \frac{\partial E_\text{pot}}{\partial q_j} \delta q_j \ . \tag{6.8}$$

In anderen Worten: δW_K wird durch $-\delta E_\text{pot}$ ersetzt. Gleichung (6.8) mag auf manchen Leser kompliziert wirken. Häufig ist bei Federn die Nutzung von δE_pot jedoch einfacher und weniger fehleranfällig, als die Berechnung der virtuellen Arbeit über Federkraft und Längenänderung der Feder. Die geringere Fehleranfälligkeit ist unter anderem darin begründet, dass bei der Nutzung der potentiellen Energie nicht auf das Vorzeichen zu achten ist[6].

Anmerkung: Für die virtuelle Arbeit der eingeprägten Kräfte, egal ob konservativ oder nichtkonservativ, kann auch

$$\delta W_\text{N} + \delta W_\text{K} = \sum_j Q_j \delta q_j \tag{6.9}$$

geschrieben werden. Die Größen Q_j sind die den generalisierten Koordinaten q_j zugeordneten generalisierten Kräfte. Ganz offensichtlich können generalisierte Kräfte sowohl die Dimension einer Kraft als auch die eines Kraftmomentes haben, abhängig davon, ob q_j die Dimension Länge oder Winkel hat. Vergleichen Sie dazu Gleichung (3.9) von Seite 56, wo wir den generalisierten Kräfte bei der Definition der Leistung bereits begegnet sind.

6.3.3. Umgang mit Coulombscher Reibung

In mechanischen Systemen mit Coulombscher Reibung kommt man häufig am Freischneiden nicht vorbei. Bei Coulombscher Reibung gilt für die Reibungskraft F_R und die Normalkraft F_N in erster Näherung der einfache Zusammenhang

$$F_\text{R} = \mu F_\text{N} \ . \tag{6.10}$$

---

[6] Die potentielle Energie einer gespannten Feder ist immer positiv, unabhängig davon, ob die Feder gestreckt oder gestaucht wird.

Die Reibungskraft ist stets der Bewegung entgegen gerichtet[7]. Die Größe μ heißt Reibungskoeffizient.

Um die Reibungskraft (eine eingeprägte Kraft) zu berechnen, wird demnach die Normalkraft (eine Zwangskraft) benötigt. Nur in einfachsten Fällen kann die Normalkraft direkt ohne Freischnitt angegeben werden. In allen anderen Fällen muss ein geeigneter Freischnitt für die Berechnung herangezogen werden. Die Schwierigkeiten in der Berechnung der Bewegung hängt maßgeblich davon ab, ob die Normalkraft im Voraus bekannt ist (z. B. als Folge von wirkenden Gewichtskräften) oder ob die Normalkraft zu jeder Zeit aus der Systemdynamik zu berechnen ist.

6.3.4. Andere Fälle, in denen man einen Freischnitt benötigt

Ein Freischnitt wird zudem immer dann benötigt, wenn eine Zwangskraft explizit berechnet werden muss. Das kann z. B. eine Lagerkraft sein, die für die Auslegung benötigt wird. Ein anderes typisches Beispiel ist die Berechnung der Normalkraft in Kontakten, um ein Abheben / ein Lösen des Kontaktes zu detektieren.

---

[7] Bei der Aufstellung der Bewegungsgleichungen wird daher oft die Signum-Funktion oder eine ausgerundete Alternative benutzt. Alternativ kann der Wechsel des Richtungssinnes der Reibkraft (und das Auftreten von Haften) mit Methoden der sogenannten Nichtglatten Mechanik beschrieben werden (siehe z. B. die Arbeit von Glocker [9] in [16]).

Teil II.

Aufgaben

7. Kinematik der ebenen Bewegung

Lernziel Die Studierenden können in Berechnungsaufgaben mit den grundlegenden kinematischen Begriffen (Geschwindigkeit und Beschleunigung von Punkten, Winkelgeschwindigkeit und Winkelbeschleunigung von Starrkörpern) sicher umgehen. Insbesondere können sie die genannten Größen durch Differenzieren unter Einhaltung der entsprechenden Rechenregeln (z. B. Kettenregel, Produktregel) bestimmen und in Diagrammen darstellen. Zudem sind Studierenden in der Lage, aus gegebenen Beschleunigungen die Geschwindigkeit und die Lage und Orientierung aller Körper zu ermitteln. Berechnungen und die Visualisierung der Ergebnisse können sicher in Python, Julia oder SMath Studio vorgenommen werden.

In diesem Kapitel werden unterschiedliche Arten von Fragestellungen untersucht, die im folgenden kurz und ohne Anspruch auf Vollständigkeit umrissen werden.

Betrachte einen Punkt, Ableiten Die Lage eines Punktes (oder der Weg entlang einer Kurve) ist als Funktion der Zeit gegeben. Geschwindigkeit und Beschleunigung des Punktes können durch Ableiten bestimmt werden, wobei das Ableiten sowohl analytisch/symbolisch (mit Stift und Papier, alternativ mit Computeralgebra) oder mittels automatischer Differentiation erfolgen kann. In den Beispielen wird meist die geradlinige Bewegung eines Punktes untersucht.

Betrachte einen Mechanismus, Ableiten Mechanismus steht stellvertretend für alle Anordnungen aus mehr als einem Körper (Getriebe, Roboter, etc.). Lage und Orientierung eines Antriebs sind als Funktion der Zeit gegeben. Gesucht sind die Lagen und Orientierungen der anderen beteiligten Körper sowie deren Geschwindigkeiten und Beschleunigungen.

Wesentliche Arbeitsschritte sind (a) das Bestimmen der Bindungsgleichung(en), die die verschiedenen Koordinaten miteinander in Beziehung setzen, (b) das Lösen der Bindungsgleichung(en) nach den gesuchten Koordinaten und (c) das Bestimmen der gesuchten Geschwindigkeiten und Beschleunigungen durch Ableiten.

Das Lösen der Bindungsgleichung kann analytisch oder numerisch erfolgen (numerische Nullstellensuche).

Betrachte einen Punkt, Integrieren Die Beschleunigung eines Punktes und die zugehörigen Anfangsbedingungen für Geschwindigkeit und Lage sind gegeben (zusammen bilden sie das Anfangswertproblem, AWP). Geschwindigkeit und Lage des Punktes sind durch Integrieren bzw. das Auffinden der Stammfunktion zu ermitteln.

Das Lösen des AWP kann analytisch oder numerisch erfolgen. Bei der numerischen Lösung des AWP wird man in der Praxis typischerweise auf vorhandene

Löser setzen (und diese nicht selbst implementieren). Im diesem Kapitel ist nur die Aufgabe 7.13, S.146ff, der Lösung der Bewegungsgleichungen gewidmet. Sehr viele Aufgaben in Kapitel 8 beinhalten die Lösung der Bewegungsgleichungen, so dass dort ausreichend Gelegenheit zur Übung besteht.

Die unten stehende Übersicht erleichtert das Auffinden geeigneter Übungsaufgaben.

Aufgabe	Punkt	System	Ableiten	Integrieren	Python	Julia	SMath Studio	Comp. Alg.	Auto. Diff.	Nullstellen	AWP
	Objekt		Analysis		Software			spez. Methode			
A7.1, S.100	×		×		×	×	×	×			
A7.2, S.106	×		×		×			×			
A7.3, S.111		×	×		×	×	×	×			
A7.4, S.116	×		×		×			×			
A7.5, S.119	×		×		×			×			
A7.6, S.123	×		×								
A7.7, S.124		×	×	×				×			
A7.8, S.126		×	×			×		×			
A7.9, S.130		×	×			×		×		×	
A7.10, S.135		×	×								
A7.11, S.136		×	×		×				×	×	
A7.12, S.143	×		×								
A7.13, S.146	×			×	×						×

Objekt: Was ist das Objekt/der Gegenstand der Untersuchung?

  Punkt: Ein Punkt oder zwei voneinander unabhängige Punkte
  System: Mehrere miteinander gekoppelte Körper oder Punkte

spez. Methode: Welche speziellen Computer-Methoden werden verwendet?

  Comp. Alg.: Computeralgebra, entweder mit Python oder SMath Studio
  Auto. Diff.: Automatische Differentiation mit Julia (Paket `ForwardDiff`)
  Nullstellen: numerisches Lösen nichtlinearer Gleichungen (Nullstellensuche)
  AWP: numerisches Lösen des Anfangswertproblems

Wenn Sie nicht gezielt nach einer speziellen Aufgabe suchen, empfiehlt sich die Bearbeitung aller Aufgaben in der gegebenen Reihenfolge. Lassen Sie sich nicht von einer Aufgabe abschrecken, wenn diese mit einer Software bearbeitet wird, die Sie nicht kennen. Jede Aufgabe lässt sich mit jeder Software (Python, Julia, SMath Studio) lösen.

Wer nach dem Durcharbeiten dieses Kapitels noch weiteren Bedarf an Übungsaufgaben hat, sei auf alle folgenden Kapitel verwiesen. In praktisch jeder Kinetikaufgabe ist zu Beginn auch eine kinematische Fragestellung zu beantworten. Das numerische Lösen des AWP wird, wie bereits oben angedeutet, sehr ausgiebig in Kapitel 8 geübt.

7.1. Freier Fall mit geschwindigkeitsproportionalem Widerstand

Lerninhalte

Mathematik Differenzieren (z. B. Ketten-, Produkt- und Quotientenregel, Ableitungen von Standardfunktionen), Kurvendiskussion

Mechanik Geradlinige Bewegung, Geschwindigkeit und Beschleunigung als Zeitableitungen, Bewegungsgleichung in der Form $\ddot{s} = f(s, \dot{s})$

Programmierung Programmieren mit Julia: Automatisches Differenzieren mit dem Paket `ForwardDiff`, Diagramme erstellen mit dem Paket `Plots`; Rechnen mit SMath Studio: symbolisches Differenzieren, Diagramme erstellen, Rechnen mit Einheiten

Kurzer Rückblick auf die Theorie

In der Aufgabe soll die geradlinige Bewegung eines Punktes untersucht werden. Zur Beschreibung der Lage genügt eine skalare Größe (ein Bestimmungsstück, eine Lagekoordinate): der entlang der Geraden zurückgelegte Weg bzw. genauer der Abstand s des Punktes von einem Bezugspunkt auf der Geraden. Die allgemeinen vektoriellen Definitionen von Geschwindigkeit und Beschleunigung vereinfachen sich zu den skalaren Gleichungen

$$v = \dot{s} \tag{7.1}$$
$$a = \dot{v} = \ddot{s} \,. \tag{7.2}$$

In Worten: Die Geschwindigkeit v (kennzeichnende Größe für den Bewegungszustand des Punktes) ist die Zeitableitung der Lagekoordinate s. Die Beschleunigung a (kennzeichnend für die Änderung des Bewegungszustands) ist die Zeitableitung der Geschwindigkeit v.
Die Bestimmung von Geschwindigkeit und Beschleunigung aus dem Weg-Zeit-Gesetz ist mathematisch gesehen meist wenig anspruchsvoll. Ableiten ist (anders als das Auffinden von Stammfunktionen) vor allem „Handwerk". Es geht um so leichter von der Hand, um so öfter man es übt. Für Standardfunktionen, deren Ableitung man nicht im Kopf hat, hilft ein Blick in einschlägige Tabellen. Wenn Funktionen aus mehreren Produkten von verschachtelten Funktionen abzuleiten sind, kann das gewissenhafte Abarbeiten unter Anwendung von Summen-, Produkt- und Kettenregel aufwändig sein. Dann ist der Einsatz von Computeralgebra (z. B. `Sympy` in Python) hilfreich. Zudem bietet sich die automatische Differentiation (AD) für die Bestimmung von numerischen Werten von Ableitungen an (z. B. mit dem Paket `ForwardDiff` in Julia).

Beim Blick in Tafelwerke und Formelsammlungen entsteht leicht der Eindruck, dass geradlinige Bewegungen entweder gleichförmig (konstante Geschwindigkeit) oder gleichmäßig beschleunigt (konstante Beschleunigung) sind. Gleichförmige und gleichmäßig beschleunigte Bewegungen sind seltene Spezialfälle in einer unendlichen Menge an denkbaren Bewegungsgesetzen. Insbesondere gilt das Weg-Zeit-Gesetz

$$s = \frac{1}{2}at^2 + v_0 t + s_0 \tag{7.3}$$

nur für konstante Beschleunigung a, wobei v_0 und s_0 die Werte für Geschwindigkeit bzw. Weg zum Zeitpunkt $t = 0$ bezeichnen. Es macht demnach keinen Sinn, bei einer beliebigen Bewegung den momentanen Wert der Beschleunigung a in Gleichung (7.3) einzusetzen, um einen Wert für den Weg s zu bestimmen.

Aufgabenstellung

Der Weg $s(t)$, den ein Punkt entlang einer Geraden zurücklegt, ist durch das Weg-Zeit-Gesetz

$$s(t) = \hat{v}\left(t + \frac{e^{-\beta t} - 1}{\beta}\right) \tag{7.4}$$

gegeben. Die Größen $\hat{v}$ und β sind positiv (und reell). Ein Weg-Zeit-Gesetz mit einer Exponentialfunktion – eine akademische Spinnerei? Nein. Wir werden sehen, dass das Weg-Zeit-Gesetz (7.4) einen konkreten praktischen Hintergrund hat.

(a) Welche Dimensionen haben die Größen $\hat{v}$ und β? Wie groß ist der Weg s zum Beginn der Bewegung (Zeit $t = 0$)?

(b) Wie groß ist die Geschwindigkeit v als Funktion der Zeit? Wie groß ist die Geschwindigkeit für große Zeiten und zum Beginn der Bewegung? Wie groß ist die Beschleunigung a als Funktion der Zeit? Wie groß ist die Beschleunigung für große Zeiten und zum Beginn der Bewegung? Wie lautet die Bewegungsgleichung?

(c) Nutzen Sie die automatische Differentiation (im Julia-Paket `ForwardDiff`), um die Geschwindigkeit und Beschleunigung für die Zahlenwerte $\beta = 500\,\text{s}^{-1}$ und $\hat{v} = 4\,\text{mm/s}$ zu berechnen und in Diagrammen darzustellen.

Analytische Lösung

Aufgabenteil (a) Der erste Summand in der Klammer von (7.4) ist die Zeit. Demnach muss auch der zweite Summand die Dimension Zeit haben; folglich hat die Größe $1/\beta$ die Dimension Zeit. Daraus folgt, dass die Größe β die Dimension 1/Zeit haben muss. Man kann $1/\beta$ die charakteristische Zeit des Systems nennen. Welche Bedeutung sie hat, werden wir noch klären. Der Weg s hat die Dimension Länge. Demnach hat das Produkt $\hat{v}t$ die Dimension Länge und die Größe $\hat{v}$ die Dimension Länge/Zeit, kann also als Geschwindigkeit verstanden werden. Da $e^0 = 1$, gilt $s(0) = 0$. Die Wegzählung beginnt an der Stelle, an der sich der Punkt zum Zeitpunkt $t = 0$ befand.

Aufgabenteil (b) Die Geschwindigkeit ist laut Definition durch die Zeitableitung des Weges bestimmt. Unter Berücksichtigung der einschlägigen Regeln ergibt sich

$$v(t) = \dot{s}(t) = \hat{v}\left(1 - e^{-\beta t}\right) . \tag{7.5}$$

Die Bewegung beginnt aus der Ruhe, denn es gilt $v(0) = 0$. Für große Zeiten gilt $1 >> e^{-\beta t}$ und somit $v \approx \hat{v}$, wobei stets gilt $v < \hat{v}$. Die Größe $\hat{v}$ ist die Grenzgeschwindigkeit, der sich die Geschwindigkeit des Punktes beliebig nahe (von „unten") nähert. Zur Illustration berechnen wir drei Zahlenwerte: $\beta t = 1 \to 1 - e^{-\beta t} \approx 0{,}6321$, $\beta t = 2 \to 1 - e^{-\beta t} \approx 0{,}8647$ und $\beta t = 5 \to 1 - e^{-\beta t} \approx 0{,}9933$. Die Größe $1/\beta$ ist demnach die Zeit, zu der 63% der Grenzgeschwindigkeit $\hat{v}$ erreicht ist. Nach fünf Mal der charakteristischen Zeit, d. h. $\beta t = 5$, sind bereits 99% der Grenzgeschwindigkeit erreicht.

Die Beschleunigung ergibt sich durch erneutes Ableiten,

$$a(t) = \dot{v}(t) = \ddot{s}(t) = \hat{v}\beta e^{-\beta t} . \tag{7.6}$$

Es gilt $a(0) = \hat{v}\beta$ und $a \to 0$ für $t \to \infty$.

Für die Bewegungsgleichung ergibt sich aus (7.5) und (7.6) das Ergebnis

$$a(t) = \beta\left(\hat{v} - v(t)\right) \quad \text{bzw.} \quad \ddot{s}(t) = \beta\left(\hat{v} - \dot{s}(t)\right) . \tag{7.7}$$

Die Bewegungsgleichung ist eine gewöhnliche, lineare Differentialgleichung 2. Ordnung mit konstanten Koeffizienten. Die Beschleunigung setzt sich zusammen aus einer Konstanten $\beta\hat{v}$ und einem geschwindigkeitsproportionalen Anteil $-\beta v(t)$. Ein typischer Fall für eine solche Bewegungsgleichung ist die translatorische Bewegung eines Körpers unter der Einwirkung einer geschwindigkeitsproportionalen Dämpfung (Widerstand). Beim freien Fall einer Kugel (z. B. Kugel in Öl) rührt der konstante Anteil $\beta\hat{v}$ aus Gewichtskraft der Kugel und Auftriebskraft her. Eine geschwindigkeitsproportionale Dämpfung beim freien Fall einer Kugel liegt nur bei kleinen Reynoldszahlen vor. Die Formel für die Widerstandskraft ist mit dem Namen Stokes verknüpft.
Hinweis: In Aufgabe 8.3, S. 160ff, wird die Bewegungsgleichung hergeleitet und die praktische Relevanz wird erläutert.

Lösung mit SMath Studio

Im folgenden ist die Lösung in SMath Studio gezeigt. Der Parameter $\hat{v}$ heißt in der SMath Studio-Lösung $v_{\max}$.

Hinweis zu den Standard-Diagrammen in SMath Studio: Das Argument bei 2D-Plots in SMath Studio heißt stets x, unabhängig davon, wie das Argument bei der Definiton der Funktion heißt (hier beispielsweise t). Zudem gilt es zu bedenken, dass die Werte auf den beiden Achsen dimensionslos sind. Die Einheiten müssen wie gezeigt verarbeitet werden.

Hinweis zum symbolischen Rechnen: Bei der Berechnung der Geschwindigkeit in der zweiten Berechnungszeile im unten stehenden Beispiel sind die Größen β und $v_{\max}$ noch nicht zahlenmäßig gegeben. Das Gleichheitszeichen = wurde durch den Pfeil → (evaluate symbolically) erzeugt.

Weg-Zeit-Gesetz

$$s(t) := v_{max} \cdot \left(t + \frac{e^{-\beta \cdot t} - 1}{\beta} \right)$$

Geschwindigkeit

$$v(t) := \frac{d}{dt} s(t) = -\frac{v_{max} \cdot \left(1 - e^{\beta \cdot t}\right)}{e^{\beta \cdot t}}$$

Beschleunigung

$$a(t) := \frac{d}{dt} v(t) = \frac{\beta \cdot v_{max}}{e^{\beta \cdot t}}$$

Bewegungsgleichung

$$a(t) - \beta \cdot \left[v_{max} - v(t) \right] = 0$$

Diagramme für die gegebenen Zahlenwerte

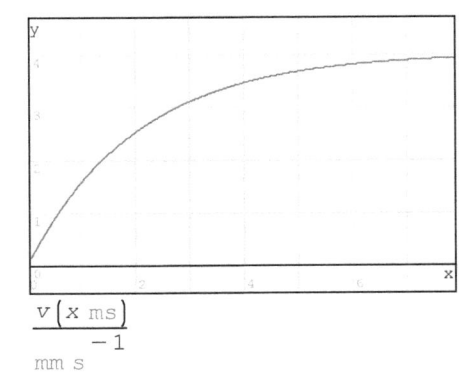

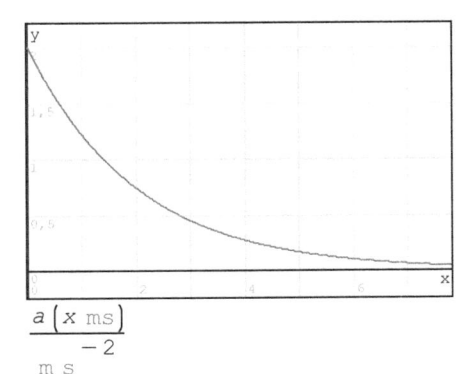

$$\beta := 500 \ s^{-1} \qquad v_{max} := 4 \ \frac{mm}{s}$$

$\dfrac{v(x \ ms)}{mm \ s^{-1}}$

$\dfrac{a(x \ ms)}{m \ s^{-2}}$

SMath Studio kann die gewünschten Ableitungen symbolisch berechnen. Der Ausdruck für die Geschwindigkeit ist korrekt, sieht aber anders aus als der Ausdruck in Gleichung (7.5). Bei symbolischen Berechnungen mit Computeralgebra sollte man stets damit rechnen, dass die erzielten Ausdrücke häufig anders zusammengefasst sind als es der persönlichen Präferenz entspricht.

Lösung mit Julia

Aufgabenteil (c) Für den gegebenen Wert von β ergibt sich für die charakteristische Zeit des Systems der Wert $1/\beta = 0{,}002\,\text{s}$. Nach dieser Zeit sind 63% der Grenzgeschwindigkeit erreicht. Zur Zeit $5/\beta = 0{,}01\,\text{s}$ sind bereits 99% der Grenzgeschwindigkeit erreicht. Entsprechend ist das Intervall für die Zeit in den Diagrammen zu wählen. In Abbildung 7.1 sind Weg, Geschwindigkeit und Beschleunigung als Funktion der Zeit für $t \leq 10/\beta$ dargestellt. Für den Weg sind zusätzlich die Approximationen für kleine und große Zeiten abgebildet (Funktionen `weg1(t)` und `weg2(t)` im unten stehenden Code).

In den Diagrammen ist gut zu erkennen, dass die Geschwindigkeit v gegen den Wert $\hat{v}$ und die Beschleunigung a gegen den Wert 0 streben für $t \gg 1/\beta$.

Geschwindigkeit und Beschleunigung werden in Julia mit automatischer Differentiation (AD) berechnet.

Der Weg als Funktion der Zeit ist in Julia über die Zuweisung `weg(t) =` definiert. Die Funktion `weg` ist eine skalarwertige Funktion einer veränderlichen Größe. Die erste Ableitung mittels AD erfolgt mit dem Befehl `derivative` aus dem Paket `ForwardDiff`. In der Zeile für `weg1(t)` erkennt man, dass Potenzen in Julia mittels ^ geschrieben werden (zum Vergleich: in Python wird ** geschrieben).

Praxistipp: Wenn Sie ohne Einheiten rechnen, sollten Sie zwingend die Einheiten aller Größen als Kommentar hinzufügen.

```
using Plots, ForwardDiff

beta = 500.0 # 1/s
vmax = 4.0   # mm/s

weg(t)  = vmax*(t + (exp(-beta*t) - 1)/beta)
weg1(t) = 0.5*beta*vmax*t^2
weg2(t) = vmax*(t - 1/beta)

geschw(t) = ForwardDiff.derivative(weg,t)
beschl(t) = 1e-3*ForwardDiff.derivative(t -> ForwardDiff.derivative(weg, t), t)
```

> Im oben stehenden Julia-Code sind Formeln für den Weg für kleine und große Zeiten hinterlegt, `weg1(t)` bzw. `weg2(t)`. Leiten Sie diese Formeln her.
>
> Wofür steht der Vorfaktor `1e-3` in der Definition der Beschleunigung?

Beim Geschwindigkeits-Zeit-Diagramm sind zusätzlich als diskrete Punkte die mittels Differenzenquotienten

$$v_j = \frac{\Delta s_j}{\Delta t_j} = \frac{s_{j+1} - s_j}{t_{j+1} - t_j} \tag{7.8}$$

berechneten Geschwindigkeitswerte abgebildet. In einem ersten Schritt müssen dafür diskrete Zeitpunkte und zugehörige Wege ermittelt werden.

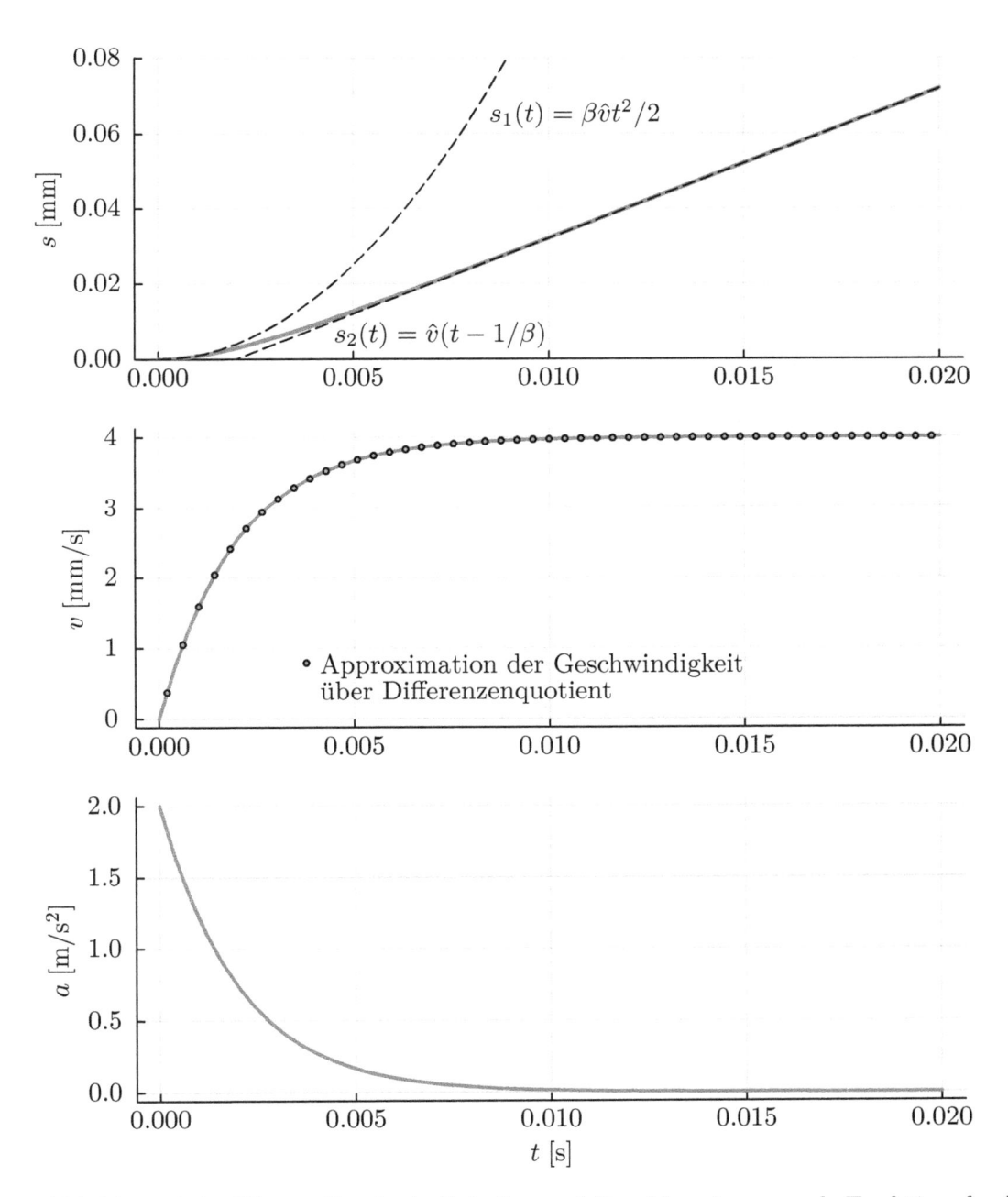

Abbildung 7.1.: Weg s, Geschwindigkeit v und Beschleunigung a als Funktion der Zeit t

Der Befehl `t_tab = LinRange(0,0.02,50)` erzeugt eine Spaltenmatrix mit 50 Einträgen, wobei die Werte zwischen 0 und 0,02 äquidistant (mit gleichem Abstand) verteilt sind. Der Befehl `s_tab = weg.(t_tab)` wertet die Funktion `weg(t)` für alle in `t_tab` gespeicherten Werte aus. Der Punkt hinter dem Funktionsnamen (hier `weg.()`) ermöglicht die Auswertung für alle Werte der Spaltenmatrix mit einem Aufruf.

```
t_tab = LinRange(0,0.02,50)
s_tab = weg.(t_tab)
```

Die Berechnung der Differenzenquotienten in Julia könnte über eine Schleife erfolgen. Einfacher ist die Nutzung des Befehls `diff`, der die Abstände benachbarter Einträge in einer Spalten- oder Zeilenmatrix zurückliefert. Dabei ist zu beachten, dass die so berechnete Geschwindigkeit einen Eintrag weniger hat als die Spaltenmatrix mit den diskreten Werten für den Weg.

```
v_tab = diff(s_tab)./diff(t_tab)
t_aux = 0.5*(t_tab[1:end-1] + t_tab[2:end])
v_fehler = v_tab - geschw.(t_aux)

p1 = plot([weg,weg1,weg2], 0:0.0004:0.02, label = false, w = 2,
   ylabel = "s [mm]", ylims = (0.0,0.08))
p2 = plot(geschw, 0:0.0004:0.02, label = false, w = 2, ylabel = "v [mm/s]")
p2 = plot!(t_aux,v_tab, label = false, markershape=:circle, markersize=2, w = 0)
p3 = plot(beschl,0:0.0004:0.02, label = false, w = 2, ylabel = "a [m/s^2]")
l = @layout [a; b; c]
plot(p1,p2,p3,layout = l,size=(600,800),fontfamily="arial")
xlabel!("Zeit [s]")
```

> Implementieren Sie die analytischen Formeln für Geschwindigkeit und Beschleunigung in den vorliegenden Julia-Code und untersuchen Sie die Größe des Fehlers der mit automatischer Differentiation ermittelten Werte.
>
> Zudem wird die Geschwindigkeit über Differenzenquotienten berechnet (Variable `v_tab`, berechnet für 50 in der Variable `t_tab` gespeicherte Zeitpunkte). Die Abweichung zum exakten Wert der Geschwindigkeit ist in der Variable `v_fehler` gespeichert. Untersuchen Sie die Größe des Fehlers dieser Methode in Abhängigkeit von der gewählten Zahl der Punkte. Was macht die Zeile `t_aux = ?`

7.2. Freier Fall mit Luftwiderstand

Lerninhalte

Mathematik Differenzieren (z. B. Ketten-, Produkt- und Quotientenregel, Ableitungen von Standardfunktionen), Kurvendiskussion

Mechanik Geradlinige Bewegung, Geschwindigkeit und Beschleunigung als Zeitableitungen, Bewegungsgleichung in der Form $\ddot{s} = f(s, \dot{s})$

Programmierung Programmieren mit Julia: Automatisches Differenzieren mit dem Paket `ForwardDiff`, Diagramme erstellen mit dem Paket `Plots`

Aufgabenstellung

Ein Punkt bewegt sich gemäß dem Weg-Zeit-Gesetz

$$s(t) = \frac{v_g^2}{g} \ln \cosh\left(\frac{g}{v_g} t\right) \qquad (7.9)$$

mit der Erdbeschleunigung g und einem Parameter v_g. Die Funktion ln ist der natürliche Logarithmus (der Logarithmus zur Basis e). Die Funktion cosh ist der Cosinus hyperbolicus[1].
Da die Funktion cosh ein dimensionsloses Argument voraussetzt, muss die Größe v_g/g die Dimension Zeit haben. Der Parameter v_g hat demnach die Dimension Geschwindigkeit. Konkret gilt hier $v_g = 23{,}853$ m/s.

Bestimmen Sie Geschwindigkeit und Beschleunigung als Funktion der Zeit und skizzieren Sie die Funktionen über der Zeit. Wie groß sind Geschwindigkeit und Beschleunigung zu Beginn der Bewegung und für große Zeiten? Welches einfache Weg-Zeit-Gesetz gilt zu Beginn der Bewegung? Wie lautet die Bewegungsgleichung $\ddot{s} = f(s, \dot{s})$?

Ohne weitere Erläuterungen sei schon hier vermerkt, dass das Weg-Zeit-Gesetz (7.9) die translatorische Bewegung eines Körpers unter der Wirkung der Gewichtskraft und einer Luftwiderstandskraft mit quadratischer Geschwindigkeitsabhängigkeit beschreibt.

Analytische Lösung

Optionale Vorüberlegung Bevor wir mit der Berechnung von Geschwindigkeit und Beschleunigung und der Diagrammerstellung beginnen, klären wir noch die Grenzfälle $t = 0$ und $t \to \infty$. Das ist nicht zwingend notwendig, aber durchaus lehrreich. Die cosh-Funktion ist definiert als

$$\cosh(\tau) = \frac{e^\tau + e^{-\tau}}{2}. \qquad (7.10)$$

Demnach gilt $\cosh 0 = 1$ und $\ln \cosh 0 = 0$. Die Wegzählung beginnt demnach bei $t = 0$ mit $s = 0$. Für große Werte von τ gilt $e^\tau \gg e^{-\tau}$ und $\ln \cosh \tau \approx \tau - \ln 2$. D. h. für große Zeiten gilt ein lineares Weg-Zeit-Gesetz

$$s(t) \approx v_g t - \frac{v_g^2}{g} \ln 2 \qquad \text{für } t \gg \frac{v_g}{g} \qquad (7.11)$$

mit Anstieg v_g. In anderen Worten: für große Zeiten bewegt sich der Punkt mit konstanter Geschwindigkeit v_g. Damit haben wir die Bedeutung des Parameters v_g geklärt: v_g ist die Geschwindigkeit des Punktes, die sich für große Zeiten einstellt.

---
[1] siehe einschlägige Mathematikbücher z. B. Kapitel 3, §4 in [30]

Geschwindigkeit und Beschleunigung als Zeitableitung Für die Geschwindigkeit v ergibt sich durch Ableiten von (7.9) der Ausdruck

$$v(t) = \dot{s}(t) = v_\mathrm{g} \tanh\left(\frac{g}{v_\mathrm{g}}t\right). \tag{7.12}$$

Wir hatten bereits festgestellt, dass v_g die Dimension Geschwindigkeit hat. Somit passt unser Ergebnis in Bezug auf die Dimension. Für die Beschleunigung ergibt sich durch nochmaliges Differenzieren

$$a(t) = \dot{v}(t) = g\left[1 - \tanh^2\left(\frac{g}{v_\mathrm{g}}t\right)\right]. \tag{7.13}$$

Aus (7.12) und (7.13) folgt die Bewegungsgleichung

$$a(t) = g\left[1 - \left(\frac{v(t)}{v_\mathrm{g}}\right)^2\right]. \tag{7.14}$$

Wenn für die Geschwindigkeit $v = 0$ gilt, fällt der betrachtete Körper mit der Erdbeschleunigung g. Für $v > 0$ reduziert sich die Beschleunigung, wobei die Geschwindigkeit quadratisch in die rechte Seite der Bewegungsgleichung eingeht. Wir haben es im vorliegenden Fall mit einer Widerstandskraft zu tun, die quadratisch von der Geschwindigkeit abhängt. Das ist typisch für den Luftwiderstand (bei hinreichend großer Geschwindigkeit).

Lösung mit Julia

Das Weg-Zeit-Gesetz (7.9) als Hintereinanderausführung von natürlichem Logarithmus und Cosinus hyperbolicus ist (für die meisten) nicht ohne weiteres zu skizzieren. Hier hilft der Computer. Zudem können die erste und zweite Ableitung mühelos mit automatischer Differentiation (siehe Novak [33], Abschnitt 11.2) ermittelt werden, ohne Differentiationstabellen und -regeln zu bemühen.

Weg-Zeit-Diagramm Zuerst wird in Julia das Weg-Zeit-Gesetz definiert und geplottet (oberes Diagramm in Abbildung 7.2, Programmcode weiter unten). Bei $t = 0$ beginnt die Wegzählung mit $s = 0$ und horizontaler Tangente. Der Weg nimmt streng monoton mit der Zeit zu. Der Graph des Weg-Zeit-Gesetzes hat für große Zeiten eine Gerade mit Anstieg v_g als Asymptote. Eine Gerade als Weg-Zeit-Gesetz entspricht einer Bewegung mit konstanter Geschwindigkeit. Der Anstieg der Geraden im Weg-Zeit-Diagramm entspricht der Geschwindigkeit. Bereits ab $t = 4\,\mathrm{s}$ ist kaum noch ein Unterschied zwischen $s(t)$ und der Asymptote erkennbar. Für kleine Zeiten ist das Weg-Zeit-Gesetz näherungsweise durch eine quadratische Funktion mit Scheitelpunkt im Ursprung beschreibbar. Für $t < 2\,\mathrm{s}$ ist kaum noch ein Unterschied zwischen $s(t)$ und der gezeigten Parabel zu erkennen. Die gezeigte Parabel entspricht einer gleichmäßig beschleunigten Bewegung mit Beschleunigung g. Zusammenfassend: Die Bewegung entspricht zu Beginn dem freien Fall im Schwerefeld der Erde ohne Luftwiderstand; für große Zeiten entspricht die Bewegung einer gleichförmigen Bewegung mit Geschwindigkeit v_g.

Geschwindigkeit und Beschleunigung Schauen wir genauer auf Geschwindigkeit und Beschleunigung (unteres Diagramm in Abbildung 7.2). Gemäß Definition sind Geschwindigkeit und Beschleunigung aus dem Weg-Zeit-Gesetz (7.9) durch einmaliges bzw. zweimaliges Differenzieren nach der Zeit zu bestimmen. In Julia steht dafür das Paket `ForwardDiff` zur Verfügung, mit dessen Hilfe das automatische Differenzieren erfolgen kann.

Aus dem Diagramm (alternativ in einer mit Julia erstellten Wertetabelle) erkennt man, dass die Geschwindigkeit Null ist für $t = 0$ und streng monoton wächst. Die Geschwindigkeit ist für $t > 0$ stets positiv. Der Anstieg der Geschwindigkeit nimmt mit zunehmender Zeit ab. Die Asymptote für große Zeiten ist $v = v_\mathrm{g}$. Die Beschleunigung ist zu Beginn die Erdbeschleunigung g und nimmt streng monoton ab, wobei die Beschleunigung stets positive Werte annimmt. Die Asymptote für große Zeiten ist $a = 0$.

Der vollständige Programmcode für das automatische Differenzieren und die Diagrammerstellung sieht wie folgt aus[2].

```
using Plots, ForwardDiff

g = 9.81 # m/s**2
vg = 23.853 # m/s
weg(t) = vg^2/g*log(cosh(t*g/vg))
weg1(t) = 0.5*g*t^2 # Näherung für kleine Zeiten
weg2(t) = vg*t - vg^2/g*log(2) # Näherung für große Zeiten
geschw(t) = ForwardDiff.derivative(weg,t)
beschl(t) = ForwardDiff.derivative(t -> ForwardDiff.derivative(weg, t), t)

p1 = plot([weg,weg1,weg2], 0:0.1:8, label = false, w = 2, ylabel = "s [m]")
p2 = plot([geschw; beschl], 0:0.1:8, label = false, w = 2, color = :red)
l = @layout [a; b]
plot(p1,p2,layout = l,size=(600,800))
xlabel!("Zeit [s]")
```

> Betrachten Sie die Graphen der drei Funktionen $s(t)$, $v(t)$ und $a(t)$ in Abbildung 7.2 unter dem Aspekt, dass diese Größen durch Differenzieren auseinander folgen, konkret: $v(t)$ gibt den Anstieg von $s(t)$ an und $a(t)$ gibt den Anstieg von $v(t)$ an. Welche Aussagen zur Monotonie folgen?
>
> Überzeugen Sie sich davon, dass die mit `ForwardDiff` bestimmten Größen Geschwindigkeit und Beschleunigung bis auf Maschinengenauigkeit mit den analytisch berechneten Werten übereinstimmen. Prüfen Sie zudem für die mit `ForwardDiff` bestimmten Größen, ob die Bewegungsgleichung (7.14) erfüllt ist.

---
[2] Die Beschriftungen und Linienstile in den Diagrammen aus Abbildung 7.2 wurden nachträglich bearbeitet. Die mit dem gezeigten Programmcode erstellten Diagramme weichen demnach leicht von den hier gezeigten ab.

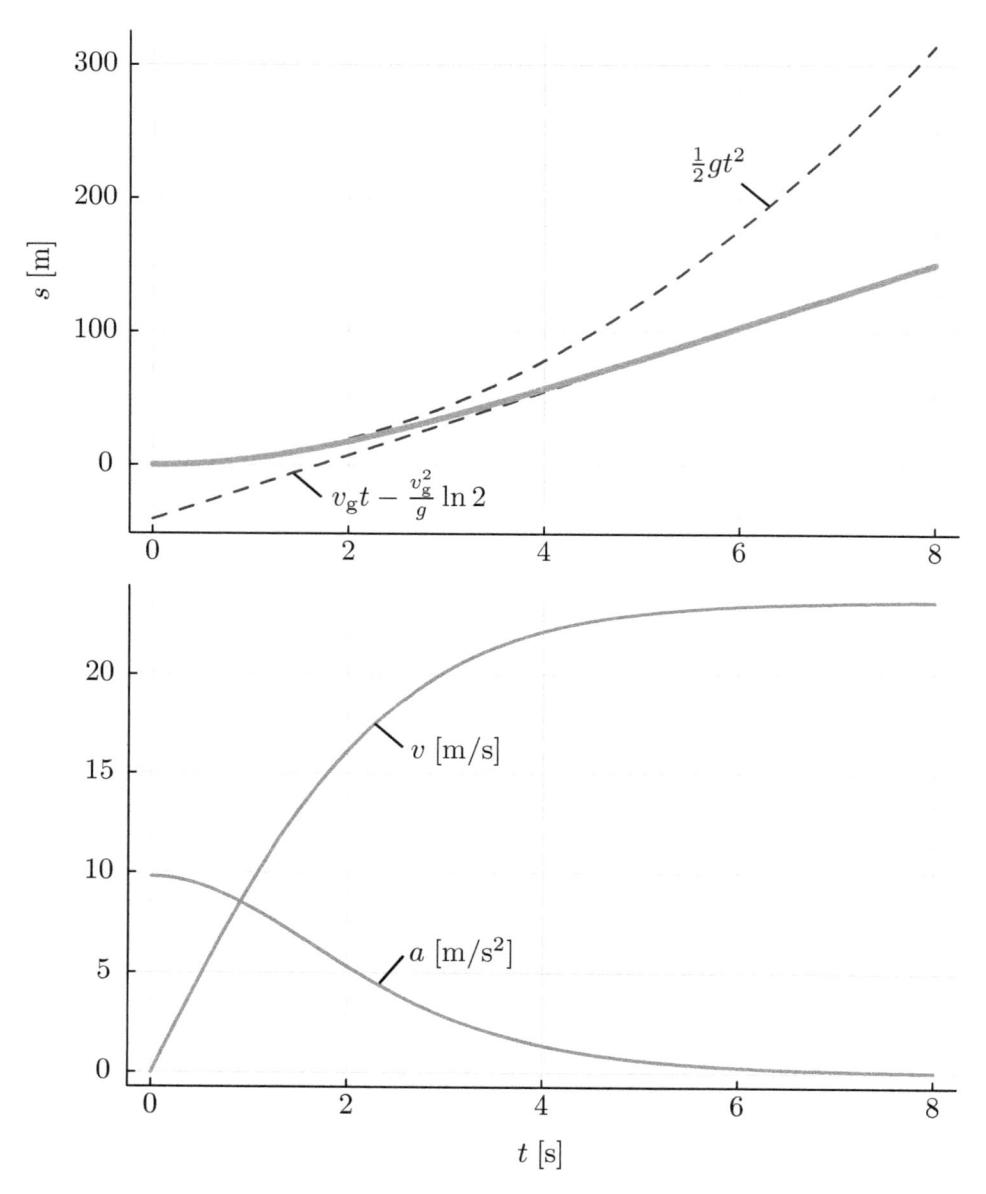

Abbildung 7.2.: Weg s (oben), Geschwindigkeit v und Beschleunigung a (unten) als Funktion der Zeit t

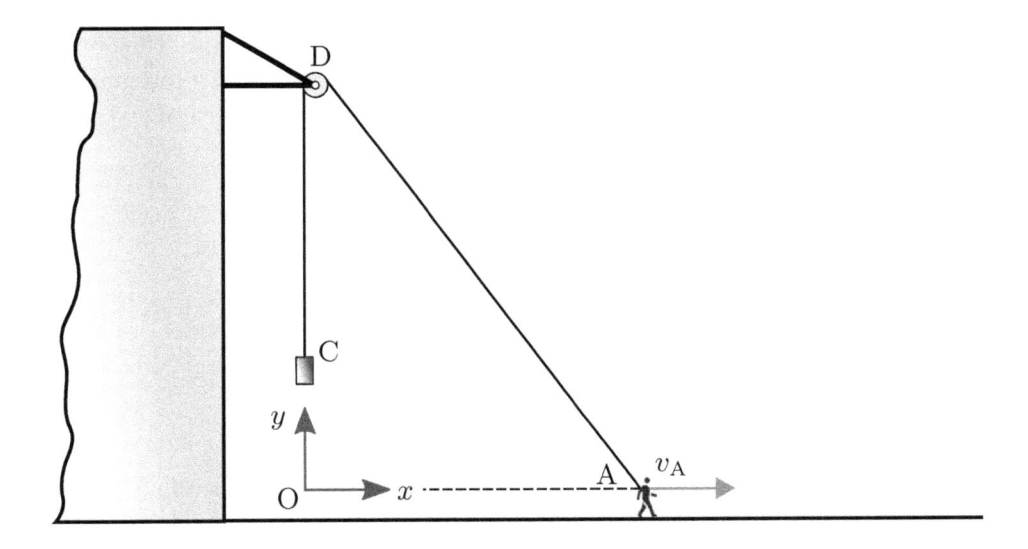

Abbildung 7.3.: Heben einer Last C über eine Umlenkrolle D durch eine nach rechts laufende Person A

7.3. Heben einer Last über eine Umlenkrolle

Lerninhalte

Mathematik Differenzieren (z. B. Ketten-, Produkt- und Quotientenregel, Ableitungen von Standardfunktionen), Kurvendiskussion

Mechanik Freiheitsgrad, Bindungsgleichung, Geschwindigkeit und Beschleunigung als Zeitableitungen

Programmierung Programmieren mit Julia: Automatisches Differenzieren mit dem Paket `ForwardDiff`, Diagramme erstellen mit dem Paket `Plots`; Rechnen mit SMath Studio: symbolisches Differenzieren, Diagramme erstellen, Rechnen mit Einheiten

Aufgabenstellung

Eine Person läuft nach rechts mit der konstanten Geschwindigkeit $v_A = 0{,}5\,\text{m/s}$ und hebt die am Seil hängende Last (Abbildung 7.3). Das Seil ist in guter Näherung undehnbar (konstante Länge 40 m). Bestimmen Sie die Höhe y_C, die Geschwindigkeit v_C und die Beschleunigung a_C der Last als Funktion der Zeit für den Fall, dass $x_A = 0$ für $t = 0$ gilt. Die Höhe der Umlenkrolle ist mit $y_D = 20\,\text{m}$ gegeben.

Analytische Lösung

Da das Seil als undehnbar angenommen wird, bleibt die Seillänge zeitlich konstant. Somit muss es einen eindeutigen Zusammenhang zwischen der Position der ziehenden

Person und der Position der Last geben. Solange wir ein Hin- und Herpendeln der Last ausschließen, hat das System den Freiheitsgrad 1. Es genügt eine generalisierte Koordinate für die Beschreibung der Bewegung. Hier wird die Position x_A der Person gewählt.

Für die Seillänge l gilt gemäß der vorliegenden Skizze

$$l = \ell\left(\overline{\text{AD}}\right) + \ell\left(\overline{\text{CD}}\right) = \sqrt{x_A^2 + y_D^2} + y_D - y_C \ . \tag{7.15}$$

Die Höhe y_C der Last ist die gesuchte Größe; Umstellen ergibt

$$y_C = \sqrt{x_A^2 + y_D^2} + y_D - l \ . \tag{7.16}$$

Für die Bewegung von A gilt $\dot{x}_A = v_A = \text{const}$ und mit der genannten Anfangsbedingung $x_A = v_A t$. Einmaliges bzw. zweimaliges Ableiten von (7.16) nach der Zeit liefert für die Geschwindigkeit der Last

$$v_C = \dot{y}_C = \frac{x_A}{\sqrt{x_A^2 + y_D^2}} \dot{x}_A \tag{7.17}$$

und für die Beschleunigung der Last (für $\ddot{x}_A = 0$)

$$a_C = \ddot{y}_C = \frac{y_D^2}{\left(x_A^2 + y_D^2\right)^{3/2}} \dot{x}_A^2 \ . \tag{7.18}$$

Abbildung 7.4 zeigt das Ergebnis. Wir halten fest:

- Durch die Bewegung der Person entlang der Horizontalen ändert sich der Neigungswinkel des Seilabschnittes AD während der Hebebewegung. Daraus folgt, dass die Bewegung der Person um 1 m nach rechts nicht zum Anheben der Last um 1 m führt. Die Größe des Hubs im Vergleich zum zurückgelegten Weg der Person hängt von der Position der Person ab.

- Als Folge bewegt sich die Last nicht gleichförmig sondern mit zunehmender Geschwindigkeit. Asymptotisch nähert sich die Hubgeschwindigkeit der Last der Geschwindigkeit der ziehenden Person, wobei die Bewegung endet, wenn die Last den höchsten Punkt D erreicht hat.

- Schließlich folgt: Die Last erfährt eine Beschleunigung während der Aufwärtsbewegung, obwohl die Person in A mit konstanter Geschwindigkeit nach rechts läuft.

Lösung mit SMath Studio

Die gezeigte Lösung mit SMath Studio nutzt die symbolische Berechnung der notwendigen Ableitungen (Computeralgebra). Mindestens zwei Vorgehensweisen sind hier

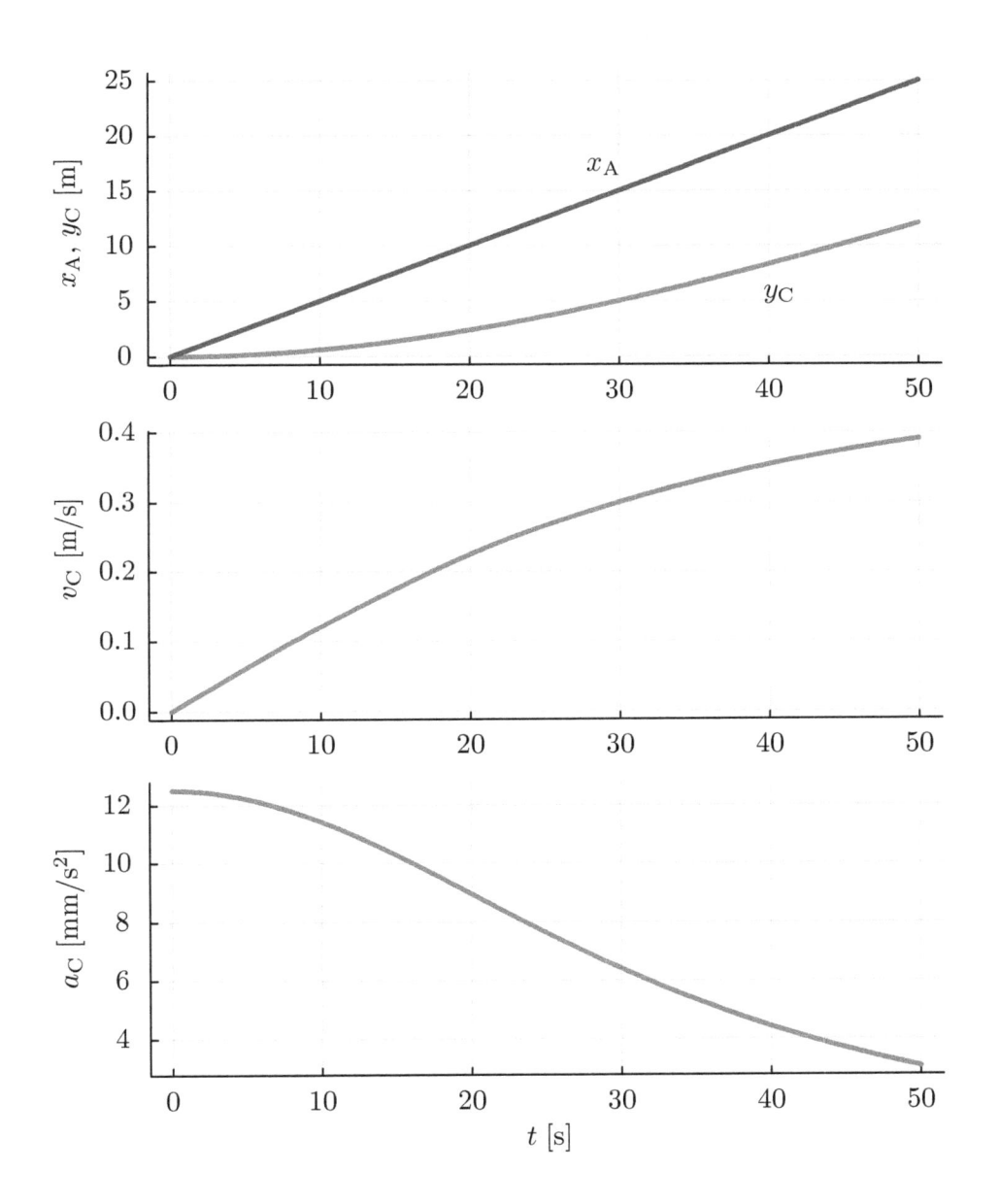

Abbildung 7.4.: Höhe y_C, Geschwindigkeit v_C und Beschleunigung a_C der Last als Funktion der Zeit t für die vorgegebene Bewegung der ziehenden Person

denkbar. Im gezeigten Vorgehen wird die Zeitfunktion x_A vorerst nicht weiter spezifiziert (außer der Annahme, dass die Zeitableitung eine Konstante ist). Die Bestimmung von Geschwindigkeit und Beschleunigung benötigt dann das „manuelle" Berücksichtigen der Kettenregel. Eine alternative Vorgehensweise wäre, x_A als Zeitfunktion gleich zu Beginn zu definieren und Geschwindigkeit und Beschleunigung durch Ableiten nach der Zeit zu gewinnen.

Vertikale Position der Last

$$y_C(x_A) := \sqrt{x_A^2 + y_D^2} + y_D - l$$

Geschwindigkeit der Last

$$v_C(x_A) := v_A \cdot \frac{d}{d x_A} y_C(x_A) = \frac{v_A \cdot x_A}{\sqrt{x_A^2 + y_D^2}}$$

Beschleunigung der Last (bei konstanter Geschwindigkeit der Person)

$$a_C(x_A) := v_A \cdot \frac{d}{d x_A} v_C(x_A) = \frac{v_A^2 \cdot \left(-x_A + \sqrt{x_A^2 + y_D^2}\right) \cdot \left(x_A + \sqrt{x_A^2 + y_D^2}\right)}{\sqrt{x_A^2 + y_D^2} \cdot \sqrt{x_A^2 + y_D^2}^2}$$

Parameter und Diagramme

$$v_A := 0{,}5 \,\frac{m}{s} \qquad y_D := 20 \, m \qquad l := 40 \, m$$

$$x_A(t) := v_A \cdot t + 0 \, m$$

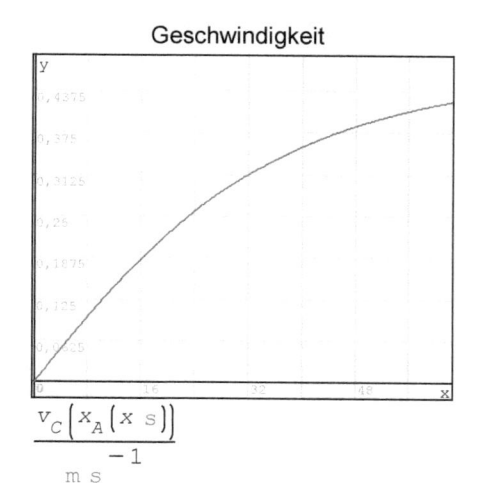

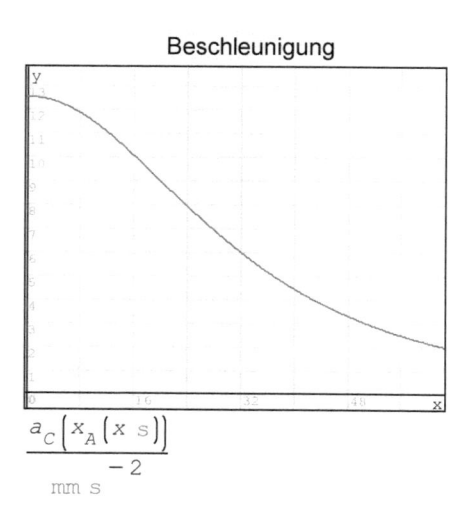

Geschwindigkeit   Beschleunigung

$\dfrac{v_C(x_A(x \, s))}{m \, s^{-1}}$ $\dfrac{a_C(x_A(x \, s))}{mm \, s^{-2}}$

Der Ausdruck für die Beschleunigung a_C, den SMath Studio erzeugt, ist deutlich unübersichtlicher als notwendig und in der benutzen Version nicht weiter vereinfachbar.

Lösung mit Julia

Die Lösung in Julia nutzt die automatische Differentiation aus dem Paket `ForwardDiff` zur Bestimmung der Zeitableitungen. Ausgangspunkt ist Gleichung (7.16). Die Seillänge l ist im Programmcode mit `lS` bezeichnet.

```
using Plots, ForwardDiff, LaTeXStrings

lS = 40.0 # Seillänge in m
yD = 20.0 # Höhe von D in m
vA = 0.5  # Geschwindigkeit der Person in m/s

xA(t) = vA*t
yC(t) = sqrt(xA(t)^2 + yD^2) + yD - lS
vC(t) = ForwardDiff.derivative(yC,t)
aC(t) = ForwardDiff.derivative(t -> ForwardDiff.derivative(yC, t), t)

aC_analyt(t) = yD^2/(xA(t)^2 + yD^2)^1.5*vA^2

p1 = plot([yC,xA], 0:0.2:50, label = false, w = 3,
    ylabel = L"x_\mathrm{A},\, y_\mathrm{C}\; \mathrm{[m]}",
    color = [:red :blue])
p2 = plot(vC, 0:0.2:50, label = false, w = 3,
    ylabel = L"v_\mathrm{C}\; \mathrm{[m/s]}", color = :red)
p3 = plot(aC, 0:0.2:50, label = false, w = 3,
    ylabel = L"a_\mathrm{C}\; \mathrm{[m/s^2]}", color = :red)

l = @layout [a; b; c]
plot(p1,p2,p3, layout = l, size=(600,800))
xlabel!(L"t\; \mathrm{[s]}")
```

Die in Abbildung 7.4 gezeigten Diagramme zeigen die mit automatischer Differentiation ermittelte Geschwindigkeit und Beschleunigung. Für die Achsenbeschriftungen wurde das Paket `LaTeXStrings` verwendet, das die Nutzung von LaTeX-Befehlen erlaubt.

> Erstellen Sie ein Diagramm, das die Höhe der Last als Funktion der Position der Person zeigt. Zu welcher Zeit t^* und bei welcher Position der Person erreicht die Last (Punkt C) die Umlenkrolle?
>
> Überprüfen Sie, dass die mit automatischer Differentiation ermittelte Beschleunigung mit der analytisch bestimmten übereinstimmt. Die analytische Lösung ist in der Funktion `aC_analyt(t)` bereits im Programmcode hinterlegt.

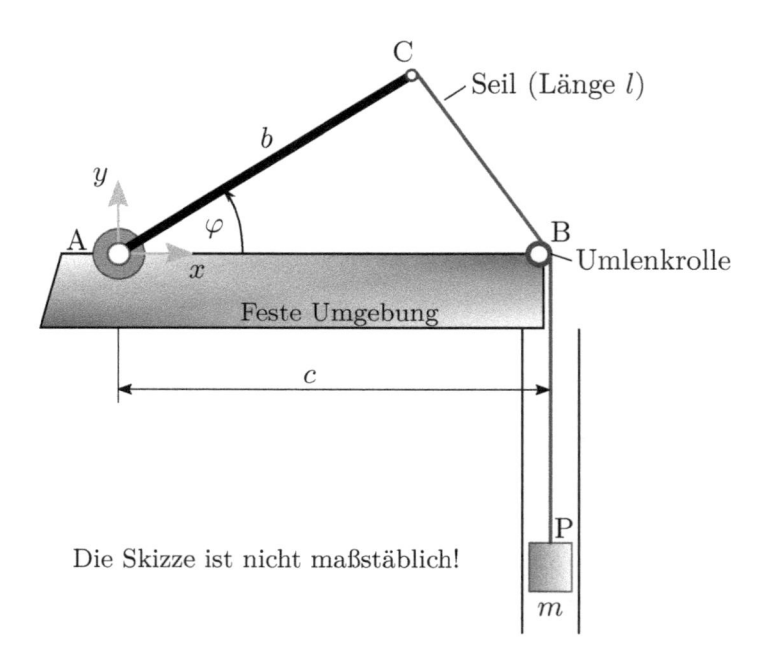

Abbildung 7.5.: Heben einer Last über einen rotierenden Hebel und eine Umlenkrolle

7.4. Heben einer Last: Seil am rotierenden Hebel

Lerninhalte

Mathematik Differenzieren (z. B. Ketten-, Produkt- und Quotientenregel, Ableitungen von Standardfunktionen), Kurvendiskussion

Mechanik Freiheitsgrad und Bindungsgleichung, Geschwindigkeit und Beschleunigung als Zeitableitungen

Programmierung Programmieren mit Julia: Automatisches Differenzieren mit dem Paket `ForwardDiff`, Diagramme erstellen mit dem Paket `Plots`

Aufgabenstellung

Der Hebel AC rotiert und hebt über ein undehnbares Seil, das in C am Hebel befestigt ist, die Last im Punkt P (siehe Abbildung 7.5). Für den Drehwinkel des Hebels gilt das Zeitgesetz

$$\varphi(t) = \frac{1}{2}kt^2\,, \tag{7.19}$$

d. h. der Hebel rotiert mit konstanter Winkelbeschleunigung k. Bestimmen Sie für $0 \leq t \leq 25\,\text{s}$ die Geschwindigkeit und die Beschleunigung von P. Es gilt $b = 1\,\text{m}$, $c = 2b$ und $l = 10b$.

Analytische Lösung

Wenn das Seil als undehnbar und der Hebel als starr modelliert werden, dann hat das System den Freiheitsgrad 1. Es genügt eine Koordinate, um die Lage und Orientierung aller Bauteile eindeutig festzulegen. Im vorliegenden Fall ist der Drehwinkel φ des Hebels die gewählte Koordinate. Die Position von P (insbesondere die vertikale Koordinate y_P) ergibt sich aus den geometrischen Abmessungen zwangsläufig aus der Angabe von φ.

Um die Bindungsgleichung, die die Größen φ und y_P miteinander verknüpft, zu finden, schreiben wir einen Ausdruck für die (zeitlich konstante) Seillänge:

$$l = \ell\left(\overline{\mathrm{BC}}\right) + \ell\left(\overline{\mathrm{BP}}\right) = \ell\left(\overline{\mathrm{BC}}\right) + (-y_\mathrm{P}). \tag{7.20}$$

Die Länge von $\overline{\mathrm{BC}}$ folgt aus dem Cosinussatz

$$\ell\left(\overline{\mathrm{BC}}\right) = \sqrt{b^2 + c^2 - 2bc\cos\varphi}. \tag{7.21}$$

Der gesuchte Ausdruck für die vertikale Position von P ergibt sich somit zu

$$y_\mathrm{P} = \ell\left(\overline{\mathrm{BC}}\right) - l = \sqrt{b^2 + c^2 - 2bc\cos\varphi} - l. \tag{7.22}$$

Für jeden Winkel φ, d. h. für jede Orientierung des Hebels AC, kann somit die Position von P bestimmt werden.

Mit $c = 2b$ folgen durch einmaliges bzw. zweimaliges Ableiten die Geschwindigkeit und Beschleunigung von P:

$$v_\mathrm{P} = \dot{y}_\mathrm{P} = \frac{2b\sin\varphi}{\sqrt{5 - 4\cos\varphi}}\,\dot\varphi \tag{7.23}$$

$$a_\mathrm{P} = \ddot{y}_\mathrm{P} = \frac{2b\sin\varphi}{\sqrt{5 - 4\cos\varphi}}\,\ddot\varphi + \left[\frac{2\cos\varphi}{\sqrt{5 - 4\cos\varphi}} - \frac{2 - 2\cos 2\varphi}{(5 - 4\cos\varphi)^{3/2}}\right]b\dot\varphi^2 \tag{7.24}$$

Wir halten fest, dass die Seillänge l, die in der Gleichung für y_P als additive Konstante auftritt, keinen Einfluss auf Geschwindigkeit und Beschleunigung von P hat.
Abbildung 7.6 zeigt Geschwindigkeit und Beschleunigung von P für das in Gleichung (7.19) gegebene Antriebsgesetz.

> Betrachten Sie Abbildung 7.6. Wie hängen die Nullstellen der Beschleunigung und die lokalen Extrema der Geschwindigkeit miteinander zusammen? Welche Aussage lässt sich über das Vorzeichen der Beschleunigung treffen, wenn die Geschwindigkeit zunimmt bzw. abnimmt?

Lösung mit Julia

Die Lösung in Julia nutzt die automatische Differentiation aus dem Paket `ForwardDiff` zur Bestimmung der Zeitableitungen. Ausgangspunkt ist Gleichung (7.22). Die Größe y_P heißt im Programmcode `y2`.

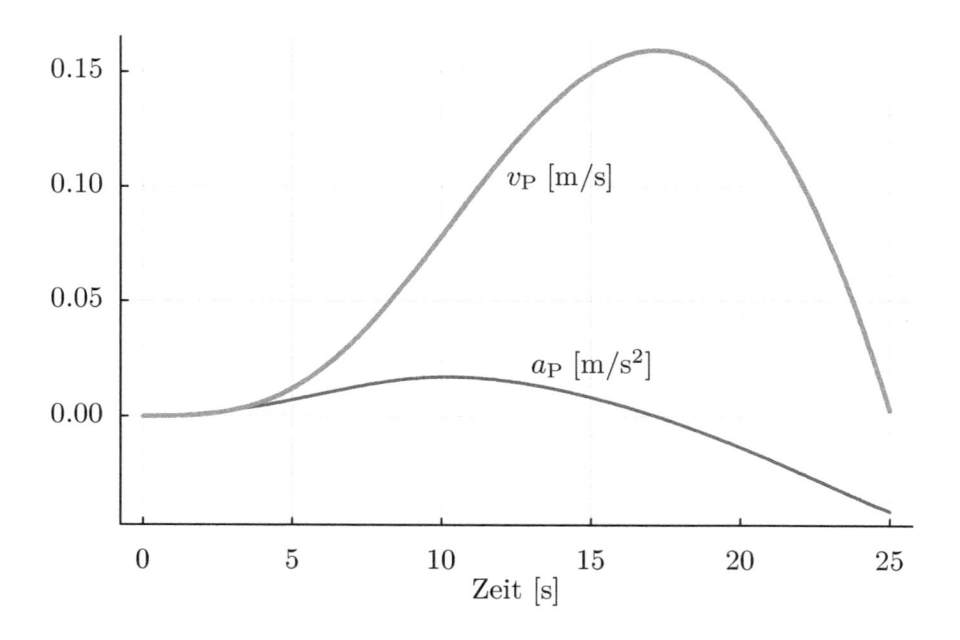

Abbildung 7.6.: Geschwindigkeit v_P und Beschleunigung a_P der Last als Funktion der Zeit

```
using ForwardDiff, Plots

b = 1.0 # m
c = 2.0*r
L = 10*r
k = 1e-2 # s^-2

phi(t) = 0.5k*t^2

y2(t) = -L + sqrt(b^2 + c^2 - 2*b*c*cos(phi(t)))

geschw(t) = ForwardDiff.derivative(y2,t)
beschl(t) = ForwardDiff.derivative(t -> ForwardDiff.derivative(y2, t), t)

plot(beschl, 0:0.1:25, label = "Beschleunigung [m/s²]", w = 2, color = :blue)
plot!(geschw,0:0.1:25, label = "Geschwindigkeit [m/s]", w = 3, color = :red)
plot!(ylabel = "")
xlabel!("Zeit [s]")
```

> Erstellen Sie Diagramme, die den Drehwinkel φ und die Lage y_P von P als Funktion der Zeit zeigen. In welcher Lage befinden sich Hebel und Last für $t = 25\,\mathrm{s}$?
>
> Überprüfen Sie, dass die mit automatischer Differentiation ermittelte Beschleunigung mit der analytisch bestimmten übereinstimmt. Wie groß ist die Abweichung als Funktion der Zeit?

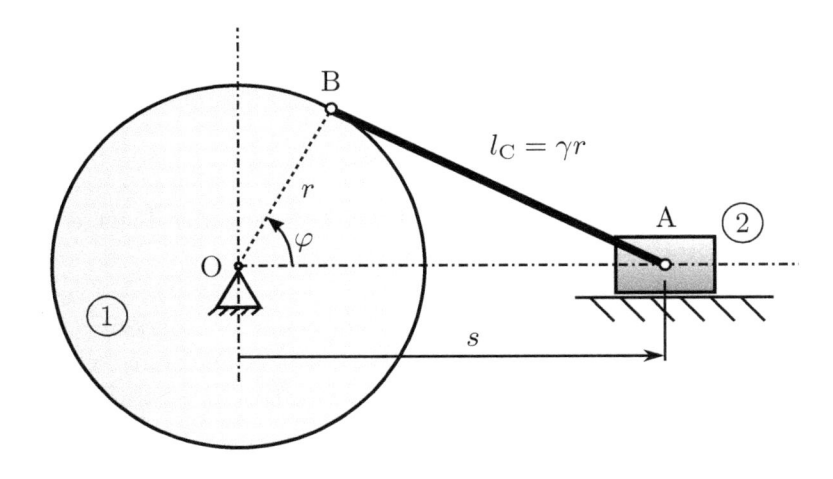

Abbildung 7.7.: Schubkurbelgetriebe

7.5. Schubkurbel

Lerninhalte

Mathematik Differenzieren (z. B. Ketten-, Produkt- und Quotientenregel, Ableitungen von Standardfunktionen), Kurvendiskussion

Mechanik Freiheitsgrad und Bindungsgleichung, Geschwindigkeit und Beschleunigung als Zeitableitungen

Programmierung Programmieren mit Julia: Automatisches Differenzieren mit dem Paket `ForwardDiff`, Diagramme erstellen mit dem Paket `Plots`

Aufgabenstellung

Es wird die in Abbildung 7.7 gezeigte zentrische Schubkurbel[3] untersucht. Die Kurbel 1 hat die Länge r. Schieber 2 und Kurbel 1 sind über eine Stange der Länge l_C verbunden. Die umlaufende Drehbewegung der Kurbel wird in eine translatorische Hin- und Herbewegung des Schiebers übersetzt.

(a) Für $r = 0{,}2\,\text{m}$, $\gamma = 1{,}5$ und konstante Winkelgeschwindigkeit $\dot{\varphi} = \omega = 2\pi\,\text{s}^{-1}$ der Kurbel 1 sollen die Geschwindigkeit $\dot{s}$ und die Beschleunigung $\ddot{s}$ des Schiebers 2 als Funktion der Zeit bestimmt und skizziert werden.

(b) Erstellen Sie ein Diagramm, das die Schiebergeschwindigkeit $\dot{s}$ als Funktion des Kurbelwinkels φ für verschiedene Werte von γ zeigt (Funktionenschar mit Scharparameter γ).

---

[3] Übersetzungen: zentrische Schubkurbel → in-line slider-crank, Kurbel → crank, Schieber → slider, Verbindungsstange → connecting rod

Lösung mit Julia

Für die Lagekoordinate s des Schiebers kann (z. B. mit dem Cosinussatz) die Beziehung

$$s = r\cos(\varphi) + \sqrt{l_C^2 - r^2 \sin^2(\varphi)} \qquad (7.25)$$

hergeleitet werden. Das System hat den Freiheitsgrad 1. Eine generalisierte Koordinate genügt für die Beschreibung der Bewegung.

Aufgabenteil (a) Abbildung 7.8 zeigt den Weg s, die Geschwindigkeit $\dot{s}$ und die Beschleunigung $\ddot{s}$ des Schiebers für die gegebenen Zahlenwerte. Die zentrische Schubkurbel besitzt eine symmetrische Übertragungsfunktion. Der Hub des Schiebers entspricht der doppelten Kurbellänge ($s_{max} - s_{min} = 2r$).

> Überzeugen Sie sich davon, dass die abgebildeten Kurven zueinander passen. Prüfen Sie dazu, ob die Nullstellen der Geschwindigkeit mit den lokalen Extrema des Weges zusammenfallen. Welches Vorzeichen hat jeweils die Beschleunigung? Bestimmen Sie die Ableitungen analytisch und vergleichen Sie Ihre Ergebnisse mit den gezeigten Kurven.

Die Lösung mit Julia nutzt das Paket `ForwardDiff` zur Bestimmung der Ableitungen mit der automatischen Differentiation.

```
using ForwardDiff, Plots

gamma = 1.5
omega = 2*π # 1/s
r = 0.2 # m

phi(t) = omega*t
weg(t) = r*(cos(phi(t)) + sqrt(gamma^2 - sin(phi(t))^2))

geschw(t) = ForwardDiff.derivative(weg,t)
beschl(t) = ForwardDiff.derivative(t -> ForwardDiff.derivative(weg, t), t)

p1 = plot(weg, 0:0.01:1.2, label = false, w = 2, ylabel = "Weg [m]")
p2 = plot(geschw, 0:0.01:1.2, label = false, w = 2,
    ylabel = "Geschwindigkeit [m/s]")
p3 = plot(beschl,0:0.01:1.2, label = false, w = 2,
    ylabel = "Beschleunigung [m/s²]")

l = @layout [a; b; c]
plot(p1,p2,p3,layout = l,size=(600,800),fontfamily="segoe")
xlabel!("Zeit [s]")
```

Aufgabenteil (b) Abbildung 7.9 zeigt die Geschwindigkeit $\dot{s}$ des Schiebers in Abhängigkeit vom Kurbelwinkel φ für verschiedene Werte von γ (Kurvenschar mit γ als Scharparameter). Im Programmcode sind die verschiedenen Werte von γ in der Variablen `gamma_tab` enthalten.

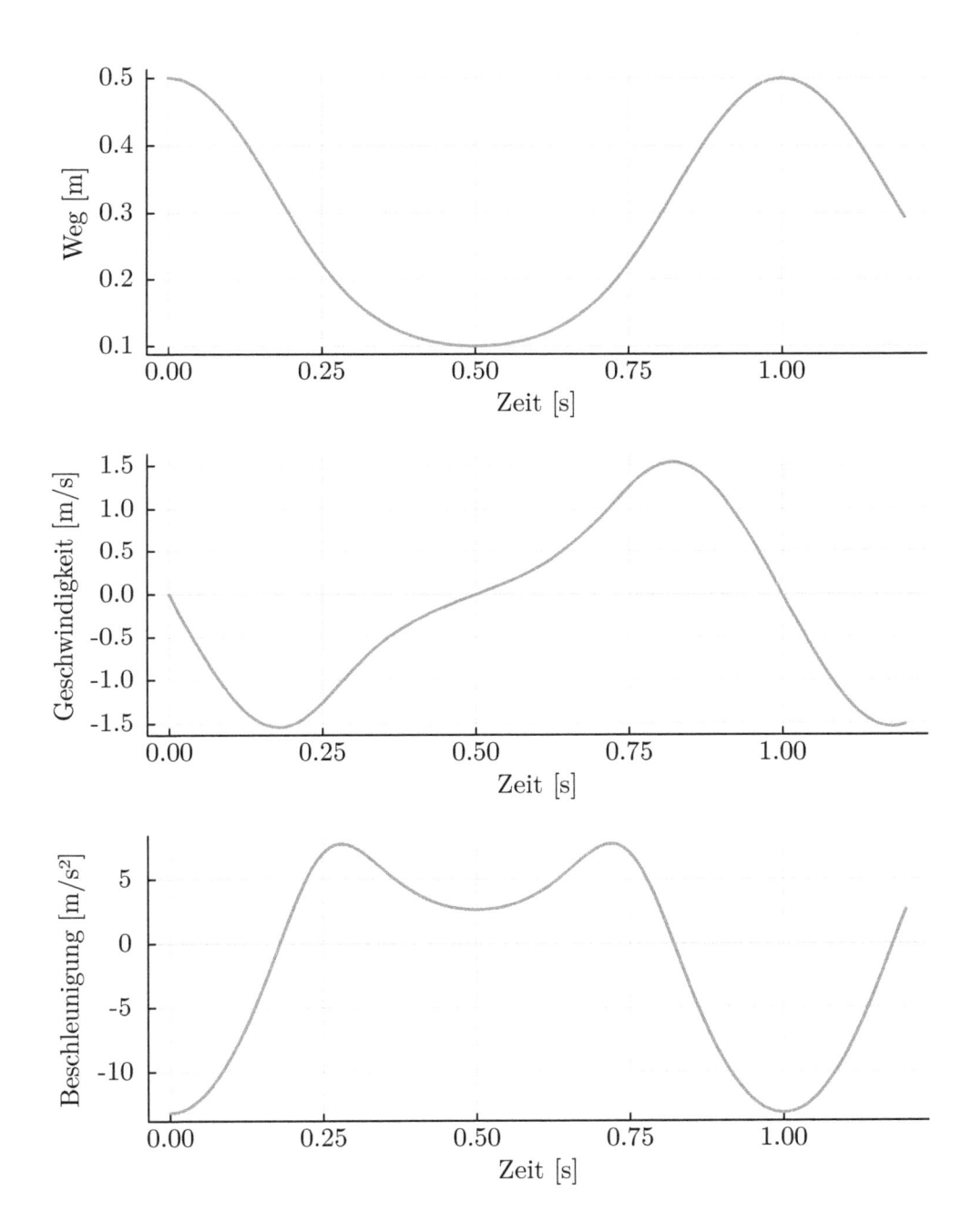

Abbildung 7.8.: Weg s, Geschwindigkeit $\dot{s}$ und Beschleunigung $\ddot{s}$ des Schiebers für die gegebenen Zahlenwerte

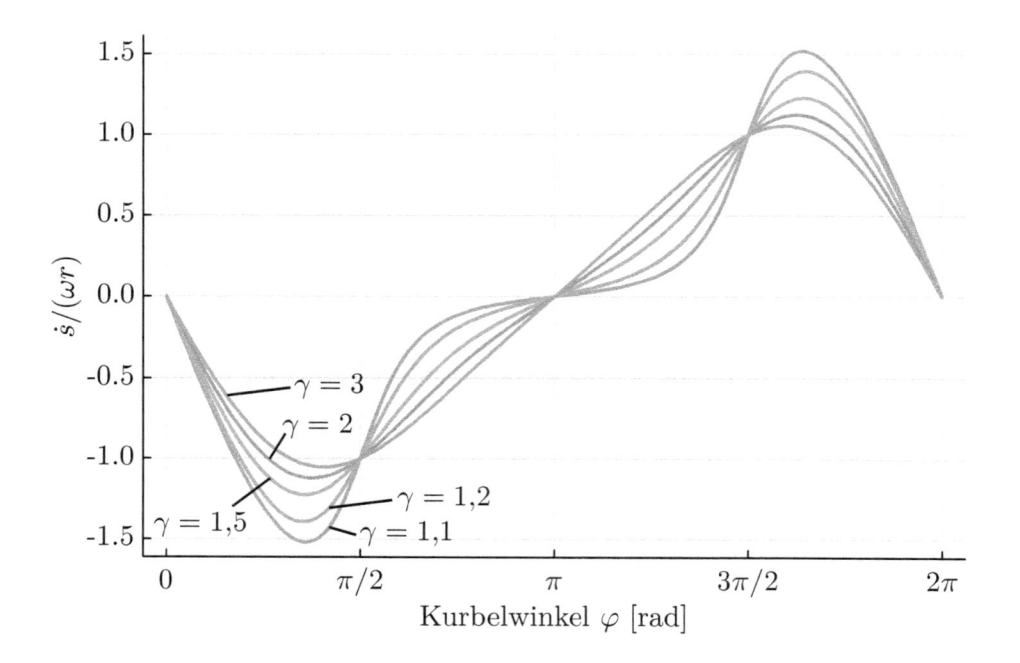

Abbildung 7.9.: Geschwindigkeit $\dot{s}$ des Schiebers (bezogen auf ωr) für verschiedene Werte von γ

```
using ForwardDiff, Plots

gamma_tab = [1.1; 1.2; 1.5; 2.0; 3.0]
f(phi, gamma) = cos(phi) + sqrt(gamma^2 - sin(phi)^2)

plot(fontfamily="segoe",ylabel = "bez. Geschwindigkeit")
for gamma in gamma_tab
    println(gamma)
    g(phi) = f(phi,gamma)
    geschw(phi) = ForwardDiff.derivative(g,phi)
    plot!(geschw,0.0:0.04:2*π,label = false, w = 2)
end
plot!(xticks = 0:0.5*π:2*π)
xlabel!("Kurbelwinkel [rad]")
```

7.6. Be- und Entladevorrichtung

Lerninhalte

Mathematik Differenzieren

Mechanik Freiheitsgrad und Bindungsgleichung, Geschwindigkeit als Zeitableitung

Aufgabenstellung

Es wird die in Abbildung 7.10 gezeigte Be- und Entladeeinrichtung mit hydraulischem Antrieb betrachtet. Die beiden Stangen BE und AD haben die Länge l und sind in der Mitte gelenkig verbunden (Punkt C). Für eine erste Betrachtung soll die Nachgiebigkeit der Stangen vernachlässigt werden. Es gilt $30° \leq \varphi \leq 60°$.

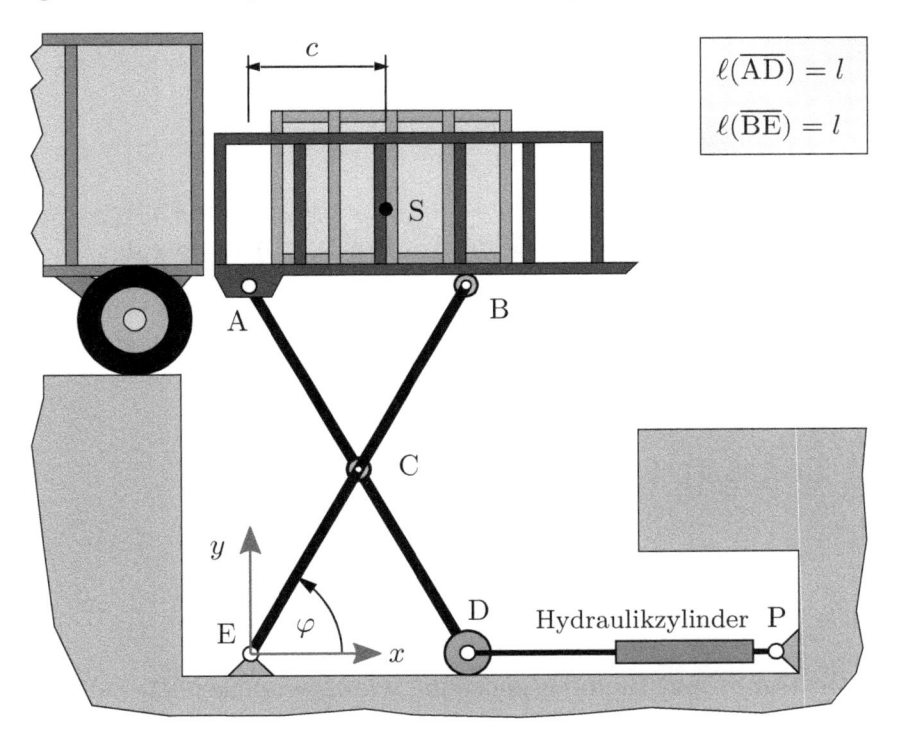

Abbildung 7.10.: Be- und Entladevorrichtung mit hydraulischem Antrieb

Angenommen, die Kolbenstange des Hydraulikzylinders fährt mit konstanter Geschwindigkeit v_K aus. Wie groß ist die Hubgeschwindigkeit v_S der Plattform?

Lösung

Das System hat den Freiheitsgrad 1. Ist z. B. die Lage von D gegeben, folgt die Lage der Plattform (A, B, oder S) automatisch. Aufgrund der vorliegenden Geometrie bleibt der Punkt A stets exakt über dem Punkt E. Es gilt im gegebenen Koordinatensystem für die Punkte A und D die Beziehung

$$y_A^2 + x_D^2 = l^2 \,. \tag{7.26}$$

Alternativ kann auch

$$x_D = l \cos \varphi \tag{7.27}$$
$$y_A = l \sin \varphi \tag{7.28}$$

geschrieben werden. Dann sind beide Lagekoordinaten, x_D und y_A, auf den Winkel φ zurückgeführt. Wird die Bindungsgleichung (7.26) nach der Zeit abgeleitet, folgt

$$0 = \dot{y}_A y_A + \dot{x}_D x_D = v_S y_A - v_K x_D \tag{7.29}$$

und somit

$$v_S = v_K \frac{x_D}{y_A} = \frac{v_K}{\tan \varphi} = v_K \frac{\sqrt{l^2 - y_A^2}}{y_A} \,. \tag{7.30}$$

Bei konstanter Kolbengeschwindigkeit $v_K = -\dot{x}_D$ ändert sich die Hubgeschwindigkeit v_S der Plattform in Abhängigkeit vom Winkel φ bzw. von der Höhe y_A.

> Plotten Sie das Verhältnis aus Hubgeschwindigkeit und Kolbengeschwindigkeit als Funktion des Winkels φ und als Funktion der Höhe y_A. Wie groß ist der maximale Hub für den angegebenen Winkelbereich?

7.7. Polarer Manipulator

Lerninhalte

Mathematik Differenzieren

Mechanik Freiheitsgrad und Bindungsgleichung, Geschwindigkeit als Zeitableitung

Programmierung Programmieren mit Python: Paket `sympy` für symbolische Berechnungen (Computeralgebra)

Aufgabenstellung

Es wird das mechanische System aus Abbildung 7.11 untersucht. Der Roboterarm ist drehbar im raumfesten Punkt O gelagert (Antrieb 1, Winkel $\theta(t)$). Körper 2 kann bezüglich Körper 1 translatorisch bewegt werden (Antrieb 2, Länge $r(t)$).
Geben Sie die Lage des Endeffektors (Punkt P) und die Geschwindigkeit von P im globalen x-y-Koordinatensystem an.

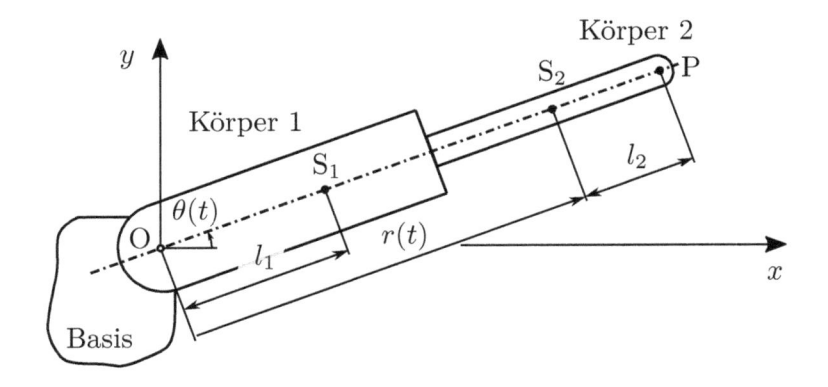

Abbildung 7.11.: Polarer Manipulator

Lösung mit Sympy

Der Winkel θ und die Länge $r = \ell(\overline{OS_2})$ charakterisieren die Lage des Roboterarms bzw. Endeffektors und sind zeitlich veränderlich. Die zeitliche Abhängigkeit muss beim Ableiten berücksichtigt werden.

Für die Lage von P gilt

$$x_P = X(t) = (r(t) + l_2)\cos\theta(t) \tag{7.31}$$

$$y_P = Y(t) = (r(t) + l_2)\sin\theta(t)\,. \tag{7.32}$$

Ausnahmsweise wurde die Zeitabhängigkeit explizit in den Formeln berücksichtigt. Meist lassen wir (t) aus Platzgründen weg. Für die Geschwindigkeit $\underline{v}_P$ von P gilt

$$\underline{v}_P = \dot{x}_P\,\underline{e}_x + \dot{y}_P\,\underline{e}_y\,. \tag{7.33}$$

Für die Zeitableitungen ergibt sich

$$\dot{x}_P = -(r + l_2)\sin\theta\,\dot{\theta} + \cos\theta\,\dot{r} \tag{7.34}$$

$$\dot{y}_P = (r + l_2)\cos\theta\,\dot{\theta} + \sin\theta\,\dot{r}\,. \tag{7.35}$$

Mit den oben stehenden Formeln kann bei gegebenen Zeitfunktionen θ und r der zwei Antriebe die Lage und Geschwindigkeit des Endeffektors berechnet werden.

Auch mit Stift und Papier ist die Berechnung der notwendigen Ableitungen noch problemlos machbar; mit sympy gelingt es ebenfalls schnell und einfach. Da die Lage von P generisch über die Größen X und Y beschrieben wurde, sind die Ausdrücke für vPx und vPy, die die Anwendung der Kettenregel abbilden, auch für andere Aufgaben wiederverwendbar. Es gelten im Programmcode zudem die folgenden Zuordnungen $\dot{r} \to$ v und $\dot{\theta} \to$ omega.

```
import sympy as sym
```

```
theta, omega, r, v, = sym.symbols('theta,omega,r,v')
l2 = sym.symbols('l2')

X = (r+l2)*sym.cos(theta)
Y = (r+l2)*sym.sin(theta)

vPx = sym.diff(X,r)*v + sym.diff(X,theta)*omega
vPy = sym.diff(Y,r)*v + sym.diff(Y,theta)*omega
```

> Berechnen Sie die Beschleunigung von P durch erneutes Ableiten. Orientieren Sie sich ggf. an den Ausführungen in Abschnitt 9.1 (Seite 231ff).

7.8. Nockenscheibe

Lerninhalte

Mathematik Differenzieren

Mechanik Freiheitsgrad und Bindungsgleichung, Geschwindigkeit als Zeitableitung

Programmierung Rechnen mit SMath Studio: symbolisches Rechnen (Computeralgebra) und Diagrammerstellung

Aufgabenstellung

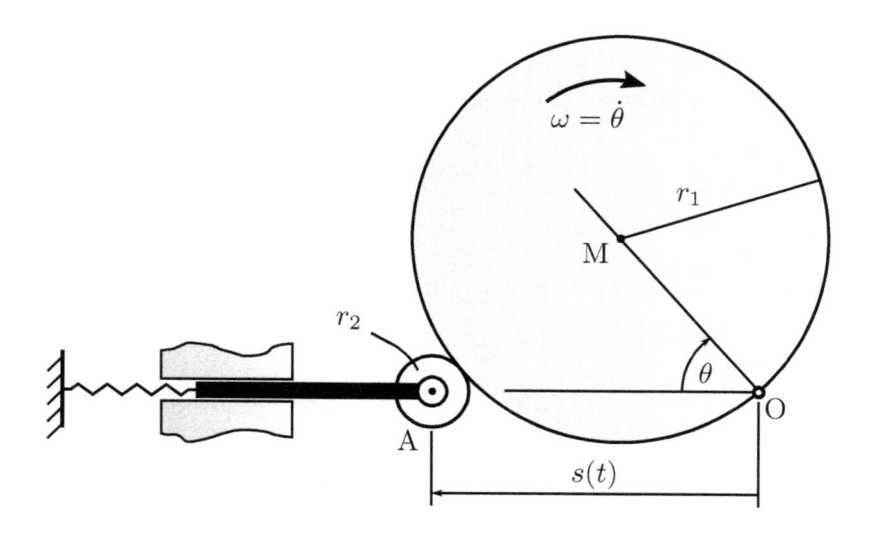

Abbildung 7.12.: Nockenscheibe (Skizze nicht maßstäblich)

Die Nockenscheibe (Abbildung 7.12) dreht mit konstanter Winkelgeschwindigkeit ω um den Lagerungspunkt O. Durch die Feder kann die Stange bei A nicht von der Nockenscheibe abheben. Die Mittellinie der Stange geht durch den Punkt O. Der Mittelpunkt der Kreisscheibe sei M. Der Punkt A hat den zeitlich veränderlichen Abstand s vom Punkt O. Die Konstruktion sei so, dass eine volle Umdrehung der Scheibe möglich ist. Bearbeiten Sie die folgenden Fragestellungen.

(a) Wie lautet die kinematische Beziehung zwischen den beiden Größen θ und s? Im weiteren soll der Winkel θ als generalisierte Koordinate benutzt werden.

(b) Bestimmen Sie die Geschwindigkeit $\dot{s}$ der Stange als Funktion des Drehwinkels θ der Nockenscheibe. Skizzieren Sie die Auslenkung s und die Geschwindigkeit $\dot{s}$ für den Sonderfall $r_2 = 0{,}1\,r_1$ als Funktion des Drehwinkels θ.

Analytische Lösung von Hand

Eine Möglichkeit zur Lösung beginnt mit dem Cosinussatz im Dreieck AOM,

$$(r_1 + r_2)^2 = s^2 + r_1^2 - 2sr_1 \cos\theta \,. \tag{7.36}$$

Gleichung (7.36) ist die Bindungsgleichung, die die beiden kinematischen Größen s und θ miteinander verbindet. Die Bindungsgleichung kann numerisch oder analytisch gelöst werden. Analytisches Lösen führt auf die Formel

$$s = r_1 \left(\cos\theta + \sqrt{\cos^2\theta + 2\frac{r_2}{r_1} + \left(\frac{r_2}{r_1}\right)^2} \right) \,. \tag{7.37}$$

Ableiten von Gleichung (7.37) ergibt die horizontale Geschwindigkeit $\dot{s}$ des Punktes A,

$$v_A = \dot{s} = -r_1 \omega \left(\sin\theta + \frac{\sin(2\theta)}{2\sqrt{\cos^2\theta + 2\frac{r_2}{r_1} + \left(\frac{r_2}{r_1}\right)^2}} \right) \,. \tag{7.38}$$

Abbildung 7.13 zeigt s und $\dot{s}$ in Abhängigkeit vom Winkel θ. Um die Lage $\theta = \pi$ weist die Auslenkung ein ausgeprägtes Plateau auf (oberes Diagramm). Die Schubstange erfährt zwei Richtungswechsel je voller Umdrehung der Nockenscheibe – einmal mit großer und einmal mit geringer Beschleunigung (unteres Diagramm).
Die Beschleunigung ergibt sich durch Ableiten der Geschwindigkeit $\dot{s}$. Das Diagramm in Abbildung 7.14 zeigt die Beschleunigung $\ddot{s}$ zusammen mit der Geschwindigkeit $\dot{s}$.

Lösung mit SMath Studio

Im SMath Studio-Beispiel wird die Abkürzung $\rho = r_2/r_1$ verwendet.

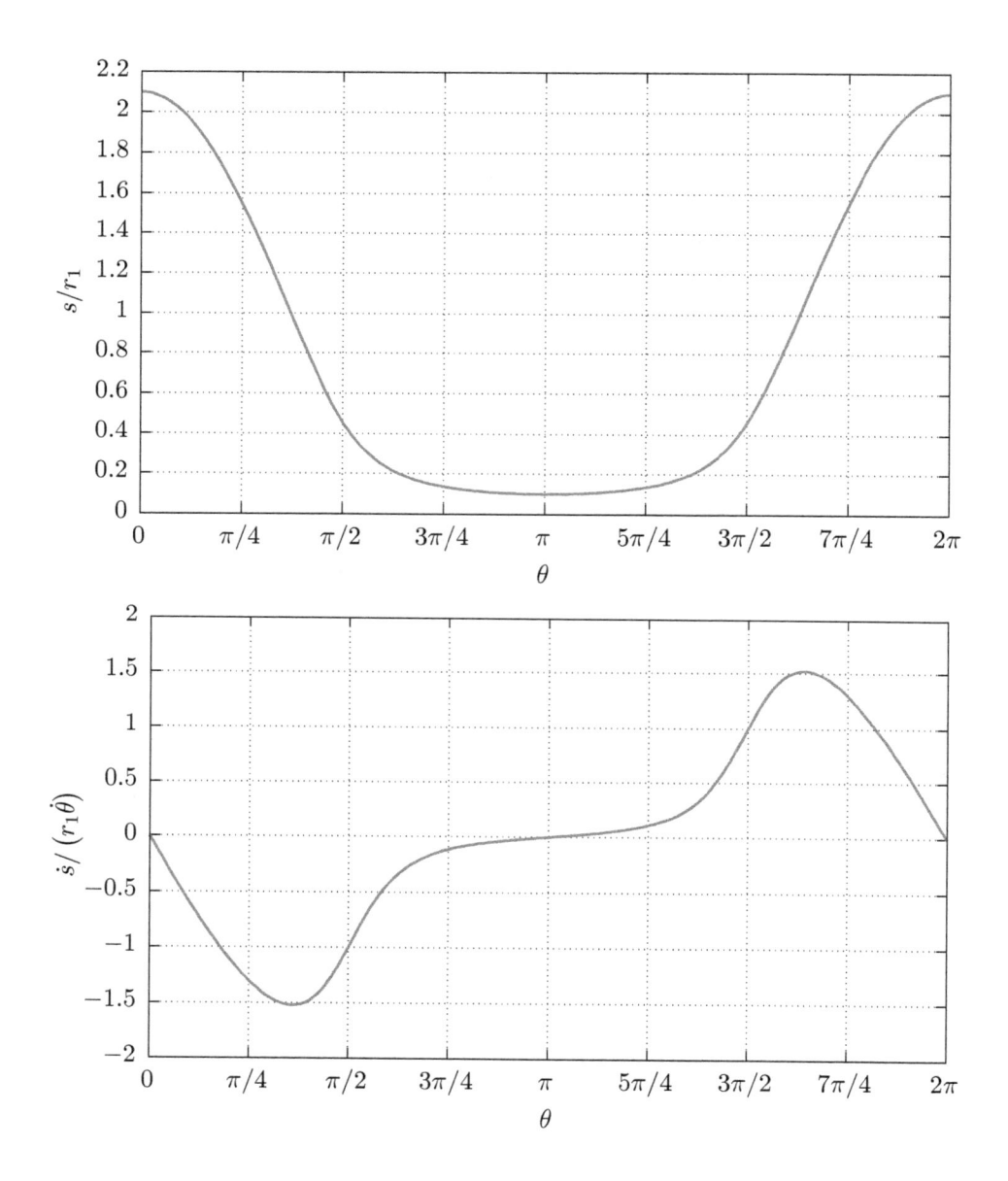

Abbildung 7.13.: Verschiebung s und Geschwindigkeit $\dot{s}$ des Stabes als Funktion des Winkels θ der Nockenscheibe

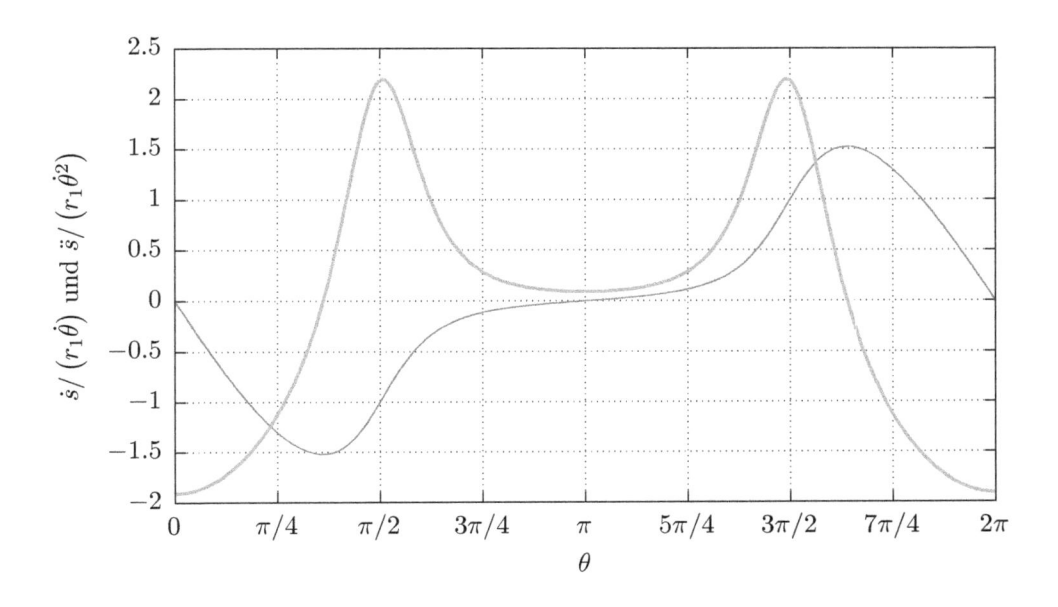

Abbildung 7.14.: Beschleunigung $\ddot{s}$ (dicke Linie) und Geschwindigkeit $\dot{s}$ (dünne Linie) des Punktes A als Funktion des Winkels θ der Nockenscheibe für konstante Winkelgeschwindigkeit $\dot{\theta}$

$$s(\theta) := r_1 \cdot \left[\cos(\theta) + \sqrt{\cos(\theta)^2 + 2\cdot\rho + \rho^2}\right]$$

$$v_A(\theta) := \omega \cdot \left(\frac{\mathrm{d}}{\mathrm{d}\theta} s(\theta)\right) = -\frac{\omega \cdot \sin(\theta) \cdot \left[\sqrt{\cos(\theta)^2 + \rho\cdot(2+\rho)} + \cos(\theta)\right] \cdot r_1}{\sqrt{\cos(\theta)^2 + \rho\cdot(2+\rho)}}$$

$\rho := 0,1$

$\dfrac{s(x)}{r_1}$ $\qquad$ $\dfrac{v_A(x)}{\omega \cdot r_1}$

Die Diagramme zeigen die Verschiebung s und die Geschwindigkeit $\dot{s}$ als Funktion des

Winkels θ mit den zeigten Normierungen.

Erinnerung: In den Standard-Diagrammen (2D-Plots) in SMath Studio heißt das Argument stets x, unabhängig davon, wie das Argument bei der Definiton der Funktion heißt (hier beispielsweise θ).

> Bestimmen Sie die Beschleunigung von A und skizzieren Sie sie als Funktion des Drehwinkels der Scheibe. Vergleichen Sie Ihr Ergebnis mit dem Ergebnis aus Abbildung 7.14.

7.9. Umlaufende Kurbelschleife

Lerninhalte

Mathematik Differenzieren

Mechanik Freiheitsgrad und Bindungsgleichung, Winkelgeschwindigkeit als Zeitableitung

Programmierung Rechnen mit SMath Studio: symbolisches Rechnen (Computeralgebra), numerisches Lösen der Bindungsgleichung (roots, for-Schleife) und Diagrammerstellung

Aufgabenstellung

Es wird die Kinematik des in Abbildung 7.15 gezeigten ebenen Koppelgetriebes untersucht. Die Hülse in B bewegt sich entlang der Geraden CP und ist gelenkig mit der Kurbel (Körper 1) verbunden. Der Mechanismus sei so konstruiert, dass eine umlaufende Bewegung möglich ist, d. h. der Antriebswinkel θ und der Abtriebswinkel φ können jeden beliebigen Wert annehmen. Es gilt $b = l$ und $c = \sqrt{2}l$.

(a) Welche Beziehung gilt für beliebige Lagen zwischen den beiden Winkeln θ (Antrieb) und φ (Abtrieb)?

(b) Wie groß ist die Winkelgeschwindigkeit $\dot\varphi$ des Abtriebs in Abhängigkeit von Lage und Bewegungszustand des Antriebs?

Analytische Lösung

Zur Herleitung der Beziehung zwischen den beiden Winkeln θ (Antrieb) und φ (Abtrieb) kann z. B. der Sinussatz verwendet werden. Vorsicht: Die Länge s (Abstand zwischen C und B) ist eine zeitlich veränderliche Größe.
Sei β der Winkel bei B im Dreieck ABC. Dann gilt $\beta = \theta - \varphi$ und

$$\frac{\sin\beta}{l} = \frac{\sin\left(\varphi + \frac{\pi}{2}\right)}{\sqrt{2}l}\,. \tag{7.39}$$

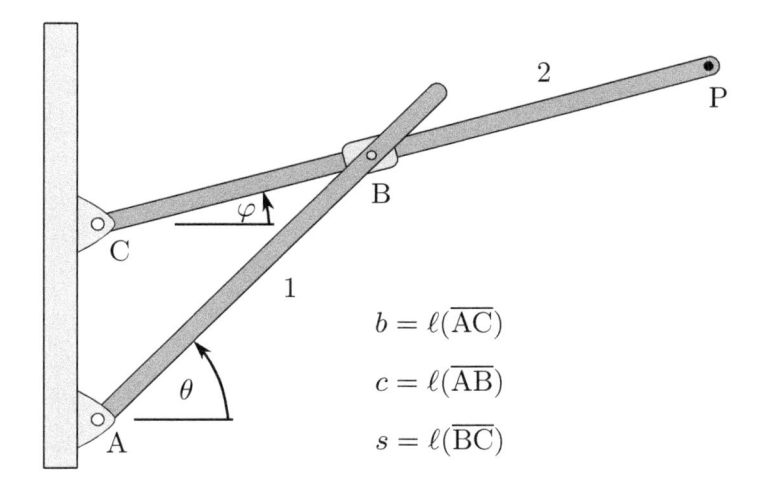

Abbildung 7.15.: Umlaufende Kurbelschleife (Antrieb in A)

Umformen führt auf die Bindungsgleichung

$$f(\theta, \varphi) = \sqrt{2} \sin(\theta - \varphi) - \cos \varphi = 0 \tag{7.40}$$

bzw. nach den Winkel θ (Antrieb) und φ (Abtrieb) umgeformt und sortiert

$$\tan \varphi = \left(\sin \theta - \frac{1}{2}\sqrt{2} \right) \frac{1}{\cos \theta} \, . \tag{7.41}$$

Differenzieren von Gleichung (7.41) nach der Zeit liefert die gesuchte Winkelgeschwindigkeit des Abtriebs zu

$$\dot{\varphi} = \frac{2 - \sqrt{2} \sin \theta}{3 - 2\sqrt{2} \sin \theta} \dot{\theta} \, . \tag{7.42}$$

Anmerkung: Es kann sowohl Gleichung (7.41) so wie dargestellt abgeleitet und anschließend nach $\dot{\varphi}$ umgestellt werden. Oder Gleichung (7.41) wird nach φ aufgelöst und dann abgeleitet. Abbildung 7.16 zeigt zwei verschiedene Darstellungen der Winkelgeschwindigkeit $\dot{\varphi}$ des Abtriebs (bezogen auf die Antriebswinkelgeschwindigkeit $\dot{\theta}$) als Funktion des Winkels θ.

Numerische Lösung mit SMath Studio

Die Bindungsgleichung (7.40) kann im vorliegenden Fall analytisch gelöst werden. In vielen praktisch relevanten Fällen sind die Bindungsgleichungen nur numerisch lösbar. Das dann notwendige Vorgehen soll an diesem einfachen Beispiel erläutert werden.

Winkelgeschwindigkeit Im ersten Schritt überlegen wir, wie die Winkelgeschwindigkeit $\dot{\varphi}$ des Abtriebs aus der Winkelgeschwindigkeit $\dot{\theta}$ des Antriebs zu berechnen ist.

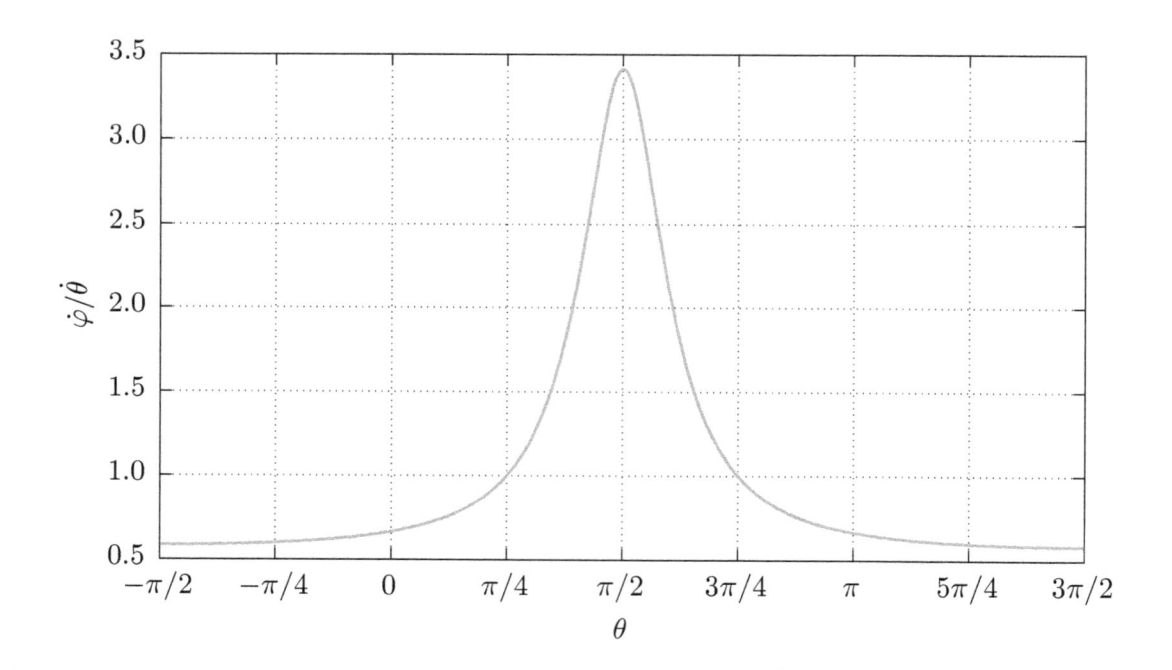

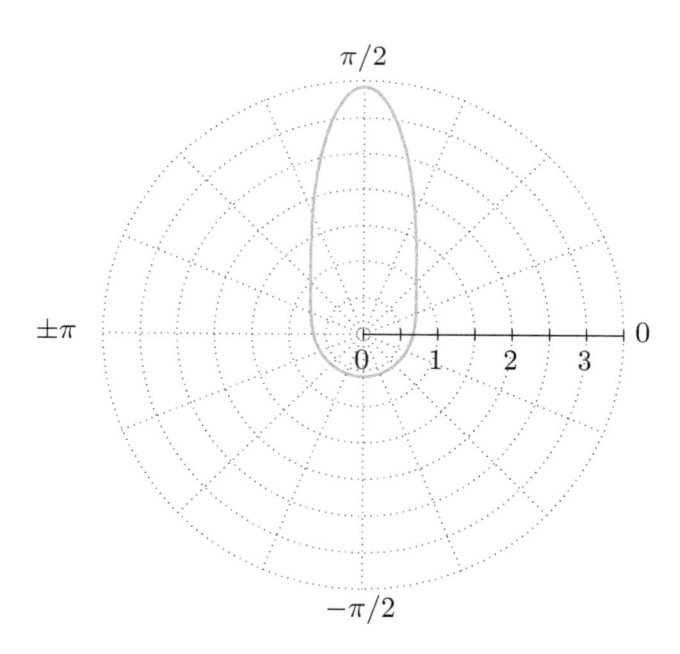

Abbildung 7.16.: Winkelgeschwindigkeit $\dot\varphi$ des Abtriebs (bezogen auf die Antriebswinkelgeschwindigkeit $\dot\theta$) als Funktion des Winkels θ in zwei verschiedenen Darstellungen

Die Zeitableitung der Bindungsgleichung (7.40) führt auf den Ausdruck

$$f_\theta \, \dot\theta + f_\varphi \, \dot\varphi = 0 \tag{7.43}$$

mit

$$f_\theta = \frac{\partial f}{\partial \theta} \tag{7.44}$$

$$f_\varphi = \frac{\partial f}{\partial \varphi} \, . \tag{7.45}$$

Demnach gilt für die Abtriebswinkelgeschwindigkeit

$$\dot\varphi = -\dot\theta \, \frac{f_\theta(\theta,\varphi)}{f_\varphi(\theta,\varphi)} \, . \tag{7.46}$$

```
Bindungsgleichung für das System bei Verwendung der
Variablen φ und θ
```

$$f(\theta \, ; \, \varphi) := \sqrt{2} \cdot \sin(\theta - \varphi) - \cos(\varphi)$$

```
Partielle Ableitungen der Bindungsgleichung nach den beiden
Variablen φ und θ
```

$$f_\theta(\theta \, ; \, \varphi) := \frac{\mathrm{d}}{\mathrm{d}\theta} f(\theta \, ; \, \varphi) = \sqrt{2} \cdot \cos(\theta - \varphi)$$

$$f_\varphi(\theta \, ; \, \varphi) := \frac{\mathrm{d}}{\mathrm{d}\varphi} f(\theta \, ; \, \varphi) = -\sqrt{2} \cdot \cos(\theta - \varphi) + \sin(\varphi)$$

```
Winkelgeschwindigkeit des Abtriebes
```

$$\omega_{Ab} := \left(-\omega_{An}\right) \cdot \frac{f_\theta(\theta \, ; \, \varphi)}{f_\varphi(\theta \, ; \, \varphi)} = -\frac{\omega_{An} \cdot \sqrt{2} \cdot \cos(\theta - \varphi)}{-\sqrt{2} \cdot \cos(\theta - \varphi) + \sin(\varphi)}$$

Zur Erinnerung: In SMath Studio können Ableitungen symbolisch bestimmt werden. Dazu wird entweder das entsprechende Symbol aus der Symbolleiste gewählt oder `diff` geschrieben. Vorsicht: Nicht alle verfügbaren Funktionen werden korrekt abgeleitet. In den vom Autor benutzen Versionen kann die Arcustangensfunktion, bei der Zähler und Nenner separat angegeben werden, nicht korrekt differenziert werden.

Wenn ein Wertepaar (θ, φ) gegeben ist, kann aus der Antriebswinkelgeschwindigkeit $\dot\theta$ die gesuchte Winkelgeschwindigkeit $\dot\varphi$ berechnet werden. Wie lässt sich der Winkel φ des Abtriebs für jede Lage des Mechanismus bestimmen? Dazu muss die Bindungsgleichung (7.40) entweder analytisch oder numerisch gelöst werden. Eine analytische Lösung in der Form $\varphi = \ldots$ ist im vorliegenden Fall möglich. Dazu wird auf Gleichung (7.41) der Arcustangens angewendet. Wie bereits ausgeführt, gelingt in vielen praktischen Anwendungen das Lösen der nichtlinearen Bindungsgleichung(en) jedoch nur numerisch.

Numerische Lösung der Bindungsgleichung Die Bindungsgleichung (7.40) ist nichtlinear. Nichtlineare Gleichungen können in SMath Studio mit dem Befehl **roots** numerisch gelöst werden. Dazu wird in einer Schleife für vorgegebene Werte des Winkels θ die Bindungsgleichung numerisch gelöst, um die zugehörigen Werte für φ zu bestimmen. Das numerische Lösen einer nichtlinearen Gleichung benötigt i. a. einen Startwert. Beim Lösen der Bindungsgleichung wird sinnvollerweise als Startwert jeweils das Endergebnis aus der vorhergehenden Iteration genutzt. Dadurch wird sichergestellt, dass das numerische Lösungsverfahren (schnell) konvergiert und das keine Sprünge in den Konfigurationen stattfinden.

Zusätzlich wird in der Schleife auch das zugehörige Winkelgeschwindigkeitsverhältnis ζ (Quotient aus Abtriebs- und Antriebswinkelgeschwindigkeit) bestimmt.

```
Numerische Lösung der Bindungsgleichung
```

$$\theta_{num} := \left[-\frac{\pi}{2} \, ; \, -\frac{\pi}{2} + \frac{\pi}{96} \, .. \, \left(\frac{3}{2} \cdot \pi \right) \right] \qquad N := \text{length}\left(\theta_{num}\right) = 192 \qquad \varphi_{ini} := -\frac{\pi}{2}$$

$$\text{for } j \in [1..N]$$

$$\left| \begin{array}{l} \varphi_{num_j} := \text{roots}\left(f\left(\theta_{num_j} \, ; \, \varphi\right) \, ; \, \varphi \, ; \, \varphi_{ini} \right) \\ \varphi_{ini} := \varphi_{num_j} \\ \zeta_j := -\dfrac{f_\theta\left(\theta_{num_j} \, ; \, \varphi_{num_j}\right)}{f_\varphi\left(\theta_{num_j} \, ; \, \varphi_{num_j}\right)} \end{array} \right.$$

Zum Darstellen der Größe ζ muss in SMath Studio eine Matrix aus den Werten für den Winkel θ und den Werten für ζ wie folgt gebildet werden.

$$A := \text{augment}\left(\theta_{num} \, ; \, \zeta\right) \qquad \text{Numerische Lösung}$$

> Ermitteln Sie die Winkelgeschwindigkeit $\dot\varphi$ und die Winkelbeschleunigung $\ddot\varphi$ des Abtriebs selbständig und erstellen Sie geeignete Diagramme für die Ergebnisdarstellung.
>
> Bestimmen Sie die Lage der Hülse auf der Stange CP in Abhängigkeit vom Drehwinkel θ des Antriebs. Konkret: Ermitteln Sie für alle Lagen der Kurbelschleife den Abstand s von B gegenüber C. Bestimmen Sie anschließend die Relativgeschwindigkeit $\dot s$ und die Relativbeschleunigung $\ddot s$ der Hülse gegenüber der Stange CP.

7.10. Schwingende Kurbelschleife

Lerninhalte

Mathematik Differenzieren

Mechanik Freiheitsgrad und Bindungsgleichung, Winkelgeschwindigkeit als Zeitableitung

Aufgabenstellung

Es wird die Kinematik des in Abbildung 7.17 gezeigten ebenen Koppelgetriebes untersucht. Die Kurbel (Körper 1) dreht mit konstanter Winkelgeschwindigkeit $\omega_1 = \dot{\varphi}$. Das Gleitstück B bewegt sich in der Führung der Schwinge (Körper 2) und sorgt so für eine Kopplung der Bewegungen von Kurbel und Schwinge.

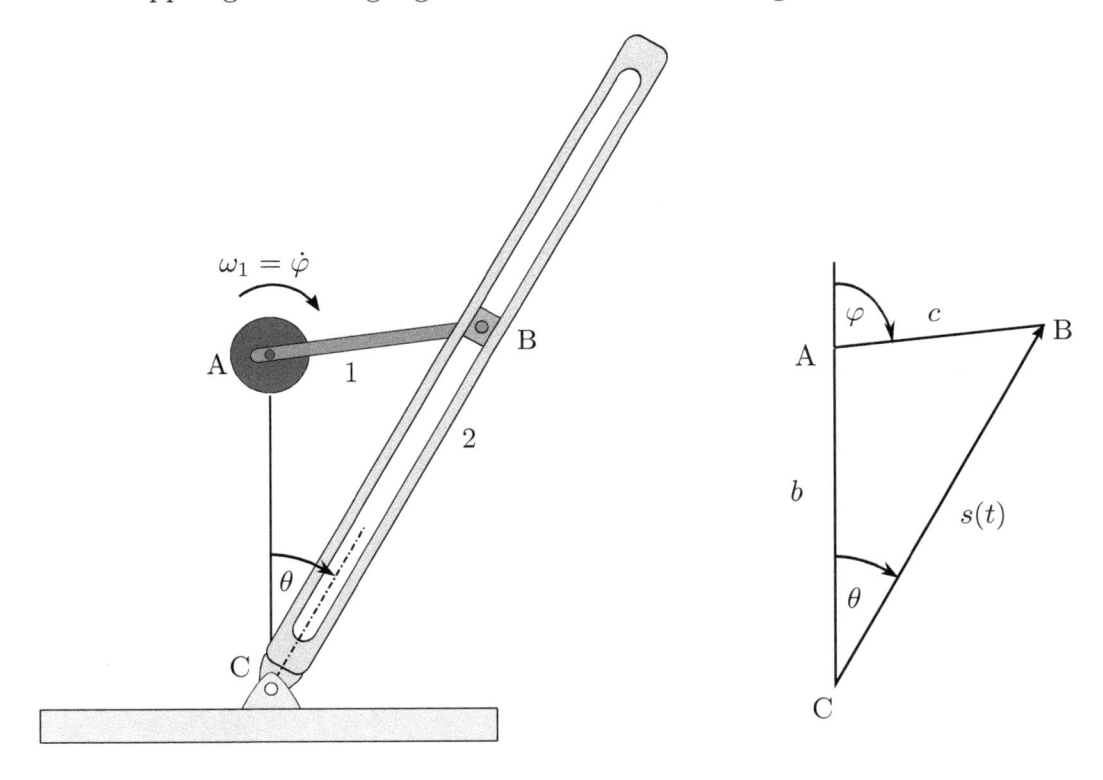

Abbildung 7.17.: Schwingende Kurbelschleife (Antrieb in A)

(a) Welche Beziehung gilt für beliebige Lagen zwischen den beiden Winkeln φ (Antrieb) und θ (Abtrieb)?

(b) Wie groß ist die Winkelgeschwindigkeit $\dot{\theta}$ der Schwinge (Abtrieb) in Abhängigkeit von Lage und Bewegungszustand der Kurbel (Antrieb)?

Rechnen Sie mit $c = l/2$ und $b = \sqrt{3}\, l/2$.

Analytische Lösung

Mit Hilfe der rechten Skizze in Abbildung 7.17 kann der Sinussatz im Dreieck ACB formuliert werden. Dabei ist zu beachten, dass die Größen b und c zeitlich konstant sind und die Größe s (Entfernung des Gleitstücks B vom Drehpunkt C) eine zeitlich veränderliche Größe ist. Umformen des Sinussatzes führt auf die Bindungsgleichung

$$\tan\theta = \frac{\sin\varphi}{\frac{b}{c} + \cos\varphi}, \tag{7.47}$$

wobei $b/c = \sqrt{3}$ gilt.

> Schreiben Sie den Sinussatz auf und formen Sie soweit um, bis Sie das obige Ergebnis haben. Welche anderen Möglichkeiten neben dem Sinussatz gibt es, die Bindungsgleichung (7.47) herzuleiten?

Ableiten der Bindungsgleichung (7.47) nach der Zeit führt auf den gesuchten Zusammenhang zwischen der Winkelgeschwindigkeit $\dot\varphi$ der Kurbel (Antrieb) und der Winkelgeschwindigkeit $\dot\theta$ der Schwinge (Abtrieb).

$$\dot\theta = \dot\varphi\, \frac{1 + \sqrt{3}\cos\varphi}{4 + 2\sqrt{3}\cos\varphi} \tag{7.48}$$

Abbildung 7.18 zeigt die Winkelgeschwindigkeit $\dot\theta$ der Schwinge (bezogen auf die Antriebswinkelgeschwindigkeit $\dot\varphi$) als Funktion des Kurbelwinkels φ.

> Bestimmen Sie die Winkelgeschwindigkeit $\dot\theta$ der Schwinge durch Ableiten der Bindungsgleichung (7.47). Erstellen Sie ein Diagramm analog zu Abbildung 7.18 mit Python, Julia oder SMath Studio. Zwischen welchen Werten des Winkels θ schwingt die Schwinge hin und her?
>
> Ermitteln Sie die Winkelbeschleunigung $\ddot\theta$ der Schwinge und erstellen Sie ein Diagramm, das die Winkelbeschleunigung $\ddot\theta$ in Abhängigkeit vom Kurbelwinkel φ zeigt.

7.11. Kurbelschwinge

Lerninhalte

Mathematik Differenzieren, numerisches Lösen einer nichtlinearen Gleichung

Mechanik Freiheitsgrad und Bindungsgleichung, numerisches Lösen der Bindungsgleichung, Geschwindigkeit und Beschleunigung als Zeitableitungen

Programmierung Programmieren mit Julia: Automatisches Differenzieren mit dem Paket `ForwardDiff`, Nullstellen berechnen mit dem Paket `Roots`, Diagramme erstellen mit dem Paket `Plots`

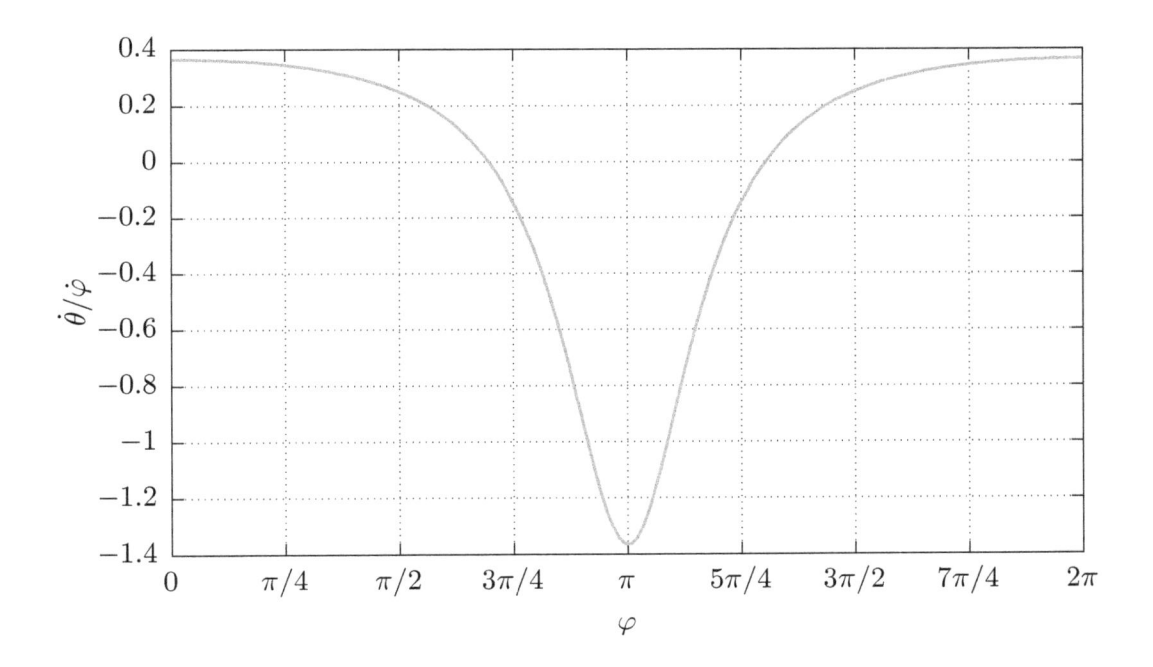

Abbildung 7.18.: Winkelgeschwindigkeit $\dot{\theta}$ der Schwinge (bezogen auf die Antriebswinkelgeschwindigkeit $\dot{\varphi}$) als Funktion des Winkels φ

Aufgabenstellung

Es wird die in Abbildung 7.19 gezeigte Kurbelschwinge untersucht. Bauteil 1 ist die Kurbel. Der Antrieb in A versetzt die Kurbel in eine Drehbewegung um A. Für den Antrieb gilt $\dot{\theta}_1 = \omega_1 =$ const. Für die im unten stehenden Programmcode gegebenen Zahlenwerte für die Längen und die Antriebswinkelgeschwindigkeit ω_1 sind Winkelgeschwindigkeit ω_2 und Winkelbeschleunigung $\dot{\omega}_2$ des Bauteils 2 in Abhängigkeit vom Kurbelwinkel θ_1 zu bestimmen und in einem Diagramm darzustellen. Die Länge l_0 bezeichnet den Abstand der Punkte A und D, also die Länge der ruhenden Basis. Hinweis: Für eine Lösung mit Julia werden die Pakete `ForwardDiff`, `Plots` und `Roots` benötigt.

```
using ForwardDiff, Plots, Roots

l0 = 30.0 # mm
l1 = 10.0 # mm
l2 = 35.0 # mm
l3 = 20.0 # mm
omega1 = 100.0 # 1/s
```

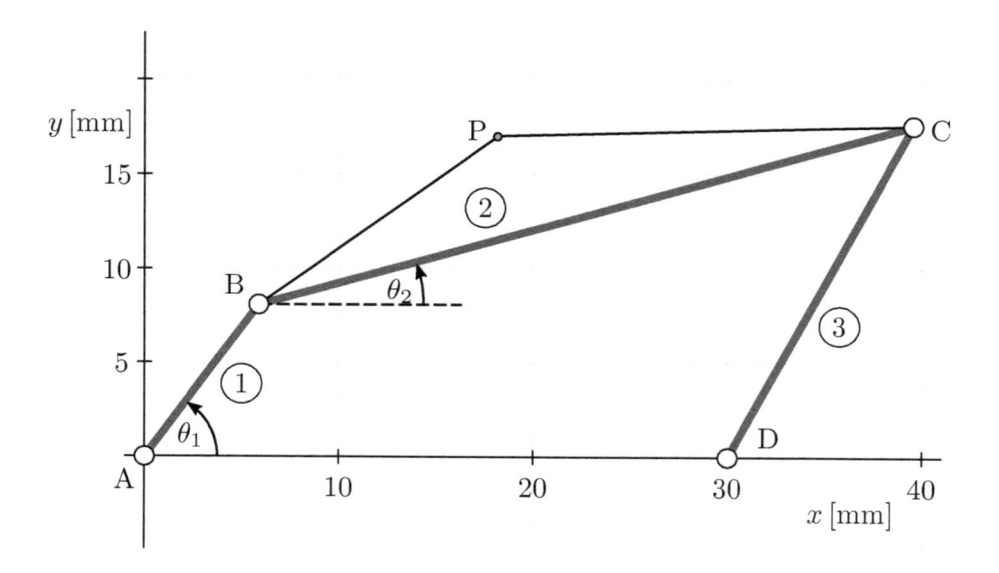

Abbildung 7.19.: Kurbelschwinge

Lösung

Die Kurbelschwinge hat den Freiheitsgrad 1, solange alle Bauteile als starr modelliert werden können. Die Festlegung der Bewegung des Antriebs in der Form $\theta_1 = f(t)$ genügt für eine vollständige Beschreibung der Lage und Bewegung des Systems. Da $l_0 + l_1 < l_2 + l_3$ ist die Kurbelschwinge umlaufend. Die Kurbel 1 kann eine volle Umdrehung ausführen.

Exemplarisch sollen Winkelgeschwindigkeit ω_2 und Winkelbeschleunigung $\dot\omega_2$ des Bauteils 2 in Abhängigkeit vom Kurbelwinkel θ_1 bestimmt werden. Dazu wird zuerst die Lage von C in Abhängigkeit von θ_1 und θ_2 notiert:

$$x_C = l_1 \cos\theta_1 + l_2 \cos\theta_2, \tag{7.49}$$

$$y_C = l_1 \sin\theta_1 + l_2 \sin\theta_2. \tag{7.50}$$

Der Winkel θ_2, der die Orientierung von Bauteil 2 beschreibt, kann nicht unabhängig vom Kurbelwinkel θ_1 gewählt werden (Freiheitsgrad 1!).

Um eine Gleichung zu finden, die die Größen θ_1 und θ_2 verbindet (Bindungsgleichung), machen wir uns klar, dass sich Punkt C, für den wir bereits die Koordinaten in Abhängigkeit von θ_1 und θ_2 notiert haben, auf einem Kreis mit Radius l_3 um Punkt D bewegt. Demnach gilt die Bindungsgleichung

$$\Psi(\theta_1, \theta_2) = (x_C - l_0)^2 + y_C^2 - l_3^2 = 0. \tag{7.51}$$

Nach Einsetzen der Ausdrücke für die Koordinaten von C lautet die Bindungsgleichung

$$\Psi(\theta_1, \theta_2) = (l_1 \cos\theta_1 + l_2 \cos\theta_2 - l_0)^2 + (l_1 \sin\theta_1 + l_2 \sin\theta_2)^2 - l_3^2 = 0. \tag{7.52}$$

Aus der Bindungsgleichung (7.52) kann bei gegebenem Kurbelwinkel θ_1 der Winkel θ_2 von Bauteil 2 ermittelt werden. Das kann sowohl analytisch als auch numerisch erfolgen. Wir wollen den numerischen Weg verfolgen.

Im unten stehenden Programmcode sind die beiden Koordinaten θ_1 und θ_2 in der Spaltenmatrix **q** (Variable q) zusammengefasst.

```
xC(theta1,theta2) = l1*cos(theta1) + l2*cos(theta2)
yC(theta1,theta2) = l1*sin(theta1) + l2*sin(theta2)

# Generalisierte Koordinaten: q1 = theta1, q2 = theta2
Psi(q) = (xC(q[1],q[2]) - 10)^2 + yC(q[1],q[2])^2 - 13^2
```

In der Variablen `theta1_tab` sind Werte für θ_1 gespeichert, für die später die Werte für θ_2, ω_2 und $\dot\omega_2$ zu berechnen sind. Für die gesuchten Größen θ_2, ω_2 und $\dot\omega_2$ werden gleich lange mit Nullen besetzte Spaltenmatrizen angelegt.

```
theta1_tab = (0:0.02:2)*π
N = length(theta1_tab)
theta2_tab = zeros(N)
omega2_tab = zeros(N)
alpha2_tab = zeros(N)
```

In einer `for`-Schleife wird die Bindungsgleichung (7.52) nach und nach für alle Werte von θ_1 numerisch gelöst.

Zum numerischen Lösen nichtlinearer Gleichungen in Julia kann der Befehl `find_zero` aus dem Paket **Roots** verwendet werden. Die nichtlinearen Gleichungen sind so umzustellen, dass auf einer Seite Null steht. Dann kann die Lösung als Nullstellensuche einer Funktion aufgefasst werden. Dem Befehl `find_zero` muss neben der Funktion, deren Nullstelle gesucht wird, auch ein Startwert übergeben werden. Häufig entscheidet der Startwert darüber, ob die Nullstelle gefunden wird. Hat die Funktion mehrere Nullstellen, entscheidet der Startwert darüber, welche der Nullstellen gefunden wird.

Die Nullstellensuche mit `find_zero` erfordert eine Funktion der gesuchten Größe θ_2, die hier Φ genannt wird (im Programmcode Phi), d. h.

$$\Phi(\theta_2) = \Psi(\theta_{1,j}, \theta_2) \tag{7.53}$$

für festes $\theta_1 = \theta_{1,j}$. Im unten stehenden Programmcode wird dem Befehl `find_zero` zudem die 1. Ableitung ϕ der Funktion Φ übergeben (im Programmcode phi). Die Ableitung wird mittels automatischer Differentiation mit dem Paket **ForwardDiff** bestimmt. Der Befehl `find_zero` benötigt einen Startwert. Für den ersten Wert des Antriebswinkels θ_1, hier $\theta_{1,1} = 0$, muss der Startwert manuell angegeben werden. Für alle weiteren Iterationsschritte wird jeweils der im vorhergehenden Schritt berechnete Wert für θ_2 als Startwert benutzt (Variable `lsg`).

Wie werden die gesuchten Größen ω_2 und $\dot\omega_2$ bestimmt? Die Bindungsgleichung (7.52) gilt für alle Zeiten und behält demnach ihre Gültigkeit beim Ableiten nach der Zeit. Mit den Abkürzungen

$$\Psi_i = \frac{\partial \Psi}{\partial \theta_i} \qquad (7.54)$$

$$\Psi_{ik} = \frac{\partial^2 \Psi}{\partial \theta_i \partial \theta_k} \qquad (7.55)$$

folgt durch ein- bzw. zweimaliges Ableiten der Bindungsgleichung nach der Zeit bei konstanter Winkelgeschwindigkeit ω_1 des Antriebs

$$0 = \Psi_1 \dot\theta_1 + \Psi_2 \dot\theta_2 \qquad (7.56)$$

$$0 = \Psi_{11}\omega_1^2 + (\Psi_{12} + \Psi_{21})\omega_1\omega_2 + \Psi_{22}\omega_2^2 + \Psi_2 \dot\omega_2. \qquad (7.57)$$

Somit gilt

$$\omega_2 = \dot\theta_2 = -\frac{\Psi_1}{\Psi_2}\omega_1 \qquad (7.58a)$$

$$\dot\omega_2 = -\frac{\Psi_{11}\omega_1^2 + (\Psi_{12} + \Psi_{21})\omega_1\omega_2 + \Psi_{22}\omega_2^2}{\Psi_2}. \qquad (7.58b)$$

Die Berechnungen der partiellen Ableitungen Ψ_i und Ψ_{ik} erfolgt in Julia mittels `gradient` bzw. `hessian` aus dem Paket `ForwardDiff`.

```
#Analyse ausschließlich für konstante Antriebswinkelgeschwindigkeit gültig!

lsg = 0.2 #Startwert
for j in 1:1:N
   Phi(theta2) = Psi([theta1_tab[j], theta2])
   phi(theta2) = ForwardDiff.derivative(Phi,theta2)
   global lsg = find_zero((Phi,phi),lsg)
   println(lsg)
   theta2_tab[j] = lsg
   q = [theta1_tab[j], lsg]
   G = ForwardDiff.gradient(Psi,q)
   H = ForwardDiff.hessian(Psi,q)
   omega2 = -G[1]/G[2]*omega1
   alpha2 = -(H[1,1]*omega1^2 + (H[1,2] + H[2,1])*omega1*omega2 +
       H[2,2]*omega2^2)/G[2]
   omega2_tab[j] = omega2
   alpha2_tab[j] = alpha2
end
```

Mit `global` werden Variablen versehen, die global gelten sollen. Alle anderen Variablen gelten immer nur innerhalb der Funktion oder Schleife, in der sie benutzt werden. Im konkreten Fall geben wir den Startwert für die Nullstellensuche vor Beginn der Schleife (in `main`) an und wollen in der Schleife in jedem Iterationsschritt die gleiche Variable `lsg` anpassen. Ohne `global` wären die beiden gleichnamigen Variablen `lsg` in Julia unterschiedliche Variablen.

Anschließend werden die Ergebnisse in Diagrammen dargestellt. Abbildung 7.20 zeigt die gesuchten Größen bei konstanter Winkelgeschwindigkeit ω_1 als Funktion des Kurbelwinkels θ_1 für eine volle Umdrehung der Kurbel. Die Größen sind normiert mit ω_1 für die Winkelgeschwindigkeit ω_2 bzw. ω_1^2 für die Winkelbeschleunigung $\dot{\omega}_2$. Der Kurbelwinkel ist in diesem Fall im Gradmaß auf der horizontalen Achse eingetragen (Werte zwischen 0° und 360° für eine volle Umdrehung der Kurbel).

```
p1 = plot(theta1_tab*180/π,omega2_tab/omega1, label = false, w = 2,
ylabel = "bez. Winkelgeschw.")
p2 = plot(theta1_tab*180/π,alpha2_tab/omega1^2, label = false, w = 2,
ylabel = "bez. Winkelbeschl.")
l = @layout [a; b]
plot(p1,p2,layout = l,size=(600,800),fontfamily="segoe")
xlabel!("Kurbelwinkel [°]")
plot!(xticks = 0:45:360)
```

> Bestimmen Sie in Analogie zum oben gezeigten Vorgehen die Winkelgeschwindigkeit ω_3 und die Winkelbeschleunigung $\dot{\omega}_3$ von Bauteil 3.
>
> Bestimmen Sie die Koppelkurve, d. h. wählen Sie einen Punkt P, der fest mit Bauteil 2 verbunden ist und bestimmen Sie die Lage von P für jeden Kurbelwinkel θ_1. Erstellen Sie ein Diagramm, das die Lage von P während einer vollen Umdrehung der Kurbel 1 zeigt. Achten Sie darauf, dass x- und y-Achse die gleiche Skalierung haben. Bestimmen Sie Geschwindigkeit und Beschleunigung von P in Abhängigkeit vom Kurbelwinkel.

Abbildungen von Koppelkurven einer Kurbelschwinge sind z. B. im Buch von Fricke et al. [8] im Abschnitt 5.1 *Koppelgetriebe* zu finden.

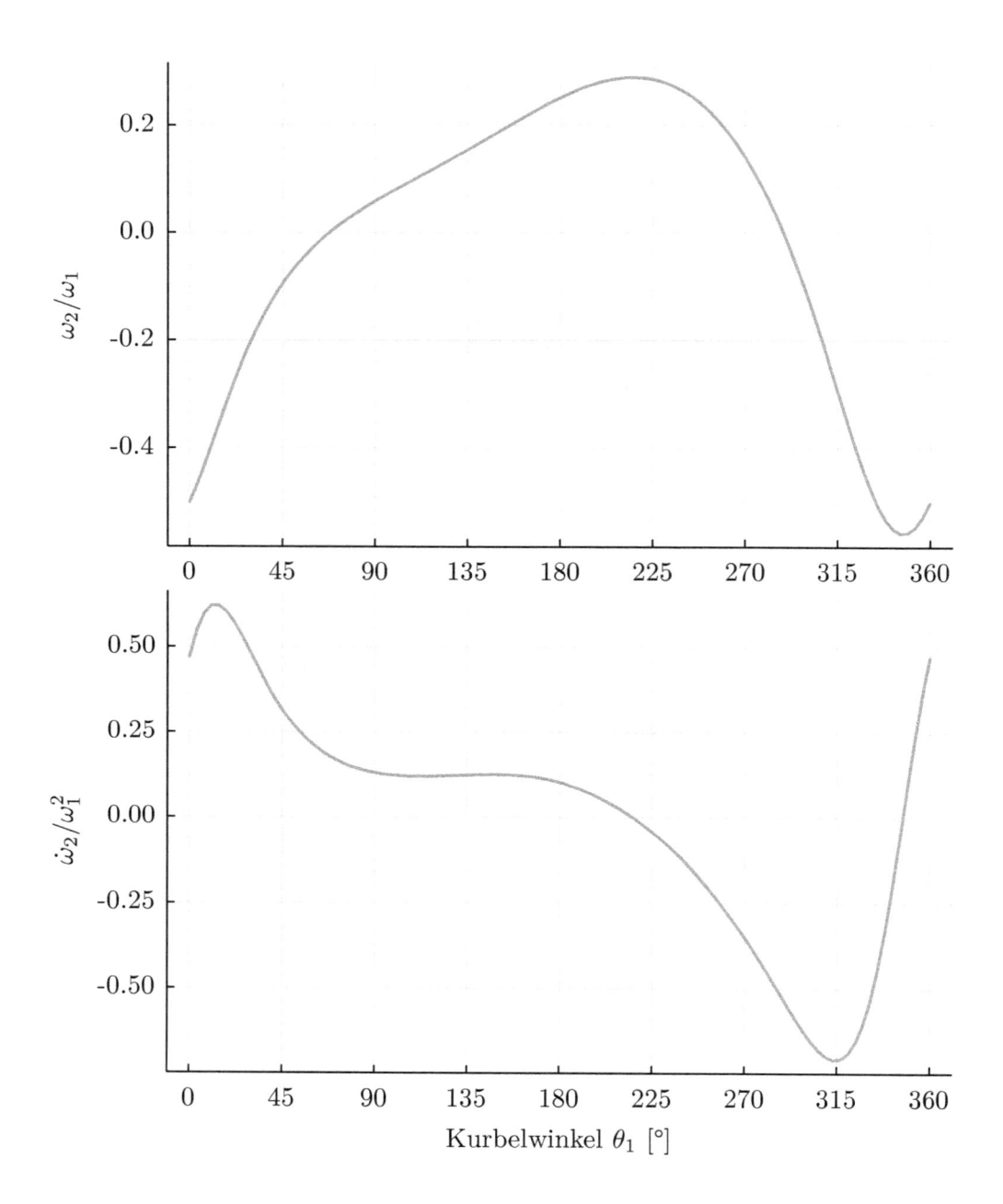

Abbildung 7.20.: Winkelgeschwindigkeit ω_2 und Winkelbeschleunigung $\dot{\omega}_2$ von Bauteil 2 als Funktion des Kurbelwinkels θ_1 bei konstanter Winkelgeschwindigkeit ω_1 (Größen normiert mit ω_1 bzw. ω_1^2)

7.12. Kinematik von Rollen

Lerninhalte

Mathematik Differenzieren, Kreuzprodukt, Basisvektoren

Mechanik Definition von Geschwindigkeit, Beschleunigung, Winkelgeschwindigkeit und Winkelbeschleunigung, kinematische Beziehungen für Seiltrommeln, Räder, etc., Eulersche Geschwindigkeitsformel

Aufgabenstellung

Für alle untersuchten Systeme gilt: r ist der Radius des Kreises und M der Mittelpunkt. Die Winkelgeschwindigkeit sei ω.

(a) Zeigen Sie, dass für den Fall (a) aus Abbildung 7.21 die Geschwindigkeiten in den Punkten A und B auf der Peripherie des Kreises so wie eingezeichnet korrekt sind.

(b) Zeigen Sie, dass für den Fall (b) aus Abbildung 7.21 gilt

$$v_\mathrm{M} = \frac{v_\mathrm{A} + v_\mathrm{B}}{2}, \tag{7.59}$$

$$\omega = \frac{v_\mathrm{B} - v_\mathrm{A}}{2r}. \tag{7.60}$$

(c) Zeigen Sie, dass für den Fall (c) aus Abbildung 7.21 die Geschwindigkeiten im Kreismittelpunkt M und in B auf der Peripherie des Kreises so wie eingezeichnet korrekt sind.

(d) Zeigen Sie, dass für den Fall (d) aus Abbildung 7.21 für die Geschwindigkeit v_P und die Beschleunigung a_P für einen Punkt auf dem Seil die Formeln

$$v_\mathrm{P} = r\omega \tag{7.61}$$

$$a_\mathrm{P} = r\dot{\omega} \tag{7.62}$$

gelten. Geschwindigkeit und Beschleunigung zeigen in Richtung des Seils (wie eingezeichnet).

(a) Reine Rotation um M   (b) Translation und Rotation entkoppelt

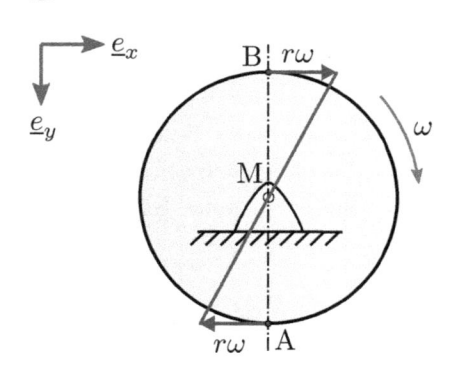

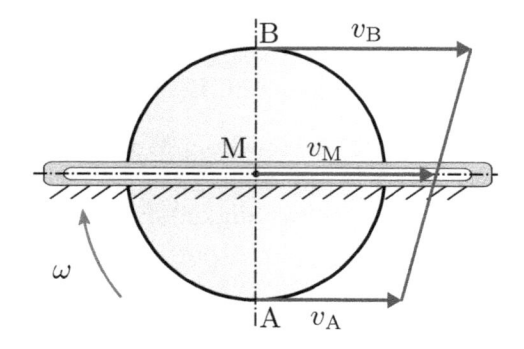

(c) Reines Rollen (Rollen ohne Schlupf)   (d) Reine Rotation um M – Seiltrommel

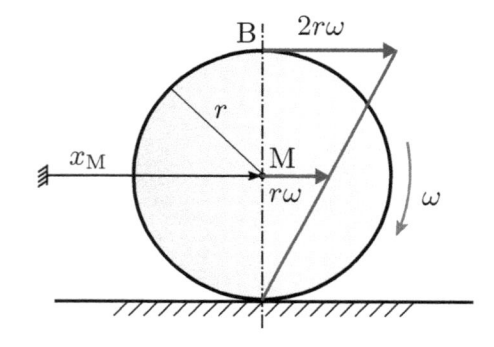

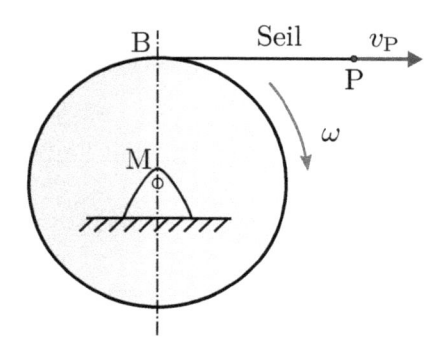

Abbildung 7.21.: Mechanische Systeme mit Rollen/Scheiben

Lösung

Aufgabenteil (a) Bei Benutzung von Polarkoordinaten[4] ergibt sich

$$\underline{v}_B = r\dot\varphi\, \underline{e}_\varphi = r\omega \underline{e}_x \tag{7.63}$$

$$\underline{v}_A = r\dot\varphi\, \underline{e}_\varphi = -r\omega \underline{e}_x \tag{7.64}$$

wobei $\omega = \dot\varphi$ gilt. Beachten Sie, dass im oberen Punkt B der Vektor $\underline{e}_\varphi$ den gleichen Richtungssinn wie $\underline{e}_x$ hat und im unteren Punkt A den entgegengesetzten. Alternativ kann mit der Eulerschen Geschwindigkeitsformel (2.30) von Seite 48 gerechnet werden:

$$\underline{v}_B = (\omega \underline{e}_z) \times (-r\underline{e}_y) = r\omega \underline{e}_x \tag{7.65}$$

$$\underline{v}_A = (\omega \underline{e}_z) \times (r\underline{e}_y) = -r\omega \underline{e}_x . \tag{7.66}$$

---

[4] vergleiche Gleichung (2.7) auf Seite 39

Aufgabenteil (b) Die Rolle bewegt sich in der Ebene, wobei der Mittelpunkt M entlang der Schiene geführt wird. Somit hat die Rolle den Freiheitsgrad 2; es sind zwei Koordinaten unabhängig wählbar. Damit ist auch klar, dass die drei Geschwindigkeiten v_A, v_B und v_M nicht unabhängig voneinander gewählt werden können. Für die Beschreibung von Lage und Orientierung der Rolle bietet es sich an, die x-Koordinate x_M des Mittelpunktes M und den Drehwinkel φ als generalisierte Koordinaten zu verwenden (siehe Abbildung 7.22). Die Linie, die in Abbildung 7.22 mit dem Winkel φ gegenüber der Horizontalen vermaßt ist, ist körperfest. Stellen Sie sich vor, auf der Rolle ist dort eine blaue Linie, eine Nut oder eine sonstige Markierung fest aufgebracht.

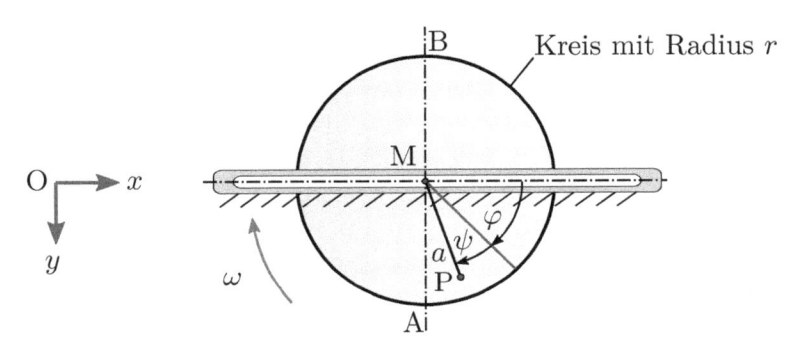

Abbildung 7.22.: Skizze zur Lösung von Aufgabenteil (b)

Nun wird der Punkt P eingehender untersucht. Der Punkt P hat den Abstand a vom Mittelpunkt M und die Verbindungslinie zwischen M und P ist gegenüber unserer Referenzlinie (blaue Linie, Nut, etc.) um den Winkel ψ geneigt. Für die Koordinaten von P im raumfesten kartesischen Koordinatensystem gilt

$$x_P = x_M + a\cos(\varphi + \psi) \tag{7.67}$$
$$y_P = a\sin(\varphi + \psi). \tag{7.68}$$

Für die skalaren Komponenten des Geschwindigkeitsvektors im raumfesten Koordinatensystem ergibt sich durch Ableiten

$$\dot{x}_P = \dot{x}_M - a\dot{\varphi}\sin(\varphi + \psi) \tag{7.69}$$
$$\dot{y}_P = a\dot{\varphi}\cos(\varphi + \psi). \tag{7.70}$$

Für den Punkt B, der momentan oben ist, gilt $a = r$ und $\varphi + \psi \in \{\frac{3}{2}\pi, \frac{7}{2}\pi, \ldots\}$ und somit

$$\dot{x}_B = \dot{x}_M + r\dot{\varphi} \quad \text{und} \quad \dot{y}_B = 0. \tag{7.71}$$

Für den Punkt A, der momentan unten ist, gilt $a = r$ und $\varphi + \psi \in \{\frac{1}{2}\pi, \frac{5}{2}\pi, \ldots\}$ und somit

$$\dot{x}_A = \dot{x}_M - r\dot{\varphi} \quad \text{und} \quad \dot{y}_B = 0. \tag{7.72}$$

Mit $\omega = \dot{\varphi}$, $v_M = \dot{x}_M$, $v_B = \dot{x}_B$ und $v_A = \dot{x}_A$ folgen aus den Gleichungen (7.71) und (7.72) die beiden gesuchten Formeln für v_M und ω.

Aufgabenteil (c) Beim Rollen ohne Schlupf ist die Relativgeschwindigkeit im Aufstandspunkt (Kontaktpunkt) in tangentialer Richtung Null. Bei ruhender Umgebung muss demnach die Geschwindigkeit des Aufstandspunktes Null sein. Aus den Gleichungen (7.71) und (7.72) folgen mit $\omega = \dot{\varphi}$ die gesuchten Ergebnisse.

Aufgabenteil (d) Der Punkt B auf der Seiltrommel, der momentan oben ist, bewegt sich auf einer Kreisbahn und hat die Geschwindigkeit $\underline{v}_\mathrm{B} = r\omega \underline{e}_x$. Wird das Seil ohne Schlupf von der Seiltrommel abgerollt und ist das Seil undehnbar, muss jeder Punkt auf dem bereits abgewickelten Teil des Seiles ebenfalls diese Geschwindigkeit haben, d. h. P bewegt sich mit der Geschwindigkeit $r\omega$ nach rechts.
Bei der Betrachtung der Beschleunigungen ist Vorsicht angesagt. Da sich der Punkt B auf der Seiltrommel auf einer Kreisbahn bewegt, gibt es sowohl eine Beschleunigung in Umfangsrichtung (Bahnbeschleunigung $r\dot{\omega}$) als auch eine Beschleunigung in radialer Richtung (Zentripetalbeschleunigung $-r\omega^2$). Der momentan mit B übereinanderliegende Punkt B' auf dem Seil bewegt sich im nächsten Moment auf einer Geraden weiter. Demnach erfährt der Punkt B' keine Radialbeschleunigung, sondern nur die Bahnbeschleunigung. Nochmal, die Beschleunigung des Punktes B auf der Seiltrommel und B' auf dem Seil stimmen nur in Seilrichtung überein.
Das Ergebnis $a_\mathrm{P} = r\dot{\omega}$ für die Beschleunigung der Punkte auf dem Seil ergibt sich auch durch Ableiten der skalarwertigen Komponente $v_\mathrm{P} = r\omega$, da sich die Richtung von P während der Bewegung nicht ändert.

7.13. Auffahrunfall

Lerninhalte

Mathematik Bestimmen der Stammfunktion einer einfachen Funktion (konstant und linear) und Anpassen an die Anfangsbedingungen

Mechanik Geradlinige Bewegung, Geschwindigkeit und Weg als Stammfunktion, Zusammenhang zwischen Integrationskonstanten und Anfangsbedingungen

Programmierung Programmieren mit Python: numerisches Lösen des Anfangswertproblems

In der folgenden Aufgabe soll die numerische Lösung eines Differentialgleichungssystems mit Python an einem einfachen Beispiel gezeigt werden. Im vorliegenden Fall gelingt die Lösung auch problemlos ohne Computer. In der Praxis sind die meisten Bewegungsgleichungen jedoch so kompliziert, dass eine Lösung nur numerisch gelingt. Das numerische Lösen des Anfangswertproblems (Differentialgleichungssystem plus Anfangsbedingungen) wird sehr ausgiebig in Kapitel 8 geübt. Diese Aufgabe gibt einen ersten Vorgeschmack.

Randbemerkung: Viele Fragestellungen in den Natur- und Ingenieurwissenschaften lassen sich mathematisch durch Systeme gewöhnlicher Differentialgleichungen beschreiben. Die Fertigkeit, gewöhnliche Differentialgleichungen (Englisch *ordinary differential equations* kurz *ODE*) numerisch zu lösen, ist daher nicht nur im Fach Technische Mechanik relevant sondern auch in vielen anderen Fächern.

Aufgabenstellung

Zwei Fahrzeuge befahren mit den Geschwindigkeiten v_{10} (1. Fahrzeug) bzw. v_{20} (2. Fahrzeug) in gleicher Richtung eine gerade Straße. Zum Zeitpunkt, als das 1. Fahrzeug mit konstanter Verzögerung a_1 zu bremsen beginnt, beträgt ihr lichter Abstand b. Das 2. Fahrzeug fährt für den Zeitraum $t^\star$ mit v_{20} weiter und bremst erst dann mit der konstanten Verzögerung a_2.

(a) Fährt Fahrzeug 2 auf das vor ihm fahrende Fahrzeug 1 auf? Falls ja, zu welcher Zeit t_A, gemessen vom Bremsbeginn des 1. Fahrzeuges, erfolgt der Zusammenstoß?

(b) Mit welcher Relativgeschwindigkeit stoßen die beiden Fahrzeuge zusammen?

Analytische Lösung

Gedanklich wird zum Bremsbeginn des vorderen Fahrzeuges 1 ($t = 0$) am Ort der vorderen Stoßstange des hinteren Fahrzeugs 2 eine rote Linie auf die Straße gemalt. Die Lage der beiden Fahrzeuge wird wie folgt in Relation zu dieser roten Linie angegeben.

Fahrzeug 1 Koordinate s_1 misst den Abstand der hinteren Stoßstange des Fahrzeuges 1 von der roten Linie. Zu Beginn gilt $s_1(0) = b$.

Fahrzeug 2 Koordinate s_2 misst den Abstand der vorderen Stoßstange des Fahrzeuges 2 von der roten Linie. Zu Beginn gilt $s_2(0) = 0$.

Zur Erinnerung: Die Geschwindigkeit ist die Stammfunktion der Beschleunigung und der zurückgelegte Weg ist die Stammfunktion der Geschwindigkeit. Um die Frage nach dem Zusammenstoß zu beantworten, müssen die Beschleunigungen zwei Mal integriert werden. In anderen Worten: Wir suchen die Geschwindigkeit v_1 als Funktion der Zeit, sodass die Beschleunigung a_1 den gegebenen konstanten Wert annimmt. Anschließend suchen wir den Weg s_1 als Funktion der Zeit, sodass die Zeitableitung des Weges der vorher bestimmten Geschwindigkeit entspricht. Beachten Sie, dass im vorliegenden Fall für das Bremsen gilt $a_1 < 0$ und $a_2 < 0$.
Für Fahrzeug 1 gestaltet es sich einfach.

$$a_1 = \text{const} \Rightarrow v_1 = a_1 t + v_{10} \Rightarrow s_1 = \frac{1}{2}a_1 t^2 + v_{10} t + b \qquad (7.73)$$

Für Fahrzeug 2 sind zwei Phasen zu unterscheiden: Phase 1 mit $t \leq t^\star$ und Phase 2 mit $t > t^\star$. In Phase 1 ist die Beschleunigung 0; das Fahrzeug fährt mit konstanter Geschwindigkeit weiter.

$$\text{Phase 1: } v_2 = v_{20} \Rightarrow s_2 = v_{20} t \qquad (7.74)$$

In Phase 2 ist die Beschleunigung konstant und es ergibt sich

$$\text{Phase 2:} \quad a_2 = \text{const} \Rightarrow v_2 = a_2(t - t^\star) + v_{20} \Rightarrow s_2 = \frac{1}{2}a_2(t - t^\star)^2 + v_{20}t \,. \quad (7.75)$$

> Überzeugen Sie sich selbst, dass die Ergebnisse korrekt sind. Gehen Sie dazu in zwei Schritten vor, (i) prüfen Sie, ob die Anfangsbedingungen stimmen und (ii) prüfen Sie durch Ableiten, ob korrekt integriert wurde.

Im Moment des Zusammenstoßes t_A gilt $s_1(t_A) = s_2(t_A)$. Das führt auf eine quadratische Gleichung für die gesuchte Größe t_A,

$$t_A^2 + 2\frac{v_{10} - v_{20} + a_2 t^\star}{a_1 - a_2} t_A + \frac{2b - a_2 t^{\star 2}}{a_1 - a_2} = 0 \,. \quad (7.76)$$

Die Zahlenwerte für alle auftretenden Parameter können der unten stehenden numerischen Lösung entnommen werden. Die quadratische Gleichung (7.76) hat zwei Lösungen, von denen die positive $t_A = 2{,}31\,\text{s} > t^\star$ lautet. Der Wert für t_A kann in die beiden Formeln für die Geschwindigkeiten v_1 und v_2 eingesetzt werden. Daraus folgt für die Relativgeschwindigkeit im Moment des Aufpralls $\Delta v_A = v_2(t_A) - v_1(t_A) \approx 21\,\text{km/h} > 0$. Fazit: Die beiden Fahrzeuge stoßen mit nennenswerter Relativgeschwindigkeit zusammen.

> Leiten Sie die quadratische Gleichung (7.76) selbst her und lösen Sie die Gleichung. Berechnen Sie anschließend die Relativgeschwindigkeit. Achten Sie beim Rechnen auf die korrekte Umrechung der Einheiten.

Numerische Lösung mit Python

Zuerst werden die Parameter (Anfangsgeschwindigkeiten, Bremsverzögerungen etc.) im Programmcode hinterlegt. Zudem wird die Zeilenmatrix w0 mit den Anfangsbedingungen für Lage und Geschwindigkeit definiert. Die Variable tend bezeichnet den Endzeitpunkt der numerischen Integration. Ein sinnvoller Endwert kann nur durch Probieren gefunden werden.
Achtung: Mathematisch existieren auch Lösungen mit $s_2 > s_1$. Wenn ein Überholen ausgeschlossen ist, dann ist eine Lösung mit $s_2 > s_1$ physikalisch nicht sinnvoll. Zum Zeitpunkt, bei dem erstmalig $s_1 = s_2$ gilt, kommt es zum Zusammenstoß. Danach gelten die unten stehenden Differentialgleichungen (mit den konstanten Bremsverzögerungen a_1 und a_2) nicht mehr.

```
from scipy.integrate import odeint
import numpy as np
import matplotlib.pyplot as plt

tend = 2.4 # s
tstar = 0.5 # s
N = 300
```

```
b = 10.0 # m
v10 = 45.0/3.6 # m/s
v20 = 50.0/3.6 # m/s
a1 = -5.0 # m/s^2
a2 = -4.0 # m/s^2

w0 = [b, v10, 0, v20]
```

Im Programmcode sind die Werte $v_{10} = 45\,\text{km/h}$, $v_{20} = 50\,\text{km/h}$, $t^\star = 0{,}5\,\text{s}$, $a_1 = -5\,\text{m/s}^2$, $a_2 = -4\,\text{m/s}^2$ und $b = 10\,\text{m}$ hinterlegt. Negative Beschleunigungen bedeuten in diesem Kontext einen Bremsvorgang.

Nun werden die Bewegungsgleichungen für die beiden Fahrzeuge

$$\ddot{s}_1 = \dot{v}_1 = a_1 \tag{7.77}$$

$$\ddot{s}_2 = \dot{v}_2 = \begin{cases} 0, & \text{für } t \leq t^\star \\ a_2, & \text{für } t > t^\star \end{cases} \tag{7.78}$$

als Python-Funktion angelegt. Zur Erinnerung: Die Beschleunigungen a_1 und a_2 sind konstante Werte. Insofern gelingt die Lösung der Bewegungsgleichungen auch mühelos von Hand. Da der dem Befehl **odeint** zugrundeliegende Algorithmus nur Differentialgleichungssysteme 1. Ordnung lösen kann, müssen die beiden Beziehungen $\dot{s}_1 = v_1$ und $\dot{s}_2 = v_2$ ebenfalls explizit herangezogen werden. Es ergibt sich demnach ein Differentialgleichungssystem mit insgesamt vier Gleichungen. Der Zustandsvektor lautet entsprechend $\mathbf{w} = \{s_1, v_1, s_2, v_2\}$. Im Python-Code ist zudem hinterlegt, dass die Fahrzeuge in Ruhe bleiben, falls die Geschwindigkeit 0 erreicht wird.

```
def bewegungsdgl(w, t):
    s1 = w[0]
    v1 = w[1]
    s2 = w[2]
    v2 = w[3]

    a1eff = 0
    a2eff = 0

    if v1 > 0:
        a1eff = a1
    if t > tstar and v2 > 0:
        a2eff = a2

    return [v1, a1eff, v2, a2eff]
```

Zur Erinnerung: In Python ist die Struktur über die Einrückung der Zeilen festgelegt. Bei der Definition einer Funktion (hier `bewegungsdgl`) müssen alle Zeilen innerhalb der Funktion zwingend gleich weit eingerückt sein.

Im folgenden wird die Bewegungsgleichung numerisch mit dem Befehl `odeint` gelöst. Die Ausgabe erfolgt für die vorab in der Variablen `toutput` definierten Zeitpunkte.

```
toutput = np.linspace(0.0,tend,N)
ergebnis = odeint(bewegungsdgl, w0, toutput)

s1 = ergebnis[ : , 0]
v1 = ergebnis[ : , 1]
s2 = ergebnis[ : , 2]
v2 = ergebnis[ : , 3]
```

Das numerische Lösen von Anfangswertproblemen gelingt in Python mit dem Befehl `odeint`, der über die Programmzeile `from scipy.integrate import odeint` zur Verfügung gestellt wird. Dem Befehl `odeint` müssen das Differentialgleichungssystem (hier `bewegungsdgl`), die Anfangsbedingungen (hier `w0`) und das Zeitintervall (hier `toutput`) übergeben werden.

Schließlich wird das Ergebnis geplottet. Die gezeigten Formatierungen beziehen sich auf eine Ausgabe der Diagramme über eine LaTeX-Schnittstelle. Falls LaTeX auf dem Computer nicht installiert ist, müssen die Standardformatierungen genutzt werden. Es entfallen zudem die ersten beiden Zeilen des folgenden Programmcodes.

```
plt.rc('text', usetex=True)
plt.rc('font', family='serif',size=12)

plt.subplot(2, 1, 1)
plt.plot(toutput, s1,"b-",linewidth=2)
plt.plot(toutput, s2,"r--",linewidth=2)
plt.ylabel(r'$s_1,\, s_2\;[\mathrm{m}]$',fontsize=12)
plt.legend(("Fahrzeug 1","Fahrzeug 2"))

abstand = s1 - s2
Deltav = v2 - v1

taufprall = round(np.min(toutput[abstand <= 0]),2)
vaufprall = np.min(Deltav[abstand <= 0])
plt.text(1.7,5.0,r'Aufprall $t_\mathrm{A}='+str(taufprall)+'\,\mathrm{s}$')

plt.subplot(2, 1, 2)
plt.plot(toutput, 3.6*v1,"b-",linewidth=2)
```

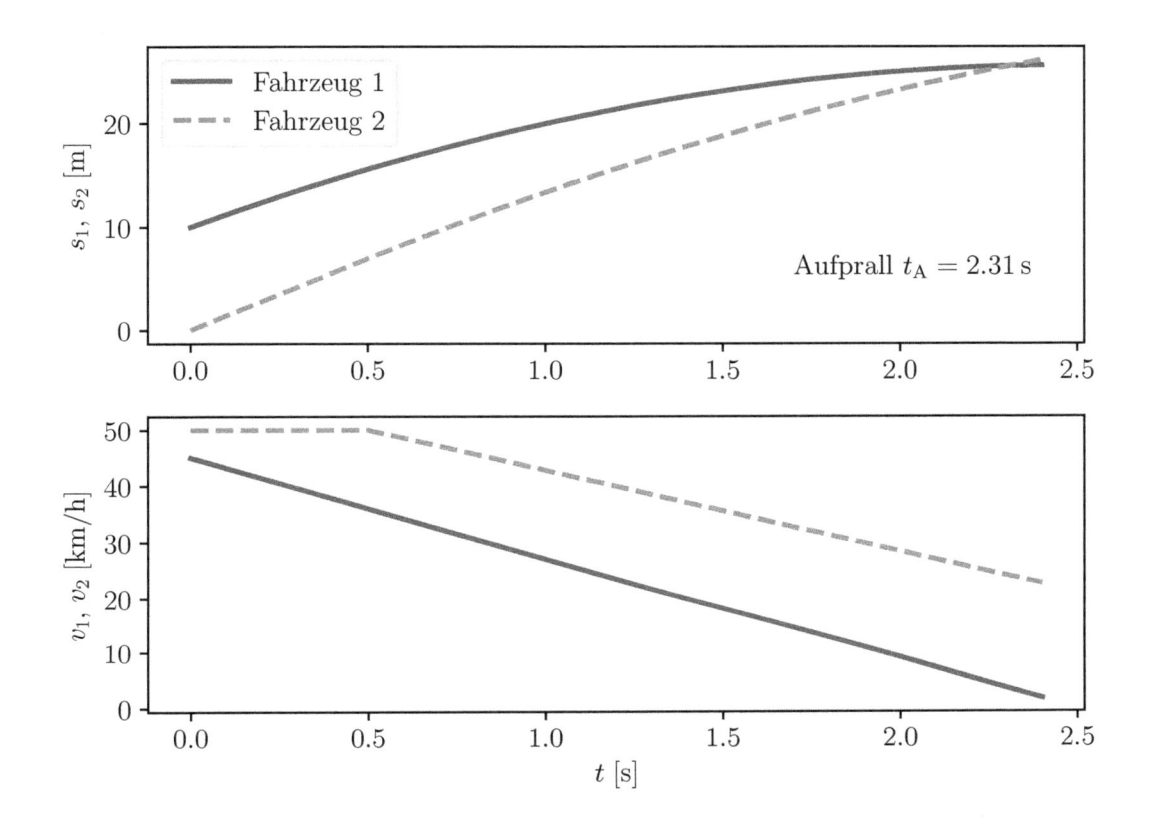

Abbildung 7.23.: Weg-Zeit- und Geschwindigkeits-Zeit-Diagramme für die beiden Fahrzeuge bis zum Zusammenstoß. Ab dem Moment des Stoßes haben die Gleichungen und die Ergebnisse keine Gültigkeit mehr.

```
plt.plot(toutput, 3.6*v2,"r--",linewidth=2)
plt.yticks(np.arange(0, v20*3.6+5.0, 10.0))
plt.tight_layout()
plt.subplots_adjust(bottom=0.12)
plt.xlabel(r'$t \; [\mathrm{s}]$',fontsize=12)
plt.ylabel(r'$v_1,\, v_2\;[\mathrm{km/h}]$',fontsize=12)
```

Der Aufprall findet zum Zeitpunkt $t_A \approx 2{,}3\,\mathrm{s}$ mit einer Relativgeschwindigkeit von $\Delta v_A = v_2(t_A) - v_1(t_A) \approx 21\,\mathrm{km/h}$ statt.

> Programmieren Sie die Lösung selbständig in Python und überzeugen Sie sich von der Richtigkeit des Diagramms. Falls auf Ihrem Computer kein LaTeX installiert ist, benutzen Sie die Python-Standardformatierungen.

8. Direkte Dynamik

Im Abschnitt 2.6 wurden die zwei typischen Erscheinungsformen der Bewegungsgleichungen bereits vorgestellt.

---

1. Form der Bewegungsgleichung

$$\begin{bmatrix} M_{11} & M_{12} & \cdots \\ M_{21} & M_{22} & \cdots \\ \vdots & \vdots & \ddots \end{bmatrix} \begin{Bmatrix} \ddot{q}_1 \\ \ddot{q}_2 \\ \vdots \end{Bmatrix} = \begin{Bmatrix} f_1(\dot{q}_k, q_k, t) \\ f_2(\dot{q}_k, q_k, t) \\ \vdots \end{Bmatrix} \quad \text{bzw. } \mathbf{M}\ddot{\mathbf{q}} = \mathbf{f}$$

2. Form der Bewegungsgleichung

$$\mathcal{Z}(\ddot{q}_1, \ddot{q}_2, \dots) = \min!$$

In den folgenden Aufgaben wird gezeigt, wie die Bewegungsgleichungen, in der einen oder anderen Form, aus den vorgestellten mechanischen Prinzipen hergeleitet werden können. Beim direkten dynamischen Problem sind die eingeprägten Kräfte und Kraftmomente (Lasten, Antriebe) bekannt und es ist die Bewegung gesucht. D. h. aus der Bewegungsgleichung sind die Beschleunigungen zu berechnen. Anschließend werden durch Zeitintegration der Bewegungszustand und die Lage/Orientierung aller Körper des Systems ermittelt. Bei einigen einfachen Systemen sind die Beschleunigungen konstant, bei anderen hingegen komplizierte Funktionen der Lage und Geschwindigkeiten des Systems.

Zur Erinnerung: Wenn das Prinzip des kleinsten Zwanges analytisch/symbolisch ausgewertet wird, ergibt sich letztlich die 1. Form der Bewegungsgleichung. Bei der rechnergestützten Simulation können die gesuchten Beschleunigungen direkt aus der Forderung $\mathcal{Z}(\ddot{q}_1, \ddot{q}_2, \dots) = \min!$ numerisch bestimmt werden, ohne die Bewegungsgleichung in der 1. Form formal herzuleiten. In Python kann für die Minimumsuche der Befehl `minimize` aus dem Paket `scipy.optimize` benutzt werden, in Julia der Befehl `optimize` aus dem Paket `optim`.

Jede Aufgabe kann mit jeder Methode gelöst werden. Entscheiden Sie selbst, ob Sie es mit Kräfte- und Momentengleichung, mit dem Prinzip von Gauß, mit den Gibbs-Appell-Gleichungen oder dem Prinzip von d'Alembert versuchen. Am besten, Sie lösen jede Aufgabe mit zwei verschiedenen Methoden. In Bezug auf die Software: Entscheiden Sie sich für ein Programm, Python, Julia oder SMath Studio, und versuchen Sie dieses so oft wie möglich einzusetzen, unabhängig davon, mit welcher Software die Aufgabe hier im Buch gelöst wird.

8.1. Zwei Körper mit Seil – Freiheitsgrad 1

Lerninhalte

Mathematik Bestimmung des Minimums einer skalarwertigen Funktion einer Veränderlichen

Mechanik Kinematische Beziehung bei Seilzügen, Prinzip des kleinsten Zwangs von Gauß, Reibung

Programmierung Bestimmen der Beschleunigungen mit Julia

Aufgabenstellung

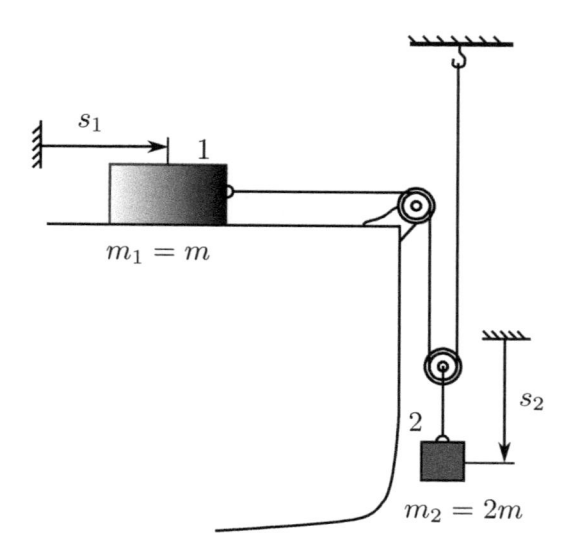

Abbildung 8.1.: Mechanisches System bestehend aus zwei translatorisch bewegten Körpern

Wir betrachten das abgebildete System aus zwei translatorisch bewegten Körpern. Körper 1 (Masse $m_1 = 10\,\text{kg}$) bewegt sich nur entlang der horizontalen Ebene (x-Richtung) und Körper 2 nur entlang der Vertikalen (y-Richtung). Entsprechend werden die beiden Koordinaten s_1 und s_2 zur Lagebeschreibung benutzt.

Auf den oberen Körper 1 wirkt eine ortsabhängige Reibungskraft

$$F_{\text{Reib}}(s_1) = \begin{cases} 20\,\text{N} & \text{für } s_1 \leq 1\,\text{m} \\ 80\,\text{N} & \text{für } s_1 > 1\,\text{m} \end{cases} \tag{8.1}$$

Die Ortsabhängigkeit ist durch die verschiedene Untergründe entlang der Gleitstrecke von Körper 1 bedingt. Masse und Nachgiebigkeit des Seils seien für eine erste Berechnung zu vernachlässigen. Ebenso ist die Masse der Rollen zu vernachlässigen.

Wie lautet die Bewegungsgleichung für das System? Wie groß ist der Wert der Beschleunigung $\ddot{s}_1 = a_{1x}$ in den jeweiligen Abschnitten?

Analytische Lösung

Durch das Seil sind die Bewegungen der beiden Körper gekoppelt. Solange das Seil straff ist, gilt der kinematische Zusammenhang $s_2 = s_1/2$. Dabei wird unterstellt, dass die Wegmessung durch s_1 und s_2 so gewählt ist, dass gilt $s_1 = 0 \to s_2 = 0$. Da die kinematische Beziehung für jede Zeit gilt, behält sie beim Differenzieren nach der Zeit ihre Gültigkeit. Demnach gilt die kinematische Beziehung sinngemäß auch für die Geschwindigkeiten und Beschleunigungen.

Der Zwang $\mathcal{Z}$ für das System lautet

$$\mathcal{Z} = \frac{1}{2m_1}\left(m_1 a_{1x} + F_{\text{Reib}}(s_1)\right)^2 + \frac{1}{2m_2}\left(m_2 a_{2y} - m_2 g\right)^2 . \tag{8.2}$$

Es gilt $a_{1x} = \ddot{s}_1$ und $a_{2y} = \ddot{s}_2 = a_{1x}/2$. Beachten Sie, dass die Seilkraft als Reaktionskraft im Ausdruck für den Zwang nicht auftritt. Die Seilkraft würde erst durch Freischneiden der Körper sichtbar. Wenn die kinematische Beziehung in (8.2) eingesetzt wird, ist der Zwang $\mathcal{Z}$ ausschließlich eine Funktion der Größe s_1 und ihrer Zeitableitungen.

Nach dem Prinzip des kleinsten Zwangs minimiert die wahre Beschleunigung $\ddot{s}_1$ die Funktion $\mathcal{Z}$. Die notwendige Bedingung für das Vorliegen eines Minimums ist das Nullwerden der ersten Ableitung der Funktion $\mathcal{Z}$ nach der Veränderlichen $\ddot{s}_1$. Es gilt somit

$$\frac{\partial \mathcal{Z}}{\partial \ddot{s}_1} = 0 \to \ddot{s}_1 = \frac{2m_2 g - 4F_{\text{Reib}}}{4m_1 + m_2} . \tag{8.3}$$

Die Beschleunigung $\ddot{s}_1$ ist positiv, wenn $m_2 g > 2F_{\text{Reib}}$. Eine positive Beschleunigung $\ddot{s}_1$ bedeutet für den sich nach rechts bewegenden Körper eine Vergrößerung der Geschwindigkeit (Beschleunigung im engeren Sinne). Ein negativer Wert für $\ddot{s}_1$ hingegen bedeutet für den sich nach rechts bewegenden Körper eine Bremsverzögerung. Vorsicht: Beim Herleiten der Bewegungsgleichung wurde unterstellt, dass sich Körper 1 nach rechts bewegt, und entsprechend wurde die Richtung der Reibungskraft angesetzt. Die Bewegungsgleichung gilt nur für diesen Fall!
Mit den gegebenen Zahlenwerten ergibt sich

$$\ddot{s}_1(s_1) = \begin{cases} 5{,}2\,\text{m/s}^2 & \text{für } s_1 \leq 1\,\text{m} \\ 1{,}2\,\text{m/s}^2 & \text{für } s_1 > 1\,\text{m} . \end{cases} \tag{8.4}$$

Das ist die gesuchte Beschleunigung von Körper 1. Den Ausdruck für die Beschleunigung nennt man die Bewegungsgleichung des Systems. Die Beschleunigung von Körper 2 ergibt sich aus der kinematischen Beziehung.
Für dieses äußerst einfache System lässt sich die Beschleunigung einfach analytisch aus dem Zwang (8.2) durch Ableiten nach $a_{1x} = \ddot{s}_1$ und Null setzen ermitteln. Achtung:

Zuerst muss die kinematische Beziehung für die Beschleunigung a_{2y} eingesetzt werden, damit $a_{1x} = \ddot{s}_1$ die einzige Beschleunigung in der Funktion $\mathcal{Z}$ ist! Zudem ist die Beschleunigung abschnittsweise konstant, sodass Geschwindigkeit und Weg analytisch durch einfaches Integrieren bestimmt werden können.

> Bestimmen Sie die Geschwindigkeiten und Lagen der beiden Körper als Funktion der Zeit, wenn zu Beginn Körper 1 die Geschwindigkeit 1 m/s hatte. Kommt das System irgendwann zur Ruhe? Erstellen Sie Diagramme, die Lage, Geschwindigkeit und Beschleunigung beider Körper als Funktion der Zeit zeigen.
>
> Leiten Sie die Bewegungsgleichung mit Hilfe der Kräftegleichung und dem Schnittprinzip her. Beachten Sie, dass Sie beim Freischneiden der Körper durch das Seil schneiden müssen.

Eine Herleitung der Bewegungsgleichung mit dem Prinzip von d'Alembert ist im Video *Prinzip von d'Alembert in der Fassung von Lagrange – Einstiegsbeispiel* verfügbar. Siehe dazu www.youtube.com/watch?v=rFD2p_f_eQ8.

Numerische Lösung mit Julia

Eine Julia-Lösung (Pluto-Notebook) findet sich auf der Website.

8.2. Drei Körper mit Seil – Freiheitsgrad 2

Lerninhalte

Mathematik Bestimmung des Minimums einer skalarwertigen Funktion einer Unbekannten

Mechanik Kinematische Beziehung bei Seilzügen, Prinzip des kleinsten Zwangs von Gauß, Prinzip von d'Alembert in der Fassung von Lagrange

Programmierung Python und Julia: Numerische Minimumsuche, Julia: Bestimmung der Koeffizientenmatrix und rechten Seite des in den Beschleunigungen linearen Gleichungssystems grad $\mathcal{Z} = \underline{0}$ mittels automatischer Differentiation (Befehle ForwardDiff.gradient und ForwardDiff.hessian)

Aufgabenstellung

Es soll das in Abbildung 8.2 gezeigte System aus drei Körpern untersucht werden. Alle Körper bewegen sich nur in vertikaler Richtung (kein Pendeln der Körper). Die Massen der Seile und Rollen soll für eine erste Berechnung vernachlässigt werden, ebenso die Dehnbarkeit der Seile. Die Konstruktion sei so ausgeführt, dass sich die Körper aneinander vorbei bewegen können.

Welchen Freiheitsgrad hat das System? Wie groß sind die Beschleunigungen der drei Körper?

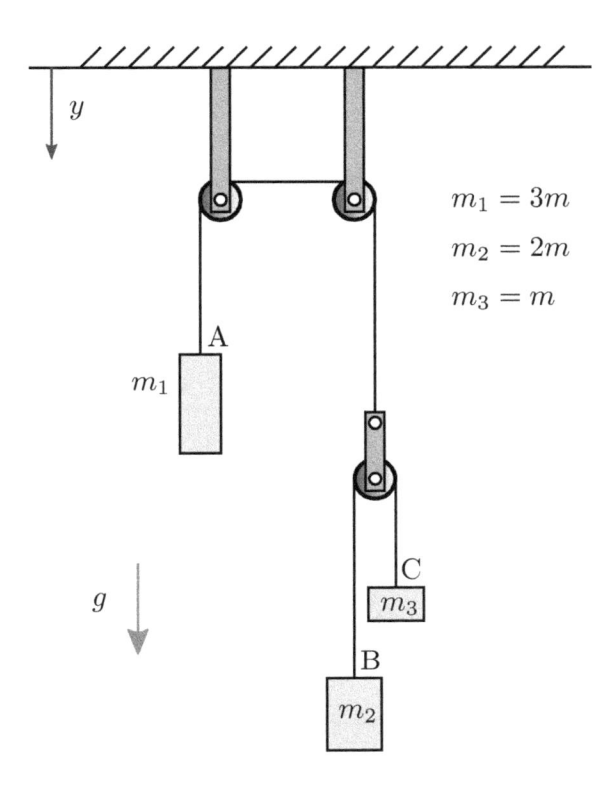

Abbildung 8.2.: System aus drei Körpern, die über Seile und Rollen verbunden sind

Die Aufgabe wird im Buch von Papastavridis [34] auf Seite 924f mit dem Prinzip des kleinsten Zwangs mit virtuellen Beschleunigungen und Lagrange-Multiplikator behandelt. Achtung: Die Gleichungen (f3) und (g) auf Seite 925 enthalten Fehler.

Kinematik

Zur Beschreibung der Lage der Körper sollen die drei y-Koordinaten der Körper genutzt werden. Da die Körper 2 und 3 über ein Seil miteinander verbunden sind, sind ihre Bewegungen gekoppelt. Insgesamt hat das System unter den genannten Voraussetzungen den Freiheitsgrad 2. Für die Beschreibung der Lage und der Bewegung genügen somit zwei Koordinaten. Wenn wir mit den drei y-Koordinaten beginnen, wird demnach eine kinematische Beziehung gesucht, die diese drei Koordinaten miteinander verknüpft.

Im vorliegenden Fall lautet die kinematische Beziehung: Die Geschwindigkeit von Körper 1 (Punkt A) ist entgegengesetzt gleich groß der mittleren Geschwindigkeit von Körper 2 und 3 (Punkte B und C); als Formel

$$\dot{y}_1 = -\frac{1}{2}\left(\dot{y}_2 + \dot{y}_3\right) . \tag{8.5}$$

Diese kinematische Beziehung gilt für alle Zeiten und kann daher nach der Zeit abgeleitet werden. Ableiten und Umstellen liefert die kinematische Beziehung oder Nebenbedingung auf Beschleunigungslevel

$$2\ddot{y}_1 + \ddot{y}_2 + \ddot{y}_3 = 0 \ . \tag{8.6}$$

Die drei y-Koordinaten y_i vermessen den Abstand von der ruhenden Umgebung zu den Körpern 1, 2 bzw. 3. Alle drei Geschwindigkeiten $v_i = \dot{y}_i$ sind Zeitableitungen dieser Größen y_i. Die v_i sind demnach die Absolutgeschwindigkeiten. Die daraus berechneten Beschleunigungen $a_i = \dot{v}_i = \ddot{y}_i$ sind demnach die benötigten Beschleunigungen in einem Inertialsystem.

Kinetik: Prinzip von d'Alembert in der Fassung von Lagrange

Die virtuelle Arbeit für das abgebildete System ist

$$\delta W = -3m\ddot{y}_1 \delta y_1 + 3mg\delta y_1 - 2m\ddot{y}_2 \delta y_2 + 2mg\delta y_2 - m\ddot{y}_3 \delta y_3 + mg\delta y_3 \ . \tag{8.7}$$

Neben den Gewichtskräften der drei Körper erscheinen im Ausdruck für δW nur die Trägheitskräfte.

▎Erläutern Sie, warum die Seilkräfte im Ausdruck für die virtuelle Arbeit nicht erscheinen.

Wenn y_3 mit der kinematischen Beziehung eliminiert wird, d. h. wenn die Formeln

$$\delta y_3 = -2\delta y_1 - \delta y_2 \tag{8.8}$$
$$\ddot{y}_3 = -2\ddot{y}_1 - \ddot{y}_2 \tag{8.9}$$

genutzt werden, folgt für die virtuelle Arbeit

$$\delta W = -3m\ddot{y}_1 \delta y_1 + 3mg\delta y_1 - 2m\ddot{y}_2 \delta y_2 + 2mg\delta y_2$$
$$- m(2\ddot{y}_1 + \ddot{y}_2)(2\delta y_1 + \delta y_2) - mg(2\delta y_1 + \delta y_2) \ . \tag{8.10}$$

Die virtuelle Arbeit enthält nur noch y_1 und y_2 und die zugehörigen Ableitungen und virtuellen Verrückungen. Schließlich kann die virtuelle Arbeit in der Form

$$\delta W = [.]\delta y_1 + [.]\delta y_2 \tag{8.11}$$

schrieben werden. Die virtuelle Arbeit δW muss Null für beliebige virtuelle Verrückungen δy_1 und δy_2 sein. Demnach müssen die beiden Klammern $[.]$ in Gleichung (8.11) identisch Null sein. Das führt auf zwei Gleichungen für die gesuchten Beschleunigungen $\ddot{y}_1$ und $\ddot{y}_2$ und damit auf

$$\ddot{y}_1 = \frac{1}{17}g \tag{8.12a}$$

$$\ddot{y}_2 = \frac{5}{17}g \ . \tag{8.12b}$$

Die Gleichungen (8.12) sind die Bewegungsgleichungen des Systems. Die Beschleunigungen der Körper sind konstant. In anderen Worten: Die rechte Seite der Bewegungsgleichung ist hier keine komplizierte Funktion von Zeit, Lage und Bewegungszustand sondern konstant. Aus der kinematischen Beziehung folgt

$$\ddot{y}_3 = -\frac{2}{17}g - \frac{5}{17}g = -\frac{7}{17}g \,. \tag{8.13}$$

Die Geschwindigkeiten und die Lagen der drei Körper können durch einfache Integration der konstanten Beschleunigungen ermittelt werden.

Kinetik: Prinzip des kleinsten Zwangs

Für den Zwang $\mathcal{Z}$ gilt

$$\mathcal{Z} = \sum_{i=1}^{3} \frac{1}{2m_i} \left(m_i \ddot{y}_i - m_i g\right)^2 \,. \tag{8.14}$$

Analytische Lösung in Minimalkoordinaten In Analogie zum oben dargestellten Vorgehen wird $\ddot{y}_3$ in $\mathcal{Z}$ durch die anderen beiden Beschleunigungen ersetzt. Das Prinzip des kleinsten Zwangs besagt, dass für die wahren Beschleunigungen

$$\mathcal{Z}(\ddot{y}_1, \ddot{y}_2) = \min! \tag{8.15}$$

gelten muss. Der Zwang $\mathcal{Z}$ wird nach $\ddot{y}_1$ bzw. $\ddot{y}_2$ partiell abgeleitet und zu Null gesetzt. Das ergibt zwei in $\ddot{y}_1$ und $\ddot{y}_2$ lineare Gleichungen für die gesuchten Beschleunigungen.

| Bestimmen Sie die drei Beschleunigungen entlang des skizzierten Vorgehens und vergleichen Sie Ihr Ergebnis mit dem oben gezeigten.

Numerische Lösung in Python In der numerischen Lösung mit Python soll mit allen drei Koordinaten gearbeitet werden. Die Gleichung (8.6) ist dann bei der numerischen Minimumsuche als Nebenbedingung (NB) zu berücksichtigen. Formelmäßig lautet das Prinzip des kleinsten Zwangs somit

$$\mathcal{Z}(\ddot{y}_1, \ddot{y}_2, \ddot{y}_3) = \min! \qquad \text{mit NB} \qquad 2\ddot{y}_1 + \ddot{y}_2 + \ddot{y}_3 = 0 \,. \tag{8.16}$$

Die numerische Minimumsuche kann in Python mit dem Befehl `minimize` aus dem Paket `scipy.optimize` erfolgen. Die Nebenbedingung kann über den Parameter `constraints` an die Minimumsuche übergeben werden. Die Programmzeile `nb =` definiert die Nebenbedingung, die hier als Gleichung (`'eq'`) vorliegt.

Im unten stehenden Programmcode sind die Beschleunigungen mit der Erdbeschleunigung g normiert. D.h. wenn das Computerprogramm für die Beschleunigung von Körper 1 (also `a[0]`) den Wert 1/17 liefert, heißt das $\ddot{y}_1 = g/17$ usw. Die letzten Zeilen des Programmcodes vergleichen die analytische und die numerische Lösung für die Beschleunigungen.

```
from scipy.optimize import minimize
import numpy as np

# Zwang dividiert durch 0.5*m*g**2
def zwang(a):
    return 3*(a[0] - 1)**2 + 2*(a[1] - 1)**2 + (a[2] - 1)**2

nb = ({'type': 'eq', 'fun': lambda a:  2*a[0] + a[1] + a[2]})

res = minimize(zwang, [0,0,0], method='SLSQP', constraints=nb)
a_num = res.x
a_ana = np.array([1,5,-7])/17
print((a_num - a_ana)/a_ana)
```

Hinweis: Da die Beschleunigungen konstant sind, gelingt die Integration der Bewegungsgleichungen zur Bestimmung der Geschwindigkeiten und Positionen aller Körper mühelos analytisch.

Numerische Lösung in Julia Eine Julia-Lösung (Pluto-Notebook) findet sich auf der Website. In der Julia-Lösung werden die Beschleunigungen auf zwei Wegen bestimmt, wobei jeweils Minimalkoordinaten verwendet werden.

1. Numerische Minimumsuche analog zum obenstehenden Python-Code, wobei die dritte (überzählige) Beschleunigung mittels der kinematischen Beziehung eliminiert wird.

2. Bestimmung des in den Beschleunigungen linearen Gleichungssystems grad $\mathcal{Z} = \underline{0}$ mittels automatischer Differentiation (Befehle `ForwardDiff.gradient` und `ForwardDiff.hessian`), d.h. Bestimmung von Koeffizientenmatrix und rechter Seite des Gleichungssystems. Anschließendes Lösen des linearen Gleichungssystems für die gesuchten Beschleunigungen.

Im Pluto-Notebook ist eine Grafik enthalten, die den Zwang als Funktion der beiden unabhängigen Beschleunigungen $\ddot{y}_2$ und $\ddot{y}_3$ zeigt.

8.3. Freier Fall mit geschwindigkeitsproportionalem Widerstand

Lerninhalte

Mathematik Umschreiben einer Differentialgleichung 2. Ordnung auf ein System 1. Ordnung, numerische Lösung des AWP

Mechanik Kräftegleichung/Newtonsches Bewegungsgesetz, Widerstand (proportional zur Geschwindigkeit, Formel von Stokes), Auftriebs- und Gewichtskraft

Programmierung AWP-Löser in Julia

Aufgabenstellung

Es soll der freie Fall einer Kugel (Radius R, Dichte ϱ_K) in einem Fluid, z. B. Luft, Öl, Wasser mit Dichte ϱ_F und dynamischer Viskosität η näher untersucht werden.
Für den Strömungswiderstand F_W gilt bei hinreichend kleinen Reynoldszahlen[1] nach Stokes die Formel
$$F_W = 6\pi R \eta v. \qquad (8.17)$$
v ist die momentane Geschwindigkeit der Kugel gegenüber dem umgebenden Fluid. Der Strömungswiderstand ist in diesem Fall proportional zur Geschwindigkeit v.

Ausführungen zur Formel von Stokes für den Strömungswiderstand einer Kugel finden sich u. a. bei Prandtl [37] im dritten Abschnitt, §3, bei Schade et al. [40] im Abschnitt LE 8.6 und bei Douglas et al. [6] im Abschnitt 12.6. Die Herleitung der Formel von Stokes kann u. a. bei Landau und Lifschitz [24] im Kapitel II, §20 und bei Selvadurai [41] im Abschnitt 8.12.11 nachgelesen werden. Erläuterungen zum Kugelfall-Viskosimeter finden sich bei Bohl [1] im Abschnitt 6.6.3.

Was genau heißt „hinreichend kleine Reynoldszahl" in den oben stehenden Ausführungen? Für die dimensionslose Reynoldszahl bei der Kugelumströmung
$$Re = \frac{2Rv}{\nu} = \frac{2Rv\varrho_F}{\eta} \qquad (8.18)$$
werden in der Literatur in Bezug auf den Gültigkeitsbereich der Formel von Stokes unterschiedliche Angaben gemacht, z. B. $Re < 0{,}2$ (Douglas, S. 422) und $Re < 1$ (Schade, S. 210). Hinweis: In Gleichung (8.18) wurde bei der Umformung der einen Darstellung der Reynoldszahl in die andere Darstellung der Zusammenhang $\eta = \nu \varrho_F$ zwischen dynamischer Viskosität η und kinematischer Viskosität ν eines newtonschen Fluids genutzt.

Neben dem Strömungswiderstand wirken auf die fallende Kugel zwei weitere Kräfte: die Gewichtskraft F_G der Kugel und die Auftriebskraft F_A. Die Auftriebskraft ist durch die Gewichtskraft des verdrängten Fluids gegeben.

(a) Zeigen Sie, dass die Bewegungsgleichung für den Weg s entlang einer Geraden in der Form
$$\ddot{s}(t) = \beta \left(\hat{v} - \dot{s}(t) \right). \qquad (8.19)$$
mit zwei Parametern β und $\hat{v}$ geschrieben werden kann. Wie hängen die Parameter β und $\hat{v}$ mit den gegebenen geometrischen und physikalischen Größen zusammen?

(b) Lösen Sie die Bewegungsgleichung für den Start aus der Ruhe (bei $s = 0$) für die folgenden Werte der Parameter: $R = 0{,}5\,\text{mm}$, $\varrho_F = 900\,\text{kg/m}^3$, $\varrho_K = 1200\,\text{kg/m}^3$, $\eta = 0{,}04\,\text{Pa\,s}$.

---

[1] Kleine Reynoldszahl bedeutet ein Überwiegen der Zähigkeit. Häufig wird von „Schleichströmungen" gesprochen. Ein Überwiegen der Zähigkeit kann sowohl in sehr zähen Flüssigkeiten vorliegen, als auch in Wasser oder Luft bei entsprechend kleinen Abmessungen der Kugel.

(c) Wie groß darf ein kugelförmiger Wassertropfen sein, damit beim freien Fall die Reynoldszahl den Wert 0,2 nicht übersteigt? Rechnen Sie mit $\eta = 18 \cdot 10^{-6}\,\mathrm{Pa\,s}$, $\varrho_\mathrm{F} = 1{,}2\,\mathrm{kg/m^3}$.

(d) Korund-Körner (Dichte $4\,\mathrm{kg/dm^3}$, Radius $9\,\mu\mathrm{m}$) für den Einsatz als Schleifmittel fallen in Luft. Gilt die Formel von Stokes? Nach welcher Zeit und nach welchem Weg haben die Körner 99% der Grenzgeschwindigkeit erreicht? Rechnen Sie mit den oben gegebenen Werten für die Dichte und die dynamische Viskosität von Luft.

Lösung

Aufgabenteil (a) Das Volumen einer Kugel berechnet sich aus dem Radius nach der Formel

$$V_\mathrm{Kugel} = \frac{4}{3}\pi R^3 \,. \tag{8.20}$$

Die Masse der Kugel ist somit durch

$$m_\mathrm{Kugel} = \frac{4}{3}\pi R^3 \varrho_\mathrm{K} \tag{8.21}$$

gegeben. Für die Gewichtskraft F_G der Kugel und die Auftriebskraft F_A gilt demnach

$$F_\mathrm{G} = \frac{4}{3}\pi R^3 \varrho_\mathrm{K} g \tag{8.22}$$

$$F_\mathrm{A} = \frac{4}{3}\pi R^3 \varrho_\mathrm{F} g \,. \tag{8.23}$$

Die Kräftegleichung (Masse mal Beschleunigung des Massenmittelpunktes ist gleich der Summe aller Kräfte) für die fallende Kugel lautet

$$\frac{4}{3}\pi R^3 \varrho_\mathrm{K} \ddot{s} = F_\mathrm{G} - F_\mathrm{A} - F_\mathrm{W} = \frac{4}{3}\pi R^3 (\varrho_\mathrm{K} - \varrho_\mathrm{F})g - 6\pi R\eta \dot{s}\,. \tag{8.24}$$

Umformen liefert schließlich

$$\ddot{s} = \frac{9\eta}{2\varrho_\mathrm{K} R^2}\left[\frac{2g(\varrho_\mathrm{K} - \varrho_\mathrm{F})R^2}{9\eta} - \dot{s}\right]\,. \tag{8.25}$$

Mit den Abkürzungen

$$\beta = \frac{9\eta}{2\varrho_\mathrm{K} R^2} \tag{8.26}$$

$$\hat{v} = \frac{2g(\varrho_\mathrm{K} - \varrho_\mathrm{F})R^2}{9\eta} \tag{8.27}$$

ist die Bewegungsgleichung in die gewünschte Form (8.19) überführt.

Die Größe $\hat{v}$ ist die Grenzgeschwindigkeit, die im statischen Gleichgewicht vorliegt. In diesem Fall gilt $\ddot{s} = 0$ und Gewichtskraft, Auftriebskraft und Strömungswiderstand sind im Gleichgewicht. Aus der Messung von $\hat{v}$ kann bei bekanntem Kugelradius und bekannten Dichten auf die dynamische Viskosität η geschlossen werden. In der Praxis wird diese Idee im Kugelfall-Viskosimeter nach Höppler benutzt (siehe Bohl [1], Abschnitt 6.6.3).

Aufgabenteil (b) Gegeben sind die Größen g, R, ϱ_F, ϱ_K und η. Alle Größen werden mit den zugehörigen Einheiten im Julia-Code hinterlegt[2]. Im Anschluss werden die beiden Systemparameter β und $\hat{v}$ sowie die Reynoldszahl bei der Grenzgeschwindigkeit berechnet. Die Berechnung der Reynoldszahl ist wichtig, weil so überprüft werden kann, ob die Formel von Stokes für den Strömungswiderstand angewendet werden darf.

Die Ausgaben mit `println` geben die Zahlenwerte in voller Länge an. Eine formatierte Ausgabe kann mit `@printf` erfolgen (siehe letzte Ausgabe in `parameterdef()`). Am Ende werden in `Systemparameter` die Werte β und $\hat{v}$ ohne Einheiten gespeichert.

Wichtig: Die physikalischen und geometrischen Größen g, R, ϱ_F, ϱ_K und η können in beliebigen, zulässigen Einheiten angegeben werden. Beispielsweise könnte der Radius statt in mm auch in cm oder inch angegeben werden, ohne dass am sonstigen Programmcode etwas zu ändern wäre. Am Ende werden die Systemparameter immer in die Einheiten 1/s bzw. mm/s transformiert und dann ohne Einheit gespeichert. Dazu wird der Befehl `ustrip` verwendet.

Das numerische Lösen des AWP mit `solve` aus dem Paket `DifferentialEquations` erfolgt ohne Einheiten. Da die beiden Parameter β und $\hat{v}$ in den Einheiten 1/s bzw. mm/s übergeben werden, sind die Ergebnisse für s in mm und für $\dot{s}$ in mm/s zu erwarten.

```
using Plots, Unitful, Printf, DifferentialEquations

struct Systemparameter
    beta::Float64
    vmax::Float64
end

function parameterdef()
    # Gegebene Werte
    g = 9.81u"m/s^2"
    R = 0.5u"mm"
    rhoF = 900u"kg/m^3"
    rhoK = 1200u"kg/m^3"
    etaF = 0.04u"Pa*s"

    # Berechnete Werte
    nuF = etaF/rhoF
    println("Kinematische Viskosität: ", uconvert(u"mm^2/s", nuF))
    vmax = 2*g*(rhoK - rhoF)*R^2/(9*etaF)
    println("Maximalgeschwindigkeit: ", uconvert(u"m/s", vmax))
```

---
[2]Hinweis: Im Julia-Code ist die Viskosität des Fluids mit `etaF` bezeichnet.

```
    beta = 9*etaF/(2*rhoK*R^2)
    println("Konstante (1/char. Zeit): ", uconvert(u"s^(-1)", beta))
    println("Charakteristische Zeit: ", uconvert(u"s",1/beta))
    Re = vmax*2*R/nuF
    println("Reynoldszahl bei vmax: ", uconvert(Unitful.NoUnits, Re))
    println("Alternative Ausgabe mit Formatierung")
    @printf("Maximalgeschwindigkeit: %.1f mm/s\n",
        ustrip(Float64, u"mm/s", vmax))

    return Systemparameter(ustrip(Float64, u"s^(-1)", beta),
        ustrip(Float64, u"mm/s", vmax))
end

function bewegdgl!(f,z,p,t)
    f[1] = z[2]
    f[2] = p.beta*(p.vmax - z[2])
end

# Einlesen der Parameter in eine Datenstruktur
p = parameterdef()

# Analytische Lösung für den Weg
weg(t) = p.vmax*(t + (exp(-p.beta*t) - 1)/p.beta)

# Numerische Lösung des AWP
tspan = (0.0,0.02)
z_start = [0.0; 0.0]
prob = ODEProblem(bewegdgl!,z_start,tspan,p)
sol = solve(prob, Tsit5(), reltol=1e-8, abstol=1e-8)
plot(sol, linewidth = 2, xaxis = "t [s]", label=false,
    layout = (2,1), ylabel = ["s [mm]" "v [mm/s]"],
    fontfamily="arial")
```

Abbildung 8.3 zeigt den Zeitverlauf für Weg s und Geschwindigkeit $\dot{s}$.

> Prüfen Sie, ob im konkreten Anwendungsfall die Reynoldszahl klein genug für die Anwendung der Stokesschen Formel ist.

> Lösen Sie die Bewegungsgleichung (8.19) analytisch. Tipp: $e^{\lambda t}$-Ansatz oder Trennung der Veränderlichen benutzen. Vergleichen Sie Ihre Lösung mit den in Abschnitt 7.1 (Seite 100ff) gegebenen analytischen Formeln. Nutzen Sie die analytischen Lösungen für eine Fehlerbetrachtung. Wie gut sind die numerisch bestimmten Lösungen für s und $\dot{s}$?

Aufgabenteil (c) Umstellen der oben gegebenen Formeln liefert für den Kugelradius der Wassertropfen in Abhängigkeit von der Reynoldszahl die Beziehung

$$R = \sqrt[3]{\frac{9\eta^2 Re}{4g\varrho_F(\varrho_K - \varrho_F)}} \ . \tag{8.28}$$

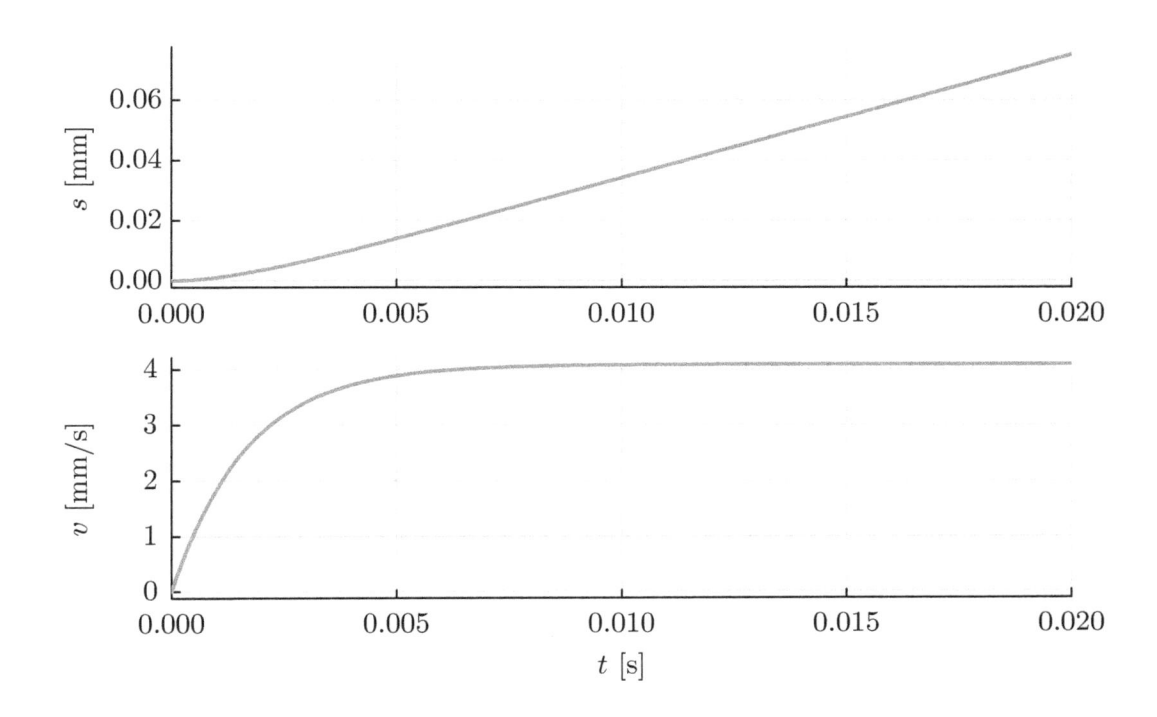

Abbildung 8.3.: Weg s und Geschwindigkeit v als Funktion der Zeit

Wenn man die oben genannten Zahlenwerte zugrunde legt, folgt aus der Forderung $Re \leq 0{,}2$ für die Grenzgeschwindigkeit $\hat{v}$ die gesuchte Bedingung für den Kugelradius R. Wassertropfen bis zur Größe von 50 Mikrometern fallen langsam genug, um die Formel von Stokes anzuwenden. Die maximale Geschwindigkeit beträgt dann ca. 4 Meter je Minute.

Zur Einordnung: Im Spektrum *Lexikon der Geowissenschaften*[3] werden folgende Werte für typische Durchmesser gegeben: Nebeltropfen 5 Mikrometer, Wolkentropfen 10 Mikrometer, Nieseltropfen 200 Mikrometer, Regentropfen 1,5 Millimeter. Beim Deutschen Wetterdienst (DWD)[4] heißt es beim Tagesthema des 21. September 2015: *Man findet ein ganzes Tropfenspektrum, leichter Nebel weist Radien von 1 bis 5 Mikrometer auf, dichter Nebel hat Tropfenradien von 10 bis 20 Mikrometer. Die größten Nebeltropfen in dichtem, nässendem Nebel können mit 50 Mikrometer die Größe von Tautropfen erreichen.*

Fazit: Für Nebeltropfen gilt die Stokessche Formel. Regentropen fallen zu schnell, um die Stokessche Formel anwenden zu können. Im übrigen haben schnell fallende Regentropfen keine Kugelgestalt.

Dichte und Viskosität von Luft sind in der Aufgabenstellung gegeben. Wie kann man sich die Zahlenwerte für die Dichte und die Viskosität von Luft beschaffen, wenn diese nicht gegeben

---

[3] https://www.spektrum.de/lexikon/geowissenschaften/tropfengroesse/17012, letzter Zugriff 6. März 2023

[4] https://www.dwd.de/DE/wetter/thema_des_tages/2015/9/21.html, letzter Zugriff 6. März 2023

sind? Zum einen kann in entsprechenden Tabellen (im Internet oder in Büchern) nachgeschlagen werden. Zum anderen können, wenn Luftdruck und Temperatur bekannt sind, die gesuchten Größen Dichte und Viskosität aus der thermischen Zustandsgleichung des idealen Gases bzw. aus der Gleichung von Sutherland berechnet werden (siehe Abschnitt 2.7 *Viskosität* im Buch von Grollius [10]).

Aufgabenteil (d) Für die gegebenen Werte ergibt sich $\beta = 250\,\mathrm{s}^{-1}$ und $\hat{v} = 39{,}2\,\mathrm{mm/s}$. Die Reynoldszahl ist somit ca. 0,05 und damit kleiner als 0,2. Die Formel von Stokes darf verwendet werden. Aus Aufgabe 7.1 ist bekannt, dass für $\beta t = 5$ bereits 99,3% der Grenzgeschwindigkeit erreicht sind. Das ist im vorliegenden Fall nach der Zeit 0,02 s und dem zurückgelegten Weg von 0,63 mm (bei Start aus der Ruhe).

8.4. Schiefer Wurf mit Luftwiderstand

Lerninhalte

Mathematik Umschreiben eines Systems von Differentialgleichungen 2. Ordnung auf ein System 1. Ordnung, numerische Lösung des AWP

Mechanik Kräftegleichung/Newtonsches Bewegungsgesetz, Luftwiderstand (proportional zum Geschwindigkeitsquadrat)

Programmierung AWP-Löser in Julia, Abbruch der Lösung über `ContinuousCallback`

Aufgabenstellung

Ein Körper bewegt sich im Schwerefeld der Erde. Die Startgeschwindigkeit $\underline{v}_0$ und die Starthöhe y_0 über dem Erdboden (Höhe $y = 0$) sind bekannt. Auf den Körper wirkt neben der Schwerkraft auch der Luftwiderstand (entgegen der Bewegungsrichtung und proportional zum Geschwindigkeitsquadrat), d. h.

$$|\underline{F}_\mathrm{W}| = k|\underline{v}|^2 \,. \tag{8.29}$$

Andere aerostatische oder aerodynamische Effekte und die Abhängigkeit von k von der Geschwindigkeit seien zu vernachlässigen.
O. B. d. A. erfolgt die Bewegung in der x-y-Ebene (y-Achse entgegengesetzt zur Schwerkraft gerichtet). Es soll nur die translatorische Bewegung untersucht werden. Die Drehbewegung sei (falls überhaupt vorhanden) für die Beantwortung der unten stehenden Fragen nicht relevant. Demnach wird nur die Lage eines Punktes beschrieben.

(a) Welche Höhe erreicht der Körper maximal? Bei welcher x-Position wird die maximale Höhe erreicht und zu welcher Zeit?

(b) Wie groß ist die Flugweite? Welche Geschwindigkeit hat der Körper unmittelbar vor dem Aufprall (skalarwertige x- und y-Komponente angeben)?

Rechnen Sie mit folgenden Zahlenwerten: $g = 9{,}81\,\mathrm{m/s^2}$, $m = 58\,\mathrm{g}$, $k = 10^{-3}\,\mathrm{N\,s^2/m^2}$, $\alpha_0 = 30°$, $|\underline{v}_0| = v_0 = 30\,\mathrm{m/s}$ und $y_0 = 0{,}7\,\mathrm{m}$.

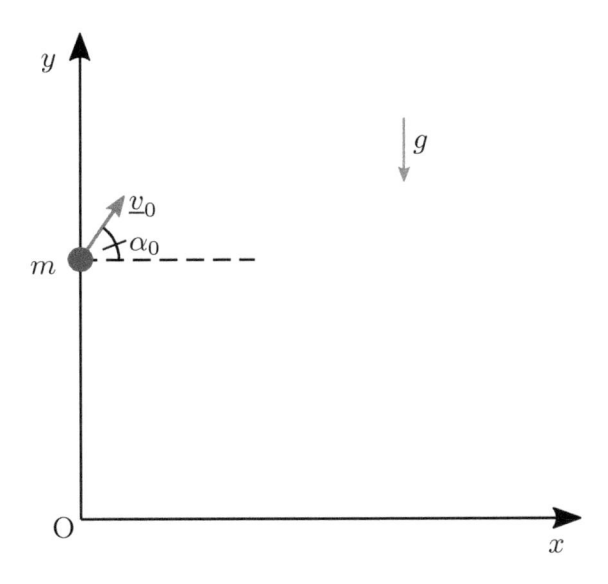

Abbildung 8.4.: Schiefer Wurf (abgebildet ist der Anfangszustand bei $t = 0$)

Lösung

Hinweis: Der Boden ist bei $y = 0$. Der Wurf endet mit dem Aufprall des Körpers auf dem Boden, d. h. wenn die Höhe y erstmalig den Wert 0 erreicht. Nutzen Sie bei einer numerischen Lösung in Julia die Option `callback`, um die Integration beim Aufprall automatisch zu beenden.

Eine Julia-Lösung (Pluto-Notebook) findet sich auf der Website.

8.5. Hochlauf einer Maschine über eine Schwungscheibe

Lerninhalte

Mechanik Momentengleichung (Eulersches Bewegungsgesetz, Drallsatz)

Programmierung Umgang mit Einheiten in Julia

Aufgabenstellung

Eine Schwungscheibe mit Massenträgheitsmoment J_1 rotiert mit einer Drehzahl n_{10}. Sie wird zum Zeitpunkt $t = 0$ über eine Reibkupplung mit der stillstehenden Welle einer Maschine verbunden. Für die Masse m_2 und den Trägheitsradius r_{T2} der rotierenden Maschinenteile sind in den Unterlagen des US-amerikanischen Herstellers Werte in Pound bzw. Inch gegeben (United States customary units). Die Reibkupplung überträgt während des Kupplungsvorgangs ein konstantes Drehmoment T_K.

(a) Wie groß ist die Drehzahl n_S am Ende des Kupplungsvorgangs (stationärer Zustand)?

(b) Wie lange dauert der Kupplungsvorgang (Zeit t^*)?

Rechnen Sie mit folgenden Zahlenwerten: $J_1 = 10\,\mathrm{kg\,m^2}$, $m_2 = 400\,\mathrm{lb}$, $r_{T2} = 4{,}63\,\mathrm{in}$, $T_K = 50\,\mathrm{N\,m}$ und $n_{10} = 240\,\mathrm{min^{-1}}$. Lösen Sie die Aufgabe mit Python, Julia oder SMath Studio. Rechnen Sie mit Einheiten. Nutzen Sie dazu in Python das Paket `pint` bzw. in Julia das Paket `Unitful`.

Lösung

Beachten Sie, dass während des Kupplungsvorgangs und nach Erreichen der stationären Drehzahl unterschiedliche Bewegungsgleichungen gelten und der Freiheitsgrad des Systems verschieden ist.

Eine Julia-Lösung (Pluto-Notebook) findet sich auf der Website.

8.6. Seilwinde mit Flaschenzug

Lerninhalte

Mathematik Bestimmung des Minimums einer skalarwertigen Funktion einer Veränderlichen, Integration von konstanten und linearen Funktionen

Mechanik Kinematische Beziehung bei Seilzügen, Prinzip des kleinsten Zwangs von Gauß

Aufgabenstellung

Auf eine Seiltrommel (Körper 2, homogene, zylindrische Walze, Masse m_2, Radius r) ist ein Seil aufgewickelt (Abbildung 8.5). An dem Seil hängt über eine Rolle vernachlässigbarer Masse eine Last (Körper 1, Masse m_1).
Bestimmen Sie die Geschwindigkeit v_1 von Körper 1 als Funktion der Zeit t und als Funktion des Weges y_1 für die Bewegung aus der Ruhe und $y_1(0) = 0$.

Kinematik

Das Seil wird von der Rolle abgewickelt. Die Rolle dreht mit Winkelgeschwindigkeit $\omega = \dot{\varphi}$. Ein Punkt am Außenrand der Trommel hat somit die Geschwindigkeit $r\omega$ (dem Betrage nach). Das Seil wird ohne Rutschen abgewickelt. Entsprechend bewegt sich ein Punkt auf dem linken Teil des Seils mit der Geschwindigkeit $r\omega$. Ohne ein Antriebsmoment an der Trommel wird sich die Trommel im Uhrzeigersinn drehen. Punkte auf dem linken Teil des Seils bewegen sich demnach nach unten mit der Geschwindigkeit $r\omega$. Das zusätzlich abgewickelte Seil verteilt sich gleichermaßen auf die beiden Seilstränge.

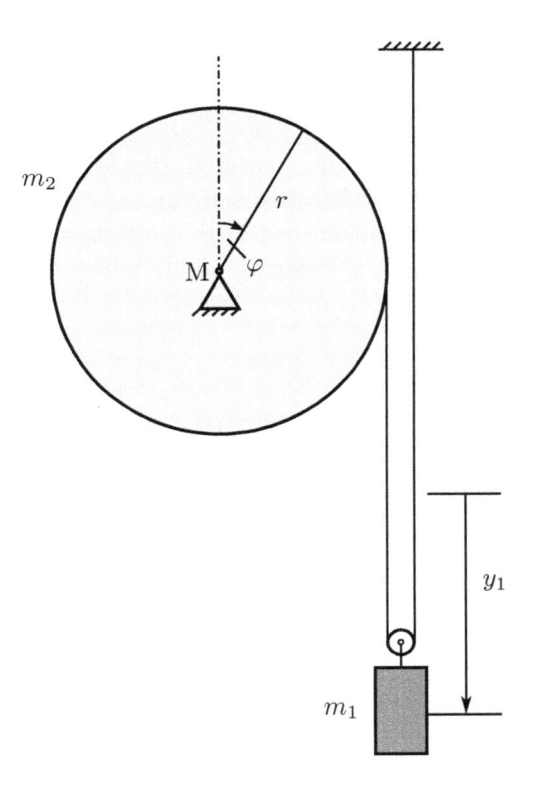

Abbildung 8.5.: Seilwinde mit Flaschenzug (Skizze nicht maßstäblich)

Daher senkt sich die Rolle und somit die Last nur mit der halben Geschwindigkeit ab, d. h. die gesuchte kinematische Beziehung lautet

$$v_1 = \frac{1}{2} r \omega \ . \tag{8.30}$$

Diese Beziehung gilt für alle Zeiten, kann also nach der Zeit abgeleitet werden, um die Beziehung zwischen den Beschleunigungen zu erhalten.

$$a_1 = \frac{1}{2} r \dot{\omega} = \frac{1}{2} r \ddot{\varphi} \ . \tag{8.31}$$

Wir werden im folgenden den Drehwinkel φ als generalisierte Koordinate zur Beschreibung des Systems verwenden.

Kinetik: Prinzip des kleinsten Zwangs

Für den Zwang gilt

$$\mathcal{Z} = \frac{1}{2 J_2} \left(J_2 \ddot{\varphi} \right)^2 + \frac{1}{2 m_1} \left(m_1 a_1 - m_1 g \right)^2 \ . \tag{8.32}$$

Für das Massenträgheitsmoment der homogenen Trommel gilt $J_2 = m_2 r^2/2$. Der erste Term in $\mathcal{Z}$, der die Drehbewegung der Seiltrommel berücksichtigt, enthält keine Kraftmomente, sondern nur den Ausdruck $J_2\ddot{\varphi}$. Das liegt daran, dass auf die Seiltrommel keine eingeprägten Kraftmomente wirken. Lediglich die Seilkraft erzeugt ein Moment bezüglich M, aber die Seilkraft ist eine Zwangskraft, die in den Zwang $\mathcal{Z}$ nicht eingeht. Kraftmomente würden im ersten Term auftreten, wenn beispielsweise im Lager M Reibung wirkt, auf die Trommelwelle ein Bremsmoment wirkt (gebremste Seiltrommel) oder die Trommelwelle durch einen Motor angetrieben wird. In allen drei Fällen würde das Moment (Reibmoment, Bremsmoment, Antriebsmoment) in das resultierende Moment der eingeprägten Kräfte und Momente eingehen.

Da das System den Freiheitsgrad 1 hat und Minimalkoordinaten verwendet werden sollen, muss vor der Berechnung des Minimums die kinematische Beziehung für die Beschleunigung a_1 eingesetzt werden. Dann ist der Zwang $\mathcal{Z}$ ausschließlich eine Funktion von $\ddot{\varphi}$. Das Prinzip des kleinsten Zwangs lautet

$$\mathcal{Z}(\ddot{\varphi}) = \text{min}! \tag{8.33}$$

Wird analytisch weiter gearbeitet, folgt für die Minimumaufgabe

$$\frac{\partial \mathcal{Z}}{\partial \ddot{\varphi}} = 0 \leftrightarrow (m_1 + 2m_2)\, r^2\, \ddot{\varphi} = 2 m_1 r g \tag{8.34}$$

und somit die gesuchte Bewegungsgleichung

$$\ddot{\varphi} = \frac{2 m_1}{m_1 + 2 m_2} \frac{g}{r} = \text{const.} \tag{8.35}$$

Auch in diesem Fall ist die Bewegungsgleichung denkbar einfach!
Integration der Beschleunigung über der Zeit liefert Geschwindigkeit und Lage bzw. Orientierung der Körper. Für den Start aus der Ruhe folgt für die Winkelgeschwindigkeit eine lineare Abhängigkeit von der Zeit,

$$\dot{\varphi} = \frac{2 m_1}{m_1 + 2 m_2} \frac{g}{r} t \,. \tag{8.36}$$

Unter Nutzung der kinematischen Beziehung (8.30) folgt

$$a_1 = \ddot{y}_1 = \frac{m_1}{m_1 + 2 m_2} g \,. \tag{8.37}$$

Damit können Geschwindigkeit und Ort der Last für die gegebenen Anfangsbedingungen bestimmt werden.

$$v_1 = \dot{y}_1 = a_1 t \tag{8.38}$$

$$y_1 = \frac{1}{2} a_1 t^2 \tag{8.39}$$

Die Koordinate y_1 wurde so gewählt, dass zu Beginn $y_1 = 0$ gilt. Bei konstanter Beschleunigung ist die Geschwindigkeit eine lineare Funktion der Zeit. Das gesuchte Das Geschwindigkeit-Weg-Gesetz folgt durch Elimination der Zeit t.

$$v_1 = \sqrt{\frac{2m_1}{m_1 + 2m_2}\, g\, y_1} \qquad (8.40)$$

Bei konstanter Beschleunigung gilt $v_1 \propto \sqrt{y_1}$. Das Geschwindigkeit-Weg-Gesetz folgt einer Wurzelfunktion. Anmerkung: Das Geschwindigkeit-Weg-Gesetz kann bequem auch über die Erhaltung der mechanischen Energie gewonnen werden.

> Wählen Sie die Größe y_1 als generalisierte Koordinate und vollziehen Sie alle Rechenschritte für diese Wahl nach. Nutzen Sie zudem die Energieerhaltung, um das Geschwindigkeit-Weg-Gesetz für Körper 1 zu ermitteln.
>
> Wählen Sie Werte für die Massen der Körper und plotten Sie die Geschwindigkeit sowohl als Funktion des Weges als auch als Funktion der Zeit.

8.7. Zwei Körper mit Seil – Rotation und Translation

Lerninhalte

Mathematik Bestimmung des Minimums einer skalarwertigen Funktion einer Unbekannten

Mechanik Kinematische Beziehung bei Seilzügen, Prinzip des kleinsten Zwangs von Gauß, Gibbs-Appell-Gleichung

Programmierung Python: Numerische Minimumsuche und Diagrammerstellung

Aufgabenstellung

Es wird das in Abbildung 8.6 dargestellte System untersucht. Eine Walze ist mit einer konzentrischen Scheibe fest verbunden (Körper 1, Masse m_1, Massenträgheitsmoment J_1). Auf Walze und Scheibe sind zwei Seile aufgewickelt, deren Masse und Nachgiebigkeit vernachlässigt werden sollen. Am Ende des rechten Seils II hängt eine Last (Körper 2, Masse m_2). Das Auf- und Abwickeln der Seile erfolgt ohne Rutschen.
Wie groß ist die Winkelbeschleunigung $\ddot{\varphi}$ von Körper 1? Wann bewegt sich Körper 2 nach unten?

Das System wird bei Szabo [48] mit dem Prinzip von d'Alembert in der Fassung von Lagrange bearbeitet.

Kinematik

Die Trommel rollt auf dem Seil I ab. Gleichzeitig wird das Seil II, das Trommel 1 und Körper 2 miteinander verbindet, ab- bzw. aufgewickelt. Die Dehnbarkeit der Seile sei

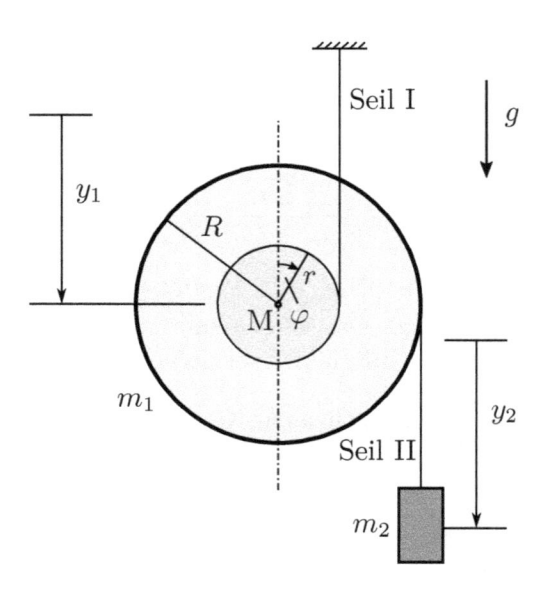

Abbildung 8.6.: Mit einem Seil umschlungene Walze

für eine erste Berechnung zu vernachlässigen und das Auf- und Abwickeln erfolgt ohne Schlupf. Für die Kinematik gilt demnach

$$\dot{y}_1 = -r\dot{\varphi} \tag{8.41a}$$
$$\dot{y}_2 = \dot{y}_1 + R\dot{\varphi} = (R-r)\dot{\varphi}. \tag{8.41b}$$

Die kinematischen Beziehungen (8.41) gelten für beliebige Zeiten. Entsprechend gelten die Gleichungen auch, wenn sie nach der Zeit differenziert werden, sind also für die Beschleunigungen gleichermaßen gültig. Achtung: Beim Integrieren der kinematischen Beziehungen treten Integrationskonstanten auf, die davon abhängen, wie die Nullpunkte für φ, y_1 und y_2 gewählt werden. Beispiel: $y_1 = -r\varphi + \text{const}$. Bei geeigneter Wahl der Nullpunkte sind alle Konstanten Null.

Kinetik: Prinzip des kleinsten Zwangs

Die Massenmittelpunkte beider Körper bewegen sich (nur) in vertikaler Richtung. Zudem dreht sich die Trommel 1. Für den Zwang $\mathcal{Z}$ sind somit drei Summanden zu berücksichtigen,

$$\mathcal{Z} = \frac{1}{2m_1}(m_1\ddot{y}_1 - m_1 g)^2 + \frac{1}{2J_{S1}}(J_{S1}\ddot{\varphi})^2 + \frac{1}{2m_2}(m_2\ddot{y}_2 - m_2 g)^2. \tag{8.42}$$

Werden Gleichungen (8.41) in den Ausdruck (8.42) eingesetzt, ist $\mathcal{Z}$ nur noch eine Funktion von $\ddot{\varphi}$. Das Prinzip des kleinsten Zwangs lautet

$$\mathcal{Z}(\ddot{\varphi}) = \min! \tag{8.43}$$

Beim analytischen Weiterarbeiten ist nach der generalisierten Beschleunigung $\ddot{\varphi}$ zu differenzieren und schließlich nach $\ddot{\varphi}$ aufzulösen. Es ergibt sich die Bewegungsgleichung in der Form

$$\ddot{\varphi} = g \, \frac{m_2 \, (R - r) - m_1 r}{m_2 \, (R - r)^2 + m_1 r^2 + J_{S1}} \,. \tag{8.44}$$

Die Winkelbeschleunigung $\ddot{\varphi}$ ist eine Konstante. Ein weiteres Mal liegt die denkbar einfachste Form der Bewegungsgleichung vor.

Abhängig von den Systemparametern m_1, J_S und m_2 sind für die Bewegung aus der Ruhe beide Drehrichtungen möglich. Wenn $R = 2r$ gilt, dann ist $\ddot{\varphi} = 0$ genau dann, wenn beide Körper die gleiche Masse haben.

Lösung mit der Gibbs-Appell-Gleichung

Die Gibbs-Appell-Funktion $\mathcal{S}$ lautet für das mechanische System

$$\mathcal{S} = \frac{m_1}{2} \ddot{y}_1^2 + \frac{1}{2} J_{S1} \ddot{\varphi}^2 + \frac{m_2}{2} \ddot{y}_2^2 \,. \tag{8.45}$$

Die generalisierte Kraft Q_φ zur generalisierten Koordinate φ kann sowohl aus der Leistung der eingeprägten Kräfte als auch aus der potentiellen Energie gewonnen werden. Letzteres funktioniert, weil nur die Gewichtskräfte und somit ausschließlich Potentialkräfte wirken. Die Leistung P_e der eingeprägten Kräfte lautet

$$P_e = m_1 g \dot{y}_1 + m_2 g \dot{y}_2 = -m_1 g r \dot{\varphi} + m_2 g (R - r) \dot{\varphi} = Q_\varphi \dot{\varphi} \,. \tag{8.46}$$

Koeffizientenvergleich ergibt

$$Q_\varphi = -m_1 g r + m_2 g (R - r) \,. \tag{8.47}$$

Die potentielle Energie für das System lautet

$$E_{\text{pot}} = -m_1 g y_1 - m_2 g y_2 \,. \tag{8.48}$$

Aus

$$Q_\varphi = -\frac{\partial E_{\text{pot}}}{\partial \varphi} \tag{8.49}$$

ergibt sich unter Berücksichtigung der Kinematik (8.41) für die generalisierte Kraft Q_φ das gleiche Ergebnis wie oben, Gleichung (8.47).

Die Gibbs-Appell-Gleichung

$$\frac{\partial \mathcal{S}}{\partial \ddot{\varphi}} = Q_\varphi \tag{8.50}$$

liefert schließlich die bekannte Bewegungsgleichung (8.44).

Zur Erinnerung: Sowohl das Prinzip des kleinsten Zwanges als auch die Gibbs-Appell-Gleichungen erfordern ein Ableiten nach den generalisierten Beschleunigungen. Dafür

muss die Kinematik für die Beschleunigungen <u>vor</u> dem Ableiten eingesetzt werden oder man berücksichtigt die Kinematik über die Kettenregel beim Ableiten.
Kinematische Beziehungen für Geschwindigkeiten, Orte oder Winkel, wie sie z. B. bei Federn oder Dämpfern auftreten, sind nicht unbedingt vorab einzusetzen. Hier entscheidet die Praktikabilität, an welcher Stelle im Berechnungsablauf diese Größen einzusetzen sind. Unter Umständen ist es praktisch, erst im letzten Schritt diese Ersetzungen vorzunehmen.

Numerische Lösung in Python

Das mechanische System ist sehr einfach. Das analytische Aufstellen der Bewegungsgleichung in der Form (8.44) gelingt mühelos. Ein numerisches Vorgehen ist nicht erforderlich. Dennoch wollen wir zu Illustrationszwecken die Beschleunigung auch für dieses Beispiel numerisch aus dem Zwang berechnen. Dazu nutzen wir wie gehabt den Befehl `minimize` aus der Bibliothek `scipy.optimize`. Bei der Verwendung von Minimalkoordinaten (hier φ) entfällt die Berücksichtigung von Nebenbedingungen bei der numerischen Minimumsuche.

Für kompliziertere Systeme will man den Aufwand der kompletten Herleitung der Bewegungsgleichung möglicherweise nicht auf sich nehmen. Beim klassischen Doppelpendel kann die Herleitung der Bewegungsgleichungen bereits lästig sein!

Es gilt $r = 0{,}2\,\text{m}$ und $R = 2r$. Für den Trägheitsradius wird $\tilde{r} = 0{,}2\,\text{m}$ gesetzt, d. h. $J_{S1} = m_1 \tilde{r}^2$. Die Massen (in Kilogramm) können dem folgenden Code entnommen werden. Im Python-Code ist die Größe $\ddot{\varphi}$ als `alpha` bezeichnet.

```
from scipy.optimize import minimize
import numpy as np
import matplotlib.pyplot as plt

m1 = 2.0
m2 = 2.5
rT = 0.2
r = 0.2
R = 2*r
g = 9.81

def zwang(alpha):
    a2 = (R - r)*alpha
    a1 = -r*alpha
    return 0.5*m2*(a2 - g)**2 + 0.5*m1*(a1 - g)**2 + 0.5*m1*rT**2*alpha**2

erg_opt = minimize(zwang,0)
print(erg_opt)
alpha_opt = erg_opt.x[0]
print(alpha_opt)

alpha_analyt = g*((m2*(R-r) - m1*r)/(m2*(R-r)**2 + m1*r**2 + m1*rT**2))
```

```
if alpha_analyt != 0:
    abweichung = (alpha_opt - alpha_analyt)/alpha_analyt
    print(alpha_analyt)
    print(abweichung)
```

Für die gegebenen Zahlenwerte ergibt sich für die mit `minimize` berechnete numerische Lösung 3,773078 und für die analytische Lösung 3,773077. Wir halten fest: $\ddot\varphi = 3{,}77\,\mathrm{s}^{-2}$. Aus der Ruhe dreht sich die Trommel im Uhrzeigersinn und entsprechend senkt sich Körper 2 ab. Beachten Sie, dass wir komplett ohne Einheiten gerechnet haben. Wir müssen daher „außerhalb" von Python die Einheiten abklären.

Wir halten nochmal fest: Die kinematischen Beziehungen müssen bei der Lösung von Dynamikaufgaben stets aufgestellt werden, unabhängig von der verwendeten Methode. Für die Bestimmung der Beschleunigungen (in anderen Worten: die Herleitung der Bewegungsgleichung) unterscheidet sich der Aufwand je nach Methode erheblich. Beim Prinzip des kleinsten Zwangs muss der Zwang $\mathcal{Z}$ geschrieben werden. Wenn der Computer genutzt wird und es nicht auf Effizienz ankommt, muss $\mathcal{Z}$ nicht vereinfacht und nicht abgeleitet werden. Stattdessen können die Beschleunigungen über die numerische Minimumsuche bestimmt werden.

Zur Veranschaulichung kann der Zwang als Funktion der Winkelbeschleunigung $\ddot\varphi$ mit den folgenden Befehlen in einem Diagramm dargestellt werden (Abbildung 8.7).

```
vzwang = np.vectorize(zwang)
alpha_tab = np.linspace(-g,g,50)
zwang_tab = vzwang(alpha_tab)
plt.plot(alpha_tab,zwang_tab,'r-')
plt.plot(alpha_analyt,zwang(alpha_analyt),'bo')
plt.xlabel('Winkelbeschleunigung [1/s**2]')
plt.ylabel('Zwang [kg m**2/s**4]')
plt.grid(True)
```

Im obenstehenden Programmcode wird der Befehl `vectorize` benutzt. Auf diesem Weg wird die Anwendung der Funktion `zwang`, die ursprünglich als Funktion einer skalaren Größe `alpha` definiert wurde, auch auf Vektoren (Spaltmatrizen, Arrays) möglich.

In Kombination mit LaTeX lauten die Befehle entsprechend wie folgt.

```
plt.rc('text', usetex=True)
plt.rc('font', family='serif',size=12)
plt.plot(alpha_tab,zwang_tab,'r-')
plt.plot(alpha_analyt,zwang(alpha_analyt),'bo')
plt.xlabel(r'$\ddot\varphi\; \mathrm{[1/s^2]}$')
plt.ylabel(r'$\mathcal{Z}\;\mathrm{[kg\, m^2/s^4]}$')
plt.grid(True)
```

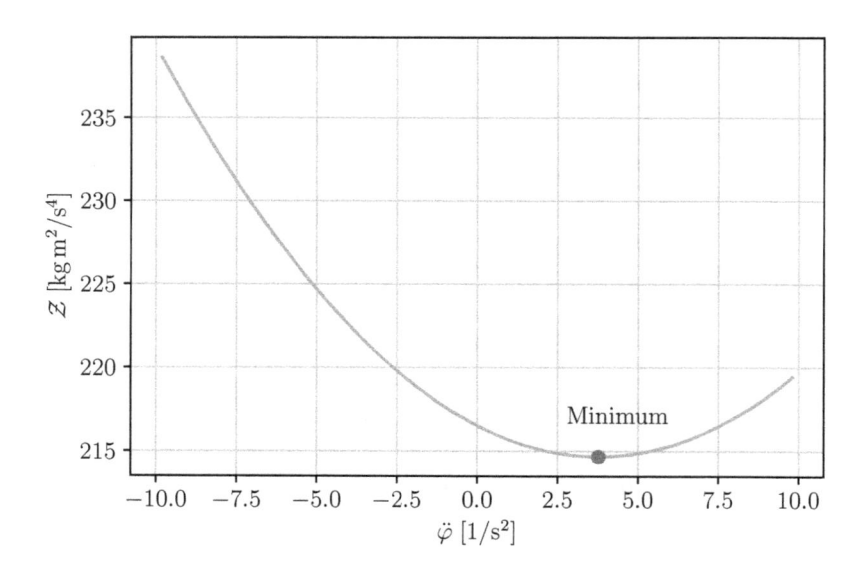

Abbildung 8.7.: Zwang $\mathcal{Z}$ als Funktion der Winkelbeschleunigung $\ddot{\varphi}$. Das Minimum des Zwangs legt die wahre Beschleunigung des Systems fest, hier $\ddot{\varphi} \approx 3{,}8\,\mathrm{s}^{-2}$.

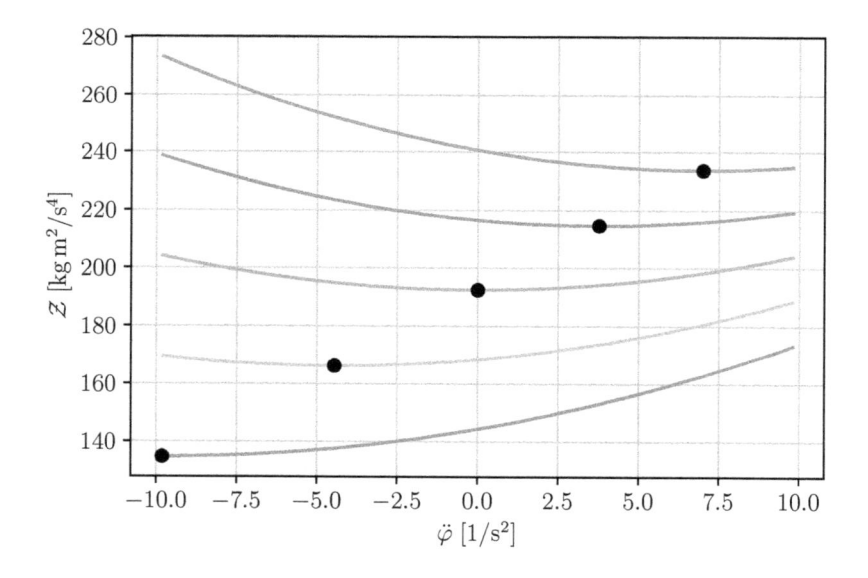

Abbildung 8.8.: Zwang $\mathcal{Z}$ als Funktion der Winkelbeschleunigung $\ddot{\varphi}$ für 5 verschiedene Werte für die Masse von Körper 2 (1,0; 1,5; 2,0; 2,5 und 3,0 kg beginnend mit der unteren Kurve).

In Abhängigkeit der Masse m_2 von Körper 2 (alle anderen Größen fest) ändert sich das Vorzeichen der resultierenden Winkelbeschleunigung (siehe Abbildung 8.8). Bei $m_1 = m_2$ ist die Beschleunigung Null.

> Erstellen Sie ein Programm für Parameterstudien in Python und erzeugen Sie damit ein Diagramm, dass die Größe $\ddot{\varphi}$ in Abhängigkeit von m_2/m_1 zeigt.

8.8. Seiltrommel auf schiefer Ebene

Lerninhalte

Mathematik Bestimmung des Minimums einer skalarwertigen Funktion einer Veränderlichen und des Scheitelpunktes einer Parabel

Mechanik Rollen ohne Schlupf, kinematische Beziehung bei Seilzügen, Prinzip des kleinsten Zwangs von Gauß, Prinzip von d'Alembert in der Fassung von Lagrange

Programmierung SMath Studio: Minimumsuche über Auffinden des Scheitelpunktes

Aufgabenstellung

Das in Abbildung 8.9 gezeigte System aus Seiltrommel 1 und Last 2 wird näher untersucht. Die Last bewegt sich ausschließlich translatorisch in vertikaler Richtung. Masse und Nachgiebigkeit des Seils sollen für eine erste Berechnung vernachlässigt werden. Das Rollen der Seiltrommel auf der schiefen Ebene erfolgt näherungsweise ohne Schlupf.

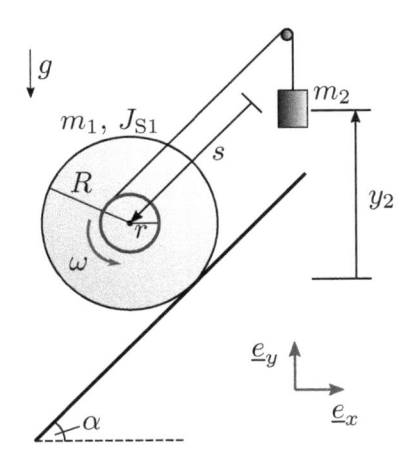

Abbildung 8.9.: Seiltrommel auf schiefer Ebene

(a) Warum hat das System unter den oben genannten Einschränkungen den Freiheitsgrad 1?

(b) Wie lautet die kinematische Beziehung zwischen den Größen $\dot{s}$, ω und $\dot{y}_2$?

(c) Wie lautet der Ausdruck für die virtuelle Arbeit δW für das mechanische System – vor dem Einsetzen der Kinematik und nach dem Einsetzen der Kinematik?

(d) Wie groß ist die Beschleunigung $\ddot{s}$ des Massenmittelpunktes der Seiltrommel? Bewegt sich die Seiltrommel nach oben oder unten, wenn sie aus der Ruhe startet?

Es gilt: Masse der Seiltrommel (Rolle) $m_1 = m_R$, Masse der Last $m_2 = m_L$.

Kinematik

Die Winkelgeschwindigkeit ω und die Geschwindigkeit des Massenmittelpunktes $\dot{s}$ der Seiltrommel hängen eindeutig zusammen, da Rollen ohne Schlupf angenommen wird. Konkret heißt das

$$R\omega = \dot{s} \ . \tag{8.51}$$

Für die Winkelbeschleunigung der Seiltrommel folgt durch Differenzieren nach der Zeit t dementsprechend

$$\dot{\omega} = \frac{\ddot{s}}{R} \ . \tag{8.52}$$

Die Bewegung der Last ist durch das Auf- bzw. Abwickeln des Seiles auf der Seiltrommel vorgegeben. Es gilt

$$\dot{y}_2 = (R+r)\omega = \frac{R+r}{R}\dot{s} \ . \tag{8.53}$$

Für die Beschleunigungen der Massenmittelpunkte gilt somit

$$\underline{a}_{S1} = -\ddot{s}\left(\cos\alpha\,\underline{e}_x + \sin\alpha\,\underline{e}_y\right) \ , \tag{8.54}$$

$$\underline{a}_{S2} = \ddot{s}\,\frac{R+r}{R}\,\underline{e}_y \ . \tag{8.55}$$

Kinetik: Prinzip von d'Alembert

Auf die Körper wirkt jeweils nur die Gewichtskraft,

$$\underline{F}_{R1} = -m_R g\,\underline{e}_y \ , \tag{8.56}$$

$$\underline{F}_{R2} = -m_L g\,\underline{e}_y \ . \tag{8.57}$$

Weitere eingeprägte Kräfte oder Kraftmomente sind nicht vorhanden. Wenn es Schlupf zwischen Seiltrommel und Untergrund gäbe, würde die Reibungskraft im Kontakt als zusätzliche eingeprägte Kraft in Erscheinung treten. Für das Massenträgheitsmoment der Seiltrommel gilt $J_{S1} = m_R k^2$ mit dem Trägheitsradius k.

Für die virtuelle Arbeit δW gilt

$$\delta W = -m_1 g\,\delta y_1 - m_1\ddot{s}\,\delta s - J_{S1}\dot{\omega}\,\delta\varphi - m_2 g\,\delta y_2 - m_2\ddot{y}_2\,\delta y_2 \ . \tag{8.58}$$

Mit den Beziehungen für die virtuellen Verrückungen

$$\delta\varphi = \frac{1}{R}\delta s\,, \tag{8.59}$$

$$\delta y_1 = -\sin\alpha\,\delta s\,, \tag{8.60}$$

$$\delta y_2 = \frac{R+r}{R}\delta s\,, \tag{8.61}$$

kann der Ausdruck für die virtuelle Arbeit δW in die Form

$$\delta W = \left[m_1 g\sin\alpha - m_1\ddot{s} - \frac{J_{S1}}{R^2}\ddot{s} - m_2\frac{R+r}{R}g - m_2\left(\frac{R+r}{r}\right)^2\ddot{s}\right]\delta s \tag{8.62}$$

gebracht werden. Aus der Argumentation $\delta W = 0$ für beliebige virtuelle Verrückungen δs ergibt sich für die Beschleunigung des Massenmittelpunktes der Seiltrommel

$$\ddot{s} = \frac{m_R R^2 \sin\alpha - m_L R(R+r)}{m_R\left(R^2 + k^2\right) + m_L(R+r)^2}\,g\,. \tag{8.63}$$

Im vorliegenden Fall ergibt sich ein konstanter Wert der Beschleunigung. Positive Werte der Beschleunigung bedeuten eine Abwärtsbeschleunigung der Seiltrommel. Startet die Bewegung aus der Ruhe, so bewegt sich die Seiltrommel abwärts. Die Form „Beschleunigung ist konstant" ist die denkbar einfachste Form der Bewegungsdifferentialgleichung.

> Schreiben Sie die virtuelle Arbeit mit einer der anderen Koordianten als generalisierter Koordinate (z. B. den Winkel φ) auf und leiten Sie die Bewegungsgleichung her. Rechnen Sie anschließend Ihr Ergebnis für die Beschleunigung bzw. Winkelbeschleunigung auf die Größe $\ddot{s}$ um. Machen Sie sich auf diese Weise klar, dass es unerheblich ist, welche der Koordinaten Sie für die weitere Herleitung der Bewegungsgleichung nutzen.

Kinetik: Prinzip des kleinsten Zwanges und SMath Studio

Es gilt $\omega_1 = \omega$ und $\omega_2 = 0$. Für den Zwang gemäß Gleichung (5.3) gilt

$$Z = \sum_j \left[\frac{1}{2m_j}\left(m_j\underline{a}_{Sj} - \underline{F}_{Rj}\right)^2 + \frac{1}{2J_{Sj}}\left(J_{Sj}\dot{\omega}_j - M_{Rj}^{(S)}\right)^2\right]\,. \tag{8.64}$$

Durch das Quadrieren der vektoriellen Differenzen entsteht in der Tat eine skalare Größe. Umformen ergibt

$$Z = \frac{1}{2}m_R\left[\ddot{s}^2\left(1 + \frac{k^2}{R^2}\right) + g^2 - 2\ddot{s}g\sin\alpha\right] + \frac{1}{2}m_L\left[\ddot{s}\frac{R+r}{R} + g\right]^2\,. \tag{8.65}$$

Das Prinzip des kleinsten Zwangs lautet

$$Z(\ddot{s}) = \min! \tag{8.66}$$

Der Zwang ist erkennbar eine quadratische Funktion in der Größe $\ddot{s}$. Die zugehörige Parabel ist nach oben geöffnet, wie man am positiven Vorzeichen des Koeffizienten vor $\ddot{s}^2$ erkennt. Eine solche quadratische Funktion hat genau ein (globales) Minimum. Der tiefste Punkt wird bei der Parabel Scheitelpunkt genannt.

Die analytische Lösung der Aufgabe erfordert im nächsten Schritt die Bestimmung des Wertes für $\ddot{s}$, bei dem der Zwang $\mathcal{Z}$ minimal wird. Das kann durch Differenzieren nach $\ddot{s}$ und Nullsetzen erfolgen, d. h. es wird der Wert für $\ddot{s}$ gesucht, bei dem

$$\frac{\partial \mathcal{Z}}{\partial \ddot{s}} = 0 \tag{8.67}$$

gilt. Alternativ kann mit den Kenntnissen der Sekundarstufe 1 der Scheitelpunkt der Parabel berechnet werden.

Hinweis: Wir haben bereits mehrfach von der numerischen Minimumsuche in Python mit `minimize` Gebrauch gemacht. Als Alternative soll hier die Bestimmung der Beschleunigung aus dem Zwang über die Bestimmung des Scheitelpunktes der Parabel in SMath Studio gezeigt werden.

Folgt man dem analytischen Weg weiter, dann wird Gleichung (8.67) nach $\ddot{s}$ umgestellt, und es ergibt sich das bereits bekannte analytische Ergebnis. Der analytische Weg mit Einsetzen, Umformen, Differenzieren und Auflösen hat offensichtlich den Vorteil, dass sich eine geschlossene Formel für die Beschleunigung $\ddot{s}$ als Funktion der Parameter ergibt.

> Vollziehen Sie alle Rechenschritte nach dem Prinzip des kleinsten Zwanges nach und prüfen Sie die Richtigkeit des Ergebnisses (8.63). Vergleichen Sie die beiden Lösungswege. Welcher Weg erscheint Ihnen im konkreten Fall der bessere zu sein?

Bevor wir das SMath Studio-Beispiel näher betrachten, wiederholen wir den oben bereits skizzierten Gedanken zur Berechnung der Beschleunigung. Der Zwang $\mathcal{Z}$ ist eine quadratische Funktion in der generalisierten Beschleunigung $\ddot{s}$, der zugehörige Graph ist eine Parabel. Der gesuchte Wert für die *wahre* Beschleunigung ist der Wert, der den Zwang $\mathcal{Z}$ minimiert und ist demnach im Scheitelpunkt der Parabel zu finden. Wenn eine Formel für $\mathcal{Z}$ vorliegt, können beliebige Wertepaare auf der Parabel, z. B. $(0, \mathcal{Z}(0))$, $(a^\star, \mathcal{Z}(a^\star))$ oder $(-a^\star, \mathcal{Z}(-a^\star))$, berechnet werden. Der Wert $a^\star$ ist hierbei beliebig. Aus drei beliebigen Wertepaaren kann der Beschleunigungswert im Scheitelpunkt berechnet werden. Wählt man die drei genannten Wertepaare, ergibt sich

$$a_{\text{Scheitel}} = a^\star \frac{1-\chi}{2(1+\chi)} \quad \text{mit} \quad \chi = \frac{\mathcal{Z}(a^\star) - \mathcal{Z}(0)}{\mathcal{Z}(-a^\star) - \mathcal{Z}(0)}. \tag{8.68}$$

Im SMath Studio-Beispiel wurde $a^\star = 1\,\mathrm{m\,s^{-2}}$ gewählt. Für die numerische Auswertung von Gleichung (8.68) muss die Funktion $\mathcal{Z}$ nicht vereinfacht oder abgeleitet werden. Das ist ein nicht zu unterschätzender Vorteil, insbesondere wenn man sich mit analytischen Berechnungen etwas schwer tut.

Leiten Sie das Ergebnis (8.68) selbst her. Machen Sie dazu einen Ansatz für eine quadratische Funktion mit drei Parametern und bestimmen Sie den Scheitelpunkt in Abhängigkeit von drei bekannten Wertepaaren.

$R := 60$ cm $r := 12$ cm $k := 50$ cm $\alpha := 15\,°$

$m_L := 100$ kg $m_R := 1000$ kg $g := 9,81\, \frac{m}{s^2}$

Analytische Lösung

$$a_{R\_analyt} := g \cdot \frac{m_R \cdot R^2 \cdot \sin(\alpha) - m_L \cdot R \cdot (R+r)}{m_R \cdot (R^2 + k^2) + m_L \cdot (R+r)^2} = 0,7407\, \frac{m}{s^2}$$

Numerische Lösungen

$$a_{S1} := (-a_R) \cdot \begin{bmatrix} \cos(\alpha) \\ \sin(\alpha) \end{bmatrix} \quad a_{S2} := a_R \cdot \frac{R+r}{R} \cdot \begin{bmatrix} 0 \\ 1 \end{bmatrix} \quad F_{R1} := -m_R \cdot g \cdot \begin{bmatrix} 0 \\ 1 \end{bmatrix} \quad F_{R2} := -m_L \cdot g \cdot \begin{bmatrix} 0 \\ 1 \end{bmatrix}$$

$$Z(a_R) := \frac{1}{2 \cdot m_R} \cdot (m_R \cdot a_{S1} - F_{R1})^2 + \frac{1}{2 \cdot m_L} \cdot (m_L \cdot a_{S2} - F_{R2})^2 + \frac{1}{2 \cdot m_R \cdot k^2} \cdot \left(m_R \cdot k^2 \cdot \frac{a_R}{R} - 0\right)^2$$

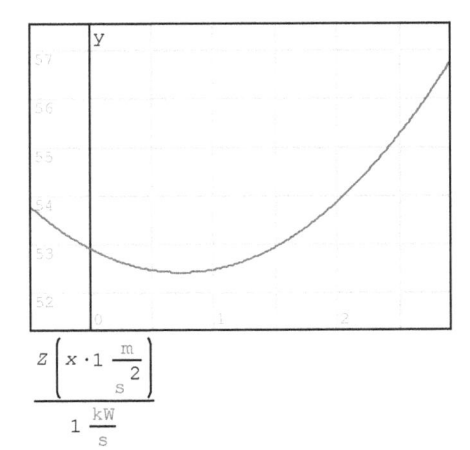

Scheitelpunkt-Methode

$$\chi := \frac{Z\left(1\,\frac{m}{s^2}\right) - Z\left(0\,\frac{m}{s^2}\right)}{Z\left((-1)\,\frac{m}{s^2}\right) - Z\left(0\,\frac{m}{s^2}\right)} = -0,194$$

$$a_{R\_Scheitel} := 1\, \frac{m}{s^2} \cdot \frac{(1-\chi)}{2 \cdot (1+\chi)} = 0,7407\, \frac{m}{s^2}$$

In SMath Studio wird zuerst das analytische Ergebnis (8.63) mit den vorhandenen Zahlenwerten ausgewertet. Dabei wird statt $\ddot{s}$ überall a_R geschrieben. Danach wird $\mathcal{Z}$ hingeschrieben und als Funktion der Beschleunigung $\ddot{s}$ geplottet. Die Parabel ist erkennbar. Mit der Formel (8.68) wird dann der Wert der Beschleunigung berechnet. Noch einmal: für die numerische Lösung kann die Funktion $\mathcal{Z}$ in SMath Studio einfach in der Form (8.64) hingeschrieben werden, ohne weitere Umformungen vorzunehmen. Dieser praktischen Lösungsweg ohne viel händischen Rechenaufwand kann – selbst bei primärer Nutzung des analytischen Weges – gut zu Kontrollzwecken genutzt werden.

Hinweis: Eine Lösung mit Kräfte- und Momentengleichung kann im Aufgabenbuch von Ulbrich et al. [53] gefunden werden.

8.9. Riemenscheiben

Lerninhalte

Mathematik Bestimmung des Minimums einer skalarwertigen Funktion einer Veränderlichen

Mechanik Kinematische Beziehung bei Seilzügen, Prinzip des kleinsten Zwangs von Gauß, Prinzip von d'Alembert in der Fassung von Lagrange, Gibbs-Appell-Gleichungen

Programmierung Python: Rechnen mit Einheiten (Modul `pint`), numerische Bestimmung des Minimums von $\mathcal{Z}$ mittels `minimize`

Aufgabenstellung

Es wird das in Abbildung 8.10 gezeigte System aus zwei Scheiben betrachtet. Die obere Scheibe 1 ist in O drehbar gelagert und besteht aus zwei starr miteinander verbundenen Riemenscheiben mit den Radien r und R. Der Mittelpunkt P der unteren Scheibe ist vertikal geführt. Das Seil läuft auf allen drei Riemenscheiben ohne Schlupf, seine Abschnitte zwischen den Riemenscheiben hängen genau senkrecht. Die Massenträgheitsmomente J_1 und J_2 beziehen sich auf die jeweiligen Massenmittelpunkte O bzw. P der beiden Scheiben.

(a) Welchen Freiheitsgrad hat das System, wenn das Seil in erster Näherung als masselos und undehnbar angesehen wird? Wie lautet die kinematische Beziehung zwischen der Winkelgeschwindigkeit $\omega_1 = \dot\varphi_1$ der oberen Scheibe und der Geschwindigkeit v_P des Punktes P? In welcher Richtung dreht sich die obere Scheibe, wenn das System im Schwerefeld der Erde aus der Ruhe startet? Wie lautet die kinematische Beziehung zwischen der Winkelgeschwindigkeit ω_1 der oberen Scheibe und der Winkelgeschwindigkeit $\omega_2 = \dot\varphi_2$ der unteren Scheibe?

(b) Eine Kollegin hat für die virtuelle Arbeit δW den folgenden Ausdruck notiert:

$$\delta W = -c_1 \dot\omega_1 \delta\varphi_1 + c_2 \delta\varphi_1 \,. \tag{8.69}$$

$\delta\varphi_1$ ist die virtuelle Verdrehung der Scheibe 1. Wie groß sind die Konstanten c_1 und c_2?

(c) Wie groß ist die Winkelbeschleunigung $\dot\omega_1 = \ddot\varphi_1$ der oberen Scheibe? Wie groß ist die Beschleunigung a_P des Punktes P? Berechnen Sie die Geschwindigkeit des Punktes P zum Zeitpunkt $t^\star = 2{,}5\,\text{s}$, wenn das System bei $t = 0$ aus der Ruhe gestartet ist.

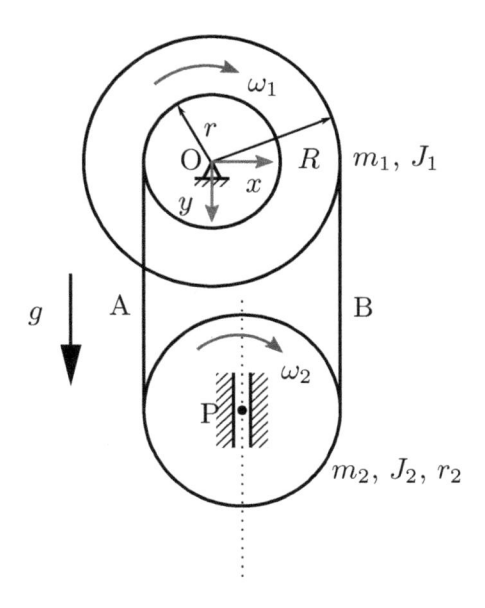

Abbildung 8.10.: System aus zwei Scheiben

Die gegebenen Zahlenwerte können den unten stehenden Progammzeilen entnommen werden. Wenn Sie Schwierigkeiten mit der Kinematik haben, bearbeiten Sie (erneut) die Aufgabe 7.12 von Seite 143ff.

Vorbemerkung und Zahlenwerte

In dieser Aufgabe soll Python mit dem Paket `pint` genutzt werden. Dadurch kann mit Einheiten gerechnet werden. Besonders nützlich ist diese Funktionalität u. a. bei Konstruktionsberechnungen oder bei Berechnungen hydraulischer Systeme. Dann sind häufig viele Größen in den unterschiedlichsten Einheiten angegeben und die korrekte Umrechnung aller Einheiten ist aufwendig und vor allem fehlerträchtig.

```
import pint
ureg = pint.UnitRegistry()

R = 1.0*ureg.meter
r = 0.7*ureg.meter
m1 = 100.0*ureg.kilogram
J1 = 40.0*ureg.kilogram*ureg.meter**2
m2 = 30.0*ureg.kilogram
J2 = 10.0*ureg.kilogram*ureg.meter**2
g = 9.81*ureg.meter/ureg.second**2
tstar = 2.5*ureg.second
```

Kinematik

Die beiden Scheiben sind über Seile verbunden, deren Dehnbarkeit vernachlässigt werden soll. Die obere Scheibe ist in einem drehbaren Lager gelagert und die untere Scheibe in P vertikal geführt. Zudem erfolgt das Abrollen ohne Schlupf. Demnach ist die Drehbewegung der oberen Scheibe eindeutig mit der Bewegung der unteren Scheibe gekoppelt und bei der unteren Scheibe sind Drehbewegung und Absenkbewegung ebenfalls eindeutig verknüpft. Demnach hat das System den Freiheitsgrad 1.

Wenn man die beiden Seile mit A bzw. B bezeichnet, dann gilt für die Geschwindigkeiten

$$v_\text{P} = \frac{1}{2}(v_\text{B} + v_\text{A}) = \frac{1}{2}(R-r)\omega_1 \,, \tag{8.70}$$

$$\omega_2 = \frac{v_\text{B} - v_\text{A}}{R+r} = \omega_1 \,. \tag{8.71}$$

Die erste Gleichung besagt, dass die Geschwindigkeit von P genau der Mittelwert der Seilgeschwindigkeiten ist. Die zweite Gleichung besagt, dass die Winkelgeschwindigkeit der Riemenscheibe 2 die Differenzgeschwindigkeit der Seile dividiert durch den Abstand der Seile ist.

Da beide kinematischen Beziehungen für alle Zeiten gelten, können durch Ableiten die kinematischen Beziehungen für die Beschleunigungen ermittelt werden.

$$a_\text{P} = \frac{1}{2}(R-r)\ddot\varphi_1 \tag{8.72}$$

$$\ddot\varphi_2 = \ddot\varphi_1 \tag{8.73}$$

Kinetik: Prinzip von d'Alembert

Das Prinzip von d'Alembert in der Fassung von Lagrange lautet im vorliegenden Fall

$$0 = \delta W = -J_1\ddot\varphi_1\delta\varphi_1 - J_2\ddot\varphi_2\delta\varphi_2 - m_2 a_\text{P}\delta y_\text{P} + m_2 g \delta y_\text{P} \,. \tag{8.74}$$

Wird die Kinematik eingesetzt, folgt

$$0 = -J_1\ddot\varphi_1\delta\varphi_1 - J_2\ddot\varphi_1\delta\varphi_1 - m_2\frac{1}{4}(R-r)^2\ddot\varphi_1\delta\varphi_1 + m_2 g \frac{1}{2}(R-r)\delta\varphi_1 \,. \tag{8.75}$$

Die Bewegungsgleichung folgt aus der Forderung, dass $\delta W = 0$ für beliebige virtuelle Verdrehungen $\delta\varphi_1$.

$$0 = -\left(J_1 + J_2 + \frac{1}{4}(R-r)^2 m_2\right)\ddot\varphi_1 + \frac{1}{2}(R-r)m_2 g \tag{8.76}$$

Auflösen nach $\ddot\varphi$ liefert

$$\ddot\varphi_1 = \frac{2m_2(R-r)}{4J_1 + 4J_2 + m_2(R-r)^2}\, g = \text{const.} \tag{8.77}$$

Für die Beschleunigung von P ergibt sich durch Einsetzen des Kinematik

$$a_P = \frac{m_2(R-r)^2}{4J_1 + 4J_2 + m_2(R-r)^2}\, g = \text{const.} \tag{8.78}$$

Für den Start aus der Ruhe gilt $v_P(t) = a_P t$.

```
c1 = J1 + J2 + 0.25*m2*(R - r)**2
c2 = 0.5*m2*g*(R - r)
omega1_t = c2/c1
aP = omega1_t*0.5*(R - r)
vPstar = aP*tstar
```

Für die gesuchten Zahlenwerte ergibt sich $c_1 = 50{,}675\,\text{kg}\,\text{m}^2$, $c_2 = 44{,}145\,\text{kg}\,\text{m}^2/\text{s}^2$, $\ddot{\varphi}_1 = 0{,}871\,\text{s}^{-1}$, $a_P = 0{,}131\,\text{m}/\text{s}^2$ und $v_P(t^\star) = 0{,}327\,\text{m/s}$.

Der positive Zahlenwert für a_P bedeutet, dass der Punkt P aus der Ruhe nach unten beschleunigt. Entsprechend ist die Geschwindigkeit von P für $t > 0$ positiv; die Scheibe 2 bewegt sich nach unten.

Kinetik: Gibbs-Appell-Gleichungen

Die Gibbs-Appell-Funktion $\mathcal{S}$ lautet hier

$$\mathcal{S} = \frac{1}{2}J_1 \ddot{\varphi}_1^2 + \frac{1}{2}J_2 \ddot{\varphi}_2^2 + \frac{1}{2}m_2 a_P^2 = \frac{1}{2}J_1 \ddot{\varphi}_1^2 + \frac{1}{2}J_2 \ddot{\varphi}_1^2 + \frac{1}{2}m_2 \left(\frac{1}{2}(R-r)\ddot{\varphi}_1\right)^2 . \tag{8.79}$$

Im rechten Term ist die Kinematik bereits eingesetzt. Die Leistung P_e der eingeprägten Kräfte ist hier denkbar einfach:

$$P_e = m_2 g\, v_P = m_2 g \frac{1}{2}(R-r)\dot{\varphi}_1 = Q_1 \dot{\varphi}_1 . \tag{8.80}$$

Aus der Gibbs-Appell-Gleichung

$$\frac{\partial \mathcal{S}}{\partial \ddot{\varphi}_1} = Q_1 \tag{8.81}$$

folgt das bekannte Ergebnis für $\ddot{\varphi}_1$.

Kinetik: Prinzip von des kleinsten Zwangs

Der Zwang $\mathcal{Z}$ lautet für das System

$$\mathcal{Z} = \frac{1}{2J_1}(J_1 \ddot{\varphi}_1)^2 + \frac{1}{2J_2}(J_2 \ddot{\varphi}_2)^2 + \frac{1}{2m_2}(m_2 a_P - m_2 g)^2 . \tag{8.82}$$

Da das System den Freiheitsgrad 1 hat, müssen vor der Berechnung des Minimums die kinematischen Beziehungen für die Beschleunigungen eingesetzt werden. Mit φ_1 als generalisierter Koordinate lautet das Prinzip des kleinsten Zwangs

$$\mathcal{Z}(\ddot{\varphi}_1) = \min! \tag{8.83}$$

Bei analytischer Berechnung folgt daraus

$$\frac{\partial \mathcal{Z}}{\partial \ddot{\varphi}_1} = 0 \leftrightarrow \left(J_1 + J_2 + \frac{1}{4}(R-r)^2 m_2\right)\ddot{\varphi}_1 = \frac{1}{2}(R-r)m_2 g \qquad (8.84)$$

und somit die bekannten Ergebnisse für $\ddot{\varphi}_1$ und a_P.

Eine rein numerische Lösung mittels `minimize` aus dem Paket `scipy.optimize` gelingt wie folgt.

```
from scipy.optimize import minimize
R = 1.0
r = 0.7
m1 = 100.0
J1 = 40.0
m2 = 30.0
J2 = 10.0
g = 9.81

def zwang(a):
    aP = 0.5*(R - r)*a[0]
    return 0.5*J1*a[0]**2 + 0.5*J2*a[0]**2 + 0.5*m2*(aP - g)**2

erg_opt = minimize(zwang,(0))
print(erg_opt)
```

Erneut wird nur der Zwang definiert, wobei die Kinematik berücksichtigt wurde. In der Variable `a` steht die Winkelbeschleunigung $\ddot{\varphi}_1$. In der Programmzeile für den Zwang steht zwei Mal `a[0]`, weil beide Winkelbeschleunigungen identisch sind ($\ddot{\varphi}_1 = \ddot{\varphi}_2$). In `erg_opt.x` steht nach erfolgter Minimumsuche der bekannte Zahlenwert für die Winkelbeschleunigung $\ddot{\varphi}$.

> Lösen Sie die Aufgabe mit Kräfte- und Momentengleichung nach Newton und Euler. Schneiden Sie dazu die Körper frei. Eliminieren Sie die Seilkräfte, um die gesuchte Beschleunigung zu erhalten.

8.10. Stufenrolle

Lerninhalte

Mathematik Bestimmung des Minimums einer skalarwertigen Funktion einer Veränderlichen

Mechanik Kinematik von Seiltrommeln, reines Rollen, Prinzip des kleinsten Zwangs von Gauß (für zwei verschiedene Modelle des mechanischen Systems)

Programmierung SMath Studio: Arbeiten mit Einheiten, Diagrammerstellung

Aufgabenstellung

Eine Stufenrolle (Masse m, Massenträgheitsmoment J_S, Massenmittelpunkt S) rollt ohne Schlupf auf einer horizontalen Schiene. Ein Seil ist auf der Trommel aufgewickelt. Am Seil wird mit konstanter Kraft F in horizontaler Richtung gezogen (linker Teil von Abbildung 8.11). Die Masse des Seils soll für eine erste Berechnung vernachlässigt werden.

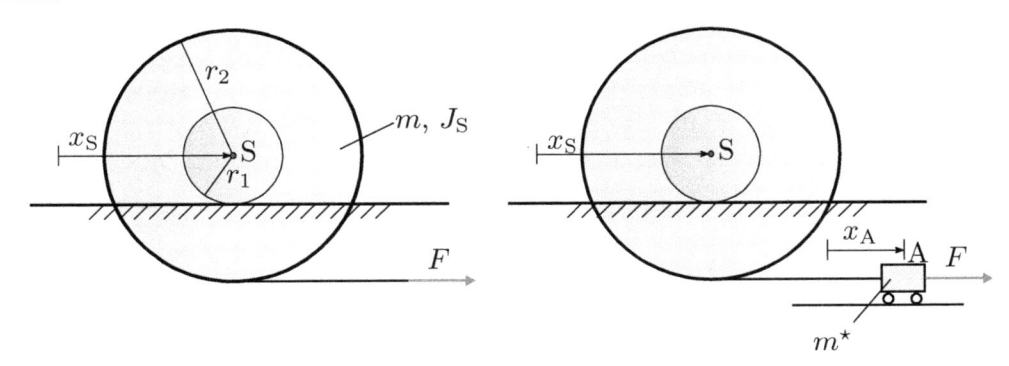

Abbildung 8.11.: Stufenrolle auf horizontaler Schiene (zwei verschiedene Modelle)

Bestimmen Sie die Beschleunigung des Massenmittelpunkts S. Welches Ergebnis ergibt sich für die im rechten Teil von Abbildung 8.11 gezeigte alternative Modellierung für den Grenzfall $m^\star \to 0$?

Kinematik

Beim Rollen ohne Schlupf hat das System den Freiheitsgrad 1 und es gilt die einfache kinematische Beziehung

$$\dot{x}_S = r_1 \dot{\varphi} \ . \tag{8.85}$$

Die Winkelgeschwindigkeit $\dot{\varphi}$ der Rolle sei positiv, wenn die Rolle im Uhrzeigersinn dreht.

Kinetik: Prinzip des kleinsten Zwangs

Modell 1 Für den Zwang ergibt sich für das Modell im linken Teil von Abbildung 8.11 der Ausdruck

$$\mathcal{Z} = \frac{1}{2m}(m\ddot{x}_S - F)^2 + \frac{1}{2J_S}(J_S\ddot{\varphi} + r_2 F)^2 \ . \tag{8.86}$$

Einsetzen der Kinematik (8.85) in (8.86), Ableiten des Zwangs $\mathcal{Z}$ nach der Beschleunigung $\ddot{x}_S$ und Umstellen liefert die gewünschte Bewegungsgleichung

$$\ddot{x}_S = -\frac{\frac{r_2}{r_1} - 1}{\frac{J_S}{mr_1^2} + 1} \frac{F}{m} \ . \tag{8.87}$$

Modell 2 Wenn am Seilende ein massebehafteter Körper angebracht ist, lässt sich der Zwang in der Form

$$\mathcal{Z} = \frac{1}{2m}(m\ddot{x}_S)^2 + \frac{1}{2J_S}(J_S\ddot{\varphi})^2 + \frac{1}{2m^\star}(m^\star\ddot{x}_A - F)^2 \tag{8.88}$$

schreiben, wobei die kinematische Beziehung $\ddot{x}_A = (r_1 - r_2)\ddot{\varphi}$ zu berücksichtigen ist. Der Unterschied zwischen den beiden Gleichungen (8.86) und (8.88) liegt auf der Hand: Im ersten Modell tritt die eingeprägte Kraft F in den beiden zur Rolle gehörenden Summanden des Zwangs $\mathcal{Z}$ auf. Im zweiten Modell nicht; die Kraft wirkt am zusätzlichen Körper. Die Wirkung von F auf die Rolle wird im zweiten Modell über die Bindungsgleichung $\ddot{x}_A = (r_1 - r_2)\ddot{\varphi}$ vermittelt.

Zeigen Sie, dass beide Ausdrücke für den Zwang in allen relevanten Termen für $m^\star = 0$ identisch sind. In welchem Rechenschritt ist $m^\star = 0$ einzusetzen?

Es sei $J_S = 0{,}8\,mr_1^2$ unabhängig von r_2. Dann kann die Beschleunigung des Massenmittelpunktes S über dem Radienverhältnis r_2/r_1 dargestellt werden. Für einen Parametersatz ist das Ergebnis im unten stehenden SMath Studio-Arbeitsblatt gezeigt, wobei das Radienverhältnis mit R bezeichnet ist. Erneut sei daran erinnert, dass beim Erstellen von Diagrammen (2D) in SMath Studio das Argument der Funktion stets x heißt.

$r_1 := 0,5$ m

$m := 50$ kg

$J_S := 0,8 \cdot m \cdot r_1^2 = 10$ kg m²

$F := 100$ N

$a_S(R) := -\dfrac{R-1}{\dfrac{J_S}{m \cdot r_1^2} + 1} \cdot \dfrac{F}{m}$

$a_S(2) = -1,1111 \ \dfrac{m}{s^2}$

$a_S(0,5) = 0,5556 \ \dfrac{m}{s^2}$

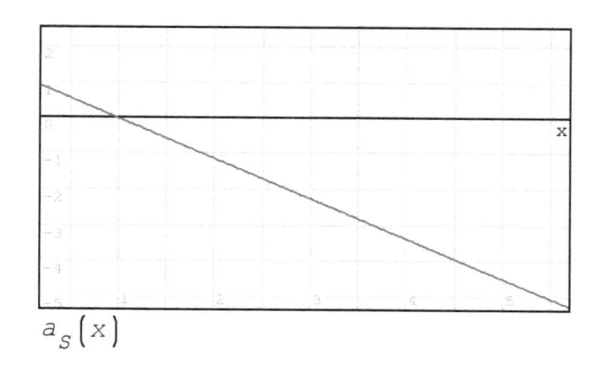

$a_S(x)$

8.11. Antrieb mit Seilzug

Lerninhalte

Mechanik Kinematik der Kreisbewegung, Momentengleichung

Aufgabenstellung

Die Antriebe im Roboter Myon[5] erfolgen über Seilzüge (Foto in Abbildung 8.12). An einem einfachen Ersatzsystem soll im folgenden die Kinematik und Kinetik der Roboterantriebe untersucht werden.

Dazu soll das abgebildete einfache mechanische System (oberer Teil von Abbildung 8.12) bestehend aus zwei Seiltrommeln betrachtet werden. Die rechte Seiltrommel 1 wird durch einen Motor (mit Getriebe) angetrieben. Das Drehmoment M_1 ist das Drehmoment, das an der Welle der Seiltrommel 1 zur Verfügung steht, i. a. W. es ist das Drehmoment am Ausgang des Motorgetriebes. Alle Seile werden in erster Näherung als undehnbar und masselos modelliert. Die Seile sind *über Kreuz* geführt (innere Tangenten).

Seiltrommel 2 ist mit einem Arm verbunden (siehe mittlerer Teil von Abbildung 8.12). Der Arm dreht sich um den Gelenkpunkt B. Unterstellen Sie bis auf weiteres, dass der Drehpunkt B im Raum ruht.

Welche Annahmen sind relevant dafür, dass das System den Freiheitsgrad 1 hat? Wie lautet die kinematische Beziehung zwischen den beiden Winkelgeschwindigkeiten ω_1 und ω_2? Wie groß sind die Kräfte in den Seilen 1 und 2 in Abhängigkeit vom Antriebsmoment $M_1 > 0$ für die unbeschleunigte Drehbewegung? Es gilt die Benennung $l = \ell(\overline{BS})$.

Lösung

Eine Julia-Lösung (Pluto-Notebook) findet sich auf der Website.

---

[5] siehe http://www.neurorobotik.de/robots/myon_de.php, zuletzt besucht am 31.3.2023

Detailansicht des Seilantriebes

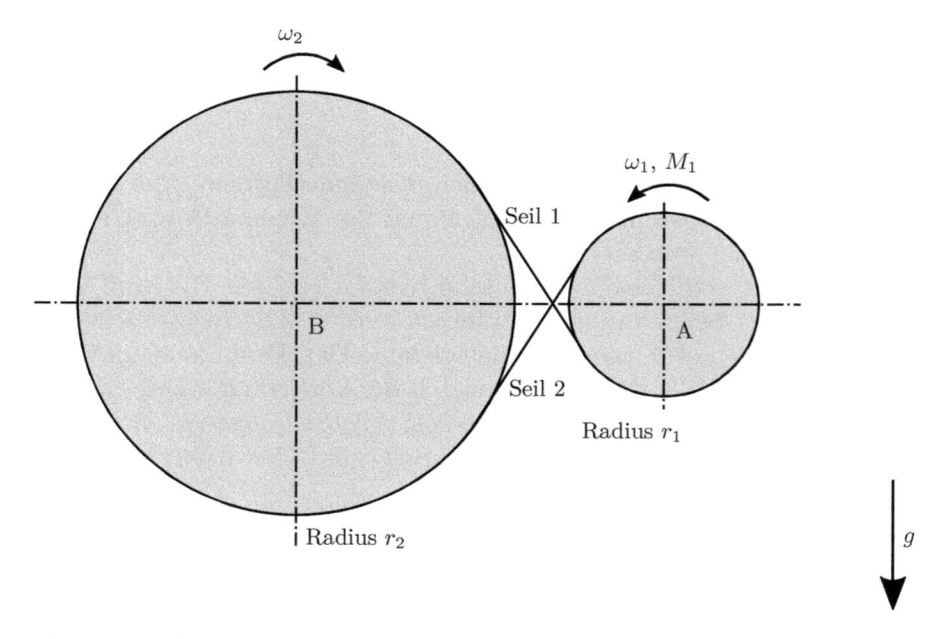

Angetriebener Arm Lage: $\varphi_1 = \varphi_2 = 0$

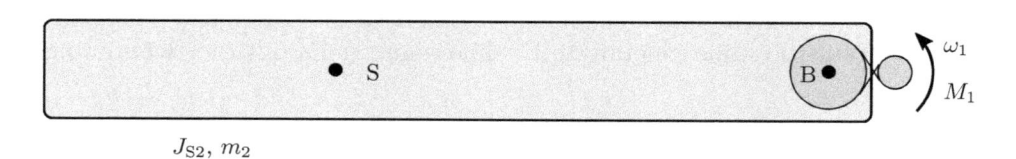

Abbildung 8.12.: Antrieb beim Roboter Myon: einfaches Ersatzmodell mit einem Antrieb (oben: Detailansicht der beiden Seiltrommeln, Mitte: Roboterarm mit Antrieb am rechten Ende) und Foto des realen Systems (unten)

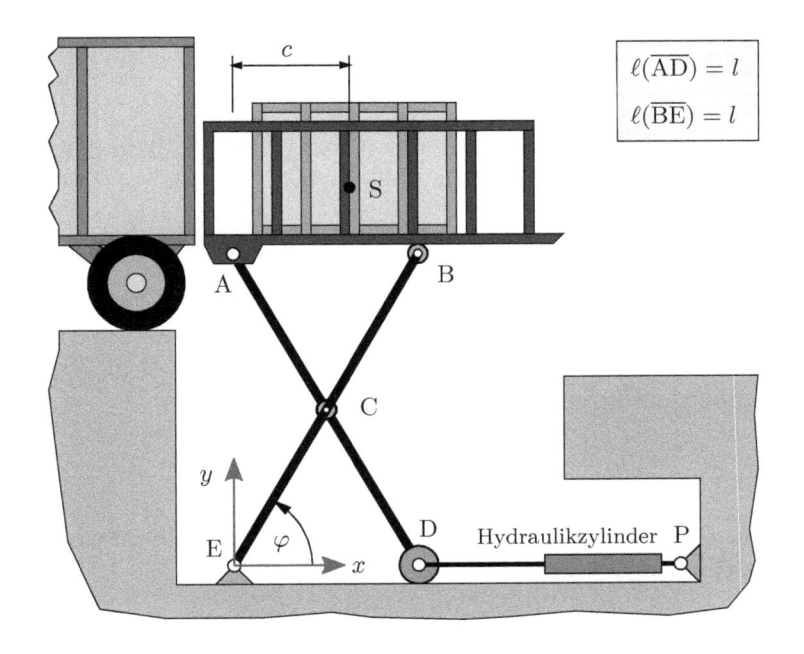

Abbildung 8.13.: Be- und Entladevorrichtung mit hydraulischem Antrieb

8.12. Be- und Entladevorrichtung

Lerninhalte

Mathematik Bestimmung des Minimums einer skalarwertigen Funktion einer Unbekannten

Mechanik Kinematische Beziehung, Prinzip des kleinsten Zwangs von Gauß, Bilanz der kinetischen Energie (zur Ergebniskontrolle)

Programmierung Python: Numerische Lösung des AWP (Befehl `odeint`)

Aufgabenstellung

Es wird die in Abbildung 8.13 gezeigte Be- und Entladeeinrichtung mit hydraulischem Antrieb betrachtet. Die beiden Stangen BE und AD haben die Länge l und sind in der Mitte gelenkig verbunden (Punkt C). Die Plattform und die Last haben zusammen die Masse m und den Massenmittelpunkt S. Für eine erste Betrachtung sollen die Nachgiebigkeit und die Massen der Stangen vernachlässigt werden. Zudem soll die Masse der bewegten Teile des Hydraulikzylinders vernachlässigt werden. Es gilt $30° \leq \varphi \leq 60°$.

Es soll das unkontrollierte Absenken der Plattform bei näherungsweise konstanter Kolbenstangenkraft F_{ST} untersucht werden[6]. Berechnen Sie den zeitlichen Verlauf der

---

[6]Bei voll geöffnetem Ventil ist der Druck im Kolbenraum bestimmt durch den Druckverlust zwi-

Absenkbewegung aus der Position $\varphi_{\text{start}} = 60°$. Wie lange dauert das Absenken bis auf $\varphi_{\text{ende}} = 30°$?

Wenn Sie eine Auffrischung benötigen, wie ein Anfangswertproblem gewöhnlicher Differentialgleichungen numerisch mit Python gelöst wird, schauen Sie am besten in Aufgabe 7.13 auf Seite 146ff nach.

Kinetik: Prinzip des kleinsten Zwangs

Wir nutzen die Kinematik aus Abschnitt 7.6 (Seite 123f). Die Beziehung für die Beschleunigungen ergibt sich durch Ableiten von Gleichung (7.29),

$$0 = a_A y_A + v_A^2 + a_D x_D + v_D^2 \,, \tag{8.89}$$

wobei $a_A = \ddot{y}_A$, $v_A = \dot{y}_A$, $a_D = \ddot{x}_D$ und $v_D = \dot{x}_D$. Da sich die Plattform ausschließlich translatorisch in y-Richtung bewegt, gilt $a_S = a_A$.

Für den Zwang gilt

$$\mathcal{Z} = \frac{1}{2m}\left(m a_S + m g\right)^2 + \frac{1}{2m^\star}\left(m^\star a_D + F_{\text{ST}}\right)^2 \,, \tag{8.90}$$

wobei mit $m^\star$ die Masse der bewegten Teile des Hydraulikzylinders und des Rades in D bezeichnet sei. Da das System den Freiheitsgrad 1 hat, ist nur eine Beschleunigung, a_S oder a_D, als unabhängige Größe zu behandeln. Wir nutzen a_S. Das Prinzip des kleinsten Zwangs lautet

$$\mathcal{Z}(a_S) = \min! \tag{8.91}$$

Die Bewegungsgleichung ergibt sich durch Ableiten des Zwangs $\mathcal{Z}$ nach der Beschleunigung a_S der Plattform.

$$0 = \frac{\partial \mathcal{Z}}{\partial a_S} = m\left(a_S + g\right) + F_{\text{ST}} \frac{\partial a_D}{\partial a_S} = m\left(a_S + g\right) - F_{\text{ST}} \tan\varphi \tag{8.92}$$

Die Näherung $m^\star = 0$ wurde hier bereits berücksichtigt. Aufgelöst nach der Beschleunigung des Massenmittelpunktes S lautet die Bewegungsgleichung

$$a_S = \frac{F_{\text{ST}}}{m} \tan\varphi - g \;\rightarrow\; \ddot{y}_A = \frac{F_{\text{ST}}}{m} \frac{y_A}{\sqrt{l^2 - y_A^2}} - g \,. \tag{8.93}$$

Ohne Kolbenstangenkraft gäbe es einen freien Fall der Plattform mit $\ddot{y}_A = -g$. Die Bewegungsgleichung ist eine nichtlineare Differentialgleichung in der Größe y_A. Alternativ ließe sich die Gleichung auch in der Größe φ schreiben.

---

schen Kolbenraum und Tank. Dieser Druckverlust hängt vom Volumenstrom und damit von der Kolbengeschwindigkeit ab. Für eine erste grobe Rechnung, soll vereinfacht von konstanter Kolbenstangenkraft ausgegangen werden.

Numerische Lösung mit Python

Die numerische Lösung in Python erfolgt mit `odeint`. Erläuterungen zur Verwendung von `odeint`, finden sich in Abschnitt 7.13 (Seite 146ff). Dort wird auch das Umschreiben einer Differentialgleichung 2. Ordnung in ein System 1. Ordnung erläutert.

```
from math import sin, tan, pi
import numpy as np
from scipy.integrate import odeint
import matplotlib.pyplot as plt

l = 3.0 #m
g = 9.81 #m/s^2
m = 1000 #kg
FST = 500 #N
phi_start = pi/3
FST_GG = m*g/tan(phi_start) #notwendige Kraft für Gleichgewicht

def bewegungsdgl(z, t):
    yA = z[0]
    vA = z[1]
    return [vA, FST/m*yA/(l**2 - yA**2)**0.5 - g]

N=100
t_end = 0.5
t_output = np.linspace(0.0,t_end,N)
z0 = [l*sin(phi_start),0]
ergebnis = odeint(bewegungsdgl, z0, t_output)
```

In Abbildung 8.14 erkennt man, dass sich die Plattform bei der gegebenen geringen Kolbenstangenkraft fast mit Erdbeschleunigung absenkt. Der Absenkvorgang dauert weniger als eine halbe Sekunde, wenn zusätzliche Widerstände vernachlässigt werden. Die Bilanz der kinetischen Energie, Gleichung (3.13) von Seite 57, soll zu Kontrollzwecken eingesetzt werden. Aus den berechneten Werten für y_A und $v_A = \dot{y}_A$ werden die kinetische Energie und die Leistung der äußeren Kräfte (Kolbenstangenkraft und Gewichtskraft von Plattform und Last) berechnet und dann die Einhaltung der Bilanzgleichung überprüft.

Abbildung 8.15 zeigt das Ergebnis für die „primitive" lineare Approximation der zeitlichen Änderung der kinetischen Energie aus den berechneten Werten für y_A und v_A. Um die Abweichung $\Delta = \dot{E}_\text{kin} - P_\text{e}$ richtig einschätzen zu können, ist $\dot{E}_\text{kin}$ im linken Teil der Abbildung dargestellt. Grundlage ist eine Zeitdiskretisierung in der Ausgabe mit 400 Punkten. Die Bilanz der kinetischen Energie ist erfüllt, ein gutes Indiz für die Richtigkeit der in Abbildung 8.14 gezeigten Lösung.

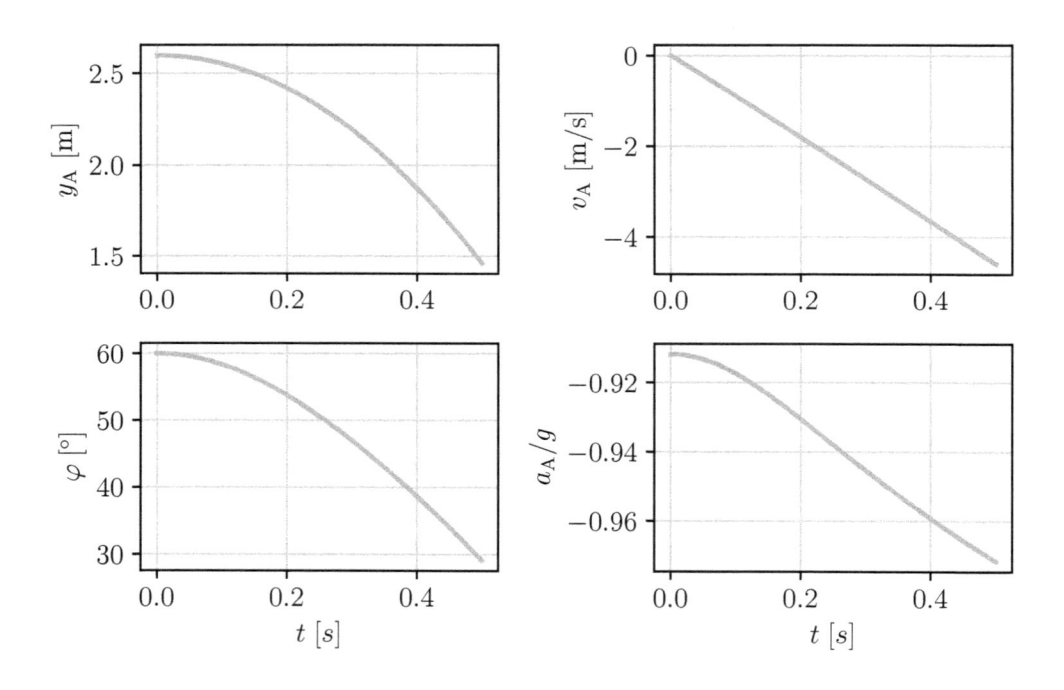

Abbildung 8.14.: Numerische Lösung für den unkontrollierten Absenkvorgang

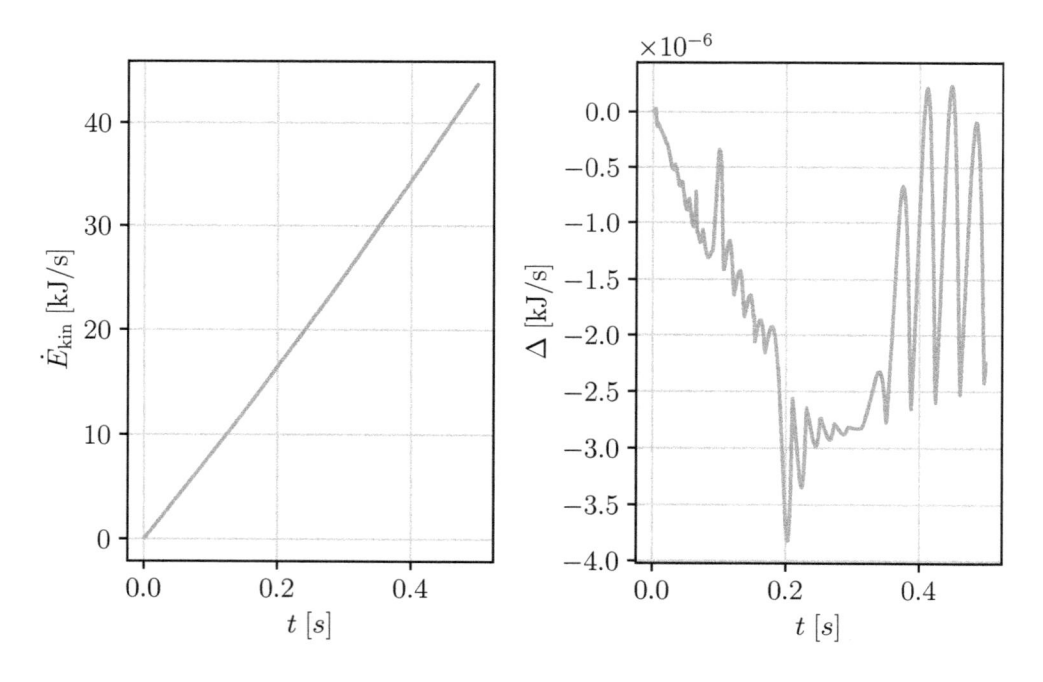

Abbildung 8.15.: Ergebniskontrolle: Zeitliche Änderung der kinetischen Energie bei der Absenkbewegung (links) und Abweichung in der Bilanz der kinetischen Energie, $\Delta = \dot{E}_{\text{kin}} - P_{\text{e}}$ (rechts)

Programmieren Sie die numerische Lösung und testen Sie, was beim Start aus der Ruhe passiert.

Berechnen Sie die kinetische Energie, die zeitliche Änderung der kinetischen Energie und die Leistung aus den berechneten Werte für Lage und Geschwindigkeit der Plattform und überzeugen Sie sich von der Richtigkeit von Abbildung 8.15.

8.13. Körper auf Kreisbahn

Lerninhalte

Mathematik Bestimmung des Minimums einer skalarwertigen Funktion einer Veränderlichen, numerische Lösung des AWP mit dem Polygonzugverfahren (Verfahren 1. Ordnung)

Mechanik Kinematische Beziehung bei der Bewegung auf einer Kreisbahn, Prinzip des kleinsten Zwangs von Gauß, Prinzip von d'Alembert in der Fassung von Lagrange

Programmierung Python: Numerische Lösung des AWP mit dem Befehl `odeint` und mit einem selbstprogrammierten Löser 1. Ordnung, numerische Minimumsuche mit Nebenbedingung

Aufgabenstellung

Ein kleiner Körper (Abbildung 8.16) bewegt sich unter dem Einfluss der Schwerkraft auf einer glatten Halbkreisbahn (Radius r). Der Körper startet bei $\varphi = 0$ aus der Ruhe.

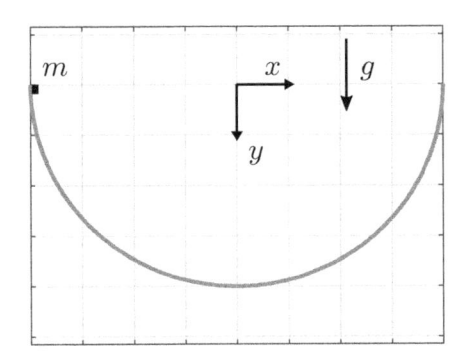

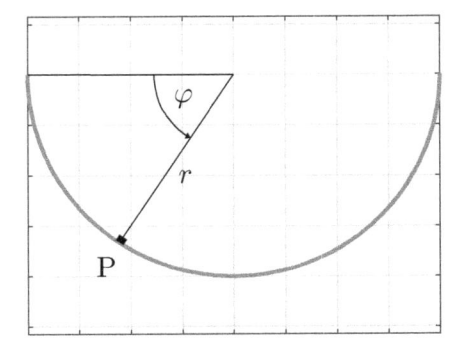

Abbildung 8.16.: Bewegung eines Körpers (Masse m) auf einer Halbkreisbahn mit Radius r im Schwerefeld der Erde; Startposition (links) und beliebige Lage (rechts)

(a) Wie groß ist der Freiheitsgrad des Körpers? Bestimmen Sie die Bahngeschwindigkeit v als Funktion der Zeit und erstellen Sie ein Geschwindigkeits-Zeit-Diagramm. Wie groß ist die maximale Geschwindigkeit?

(b) Wie groß ist die Normalkraft im tiefsten Punkt der Bahn?

Eine Lösung der Aufgabe mit der Kräftegleichung findet sich im Buch von Gross et al. [11].

Kinematik

Die Bewegung entlang der Bahn bedeutet bei reiner Translation den Freiheitsgrad 1. Verschiedene Beschreibungsweisen sind denkbar. Zum einen können die Koordinaten x_P und y_P verwendet werden. Dann muss für die Bewegung auf der Kreisbahn mit Radius r zusätzlich die Bedingung

$$x_P^2 + y_P^2 = r^2 \tag{8.94}$$

erfüllt sein, wobei x_P und y_P Funktionen der Zeit sind. Im vorliegenden Fall empfehlen sich Polarkoordinaten. Dann gilt für die Bewegung einfach $r = \text{const}$ und φ ist eine Funktion der Zeit. Bei der Verwendung von Polarkoordianten kann später auf das bekannte Ergebnis für die virtuelle Arbeit der Trägheitskräfte zurückgegriffen werden. Oder man leitet sich die Ergebnisse aus

$$x_P = -r \cos \varphi \tag{8.95}$$
$$y_P = r \sin \varphi \tag{8.96}$$

erneut her und übt auf diesem Wege ein weiteres Mal die Bestimmung der Geschwindigkeit, Beschleunigung und virtuellen Verrückung durch Ableiten nach der Zeit.

Kinetik: Prinzip von d'Alembert

Um die Bewegungsgleichung zu bestimmen, müssen neben den Trägheitskräften nur die Gewichtskraft berücksichtigt werden. Die virtuelle Arbeit der Gewichtskraft ist

$$\delta W_{\text{Gewicht}} = mg\,\delta y_P = mgr \cos \varphi\,\delta\varphi\,. \tag{8.97}$$

Die Gewichtskraft wirkt senkrecht nach unten. Das ist die positive y-Richtung. Daher das Vorzeichen für die virtuelle Arbeit der Gewichtskraft. Wird Gleichung (6.6) mit $\dot{r} = 0$ und $\delta r = 0$ genutzt, vereinfacht sich der Ausdruck für die virtuelle Arbeit der Trägheitskräfte zu

$$\delta W_T = -mr^2 \ddot{\varphi}\,\delta\varphi \tag{8.98}$$

und damit der Ausdruck für die virtuelle Arbeit insgesamt zu

$$\delta W = \left(-mr^2 \ddot{\varphi} + mgr \cos \varphi\right) \delta\varphi\,. \tag{8.99}$$

Da die virtuelle Arbeit für beliebige virtuelle Verrückungen $\delta\varphi$ stets Null sein soll, muss der Klammerausdruck identisch Null sein. Die Bewegungsgleichung lautet daher

$$\ddot{\varphi} = \frac{g}{r} \cos \varphi\,. \tag{8.100}$$

Die Bewegungsgleichung ist nichtlinear, denn φ tritt innerhalb einer cos-Funktion auf. Im konkreten Fall kann die Bewegungsgleichung analytisch gelöst werden.
Aus (8.100) ergibt durch Trennung der Veränderlichen in einem ersten Schritt die Bahngeschwindigkeit

$$v = |r\dot\varphi| = \sqrt{2gr\sin\varphi} \qquad (8.101)$$

und damit für die Geschwindigkeit im tiefsten Punkt $v_{\max} = \sqrt{2gr}$. Anmerkung: Dieses Ergebnis kann besonders einfach aus dem Energieerhaltungssatz gewonnen werden.

Eine numerische Lösung der Bewegungsgleichung (8.100) in Python gelingt mühelos. Dazu muss – wie bereits mehrfach geübt – die Beschreibung über die zwei Zustandsvariablen

$$z_1 = \varphi \qquad (8.102)$$
$$z_2 = \dot\varphi \qquad (8.103)$$

erfolgen.

```
from scipy.integrate import odeint
import numpy as np
import matplotlib.pyplot as plt
import math

def bewegdgl(z,t):
    return [z[1], g/r*math.cos(z[0])]

m = 3.00 #kg
g = 9.81 #m/s**2
r = 2.00 #m

Nt = 300
tEnde = 2
t_tab = np.linspace(0,tEnde,Nt)

erg1 = odeint(bewegdgl,[0,0],t_tab)
```

Man überzeugt sich leicht, dass die numerische Lösung die Gleichung (8.101) erfüllt.

> Übernehmen Sie den gezeigten Python-Code und bestimmen Sie die numerische Lösung. Erstellen Sie geeignete Diagramme zur grafischen Darstellung der Bewegung. Prüfen Sie, ob Gleichung (8.101) erfüllt ist.
>
> Berechnen Sie die potentielle Energie und die kinetische Energie aus den berechneten Informationen zu Lage und Geschwindigkeit des Körpers. Stellen Sie beide Größen sowie die Summe der beiden in einem Diagramm über der Zeit dar. Bleibt die mechanische Energie erhalten?

Kinetik: Prinzip des kleinsten Zwangs

Auch bei der Anwendung des Prinzips des kleinsten Zwangs können Polarkoordianten gewinnbringend angewendet werden. Der Zwang lautet dann

$$\mathcal{Z} = \frac{1}{2m}\left(mr\ddot{\varphi} - mg\cos\varphi\right)^2 \tag{8.104}$$

und die bekannte Bewegungsgleichung (8.100) ergibt sich unmittelbar aus der Minimierung des Zwangs bezüglich $\ddot{\varphi}$.

Es ist jedoch lehrreich, an diesem sehr einfachen Beispiel ein weiteres Mal einen Weg mit „überzähligen" Koordinaten zu beschreiben. Alternativ zur Darstellung in Polarkoordinaten können die Koordinaten x_P und y_P genutzt werden. Dann gilt für den Zwang

$$\mathcal{Z} = \frac{1}{2m}\left(ma_x\right)^2 + \frac{1}{2m}\left(ma_y - mg\right)^2 . \tag{8.105}$$

Da das System den Freiheitsgrad 1 hat, sind die Beschleunigungen $a_x = \ddot{x}_P$ und $a_y = \ddot{y}_P$ nicht unabhängig voneinander. Es gilt die kinematische Beziehung (8.94) zu berücksichtigen. Wird Gleichung (8.94) nach der Zeit abgeleitet, ergibt sich nach einmaligem bzw. zweimaligem Ableiten

$$0 = x_P\dot{x}_P + y_P\dot{y}_P \tag{8.106}$$
$$0 = \dot{x}_P^2 + x_P\ddot{x}_P + \dot{y}_P^2 + y_P\ddot{y}_P . \tag{8.107}$$

Um zu zeigen, dass die kinematischen Beziehungen nicht notwendigerweise nach den „überzähligen" Koordinaten aufgelöst werden müssen, soll hier eine numerische Lösung in den Koordinaten x_P und y_P erfolgen.

Das Prinzip des kleinsten Zwangs lautet

$$\mathcal{Z}(a_x, a_y) = \min! \quad \text{mit Nebenbedingung Gl. (8.107).} \tag{8.108}$$

Die Minimierung des Zwangs mit `minimize` erfolgt unter Beachtung der Nebenbedingung (8.107). Zur Erinnerung: Die Beschleunigungen sind die unabhängigen Variablen des Extremwertproblems. Entsprechend muss sich die Nebenbedingung auch auf die Beschleunigungen beziehen[7].

```
from scipy.optimize import minimize

def zwang(a):
    ax = a[0]
    ay = a[1]
    return 0.5*m*ax**2 + 0.5*m*(ay - g)**2

nb = ({'type': 'eq', 'fun': lambda a:  vx**2 + xP*a[0] + vy**2 + yP*a[1]})
```

---
[7] Bei der Umsetzung in Python ist zu beachten, dass die definierten Parameter und teilweise die genutzten Pakete von der anderen Lösung der Aufgabe zu nutzen sind.

Wenn Geschwindigkeit (Variablen vx und vy) und Lage (Variablen xP und yP) zu einem Zeitpunkt bekannt sind, berechnet die Zeile

`erg = minimize(zwang, (0, 0), method='SLSQP', constraints=nb)`

die beiden skalarwertigen Komponenten des Beschleunigungsvektors a_x und a_y, die den Zwang minimieren, und speichert diese in `erg.x` ab. Der zweiter Parameter (0, 0) im `minimize`-Befehl ist der Startwert für die Minimumsuche, im gewählten Beispiel ist $a_x = 0$, $a_y = 0$.

Für die numerische Lösung mit dem Prinzip des kleinsten Zwangs könnte wiederum der Befehl `odeint` für die numerische Integration der Beschleunigungen genutzt werden. Statt aus der Bewegungsgleichung (8.100) würde die Beschleunigung aber aus der Minimierung des Zwangs folgen. Stattdessen nutzen wir das primitive Integrationsschema 1. Ordnung, bei dem in jedem Zeitschritt von abschnittsweise konstanter Beschleunigung (in Abhängigkeit vom Bewegungszustand zu Beginn des Zeitschritts) ausgegangen wird[8].

Die Variable `x_tab` hat je Zeile vier Einträge, weil neben x_P und y_P auch der numerisch berechnete Radius und die relative Abweichung vom wahren Bahnradius für jeden Iterationsschritt gespeichert werden sollen.

```
Nt = 300
tEnde = 2
t_tab = np.linspace(0,tEnde,Nt)

x_tab = np.zeros((Nt,4))
x_tab[0,0] = -r
v_tab = np.zeros((Nt,3))
a_tab = np.zeros((Nt,2))
dt = t_tab[1] - t_tab[0]
vx = 0
vy = 0
xP = -r
yP = 0
for j in range(0,Nt-1):
    res = minimize(zwang, a_tab[j,:], method='SLSQP', constraints=nb)
    a_tab[j,:] = res.x
    vx = res.x[0]*dt + v_tab[j,0]
    vy = res.x[1]*dt + v_tab[j,1]
    v_tab[j+1,:] = np.array([vx,vy,(vx**2 + vy**2)**0.5])
    xP = 0.5*res.x[0]*dt**2 + v_tab[j,0]*dt + x_tab[j,0]
    yP = 0.5*res.x[1]*dt**2 + v_tab[j,1]*dt + x_tab[j,1]
    r_num = (xP**2 + yP**2)**0.5
    x_tab[j+1,:] = np.array([x,y,r_num,100*(r_num - r)/r])
```

---

[8] Ein Integrationsverfahren 2. Ordnung wird in Aufgabe 8.14 vorgestellt und mit einem Verfahren 1. Ordnung verglichen.

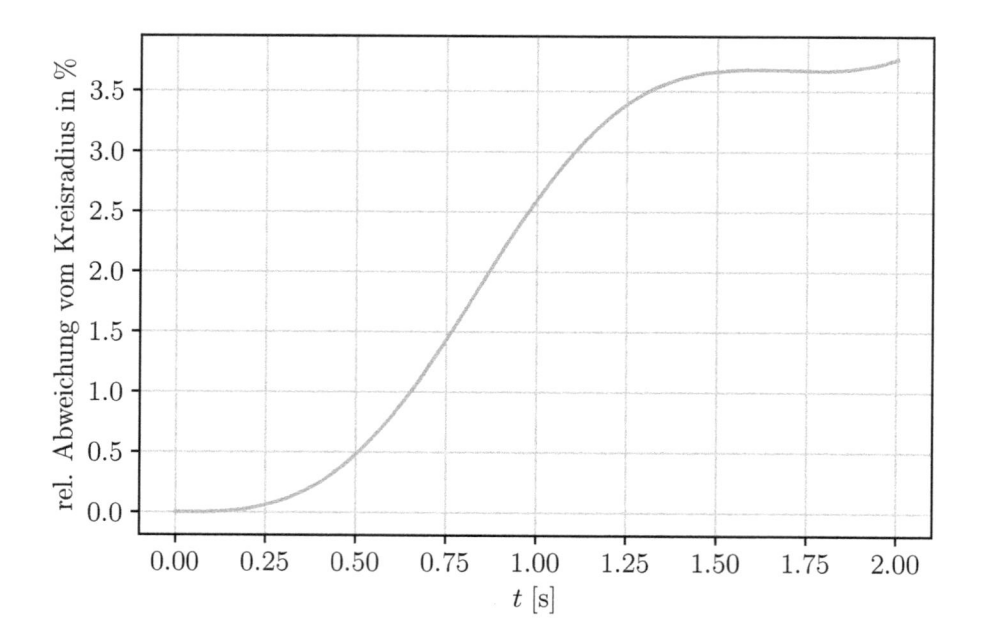

Abbildung 8.17.: Relative Abweichung des numerisch bestimmten Radius $\sqrt{x_\mathrm{P}^2 + y_\mathrm{P}^2}$ vom gegebenen Bahnradius r als Funktion der Zeit

Aufschlussreich ist ein Blick auf die Einhaltung der Bindungsgleichung (8.94). Aus den numerisch berechneten Werte für die Koordinaten x_P und y_P kann die Größe

$$r_\mathrm{num} = \sqrt{x_\mathrm{P}^2 + y_\mathrm{P}^2} \qquad (8.109)$$

berechnet werden und mit dem gegebenen Bahnradius r verglichen werden. Nicht ganz überraschend gibt es bei unserem primitiven Vorgehen eine Drift in der Bindung. Das liegt daran, dass wir nur ein Verfahren 1. Ordnung verwenden und die Bindungsgleichung nur in der differenzierten Form (8.107) nutzen. Im Rahmen des vorgestellten Vorgehens wird an keiner Stelle die Einhaltung der Bindung für die Lage erzwungen. In der Praxis ist demnach ein Verfahren höherer Ordnung und eine „Stabilisierung" oder regelmäßige Nachiteration der Bindungsgleichung für die Lage sinnvoll. Eine Verkleinerung der Schrittweite ist wegen der zunehmenden Bedeutung der Rundungsfehler begrenzt. Im vorliegenden Beispiel kann die Schrittweite noch verkleinert werden. Dies führt zu einer Verbesserung des Ergebnisses. Sinnvollerweise sollte jedoch ein Verfahren höherer Ordnung benutzt werden.

Eine denkbar einfache Art der Nachjustierung sind die folgenden Programmzeilen, die hinter die Bestimmung von xP und yP eingefügt werden können.

```
R = (xP**2 + yP**2)**0.5
xP = xP*r/R
```

```
yP = yP*r/R
```

Damit werden die Werte von x_P und y_P so angepasst, dass die Bindungsgleichung „exakt" erfüllt ist. Anschaulich gesprochen, wird in jedem Iterationsschritt der Körper zurück auf die Bahn gesetzt. Abbildung 8.18 zeigt schließlich das Ergebnis für die Bahngeschwindigkeit v als Funktion der Zeit t und die Abweichung zwischen den beiden numerischen Lösungen. Für die Lösung mit dem Verfahren 1. Ordnung wurde die oben genannte Nachjustierung der Lage benutzt.

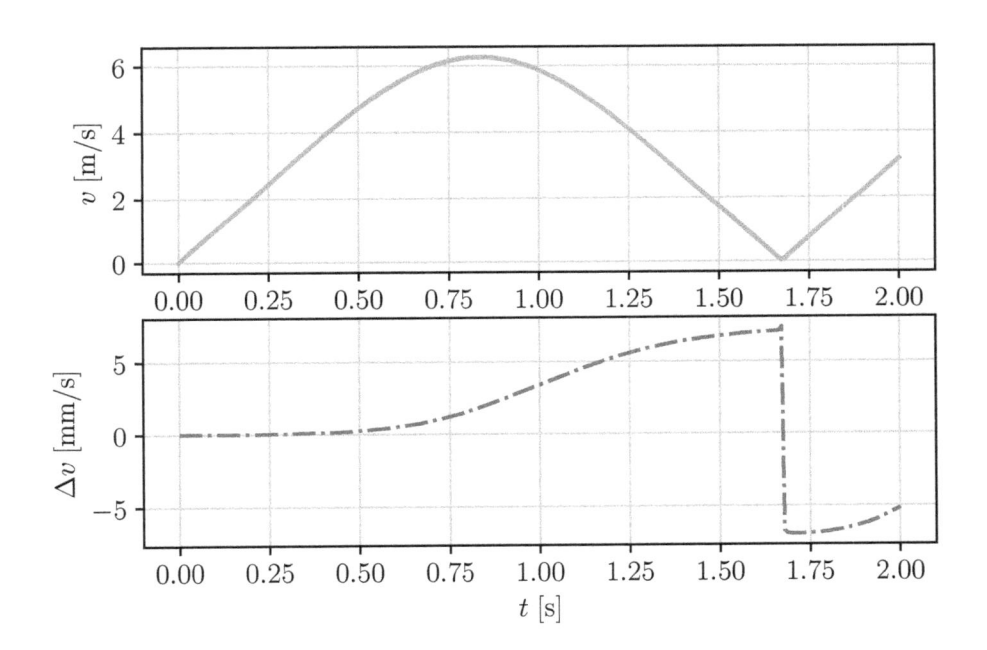

Abbildung 8.18.: Bahngeschwindigkeit v als Funktion der Zeit t (oben) und Differenz Δv zwischen der numerischen Lösung mit dem Verfahren 1. Ordnung und der numerischen Lösung der Bewegungsgleichung (8.100) mit `odeint` (unten)

> Übernehmen Sie den gezeigten Python-Code und bestimmen Sie die numerische Lösung. Erstellen Sie geeignete Diagramme zur grafischen Darstellung der Bewegung. Ändern Sie den Python-Code so, dass in jedem Schritt die Einhaltung der Bindungsgleichung (8.94) sichergestellt wird.
>
> Implementieren Sie das Integrationsverfahren 2. Ordnung aus Aufgabe 8.14 und vergleichen Sie die Ergebnisse mit denen des Verfahrens 1. Ordnung.

Kinetik: Normalkraft

Für die Bestimmung der Normalkraft im tiefsten Punkt der Bahn muss ein Freischnitt angefertigt und die Beschleunigung senkrecht zur Bahn berechnet werden. Für die Beschleunigung senkrecht zur Bahn gilt im tiefsten Punkt der Bahn

$$a_y = -2g = -a_\mathrm{n} \:. \tag{8.110}$$

Die Beschleunigung entspricht dem Doppelten der Erdbeschleunigung und ist in negative y-Richtung gerichtet, also zum Kreismittelpunkt hin. Dieses Ergebnis kann sowohl analytisch (in Polarkoordinaten) hergeleitet werden als auch dem Python-Programm mittels `np.min(a_tab[:,1])` entnommen werden. Beim zweiten Vorgehen sollte man sich vorab anschauen, wie der Verlauf der Beschleunigungen aussieht (z. B. in Abhängigkeit von x_P oder y_P).

Die Kräftegleichung oder das Prinzip von d'Alembert in der Fassung von Lagrange liefern im tiefsten Punkt der Bahn für die Normalenrichtung

$$0 = mg - F_\mathrm{N} - ma_y = mg - F_\mathrm{N} - 2mg = 3mg - F_\mathrm{N} \:, \tag{8.111}$$

wobei die Normalkraft F_N positiv als Druckkraft angenommen wurde (also auf den Körper im tiefsten Punkt der Bahn senkrecht nach oben wirkend). Demnach entspricht die Normalkraft im tiefsten Punkt dem Dreifachen der Gewichtskraft des Körpers.

> Stellen Sie die Bahnbeschleunigung und die Normalbeschleunigung als Funktion der Zeit und als Funktion des Winkels φ dar. Berechnen Sie Tangenten- und Normalenvektor aus dem Vektor der Geschwindigkeit.

8.14. Schubkurbelgetriebe

Lerninhalte

Mathematik Bestimmung des Minimums einer skalarwertigen Funktion einer Veränderlichen, numerische Lösung des AWP mit dem Polygonzugverfahren (Verfahren 1. und 2. Ordnung)

Mechanik Kinematische Beziehung für die Schubkurbel, Prinzip des kleinsten Zwangs von Gauß, mechanische Energie

Programmierung Python: Numerische Lösung des AWP mit einem selbstprogrammierten Löser 1. und 2. Ordnung, numerische Minimumsuche mit Nebenbedingung

Aufgabenstellung

Es soll die in Abbildung 8.19 gezeigte Schubkurbel untersucht werden. Die Kurbel und der Schieber sind über eine Stange verbunden (Englisch: crank, slider, connecting rod).

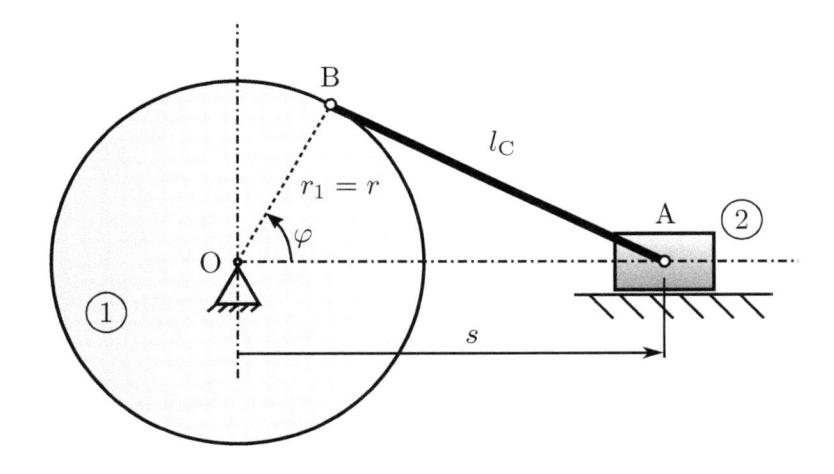

Abbildung 8.19.: Schubkurbel (Skizze nicht maßstäblich)

Im folgenden soll die Masse der Stange vernachlässigt werden und nur die Trägheitseigenschaften von Kurbel (Körper 1) und Schieber (Körper 2) ins Modell einfließen. Der Abstand zwischen den Punkten A und B ist mit l_C bezeichnet.
Bestimmen Sie die Winkelgeschwindigkeit $\dot\varphi$ und die Winkelbeschleunigung $\ddot\varphi$ der Kurbel als Funktion der Zeit und als Funktion des Kurbelwinkels φ für die Anfangsbedingungen $\varphi(0) = 0$ und $\dot\varphi(0) = 100\,\mathrm{s}^{-1}$.

Kinematik

Die Kurbel dreht sich um den raumfesten Punkt O und der Schieber bewegt sich entlang der horizontalen Führung. Da beide miteinander verbunden sind, sind die beiden ebenen Bewegungen gekoppelt und das System hat den Freiheitsgrad 1. Wir wählen für das Problem dennoch zwei Koordinaten: den Kurbelwinkel φ und die Position s des Schiebers. Die Bedingung „Die Punkte A und B haben den festen Abstand l_C" lässt sich schreiben als

$$(s - r\cos\varphi)^2 + (r\sin\varphi)^2 = l_\mathrm{C}^2 \,. \tag{8.112}$$

Wir wählen bewusst zwei Koordinaten, weil der Fall von „überzähligen" Koordinaten durchaus relevant für die Praxis ist. Hier kann die Bindungsgleichung (8.112) analytisch gelöst werden. Mehr dazu findet sich in Abschnitt 9.3. Wenn die Bindungsgleichung (8.112) ein bzw. zwei Mal nach der Zeit abgeleitet wird, ergeben sich die folgenden Gleichungen, die für die Geschwindigkeiten und Beschleunigungen erfüllt sein müssen.

$$0 = (s - r\cos\varphi)\dot s + sr\sin\varphi\,\dot\varphi \tag{8.113}$$

$$0 = \dot s^2 + 2r\sin\varphi\,\dot s\,\dot\varphi + rs\cos\varphi\,\dot\varphi^2 + (s - r\cos\varphi)\ddot s + rs\sin\varphi\,\ddot\varphi \tag{8.114}$$

Vergleichen Sie die Ergebnisse zur Kinematik aus diesem Abschnitt mit den Ergebnissen aus Abschnitt 9.3 und überzeugen Sie sich davon, dass beide Formulierungen die gleiche Kinematik beschreiben.

Kinetik: Prinzip des kleinsten Zwangs

Für den Zwang $\mathcal{Z}$ ergibt sich ein denkbar einfacher Ausdruck,

$$\mathcal{Z} = \frac{1}{2J_{\text{S1}}}(J_{\text{S1}}\ddot{\varphi} - M_1)^2 + \frac{1}{2m_2}(m_2\ddot{s} - F_2)^2 \ , \tag{8.115}$$

wobei M_1 das Antriebsmoment an der Kurbel und F_2 die eingeprägte Kraft am Schieber sind. Wir untersuchen die Bewegung ohne äußere Lasten ($M_1 = 0$, $F_2 = 0$) mit den Anfangsbedingungen $\varphi(0) = 0$ und $\dot{\varphi}(0) = 100\,\text{s}^{-1}$. Wir halten fest, dass ohne äußere Lasten und ohne Reibung die mechanische Energie erhalten bleibt,

$$E_{\text{mech}} = E_{\text{kin}} + E_{\text{pot}} = \text{const.} \tag{8.116}$$

Die Konstante ist die mechanische Energie zu Beginn. Bei entsprechender Wahl des Nullniveaus gilt

$$E_{\text{mech}}(0) = \frac{1}{2}J_{\text{S1}}\dot{\varphi}(0)^2 + \frac{1}{2}m_2\dot{s}(0)^2 = \frac{1}{2}J_{\text{S1}}\dot{\varphi}(0)^2 \ . \tag{8.117}$$

Einmal mehr soll die Bewegungsgleichung nicht explizit hergeleitet werden (was hier ohne weiteres möglich wäre). Stattdessen sollen die Beschleunigungen $\ddot{\varphi}$ und $\ddot{s}$ aus der Minimierung des Zwangs $\mathcal{Z}$ gemäß Gleichung (8.115) unter Berücksichtigung der Nebenbedingung (8.114) numerisch in jedem Zeitschritt ermittelt werden. Formelmäßig lautet das Prinzip des kleinsten Zwangs hier

$$\mathcal{Z}(\ddot{s}, \ddot{\varphi}) = \min! \qquad \text{mit Nebenbedingung Gl. (8.114)}. \tag{8.118}$$

Die im folgenden im Detail untersuchten Methoden liefern das in Abbildung 8.20 gezeigte Ergebnis für die Winkelgeschwindigkeit $\dot{\varphi}$ der Kurbel und die Winkelbeschleunigung $\ddot{\varphi}$ der Kurbel im Zeitverlauf und in Abhängigkeit vom Kurbelwinkel φ. Bei $\varphi = 2\pi$ hat die Kurbel eine Umdrehung erreicht.

Zuerst erfolgt in Python die Definition der Parameter, der Funktion $\mathcal{Z}$ und der Bindungsgleichung auf Beschleunigungslevel (hier `nb` genannt). Die Variable `a` enthält die Beschleunigungen $\ddot{\varphi}$ und $\ddot{s}$ in dieser Reihenfolge. Zudem gelten die Bezeichnungen $v = \dot{s}$ und $\omega = \dot{\varphi}$.

```
from scipy.optimize import minimize
import numpy as np
import matplotlib.pyplot as plt
from math import pi, cos, sin

J1 = 5.0 #kg m^2 moment of inertia of crank
m2 = 1.0 #kg Mass of slider
```

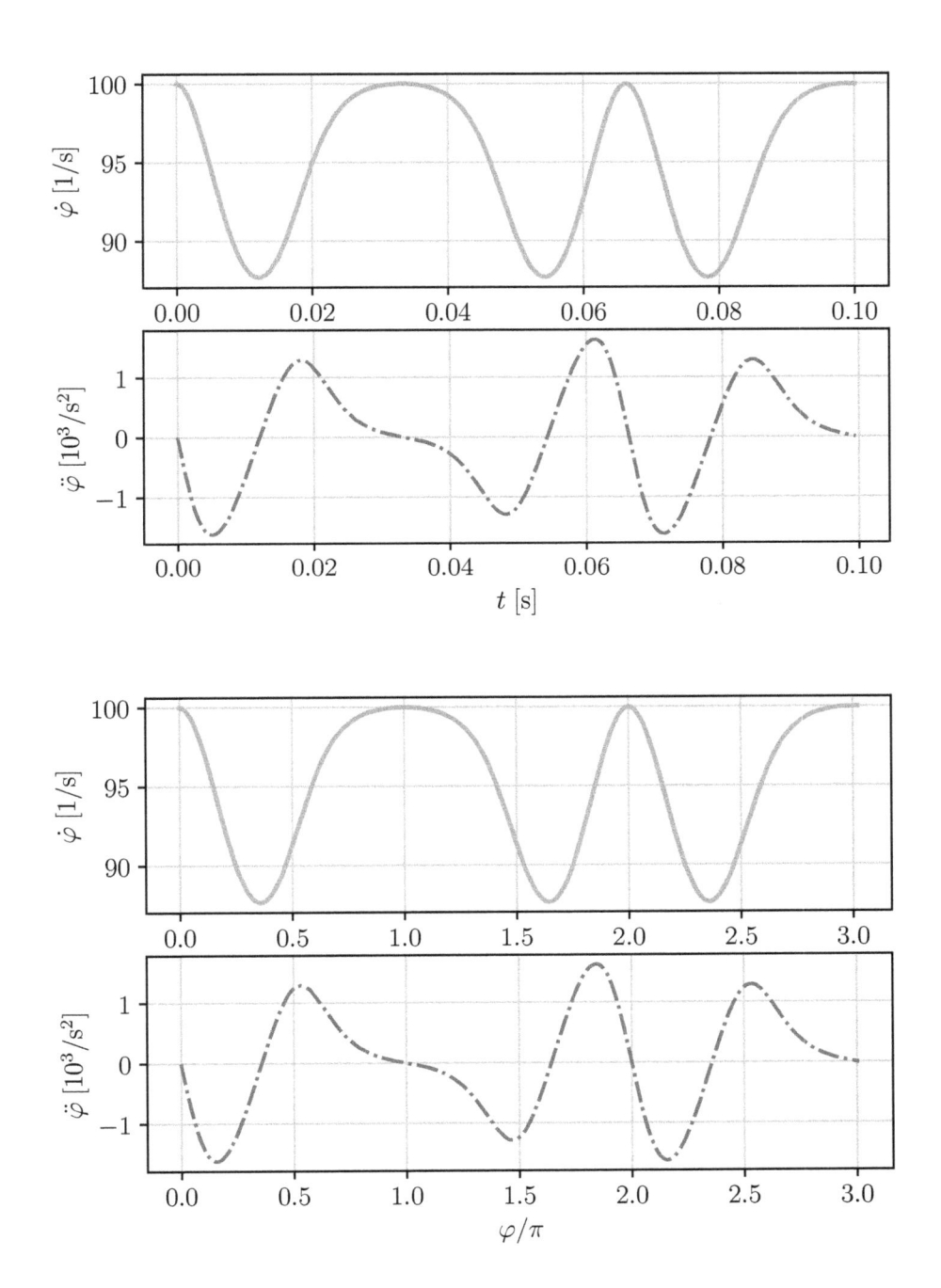

Abbildung 8.20.: Winkelgeschwindigkeit $\dot{\varphi}$ und Winkelbeschleunigung $\ddot{\varphi}$ der Kurbel als Funktion von Zeit t bzw. Kurbelwinkel φ für die gegebenen Anfangsbedingungen

```
lC = 1.5 #m Connecting rod length
r1 = 1.0 #m Crank shaft length
F2 = 0.0 #N Force applied to slider
M1 = 0.0 #N m Torque applied to crank

def zwang(a):
    return 0.5/m2*(m2*a[1] - F2)**2 + 0.5/J1*(J1*a[0] - M1)**2

nb = ({'type': 'eq', 'fun': lambda a:  v**2 + 2*r1*sin(phi)*v*omega +\
    r1*s*cos(phi)*omega**2 + (s -r1*cos(phi))*a[1] + r1*s*sin(phi)*a[0]})
```

Integrationsverfahren 1. Ordnung

Zuerst nutzen wir ein Einschrittverfahren 1. Ordnung. In jedem Zeitschritt werden zur Bestimmung der Qualität der Berechnungsergebnisse zwei Hilfsgrößen berechnet und in der Variable `aux_tab` gespeichert. Dies sind der relative Fehler in der Bindung

$$\frac{\ell\left(\overline{AB}\right) - l_C}{l_C} \qquad (8.119)$$

und der relative Fehler in der mechanischen Energie

$$\frac{E_{\mathrm{mech}}(t) - E_{\mathrm{mech}}(0)}{E_{\mathrm{mech}}(0)}. \qquad (8.120)$$

Im Idealfall wären beide Fehlerwerte identisch Null.

```
# Vorgabe der Zeitpunkte für die Ergebnisausgabe
Nt = 300
tEnde = 0.1
t_tab = np.linspace(0,tEnde,Nt)
dt = t_tab[1] - t_tab[0]

# Startwerte und Initialisierung der Ergebnistabellen
s = r1 + lC
phi = 0
omega = 100
v = 0
q_tab = np.zeros((Nt,2)) # phi and s
q_tab[0,1] = s
v_tab = np.zeros((Nt,2))
v_tab[0,0] = omega
a_tab = np.zeros((Nt-1,2))
aux_tab = np.zeros((Nt,2))
Emech0 = 0.5*m2*v**2 + 0.5*J1*omega**2

# Numerische Integration (Verfahren 1. Ordnung)
for j in range(0,Nt-1):
    res = minimize(zwang, a_tab[j,:], method='SLSQP', constraints=nb)
```

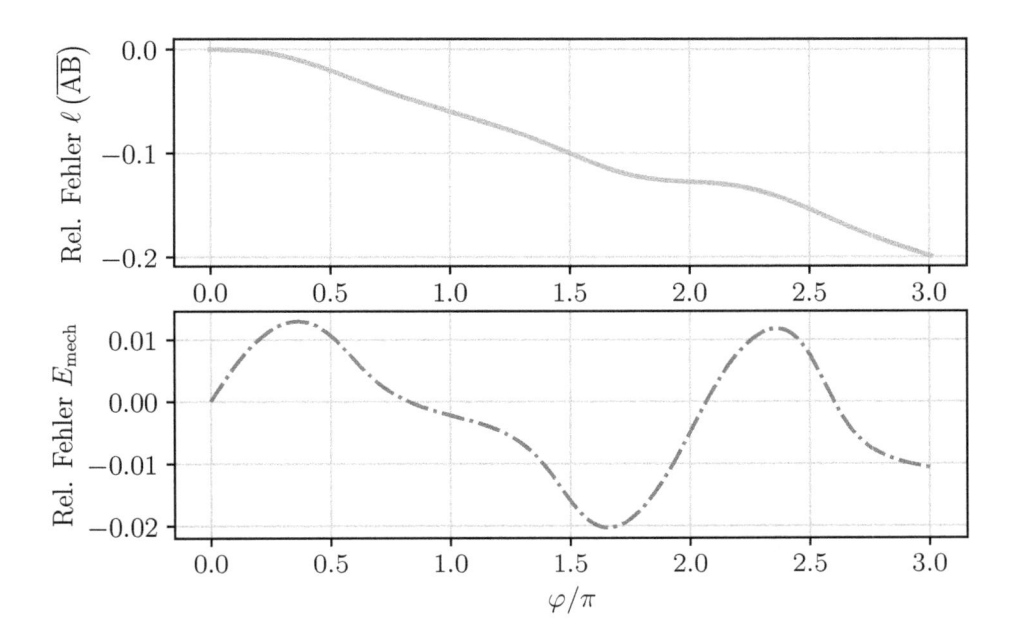

Abbildung 8.21.: Verfahren 1. Ordnung ohne Lösung der Bindungsgleichung: Relativer Fehler in der Bindung (oben) und in der mechanischen Energie (unten) als Funktion des Kurbelwinkels φ für die gegebenen Anfangsbedingungen.

```
a_tab[j,:] = res.x
omega = res.x[0]*dt + v_tab[j,0]
v = res.x[1]*dt + v_tab[j,1]
phi = 0.5*res.x[0]*dt**2 + v_tab[j,0]*dt + q_tab[j,0]
s = 0.5*res.x[1]*dt**2 + v_tab[j,1]*dt + q_tab[j,1]
v_tab[j+1,:] = np.array([omega,v])
q_tab[j+1,:] = np.array([phi,s])
aux_tab[j+1,0] = (((s - r1*cos(phi))**2 + r1**2*sin(phi)**2)**0.5 - lC)/lC
aux_tab[j+1,1] = (0.5*m2*v**2 + 0.5*J1*omega**2 - Emech0)/Emech0
```

Abbildung 8.21 zeigt sowohl den relativen Fehler in der Bindung als auch den Fehler in der mechanischen Energie E_{mech} im Zeitverlauf. Für den vorgestellten „primitiven" Algorithmus ist bei insgesamt 300 Zeitschritten (200 Zeitschritte für eine volle Umdrehung der Kurbel) die Bindungsgleichung (8.112) schon nach kurzer Zeit deutlich verletzt. Nach drei Vierteln einer Umdrehung beträgt die relative Abweichung bereits -10%. D. h. der berechnete Abstand zwischen A und B, der sich aus den Werten für φ und s ergibt, ist 10% kürzer als die „wahre" Länge l_C. So funktioniert es also nicht!

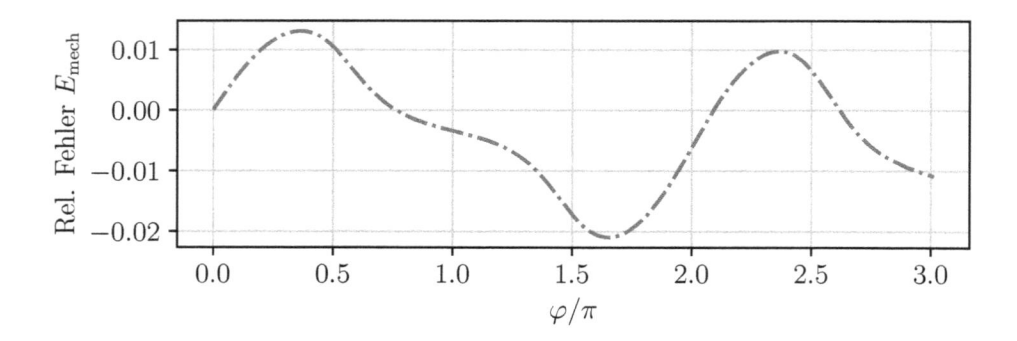

Abbildung 8.22.: Verfahren 1. Ordnung mit Lösung der Bindungsgleichung: Relativer Fehler in der mechanischen Energie als Funktion des Kurbelwinkels φ für die gegebenen Anfangsbedingungen.

> Testen Sie für den vorgestellten primitiven Algorithmus, wie sich die Fehler mit der Schrittweite ändern. Probieren Sie dazu z. B. statt `Nt = 300` Punkten auch 500, 700 und 1000 Punkte.

Will man in jedem Iterationsschritt die Einhaltung der Bindungsgleichung erzwingen, kann im vorliegenden einfachen Fall der Ausdruck `s =` durch

```
s = (lC**2 - r1**2*sin(phi)**2)**0.5 + r1*cos(phi)
```

ersetzt werden. Hier ist die Bindungsgleichung nach s analytisch auflösbar. In anderen Fällen wären die Bindungsgleichungen numerisch (z. B. mit dem Newton-Verfahren) zu lösen. Mit dieser Methode wird die Bindungsgleichung (8.112) exakt erfüllt, in dem s in jedem Iterationsschritt so angepasst wird, dass der Abstand von A nach B korrekt ist. Abbildung 8.22 zeigt für diesen Fall den Fehler in der mechanischen Energie, der praktisch identisch zu dem vorherigen Ergebnis ist. Dafür wird nun aber die Bindungsgleichung exakt erfüllt, i. a. W. die Zahlenwerte für φ und s sind zu jedem Zeitpunkt konsistent oder noch anders gesagt: Schieber- und Kurbellage passen zusammen. Sie müssen selbstverständlich in der zeitlichen Zuordnung noch nicht korrekt sein.

Integrationsverfahren 2. Ordnung

Grundidee eines Verfahrens 2. Ordnung ist die folgende. Es wird wie gehabt aus den Werten für Lage und Geschwindigkeit eine Beschleunigung berechnet (hier `res1.x`). Daraus werden „hypothetische" Werte für Lage und Geschwindigkeit im nächsten Zeitschritt berechnet. Nun wird mit diesen Werten erneut eine Beschleunigung berechnet (hier `res2.x`). Aus den beiden Beschleunigungswerten wird ein Mittelwert berechnet (hier `a_mean`), aus dem dann Lage und Geschwindigkeit im nächsten Zeitschritt berechnet wird. Dies entspricht im Vorgehen der bekannten Trapezregel beim numerischen Integrieren.

```
for j in range(0,Nt-1):
```

```
# First step
res1 = minimize(zwang, a_tab[j,:], method='SLSQP', constraints=nb)
a_tab[j,:] = res1.x
omega = res1.x[0]*dt + v_tab[j,0]
v = res1.x[1]*dt + v_tab[j,1]
phi = 0.5*res1.x[0]*dt**2 + v_tab[j,0]*dt + q_tab[j,0]
s = 0.5*res1.x[1]*dt**2 + v_tab[j,1]*dt + q_tab[j,1]
# Second step
res2 = minimize(zwang, a_tab[j,:], method='SLSQP', constraints=nb)
a_mean = 0.5*(res1.x + res2.x)
omega = a_mean[0]*dt + v_tab[j,0]
v = a_mean[1]*dt + v_tab[j,1]
phi = 0.5*a_mean[0]*dt**2 + v_tab[j,0]*dt + q_tab[j,0]
s = 0.5*a_tab[j,1]*dt**2 + v_tab[j,1]*dt + q_tab[j,1]
v_tab[j+1,:] = np.array([omega,v])
q_tab[j+1,:] = np.array([phi,s])
aux_tab[j+1,0] = (((s - r1*cos(phi))**2 + r1**2*sin(phi)**2)**0.5 - lC)/lC
aux_tab[j+1,1] = (0.5*m2*v**2 + 0.5*J1*omega**2 - Emech0)/Emech0
```

Wird zur Integration ein Verfahren 2. Ordnung gewählt, verbessert sich das Ergebnis drastisch (siehe Abbildung 8.23). Selbst ohne Lösung der Bindungsgleichung „driftet" die Bindung nur wenig ab (ca. 0,1% innerhalb der ersten Umdrehung statt ca. 12% beim Verfahren 1. Ordnung bei gleicher Zeitschrittweite). Die mechanische Energie weicht um maximal 0,03% vom Startwert ab.

In der Praxis ist demnach ein Verfahren 2. Ordnung einem Verfahren 1. Ordnung vorzuziehen. Viele eingebaute ODE-Solver basieren auf Verfahren 4. und 5. Ordnung.

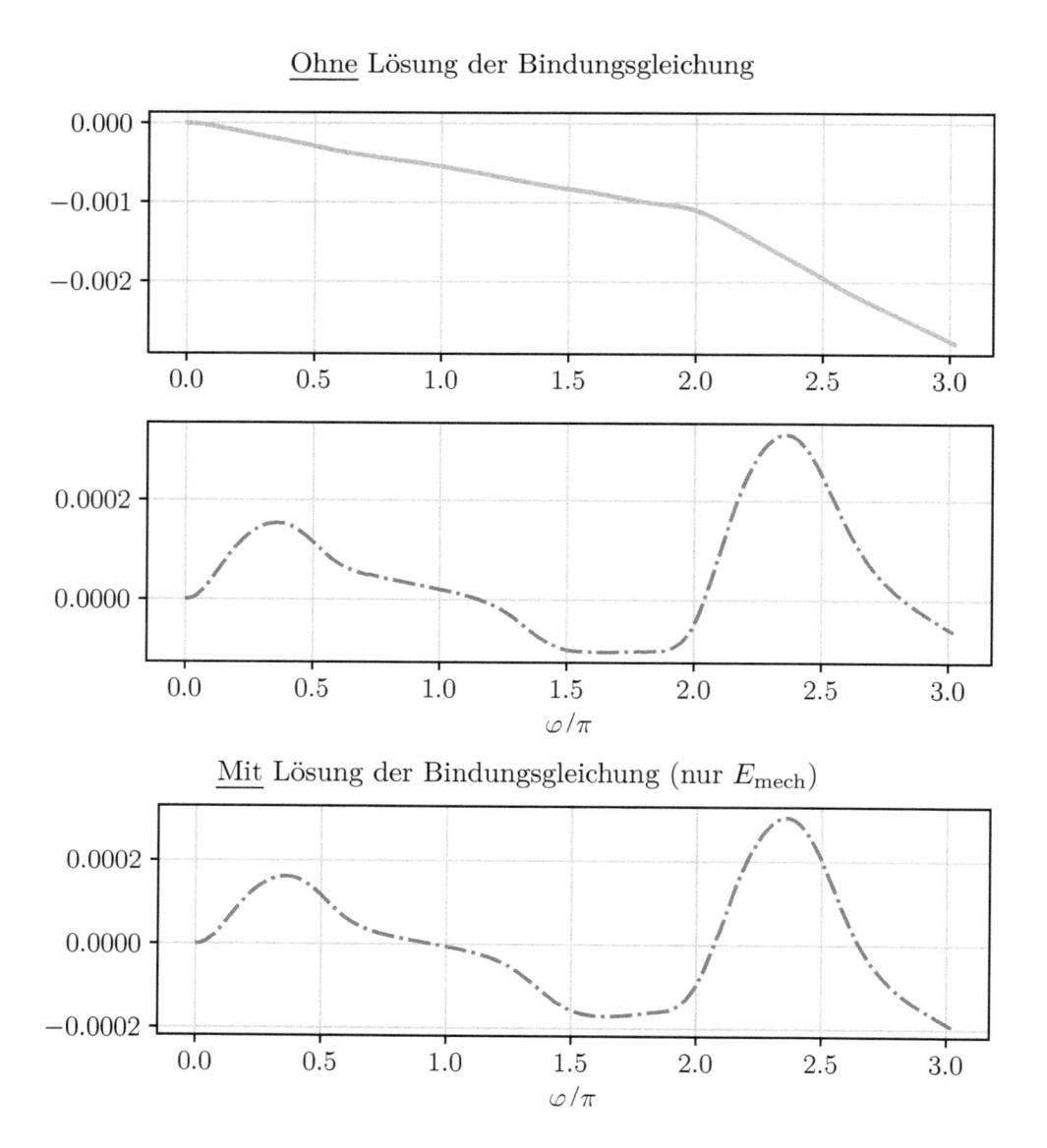

Abbildung 8.23.: Verfahren 2. Ordnung: Relativer Fehler in der Bindung (durchgezogene Linie) und in der mechanischen Energie (Strich-Punkt-Linie) als Funktion des Kurbelwinkels φ für die gegebenen Anfangsbedingungen. Maximaler relativer Fehler in der mechanischen Energie: $0{,}0003 = 0{,}03\,\%$.

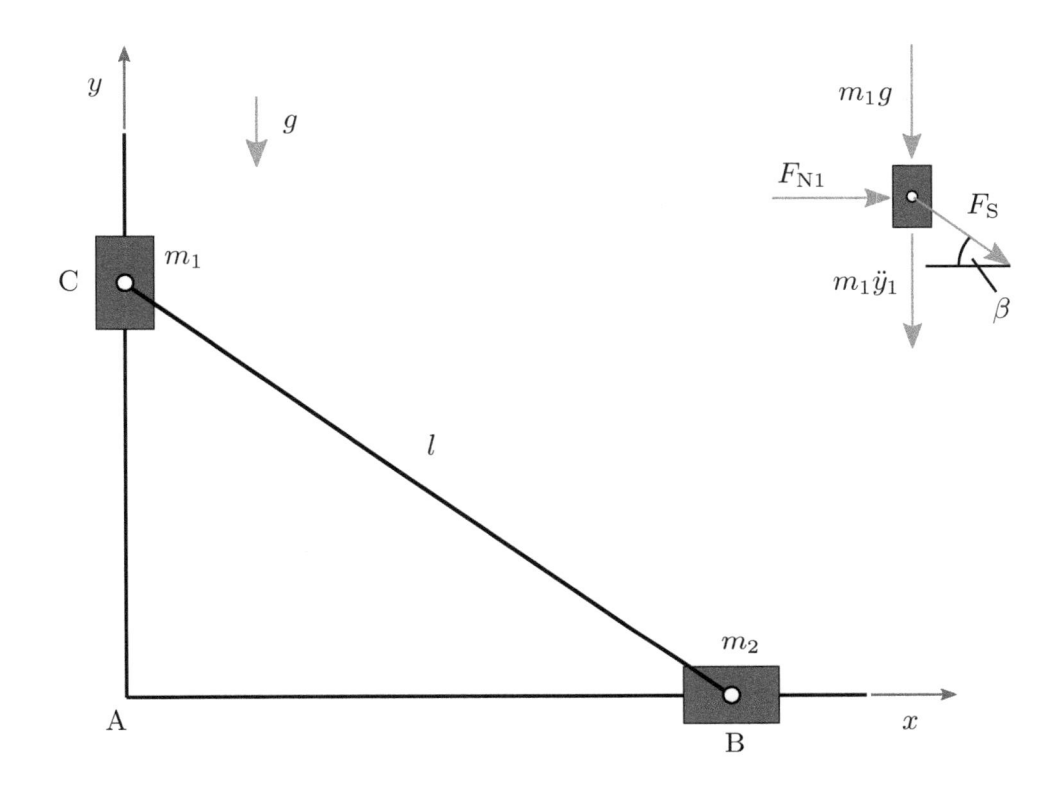

Abbildung 8.24.: System aus zwei Körpern – verbunden über eine starre Stange

8.15. Zwei Körper mit Verbindungsstab

Lerninhalte

Mathematik Bestimmung des Minimums einer skalarwertigen Funktion einer Unbekannten bei Nebenbedingungen (Lagrange-Multiplikator)

Mechanik Kinematische Beziehung, Prinzip des kleinsten Zwangs von Gauß, Prinzip von d'Alembert in der Fassung von Lagrange, Lagrange-Multiplikator bei der Anwendung des Prinzips von Gauß

Programmierung Python: Numerische Minimumsuche, numerische Lösung des AWP mit odeint

Aufgabenstellung

Körper 1 (Masse m_1) gleitet entlang einer vertikalen Führung und wird durch die Koordinate y_1 beschrieben. Körper 2 (Masse m_2) gleitet entlang einer horizontalen Führung und wird durch die Koordinate x_2 beschrieben. Reibung soll für eine erste Berechnung vernachlässigt werden. Ebenso sollen die Nachgiebigkeit und die Masse des Verbindungsstabes vernachlässigt werden.

Bestimmen Sie die Bewegungsgleichung für das Systems. Bestimmen Sie die Bewegung aus dem Anfangszustand $y_1(0) = 0{,}8l$ und $\dot{y}_1(0) = 0{,}0\,\mathrm{m/s}$. Erläutern Sie, wie die Kraft im Verbindungsstab BC berechnet werden kann.

Kinematik

Da beide Körper durch einen starren Stab verbunden sind, hat das System den Freiheitsgrad 1. Entsprechend muss bei Verwendung von zwei Koordinaten, y_1 und x_2, eine kinematische Nebenbedingung gelten. Offensichtlich folgt aus dem Satz des Pythagoras

$$x_2^2 + y_1^2 = l^2 \tag{8.121}$$

bzw.

$$x_2 = \sqrt{l^2 - y_1^2} \, . \tag{8.122}$$

Wir schreiben die kinematische Beziehung gleichwertig als

$$\Phi = \frac{1}{2l}\left(x_2^2 + y_1^2 - l^2\right) = 0 \, . \tag{8.123}$$

Für die Geschwindigkeiten gilt entsprechend

$$\dot{\Phi} = 0 \rightarrow \frac{x_2}{l}\dot{x}_2 + \frac{y_1}{l}\dot{y}_1 = 0 \tag{8.124}$$

bzw.

$$\dot{x}_2 = -\frac{y_1}{\sqrt{l^2 - y_1^2}}\,\dot{y}_1 \, . \tag{8.125}$$

Zweimaliges Ableiten von Φ nach der Zeit liefert die Bindungsgleichung auf Beschleunigungslevel, die wir bei der Anwendung des Prinzips des kleinsten Zwanges nutzen.

$$h = \ddot{\Phi} = \frac{x_2}{l}\ddot{x}_2 + \frac{y_1}{l}\ddot{y}_1 + \frac{\dot{x}_2^2 + \dot{y}_1^2}{l} = 0 \tag{8.126}$$

Kinetik mit dem Prinzip von d'Alembert in der Fassung von Lagrange

Die virtuelle Arbeit lautet

$$\delta W = -m_1 g \delta y_1 - m_1 \ddot{y}_1 \delta y_1 - m_2 \ddot{x}_2 \delta x_2 \, . \tag{8.127}$$

Wie üblich, wurde der Ausdruck für δW vorerst ohne Einsetzen der Kinematik notiert, ganz im Sinne eines schrittweisen Vorgehens. Für die virtuelle Verrückung δx_2 wird nach dem bekannten Vorgehen Gleichung (8.125) herangezogen, um δx_2 durch einen Ausdruck in δy_1 zu ersetzen. Die Beschleunigung $\ddot{x}_2$ wird durch nochmaliges Differenzieren von (8.125) nach der Zeit oder aus Gleichung (8.126) gewonnen. Einsetzen und Ausklammern liefert einen Ausdruck in der Form $\delta W = [.]\delta y_1 = 0$, der für beliebige virtuelle Verrückungen δy_1 nur dann erfüllt sein kann, wenn der Klammerausdruck [.] identisch Null ist. Das führt schließlich auf die Bewegungsgleichung

$$\ddot{y}_1 = -\frac{1}{1 + \frac{m_2}{m_1}\frac{y_1^2}{l^2-y_1^2}} \left(g + \frac{m_2}{m_1} \frac{l^2 y_1}{(l^2-y_1^2)^2} \dot{y}_1^2 \right). \tag{8.128}$$

Vollziehen Sie alle skizzierten Schritte auf dem Weg zu Gleichung (8.128) nach und überzeugen Sie sich von der Richtigkeit der angegebenen Bewegungsgleichung.

In Python kann die Bewegungsgleichung wie folgt geschrieben werden.

```
def bewegdgl(z):
    y1 = z[0]
    v1 = z[1]
    aux = 1/(l**2 - y1**2)
    return [v1, \
        -1/(1 + m2/m1*y1**2*aux)*(g + m2/m1*y1*l**2*aux**2*v1**2)]
```

Zudem werden folgende Parameter festgelegt.

```
m1 = 1.0
m2 = 2.0
g = 9.81
l = 0.1
```

Kinetik mit dem Prinzip des kleinsten Zwangs

Der Zwang $\mathcal{Z}$ für das System kann als

$$\mathcal{Z} = \frac{1}{2m_1}(m_1 \ddot{y}_1 + m_1 g)^2 + \frac{1}{2m_2}(m_2 \ddot{x}_2)^2 \tag{8.129}$$

geschrieben werden. Unabhängig von den darauf folgenden Schritten wird $\mathcal{Z}$ in einem ersten Schritt in beiden Koordinaten geschrieben, ganz in Analogie zu unserem Vorgehen bei δW.

Eine Möglichkeit besteht nun darin, $\ddot{x}_2$ durch y_1 und die zugehörigen Zeitableitungen $\dot{y}_1$ und $\ddot{y}_1$ zu ersetzen und dann das Minimum von $\mathcal{Z}$ bezüglich $\ddot{y}_1$ zu bestimmen. Das liefert eine Gleichung für $\ddot{y}_1$, nämlich Gleichung (8.128).

Leiten Sie die Bewegungsgleichung (8.128) wie skizziert aus der Minimierung des Zwangs her.

Wir verfolgen den Weg mit zwei Koordinaten, y_1 und x_2, weiter. Wenn mit zwei Koordinaten gearbeitet wird, müssen für beide die Anfangsbedingungen vorgegeben werden; selbstverständlich konsistent.

```
#Konsistenter Satz an Anfangsbedingungen
y1 = 0.8*l
x2 = (l**2 - y1**2)**0.5
v1 = 0.0
v2 = -y1/x2*v1
```

Numerische Minimierung Wenn die Beschleunigungen $\ddot{y}_1$ und $\ddot{x}_2$ durch Minimierung von $\mathcal{Z}$ mittels `minimize` bestimmt werden sollen, werden Zwang und kinematische Zwangsbedingung wie folgt in Python definiert. Zudem werden die notwendigen Pakete geladen.

```
from scipy.optimize import minimize
import numpy as np

def zwang(a):
    return 0.5*m1*(a[0] + g)**2 + 0.5*m2*a[1]**2

nb = ({'type': 'eq', \
    'fun': lambda a:  x2*a[1] + y1*a[0] + v2**2 + v1**2})
```

Zur Erinnerung: Die Beschleunigungen sind die gesuchten Größen der Minimumsuche. Demnach muss die Nebenbedingung in den Beschleunigungen angegeben werden, d. h. Gleichung (8.126) ist die relevante Nebenbedingung für die Minimumsuche. Die Minimumsuche erfolgt wie gehabt mit `minimize`, wobei in `res.x` das Ergebnis für die Beschleunigung zurückgegeben wird.

```
res = minimize(zwang, [0,0], method='SLSQP', constraints=nb)
a_num = res.x
```

Lösung mit Lagrange-Multiplikator Die Funktion $\mathcal{Z}$ ist unter Berücksichtigung der Nebenbedingung (8.126) zu minimieren. Eine Möglichkeit für eine analytische Weiterbehandlung des Minimalwertproblems besteht in der Einführung eines Lagrange-Multiplikators λ [30]. Für das Minimum gelten dann zusätzlich zur Nebenbedingung (8.126) die beiden Gleichungen

$$\frac{\partial \mathcal{Z}}{\partial \ddot{y}_1} = -\lambda \frac{\partial h}{\partial \ddot{y}_1} \tag{8.130}$$

$$\frac{\partial \mathcal{Z}}{\partial \ddot{x}_2} = -\lambda \frac{\partial h}{\partial \ddot{x}_2} \tag{8.131}$$

für die gesuchten Größen $\ddot{y}_1$, $\ddot{x}_2$ und λ. Einsetzen von $\mathcal{Z}$ und h führt auf

$$m_1 \ddot{y}_1 + m_1 g = -\lambda \frac{y_1}{l} = -\lambda \sin\beta \tag{8.132a}$$

$$m_2 \ddot{x}_2 = -\lambda \frac{x_2}{l} = -\lambda \cos\beta \,. \tag{8.132b}$$

Welche Bedeutung hat λ? Wir betrachten den Freischnitt von Körper 1 in Abbildung 8.24 (rechts oben) und sehen, dass der Anteil der Stangenkraft in Richtung y_1 den Wert $-F_S \sin\beta$ hat. Demnach gilt $\lambda = F_S$, der Lagrange-Multiplikator hat den Wert der Stabkraft. Wenn Gleichungen (8.132) nach den beiden Beschleunigungen aufgelöst werden und in die Bindungsgleichung (8.126) eingesetzt wird, ergibt sich für den

Lagrange-Multiplikator λ

$$\lambda = m_1 m_2 l \, \frac{\dot{x}_2^2 + \dot{y}_1^2 - g y_1}{m_1 x_2^2 + m_2 y_1^2} \qquad (8.133)$$

und damit

$$\ddot{y}_1 = -g - m_2 \, \frac{\dot{x}_2^2 + \dot{y}_1^2 - g y_1}{m_1 x_2^2 + m_2 y_1^2} \, y_1 \qquad (8.134)$$

$$\ddot{x}_2 = -m_1 \, \frac{\dot{x}_2^2 + \dot{y}_1^2 - g y_1}{m_1 x_2^2 + m_2 y_1^2} \, x_2 \qquad (8.135)$$

bzw. als Python-Code mit $\ddot{y}_1 \to$ a1 und $\ddot{x}_2 \to$ a2

```
a1 = -g -m2*(v2**2 + v1**2 - g*y1)*y1/(m1*x2**2 + m2*y1**2)
a2 = -m1*(v2**2 + v1**2 - g*y1)*x2/(m1*x2**2 + m2*y1**2)
```

Einordnung und Bewertung der drei Beschreibungsweisen

Wir haben in diesem Beispiel drei Möglichkeiten gesehen, die Beschleunigungen (die Bewegungsgleichung) für das System anzugeben: mit einer Koordinate, mit zwei Koordinaten und Nebenbedingung (ohne Lagrange-Multiplikator) und mit zwei Koordinaten, Lagrange-Multiplikator und Nebenbedingung.

Eine Koordinate (Minimalkoordinaten) Auswerten von Gleichung (8.128) für die Größe $\ddot{y}_1$. Vorteil: Es muss nur eine Differentialgleichung für das Freiheitsgrad-1-System gelöst werden. Die Bindungsgleichung (8.121) ist stets exakt erfüllt, da sie in die Gleichung „eingebaut" ist. Nachteil: Vergleichsweise größerer Aufwand bei der Herleitung der Bewegungsgleichung, wobei Computeralgebra (z. B. Python Sympy) hier helfen kann.

Zwei Koordinaten ohne Lagrange-Multiplikator Die numerische Minimierung von $\mathcal{Z}$ liefert in jedem Zeitschritt die beiden Größen $\ddot{y}_1$ und $\ddot{x}_2$. Vorteil: Sehr einfacher und schneller Weg der Herleitung. Nachteil: In jedem Zeitschritt muss eine numerische Minimumsuche erfolgen und beim Integrieren muss ggf. die Einhaltung der Bindungsgleichung überprüft bzw. erzwungen werden.

Selbst wenn der ersten Variante aus Rechenzeiterwägungen der Vorzug gegeben wird, kann die zweite Variante zu Prüfzwecken gewinnbringend eingesetzt werden.

Zwei Koordinaten mit Lagrange-Multiplikator Dieser Weg wurde der Vollständigkeit halber gezeigt und stellt im konkreten Fall nur die dritte Wahl dar.

Auch wenn der Eindruck entstanden sein mag, dass die erste Variante an das Prinzip von d'Alembert gebunden ist, funktioniert die Variante mit einer Koordinate selbstverständlich auch mit dem Prinzip von Gauß oder jeder anderen Methode. Eine numerische Auswertung der drei Wege liefert übereinstimmende Werte der Beschleunigung(en) für den gegebenen Anfangszustand.

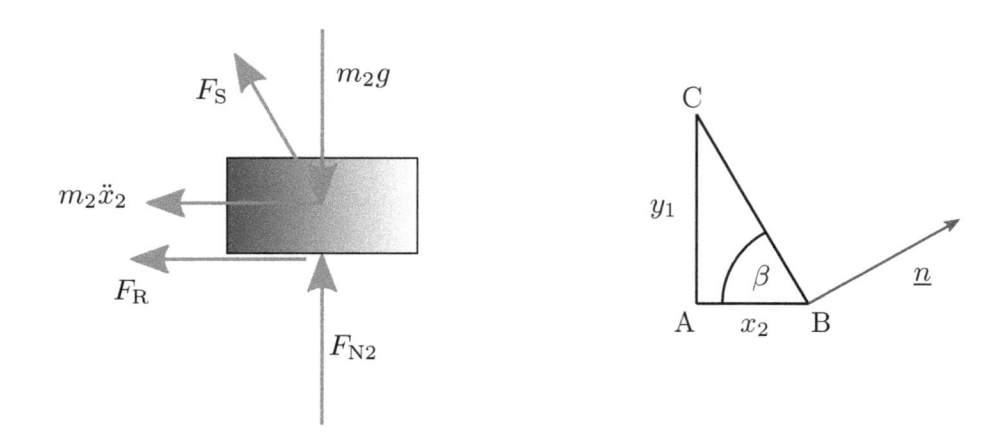

Abbildung 8.25.: Freischnitt von Körper 2 (links) und Geometrieskizze (rechts)

Überzeugen Sie sich selbst davon, dass alle drei Beschreibungsweisen auf die gleichen numerischen Werte für die Beschleunigungen im Anfangszustand führen.

Lösen Sie das durch die Bewegungsgleichung und die gegebenen Anfangsbedingungen definierte Anfangswertproblem numerisch – entweder unter Nutzung eines eingebauten ODE-Solvers oder mit einem selbst programmierten Integrationsverfahren.

System mit Reibung zwischen Körper 2 und Unterlage

Abschließend soll das System für den Fall von Reibung zwischen Körper 2 und der Führungsschiene untersucht werden. Die Schwierigkeit im Vergleich zu Aufgabe 8.1 besteht darin, dass die Normalkraft im betroffenen Kontakt zwischen Körper 2 und Führungsschiene keine Konstante ist, sondern sich in Abhängigkeit von der konkreten Bewegung ändert. Um die Reibungskraft zu berechnen, muss daher die Normalkraft während der Bewegung stets mitberechnet werden. Die Normalkraft (als Zwangs- bzw. Reaktionskraft) ist nur durch einen Freischnitt (Abbildung 8.25) zugänglich.

Wir verwenden das Prinzip des kleinsten Zwangs und nutzen y_1 als einzige Koordinate (Minimalkoordinaten). Der Zwang $\mathcal{Z}$ für das System mit Reibung zwischen Körper 2 und Führungsschiene kann als

$$\mathcal{Z} = \frac{1}{2m_1}(m_1\ddot{y}_1 + m_1 g)^2 + \frac{1}{2m_2}(m_2\ddot{x}_2 + F_\text{R})^2 \qquad (8.136)$$

geschrieben werden. Unabhängig von den darauf folgenden Schritten wird $\mathcal{Z}$ in einem ersten Schritt in beiden Koordinaten geschrieben. Für die Reibungskraft F_R soll der einfache Ansatz

$$F_\text{R} = \mu F_{\text{N2}} \qquad (8.137)$$

gelten, wobei μ den Reibungskoeffizienten und F_N2 die Normalkraft im Kontakt zwischen Körper 2 und Führungsschiene bezeichnen. Wichtig: Es ist darauf zu achten,

dass die Reibungskraft stets der Bewegung entgegen gerichtet ist. Ein positiver Wert für F_R gehört hier zu einer Bewegung von Körper 2 nach rechts ($\dot{x}_2 > 0$).
Für eine Beschreibung in Minimalkoordinaten gilt

$$\frac{\partial \mathcal{Z}}{\partial \ddot{y}_1} = 0 \rightarrow m_1 \ddot{y}_1 - \frac{y_1}{x_2} m_2 \ddot{x}_2 - \mu F_{N2} \frac{y_1}{x_2} = -m_1 g \,, \qquad (8.138)$$

wobei bereits das Reibungsgesetz (8.137) eingesetzt und als Folge von (8.126) die Beziehung

$$\frac{\partial \ddot{x}_2}{\partial \ddot{y}_1} = -\frac{y_1}{x_2} \qquad (8.139)$$

genutzt wurden. Ein Freischnitt von Körper 2 (Abbildung 8.25) liefert die Gleichung

$$\underline{n} \cdot \Sigma \underline{F} = 0 \rightarrow m_2 y_1 \ddot{x}_2 + F_{N2} (\mu y_1 - x_2) = -m_2 g x_2 \,, \qquad (8.140)$$

die die Normalkraft F_{N2} und die Beschleunigung $\ddot{x}_2$ in Beziehung zueinander setzt. Das dynamische Kräftegleichgewicht (einschließlich der d'Alembertschen Trägheitskraft $m_2 \ddot{x}_2$) wird auf die Richtung senkrecht zum Stab BC projiziert, um ohne Umwege eine Gleichung für F_{N2} und $\ddot{x}_2$ zu erhalten, die die unbekannte (und „uninteressante") Stabkraft F_S nicht enthält.
Die drei Gleichungen (8.126), (8.138) und (8.140) bilden ein lineares Gleichungssystem für die drei Unbekannten $\ddot{y}_1$, $\ddot{x}_2$ und F_{N2}. Das lineare Gleichungssystem kann analytisch nach $\ddot{y}_1$ aufgelöst werden, um einen geschlossenen Ausdruck für die Bewegungsgleichung des Systems zu erhalten. Alternativ kann das lineare Gleichungssystem numerisch in jedem Zeitschritt gelöst werden. Diese Lösung ist im folgenden Programmcode implementiert. Dabei sind A die Koeffizientenmatrix und b die rechte Seite des linearen Gleichungssystems.

```
from scipy.integrate import odeint
import numpy as np
import matplotlib.pyplot as plt

def bewegdgl(z,t):
    y1 = z[0]
    v1 = z[1]
    x2 = (l**2 - y1**2)**0.5
    v2 = -y1/x2*v1
    A = np.array([[0,m2*y1,-x2+mu*y1],[m1,-m2*y1/x2,-mu*y1/x2],[y1,x2,0]])
    b = np.array([[-m2*x2*g],[-m1*g],[-(v1**2+v2**2)]])
    lsg = np.linalg.solve(A,b)
    a1 = lsg[0,0]
    return [v1, a1]

# Systemparameter
m1 = 1.0
m2 = 2.0
g = 9.81
```

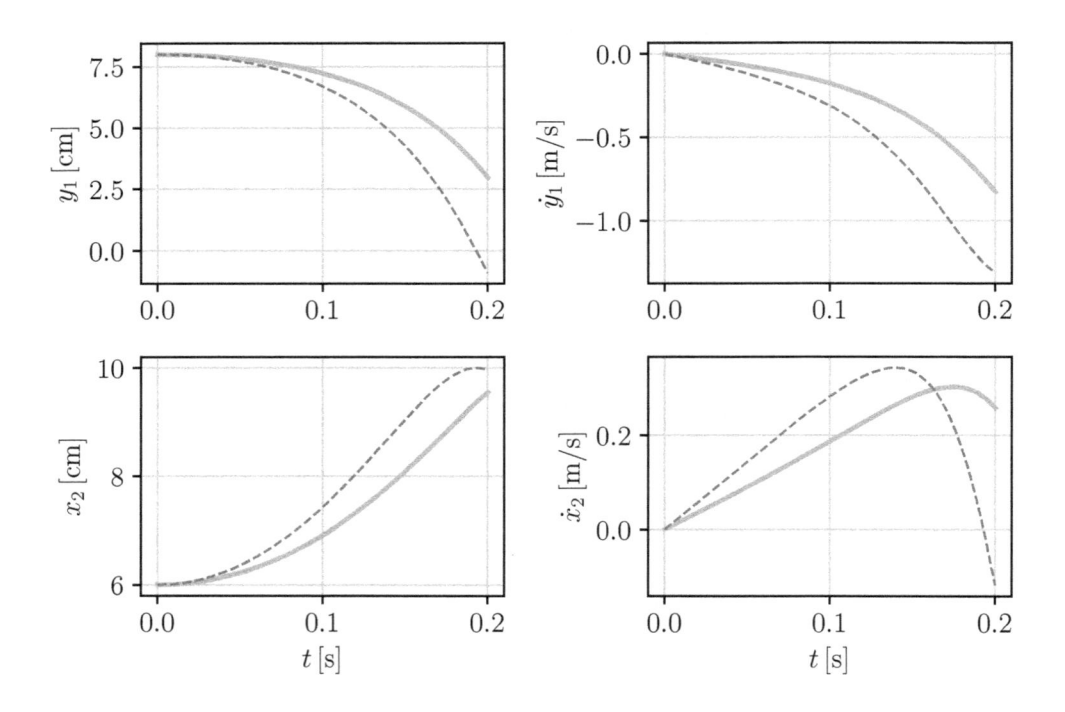

Abbildung 8.26.: Bewegung des Systems für $0 \leq t \leq 0{,}2\,\text{s}$, startend aus der Ruhe; mit Reibung (durchgezogene Linie) und ohne Reibung (gestrichelte Linie)

```
l = 0.1
mu = 0.1

# Anfangsbedingungen
y1 = 0.8*l
v1 = 0.0
z0 = [y1,v1]

# Lösung mit odeint
N=400
t_end = 0.2
t_tab = np.linspace(0.0,t_end,N)

ergebnis = odeint(bewegdgl, z0, t_tab)
```

Abbildung 8.26 zeigt die Bewegung mit Reibung ($\mu = 0{,}1$) im Vergleich zur reibungsfreien Bewegung. Im betrachteten Zeitintervall bewegt sich Körper 2 im reibungsbehafteten Fall durchgängig nach rechts.

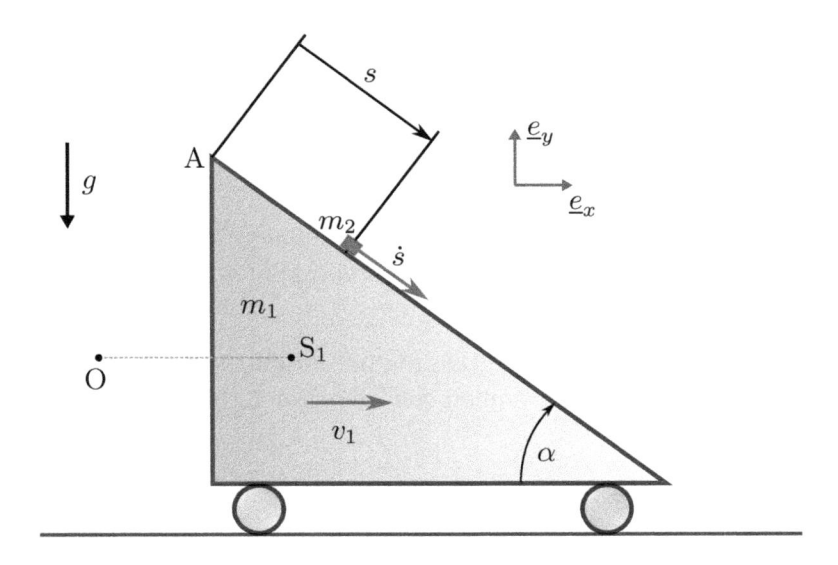

Abbildung 8.27.: System mit Freiheitsgrad 2: Kleiner Klotz (Körper 2) rutscht eine horizontal verschiebliche Rampe (Körper 1) hinunter

> Berechnen Sie die Normalkraft im Kontakt und überzeugen Sie sich davon, dass die Normalkraft stets positiv ist.
>
> Berechnen Sie die Bewegung des Systems für größere Zeiten. Wann tritt eine Bewegungsumkehr von Körper 2 ein? Was ist dann mit der Reibungskraft zu tun?

8.16. Klotz auf Rampe – Freiheitsgrad 2

Lerninhalte

Mathematik Bestimmung des Minimums einer skalarwertigen Funktion zweier Unbekannter

Mechanik Prinzip des kleinsten Zwangs von Gauß für ein System mit Freiheitsgrad 2, Absolutbeschleunigung vs. Relativbeschleunigung, Impuls, Impulserhaltung in eine Koordinatenrichtung, Energie und Energieerhaltung

Programmierung Python: Numerische Minimumsuche

Aufgabenstellung

Es soll die Bewegung einer horizontal verschieblichen Rampe (Körper 1) untersucht werden, auf der unter Wirkung der Schwerkraft ein kleiner Körper (Körper 2) herunterrutscht.
Die Bewegung soll über die beiden generalisierten Koordinaten x_A und s beschrieben werden. Beide Körper bewegen sich nur translatorisch. D. h. für die Beschreibung der

Bewegung ist es unerheblich, welcher Körperpunkt jeweils gewählt wird. Für die Rampe (Massenmittelpunkt S$_1$) gilt z. B. $\dot{x}_{S1} = \dot{x}_A = v_1$.

1. Bestimmen Sie die Absolutbeschleunigung der Rampe und die Relativbeschleunigung $\ddot{s}$ des Körpers 2 bezüglich der Rampe.

2. Berechnen Sie den Impuls in x-Richtung für beide Körper einzeln und für das Gesamtsystem aus Körper 1 und 2 und stellen Sie alle drei Größen für $t \leq 0{,}5\,\text{s}$ in einem Diagramm dar.

3. Berechnen Sie für das Gesamtsystem die potentielle und kinetische Energie sowie die Summe aus beiden und stellen Sie alle drei Größen für $t \leq 0{,}5\,\text{s}$ in einem Diagramm dar.

Kinematik

Die Beschreibung der Bewegung von Körper 2 erfolgt über den Abstand s zwischen dem Punkt A und dem Körper 2. Auf diese Weise ist die Lage von Körper 2 relativ zum Körper 1 beschrieben. Das ist praktisch sinnvoll. Berechnungsergebnisse für die Relativlage s sind nicht nur leichter zu verstehen (als Angaben zur Absolutlage), sondern sind praktisch, wenn z. B. ein veränderlicher Reibungskoeffizient entlang der Rampe vorliegt.

Die Rampe wird sich beschleunigt in horizontaler Richtung bewegen – zumindest gibt es keinen Grund, warum die Beschleunigung der Rampe stets Null sein sollte. Damit ist die Rampe ein beschleunigtes Bezugssystem und kein Inertialsystem. Entsprechend ist die für unser Naturgesetz relevante Beschleunigung nicht die bezüglich der Rampe gemessene Beschleunigung $\ddot{s}$ sondern die Beschleunigung gegenüber der ruhenden Umgebung, z. B. gegenüber dem Punkt O.

Für die Lage von Körper 2 bezüglich des raumfesten Koordinatensystems mit Ursprung O gilt

$$x_2 = x_A + s\cos\alpha \tag{8.141}$$
$$y_2 = y_A - s\sin\alpha\,. \tag{8.142}$$

Wie bereits erwähnt, seien x_A und s die generalisierten Koordinaten. Entsprechend ergibt sich durch zweimaliges Ableiten nach der Zeit die Absolutbeschleunigung von Körper 2 als

$$\ddot{x}_2 = \ddot{x}_A + \ddot{s}\cos\alpha \tag{8.143}$$
$$\ddot{y}_2 = -\ddot{s}\sin\alpha\,. \tag{8.144}$$

Kinetik: Prinzip des kleinsten Zwangs

Für den Zwang gilt

$$\mathcal{Z} = \frac{1}{2m_1}\left(m_1\ddot{x}_A\right)^2 + \frac{1}{2m_2}\left(m_2\left(\ddot{x}_A + \ddot{s}\cos\alpha\right)\right)^2 + \frac{1}{2m_2}\left(-m_2\ddot{s}\sin\alpha + m_2 g\right)^2\,. \tag{8.145}$$

Die Absolutbeschleunigungen wurden beim Aufstellen von $\mathcal{Z}$ berücksichtigt. Die einzige zu berücksichtigende eingeprägte Kraft ist die Gewichtskraft[9] von Körper 2.
Das Prinzip des kleinsten Zwangs lautet

$$\mathcal{Z}(\ddot{x}_A, \ddot{s}) = \min! \tag{8.146}$$

Das System hat den Freiheitsgrad 2. Demnach werden mindestens zwei generalisierte Koordinaten benötigt. Entsprechend sind bei der Verwendung der zwei Koordinaten x_A und s keine Nebenbedingungen für den Zwang zu erfüllen.
Die Beschleunigungen ergeben sich durch Minimierung des Zwangs,

$$0 = \frac{\partial \mathcal{Z}}{\partial \ddot{x}_A} = (m_1 + m_2)\ddot{x}_A + m_2 \cos\alpha\, \ddot{s} \tag{8.147a}$$

$$0 = \frac{\partial \mathcal{Z}}{\partial \ddot{s}} = m_2 \left(\cos\alpha\, \ddot{x}_A + \ddot{s} - g\sin\alpha \right). \tag{8.147b}$$

Gleichungen (8.147) bilden ein lineares Gleichungssystem in den beiden gesuchten Beschleunigungen. Auflösen nach den Beschleunigungen liefert das gewünschte Ergebnis

$$\ddot{x}_A = -g\, \frac{\bar{m} \sin\alpha \cos\alpha}{1 - \bar{m}\cos^2\alpha} \approx -0{,}085\, \text{m/s}^2 \tag{8.148}$$

$$\ddot{s} = g\, \frac{\sin\alpha}{1 - \bar{m}\cos^2\alpha} \approx 4{,}98\, \text{m/s}^2 \tag{8.149}$$

mit

$$\bar{m} = \frac{m_2}{m_2 + m_1} \approx 0{,}0196\,. \tag{8.150}$$

Beide Beschleunigungen sind zeitlich konstant. Die Beschleunigung der Rampe ist nach links gerichtet; die Relativbeschleunigung von Körper 2 nach rechts unten. Die Geschwindigkeiten können durch Integration bestimmt werden, wobei ein Start aus der Ruhe angenommen wird.

$$\dot{x}_A = -g\, \frac{\bar{m} \sin\alpha \cos\alpha}{1 - \bar{m}\cos^2\alpha}\, t \tag{8.151}$$

$$\dot{s} = g\, \frac{\sin\alpha}{1 - \bar{m}\cos^2\alpha}\, t \tag{8.152}$$

Im globalen x-y-Koordinatensystem können die Impulse als

$$\underline{I}_1 = m_1 \underline{v}_1 = m_1 \dot{x}_A\, \underline{e}_x \tag{8.153}$$

$$\underline{I}_2 = m_2 \underline{v}_2 = m_2 \left(\dot{x}_A + \dot{s}\cos\alpha \right) \underline{e}_x - m_2 \dot{s}\sin\alpha\, \underline{e}_y \tag{8.154}$$

geschrieben werden. In den Diagrammen in Abbildung 8.28 sind die Geschwindigkeiten

---

[9] Auf Körper 1 wirkt ebenfalls die Erdanziehung. Die Gewichtskraft $m_1 g$ braucht dennoch nicht berücksichtigt werden, weil Körper 1 in vertikaler Richtung aufgrund der Bindung keine Beschleunigung erfahren kann. Ein zusätzlicher Summand für Körper 1, der die in y-Richtung wirkende Gewichtskraft enthält, würde beim Differenzieren wegfallen.

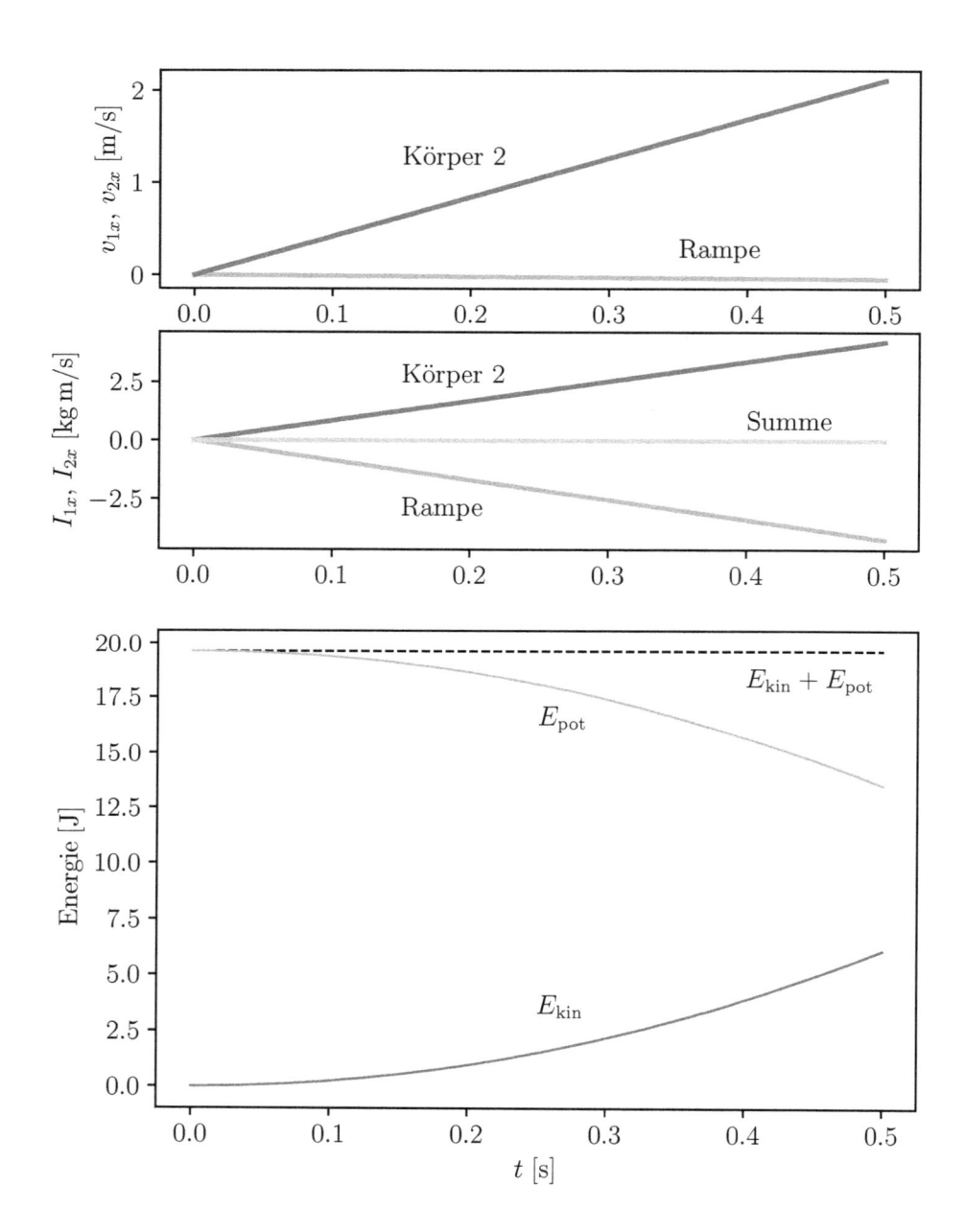

Abbildung 8.28.: Absolutgeschwindigkeiten (oben) und Impulse (mittig) in horizontaler Richtung und mechanische Energie des Gesamtsystems (unten) als Funktion der Zeit

und Impulse (nur x-Komponente) dargestellt. Man erkennt, dass sich die Rampe nach links bewegt und der Körper auf der Rampe nach rechts rutscht. Aufgrund der deutlich höheren Masse bewegt sich die Rampe mit deutlich geringerer Geschwindigkeit als Körper 2. Die Impulskomponenten in horizontaler Richtung heben sich auf. Das ist zu erwarten, da die resultierende Kraft auf das Gesamtsystem in x-Richtung Null ist. Zudem wird die mechanische Energie betrachtet. Für die Berechnung der potentiellen Energie wurde das Nullniveau willkürlich auf die Höhe $y_A = 0$ m gelegt. Da nur konservative Kräfte (nur die Gewichtskraft) wirken, bleibt die mechanische Gesamtenergie erhalten.

Umsetzung in Python

In Python soll die Minimierung des Zwangs erneut numerisch mit dem Befehl `minimize` erfolgen. Die Zeilenmatrix `a_num` enthält am Ende das Ergebnis in der Form $[\ddot{x}_A, \ddot{s}]$.

```
from scipy.optimize import minimize
import numpy as np
import matplotlib.pyplot as plt
from math import pi, cos, sin

m1 = 100.0 #kg
m2 = 2.0 #kg
g = 9.81 #m/s^2
alpha = pi/6
ca = cos(alpha)
sa = sin(alpha)

def zwang(a):
    return 0.5*m1*(a[0])**2 + \
    0.5*m2*(a[0] + a[1]*ca)**2 + 0.5*m2*(-a[1]*sa + g)**2

erg_opt = minimize(zwang,(0,0))
print(erg_opt)
a_num = erg_opt.x
```

Im Rahmen des „Post processing" werden Geschwindigkeiten, Impulse und Energien berechnet. Die folgenden Befehle zeigen zudem die Diagrammerzeugung zu Abbildung 8.28. Erneut wird die Textausgabe über LATEX erzeugt.

```
t_tab = np.linspace(0,0.5,100)
v1x_tab = a_num[0]*t_tab
v2x_tab = v1x_tab + a_num[1]*ca*t_tab
v2y_tab = -a_num[1]*sa*t_tab
h2_tab = (1.0-0.5*a_num[1]*sa*t_tab**2)

Ekin = 0.5*m1*v1x_tab**2 + 0.5*m2*(v2x_tab**2 + v2y_tab**2)
Epot = m2*g*h2_tab
```

```
plt.figure(1)
plt.rc('text', usetex=True)
plt.rc('font', family='serif',size=12)
plt.subplot(2,1,1)
plt.plot(t_tab,v1x_tab,'r-',linewidth=2)
plt.plot(t_tab,v2x_tab,'b-',linewidth=2)
plt.ylabel(r'$v_{1x},\,v_{2x}\;\mathrm{[m/s]}$')
plt.text(0.15,1.2,'Körper 2')
plt.text(0.35,0.2,'Rampe')
plt.subplot(2,1,2)
plt.plot(t_tab,m1*v1x_tab,'r-',linewidth=2)
plt.plot(t_tab,m2*v2x_tab,'b-',linewidth=2)
plt.plot(t_tab,m2*v2x_tab+m1*v1x_tab,'c-',linewidth=2)
plt.xlabel(r'$t\;  \mathrm{[s]}$')
plt.ylabel(r'$I_{1x},\,I_{2x}\;\mathrm{[kg\,m/s]}$')
plt.text(0.15,2.5,'Körper 2')
plt.text(0.15,-3.2,'Rampe')
plt.text(0.4,0.5,'Summe')
```

8.17. Seilwinde mit Asynchronmotor

Lerninhalte

Mathematik Differenzieren

Mechanik Kinematik eines Zahnradgetriebes und einer Seiltrommel, Bilanz der kinetischen Energie und Prinzip von d'Alembert in der Fassung von Lagrange

Programmierung Umgang mit Einheiten in Julia, Lösen des AWP in Julia und Visualisierung der Ergebnisse

Aufgabenstellung

Ein Asynchronmotor treibt über ein einstufiges Getriebe (Übersetzung i_G) eine Seiltrommel (Radius r) an (Abbildung 8.29). Die Massenträgheitsmomente J_M und J_T berücksichtigen Motor bzw. Seiltrommel, aber auch Wellen und Zahnräder. Rechnen Sie mit folgenden Zahlenwerten: $J_M = 0{,}2\,\mathrm{kg\,m^2}$, $J_T = 2{,}5\,\mathrm{kg\,m^2}$, $r = 0{,}3\,\mathrm{m}$, $m_L = 60\,\mathrm{kg}$, $i_G = 8$.

Für den untersuchten Asynchronmotor gilt in guter Näherung die Formel von Kloß[10] für das Motordrehmoment T_M als Funktion des Schlupfes s

$$T_M = T_K \cdot \chi(s) = T_K \cdot 2 \left(\frac{s}{s_K} + \frac{s_K}{s} \right)^{-1} \qquad (8.155)$$

mit Kippmoment $T_K = 250\,\mathrm{N\,m}$ und Kippschlupf $s_K = 0{,}2$. Die Synchrondrehzahl des Motors beträgt $n_S = 1500\,\mathrm{min}^{-1}$. Der Schlupf ist eine dimensionslose Größe, die

---

[10] Max Kloß, geb. 16. Mai 1873 in Dresden, gest. 11. August 1961 in Berlin

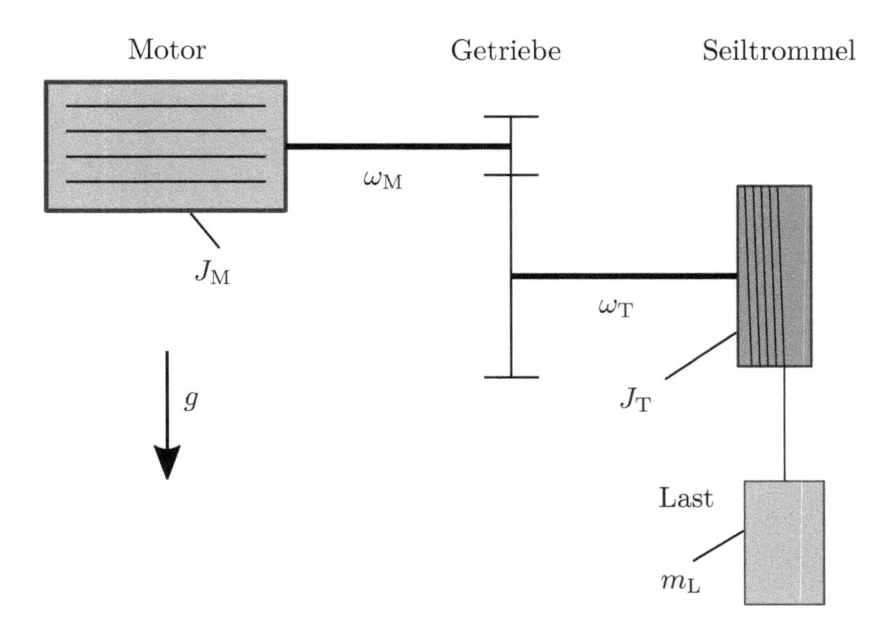

Abbildung 8.29.: Seilwinde mit Asynchronmotor und Getriebe

den Unterschied zwischen Drehzahl des Drehfeldes n_S (Synchrondrehzahl) und der Drehzahl n der Welle charakterisiert. Es gilt

$$s = \frac{n_S - n}{n_S} = \frac{\omega_S - \omega_M}{\omega_S}, \qquad (8.156)$$

wobei ω_M die Drehgeschwindigkeit der Motorwelle und ω_S die Drehgeschwindigkeit der des Drehfeldes bezeichnen.

(a) Leiten Sie die Bewegungsgleichung her.

(b) Lösen Sie die Bewegungsgleichung für den Start aus der Ruhe numerisch.

Lösung

Aufgabenteil (a) Wenn die Nachgiebigkeit der Bauteile (Wellen, Zahnräder, Seil, etc.) sowie Spiel und Schlupf im Getriebe und beim Abrollen des Seils in einer ersten Näherung vernachlässigbar werden, hat das System den Freiheitsgrad 1. Eine generalisierte Koordinate genügt für die vollständige Charakterisierung der Bewegung des Systems. Naheliegend sind die Drehwinkel von Motorwelle oder Seiltrommelwelle oder die y-Koordinate der Last. Wir verwenden den Drehwinkel der Motorwelle φ_M als generalisierte Koordinate. Es gelten für die Drehgeschwindigkeiten von Motorwelle $\omega_M = \dot{\varphi}_M$, Seiltrommel $\omega_T = \dot{\varphi}_T$ und die Geschwindigkeit der Last $\dot{y}_L$ die folgenden kinematischen Beziehungen

$$\dot{\varphi}_M = i_G \dot{\varphi}_T, \tag{8.157a}$$
$$\dot{y}_L = r\dot{\varphi}_T. \tag{8.157b}$$

Die Koordinaten wurden so gewählt, dass bei einer Drehung in positiver Drehrichtung die Last angehoben wird, also $\dot{y}_L > 0 \Leftrightarrow \dot{\varphi}_T = \omega_T > 0$.
Die Bewegungsgleichung lässt sich aus der Bilanz der kinetischen Energie

$$\dot{E}_{kin} = P_e \tag{8.158}$$

leicht herleiten. Für das vorliegende System liefert sie die Gleichung

$$\frac{d}{dt}\left(\frac{1}{2}J_M\omega_M^2 + \frac{1}{2}J_T\omega_T^2 + \frac{1}{2}m_L v_L^2\right) = T_M\omega_M - m_L g v_L, \tag{8.159}$$

wobei $\omega_M = \dot{\varphi}_M$ gilt. Unter Berücksichtigung der kinematischen Beziehungen (8.157) gilt schließlich

$$\left(J_M + \frac{1}{i_G^2}J_T + \frac{1}{i_G^2}m_L r^2\right)\dot{\omega}_M = T_M - \frac{m_L g r}{i_G}. \tag{8.160}$$

Das ist die Bewegungsgleichung für den Drehwinkel φ_M des Motors. Bei bekannter Motorkennlinie $T_M(\omega_M)$ können mit dieser Gleichung der Zeitverlauf des Drehwinkels, der Drehgeschwindigkeit und der Drehzahl ermittelt werden. Bei bekannter Drehgeschwindigkeit des Motors kann über die kinematischen Beziehungen schließlich auch die Hubgeschwindigkeit der Seilwinde bestimmt werden.

Alternativ kann unter Nutzung des Prinzips von d'Alembert in der Fassung von Lagrange auch die virtuelle Arbeit

$$\delta W = T_M \delta\varphi_M - J_M \ddot{\varphi}_M \delta\varphi_M - J_T \ddot{\varphi}_T \delta\varphi_T - m_L(\ddot{y}_L + g)\delta y_L \tag{8.161}$$

geschrieben werden. Einsetzen der kinematischen Beziehungen in den Ausdruck der virtuellen Arbeit, Ausklammern der einen verbleibenden virtuellen Verrückung (z. B. $\delta\varphi_M$) und die Forderung $\delta W = 0$ für beliebige Werte der virtuellen Verrückung liefern die bekannte Bewegungsgleichung (8.160).

Der Schlupf hängt von der Drehgeschwindigkeit der Motorwelle ab. Zur Erinnerung: es gilt die Beziehung

$$\omega_M = 2\pi n \tag{8.162}$$

zwischen Drehzahl n der Motorwelle und der Drehgeschwindigkeit ω_M der Motorwelle[11].
Wir erinnern uns an das bereits Gesagte: Das Motormoment T_M hängt nichtlinear vom Schlupf s ab; i. a. W. die rechte Seite der Bewegungsgleichung (8.160) ist eine nichtlineare Funktion der Drehgeschwindigkeit.

---

[11] Vorsicht: Beim Rechnen mit Zahlenwerten muss darauf geachtet werden, dass die Drehzahl meist in min^{-1} und die Drehgeschwindigkeit in s^{-1} angegeben sind.

> Leiten Sie die Bewegungsgleichung eigenständig her. Versuchen Sie auch, die Bewegungsgleichung mit dem Prinzip von Gauß oder mit Kräfte- und Momentengleichung (Newton und Euler) herzuleiten. Bei Nutzung von Kräfte- und Momentengleichung müssen Sie den Motor, die Seiltrommel und die Last freischneiden und für jeden Körper die Gleichungen anschreiben.

Aufgabenteil (b) Für das numerische Lösen der Bewegungsgleichung (8.160) muss nach der höchsten Zeitableitung aufgelöst werden:

$$\ddot{\varphi}_M = \dot{\omega}_M = \frac{i_G^2 T_M(\omega_M) - i_G m_L g r}{(J_M i_G^2 + J_T + m_L r^2)}. \tag{8.163}$$

Wir halten nochmals fest, dass die zu lösende Differentialgleichung nichtlinear in der gesuchten Drehgeschwindigkeit ω_M ist und ein analytisches Lösen zumindest nicht trivial ist (hier über Trennung der Veränderlichen möglich).

> Erstellen Sie ein Programm (z. B. in Python oder Julia), um die Bewegungsgleichung numerisch zu lösen. Welches Motordrehmoment, welche Motordrehzahl und welcher Schlupf stellen sich im stationären Zustand ein?

Eine Julia-Lösung (Pluto-Notebook) findet sich auf der Website.

8.18. Zwei starr gekoppelte Massepunkte

Lerninhalte

Mathematik Ableiten

Mechanik Kinematische Beziehungen, Modellvorstellungen Massepunktsystem vs. Starrkörper, Zwang

Programmierung Python: Nutzung von `sympy` für symbolische Berechnungen

Aufgabenstellung

Es wird das in Abbildung 8.30 dargestellte System betrachet. Die Drehträgheit der beiden Einzelmassen sei vernachlässigbar (Modell Massepunkt). S sei der Massenmittelpunkt des Gesamtsystems. Die Verbindungsstange zwischen m_1 und m_2 sei starr, habe die Länge $l = l_1 + l_2$ und sei von vernachlässigbarer Masse. Die Orientierung der Stange gegenüber der Horizontalen wird mit φ gemessen.
Beim Aufstellen des Zwangs $\mathcal{Z}$ nach Gauß können für das abgebildete System zwei Darstellungen zugrunde gelegt werden. Zum einen kann das System als aus zwei starr verbundenen Massepunkten (Massen m_1 und m_2) bestehend interpretiert werden; zum anderen als Starrkörper (Masse: $m = m_1 + m_2$, Massenträgheitsmoment bzgl. S: $J_S = m_1 l_1^2 + m_2 l_2^2$). Beide Beschreibungsweisen führen auf den Freiheitsgrad 3 des Systems. Zeigen Sie, dass beide Darstellungen für den Zwang, $\mathcal{Z}_M$ und $\mathcal{Z}_S$, in den relevanten Termen identisch sind.

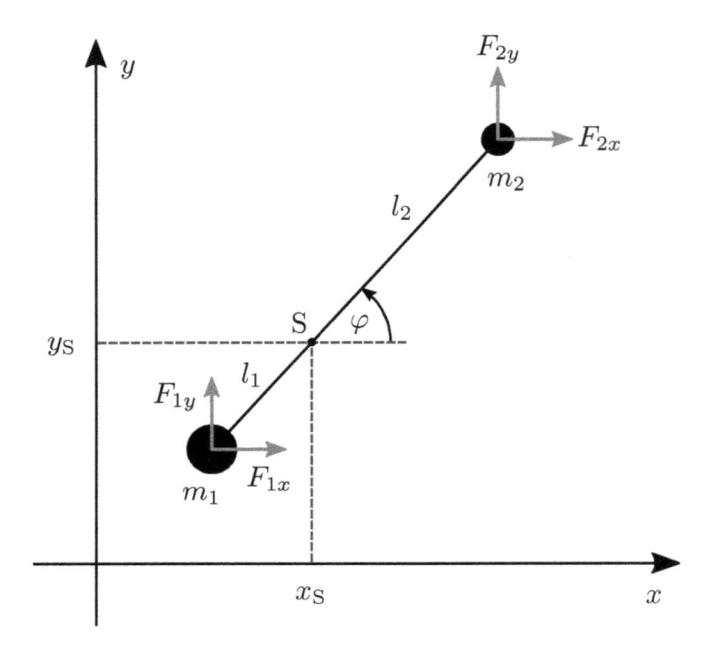

Abbildung 8.30.: System aus zwei gekoppelten Massepunkten

Lösung mit Sympy

Der Punkt S ist der Massenmittelpunkt des Gesamtkörpers. Entsprechend gelten für die Längen l_1 und l_2 die Formeln

$$l_1 = \frac{m_2}{m_1 + m_2} l \tag{8.164}$$

$$l_2 = \frac{m_1}{m_1 + m_2} l \ . \tag{8.165}$$

Für die Kinematik gilt nun u. a.

$$x_1 = x_S - l_1 \cos\varphi \ \rightarrow \ \ddot{x}_1 = \ddot{x}_S + l_1 \sin\varphi \, \ddot{\varphi} + l_1 \cos\varphi \, \dot{\varphi}^2 \tag{8.166}$$

$$y_1 = y_S - l_1 \sin\varphi \ \rightarrow \ \ddot{y}_1 = \ddot{y}_S - l_1 \cos\varphi \, \ddot{\varphi} + l_1 \sin\varphi \, \dot{\varphi}^2 \ . \tag{8.167}$$

Ähnliche Formeln lassen sich für x_2, y_2 schreiben. Für den Zwang gilt nun einerseits

$$\mathcal{Z}_M = \sum_{j=1}^{2} \left[\frac{1}{2m_j} (m_j \ddot{x}_j - F_{jx})^2 + \frac{1}{2m_j} (m_j \ddot{y}_j - F_{jy})^2 \right] \tag{8.168}$$

und andererseits

$$\mathcal{Z}_S = \frac{1}{2m} (m\ddot{x}_S - F_{Rx})^2 + \frac{1}{2m} (m\ddot{y}_S - F_{Ry})^2 + \frac{1}{2J_S} (J_S \ddot{\varphi} - M_{Rz})^2 \ . \tag{8.169}$$

Die Größen F_{Rx}, F_{Ry} und M_{Rz} sind die skalarwertigen Komponenten der resultierenden Kraft (Summe aller Kräfte) bzw. des resultierenden Kraftmomentes (Summe aller Kraftmomente bzgl. S). Im Python-Code sind $\dot{\varphi}$ mit `omega` und $\ddot{\varphi}$ mit `alpha` bezeichnet. Das resultierende Kraftmoment ist mit `Mres` bezeichnet. Die Berechnung des resultierenden Kraftmomentes kann dem Python-Code entnommen werden. Für das Vorzeichen ist der positive Drehsinn von φ entscheidend. Der Python-Code für die Berechnung von $\mathcal{Z}_\mathrm{M}$ und $\mathcal{Z}_\mathrm{S}$ lautet wie folgt.

```
import sympy as sym

phi, omega, alpha, aSx, aSy = sym.symbols('phi,omega,alpha,aSx,aSy')
l, m1, m2, F1x, F1y, F2x, F2y = sym.symbols('l,m1,m2,F1x,F1y,F2x,F2y')

m = m1 + m2
l2 = m1/(m1 + m2)*l
l1 = m2/(m1 + m2)*l
JS = m1*l1**2 + m2*l2**2
Mres = - F2x*l2*sym.sin(phi) + F2y*l2*sym.cos(phi)\
    + F1x*l1*sym.sin(phi) - F1y*l1*sym.cos(phi)


a1x = aSx + l1*sym.sin(phi)*alpha + l1*sym.cos(phi)*omega**2
a1y = aSy - l1*sym.cos(phi)*alpha + l1*sym.sin(phi)*omega**2
a2x = aSx - l2*sym.sin(phi)*alpha - l2*sym.cos(phi)*omega**2
a2y = aSy + l2*sym.cos(phi)*alpha - l2*sym.sin(phi)*omega**2

Z_M = 1/(2*m1)*(m1*a1x - F1x)**2 + 1/(2*m1)*(m1*a1y - F1y)**2+\
    1/(2*m2)*(m2*a2x - F2x)**2 + 1/(2*m2)*(m2*a2y - F2y)**2

Z_S = 1/(2*m)*(m*aSx - F1x - F2x)**2 + 1/(2*m)*(m*aSy - F1y - F2y)**2 + \
    1/(2*JS)*(JS*alpha - Mres)**2
```

Da die Kinematik eingesetzt wurde, sind beide Funktionen, $\mathcal{Z}_\mathrm{S}$ und $\mathcal{Z}_\mathrm{M}$, abhängig von den drei Beschleunigungen $\ddot{x}_\mathrm{S}$, $\ddot{y}_\mathrm{S}$ und $\ddot{\varphi}$. Wir multiplizieren den Zwang komplett aus (was wir für gewöhnlich nicht tun) und untersuchen die Koeffizienten zu $\ddot{x}_\mathrm{S}^2$, $\ddot{x}_\mathrm{S}$, $\ddot{y}_\mathrm{S}^2$, $\ddot{y}_\mathrm{S}$, $\ddot{\varphi}^2$ und $\ddot{\varphi}$.

Bevor wir an den Vergleich der beiden Darstellungen für den Zwang gehen, prüfen wir die Funktionsweise des Befehls `coeff`, der die Koeffizienten bestimmt. Der Befehl `sym.simplify((sym.expand(Z_S).coeff(aSx**2)))` liefert das korrekte Ergebnis $(m_1+m_2)/2$. Auf `sym.simplify((sym.expand(Z_S).coeff(aSx)))` folgt korrekterweise die Ausgabe $-F_{1x}-F_{2x}$. D.h. die Kombination aus `expand`, `coeff` und `simplify` liefert das erwartbare Ergebnis bei der Berechnung der Koeffizienten zu $\ddot{x}_\mathrm{S}^2$ bzw. $\ddot{x}_\mathrm{S}$.

Mit diesem Wissen überzeugt man sich mit den folgenden Programmzeilen leicht, dass hinsichtlich aller relevanten Terme die Funktionen $\mathcal{Z}_\mathrm{S}$ und $\mathcal{Z}_\mathrm{M}$ identisch sind. Alle sechs Größen werden als 0 ausgegeben.

```
Delta_exp = sym.expand(Z_M - Z_S)
```

```
print('Koeffizienten')
print(sym.simplify(Delta_exp.coeff(aSx)))
print(sym.simplify(Delta_exp.coeff(aSx**2)))
print(sym.simplify(Delta_exp.coeff(aSy)))
print(sym.simplify(Delta_exp.coeff(aSy**2)))
print(sym.simplify(Delta_exp.coeff(alpha)))
print(sym.simplify(Delta_exp.coeff(alpha**2)))
```

> Übernehmen Sie den dargestellten Sympy-Code und überzeugen sich davon, dass die beiden Darstellungen des Zwangs in alle relevanten Termen übereinstimmen.

9. Inverse Dynamik

Beim inversen dynamischen Problem ist der Bewegungszustand bekannt und die Antriebskräfte und Antriebsmomente sind gesucht. D. h. aus der Bewegungsgleichung sind die Antriebskräfte/-momente so zu berechnen, dass sich die vorgegebene Bewegung einstellt.

9.1. Polarer Manipulator

Lerninhalte

Mathematik Ableitung einer Funktion von zwei Veränderlichen, Kettenregel

Mechanik System mit Freiheitsgrad 2, Gibbs-Appell-Gleichung, Leistung, generalisierte Kräfte, Coriolisbeschleunigung, Fortsetzung von Aufgabe 7.7 (Seite 124ff)

Programmierung Python: Nutzung von sympy für symbolische Berechnungen

Aufgabenstellung

Es wird das mechanische System aus Abbildung 9.1 untersucht. Der Roboterarm ist drehbar im raumfesten Punkt O gelagert (Antrieb 1, Antriebsmoment $M(t)$, Winkel $\theta(t)$). Körper 2 kann bezüglich Körper 1 translatorisch bewegt werden (Antrieb 2, Antriebskraft $F(t)$, Länge $r(t)$). Die Massenmittelpunkte der beiden Körper seien mit S_1 bzw. S_2 bezeichnet; die Massen und Massenträgheitsmomente seien m_1, J_{S1}, m_2 und J_{S2}.

Leiten Sie Formeln für die Antriebskraft F und das Antriebsmoment M in Abhängigkeit von Lage und Bewegungszustand des Roboters her. Der Roboter bewegt sich in einer horizontalen Ebene, so dass die Gewichtskraft für die Berechnung der gesuchten Größen nicht relevant ist.

Die Trajektorienplanung für dieses System auf Basis der Bewegungsgleichungen wird in [18] vorgestellt. Zur Herleitung der Bewegungsgleichungen werden dort die Gleichungen von Lagrange verwendet.

Lösung mit den Gibbs-Appell-Gleichungen und Sympy

Die Antriebskraft F und das Antriebsmoment M können aus den Bewegungsgleichungen des Systems berechnet werden. Für die Herleitung werden die Gibbs-Appell-Gleichungen genutzt. In Analogie zu den Ausführungen in Abschnitt 7.7 (Seite 124ff)

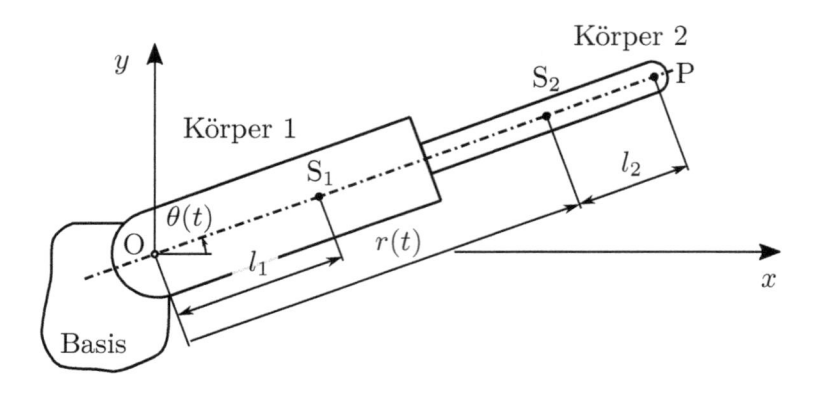

Abbildung 9.1.: Polarer Manipulator

für die Kinematik kann hier für die Lage des Massenmittelpunktes von Körper 2

$$x_2 = X(t) = r(t)\cos\theta(t) \tag{9.1}$$
$$y_2 = Y(t) = r(t)\sin\theta(t) \tag{9.2}$$

geschrieben werden. Für die Beschleunigung $\underline{a}_{S2}$ von S_2 gilt

$$\underline{a}_{S2} = \ddot{x}_2\underline{e}_x + \ddot{y}_2\underline{e}_y . \tag{9.3}$$

Die Gibbs-Appell-Funktion lautet

$$\mathcal{S} = \frac{1}{2}\left(m_1 l_1^2 + J_{S1}\right)\ddot{\theta}^2 + \frac{1}{2}m_2 \underline{a}_{S2}^2 + \frac{1}{2}J_{S2}\ddot{\theta}^2 . \tag{9.4}$$

Da die generalisierten Koordinaten $q_1 = \theta$ und $q_2 = r$ zu den Antrieben gehören, gilt hier für die Leisung der eingeprägten Kräfte und Momente ein denkbar einfacher Ausdruck:

$$P_e = M\dot{\theta} + F\dot{r} \tag{9.5}$$

und somit $Q_1 = M$ und $Q_2 = F$. Aus den Gibbs-Appell-Gleichungen

$$\frac{\partial \mathcal{S}}{\partial \ddot{\theta}} = Q_1 \tag{9.6}$$

$$\frac{\partial \mathcal{S}}{\partial \ddot{r}} = Q_2 \tag{9.7}$$

folgen die Bewegungsgleichungen

$$M = \left(J_{S1} + J_{S2} + m_1 l_1^2 + m_2 r^2\right)\ddot{\theta} + 2m_2 r\dot{\theta}\dot{r} \tag{9.8}$$

$$F = m_2\left(\ddot{r} - r\dot{\theta}^2\right) . \tag{9.9}$$

Der Term mit $\dot{\theta}\dot{r}$ verknüpft Dreh- und Ausfahrbewegung und wird häufig Coriolisterm genannt. Der Term $-r\dot{\theta}^2$ ist die zum Lagerpunkt O gerichtete Zentripetalbeschleunigung, die wir von der Bewegung auf einem Kreis kennen.

Von Hand ist die Berechnung der notwendigen Ableitungen mühsam; mit `sympy` gelingt es schnell und einfach. Da die Lage von S_2 über die Größen `X` und `Y` beschrieben wurde, sind die Ausdrücke für `aS2x` und `aS2y`, die die mehrfache Anwendung der Kettenregel abbilden, auch für andere Aufgaben wiederverwendbar. Es gelten zudem die folgenden Zuordnungen $\ddot{r} \to$ a, $\dot{r} \to$ v, $\ddot{\theta} \to$ alpha und $\dot{\theta} \to$ omega.

```
import sympy as sym
theta, omega, alpha, r, v, a = sym.symbols('theta,omega,alpha,r,v,a')
F, M = sym.symbols('F,M')
l1, l2, J1, J2, m1, m2 = sym.symbols('l1,l2,J1,J2,m1,m2')

X = r*sym.cos(theta)
Y = r*sym.sin(theta)

aS2x = sym.diff(X,r,r)*v**2 + 2*sym.diff(X,r,theta)*v*omega +\
   sym.diff(X,r)*a + sym.diff(X,theta,theta)*omega**2 +\
   sym.diff(X,theta)*alpha
aS2y = sym.diff(Y,r,r)*v**2 + 2*sym.diff(Y,r,theta)*v*omega +\
   sym.diff(Y,r)*a + sym.diff(Y,theta,theta)*omega**2 +\
   sym.diff(Y,theta)*alpha

S = (m1*l1**2 + J1)/2*alpha**2 + m2/2*(aS2x**2 + aS2y**2) + J2/2*alpha**2
S_exp = sym.simplify(sym.expand(S))

gl1 = sym.diff(S_exp,alpha) - M
gl2 = sym.diff(S_exp,a) - F
```

9.2. Be- und Entladevorrichtung

Lerninhalte

Mathematik Bestimmung des Minimums einer skalarwertigen Funktion einer Unbekannten

Mechanik Prinzip des kleinsten Zwangs in zwei Varianten: Antrieb als eingeprägte Kraft vs. Antrieb als Bindung, Lagrange-Multiplikator, Fortsetzung von Aufgabe 7.6 (Seite 123ff)

Aufgabenstellung

Es wird ein weiteres Mal das System aus Abschnitt 8.12 betrachtet (erneut abgebildet in Abbildung 9.2). Nun ist die Ausfahrbewegung der Kolbenstange als Funktion der Zeit gegeben und die nötige Kolbenstangenkraft ist zu berechnen.
Für die Ausfahrbewegung des Hydraulikzylinders wird in erster Näherung eine konstante Geschwindigkeit $v_H > 0$ angenommen, d. h. es gilt $\dot{x}_D = -v_H = $ const. Berechnen Sie die für diese Bewegung notwendige Kolbenstangenkraft F_{ST} als Funktion des Winkels φ.

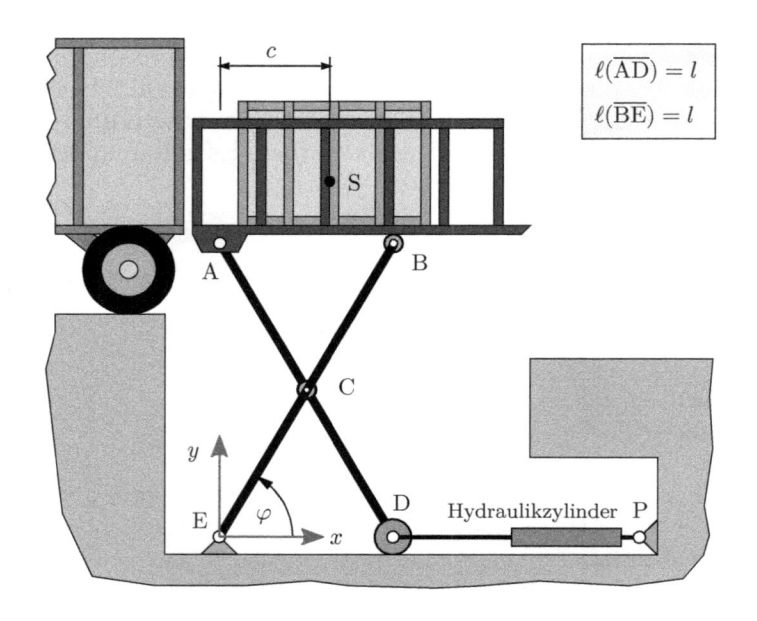

Abbildung 9.2.: Be- und Entladevorrichtung mit hydraulischem Antrieb

Lösung

Kinematik Wir nutzen die Kinematik aus den Abschnitten 7.6 (Seite 123f) und 8.12 (Seite 191f). Für den betrachteten Fall konstanter Ausfahrgeschwindigkeit, $\dot{x}_D = -v_H$, folgt für die vertikale Beschleunigung der Plattform

$$a_S = -\frac{v_H^2}{l \sin^3 \varphi} \,. \tag{9.10}$$

▎ Zeigen Sie die Richtigkeit von Gleichung (9.10).

Kinetik: Variante 1 – Antriebe als eingeprägte Kräfte/Momente In Variante 1 wird die Kolbenstangenkraft F_{ST} als eingeprägte Kraft vorgegeben. Das entspricht dem Vorgehen bei der Lösung des direkten Problems in Abschnitt 8.12. Der Zwang wurde dort als

$$\mathcal{Z} = \frac{1}{2m}(ma_S + mg)^2 + \frac{1}{2m^\star}(m^\star a_D + F_{ST})^2 \tag{9.11}$$

geschrieben. Daraus folgt für $m^\star = 0$ die Bewegungsgleichung

$$a_S = \frac{F_{ST}}{m}\tan\varphi - g \leftrightarrow F_{ST} = \frac{m(a_S + g)}{\tan\varphi} \,. \tag{9.12}$$

Zusammen mit Gleichung (9.10) ist damit die Kolbenstangenkraft als Funktion des Winkels φ (für gegebene Ausfahrgeschwindigkeit v_H) bestimmt.

Kinetik: Variante 2 – Antriebe als Bindungen Die vermutlich weniger naheliegende Variante basiert auf dem Gedanken, die vorgegebene Kolbenbewegung als Bindung aufzufassen. Die Bindungsgleichung für den Antrieb lautet

$$x_D - (x_D(0) - v_H t) = 0 \ . \tag{9.13}$$

Auf Beschleunigungslevel ist die kinematische Beziehung für den Antrieb denkbar einfach: $g_A(\ddot{x}_D) = \ddot{x}_D = 0$. Der Zwang lautet

$$\mathcal{Z} = \frac{1}{2m}(ma_S + mg)^2 + \frac{1}{2m^\star}(m^\star a_D)^2 \ . \tag{9.14}$$

Die Kolbenstangenkraft ist im Zwang $\mathcal{Z}$ nicht enthalten, da sie bei dieser Variante eine Zwangskraft und keine eingeprägte Kraft ist.

Die Bedingung $\mathcal{Z}(\ddot{x}_D) = \min!$ ist durch die kinematische Beziehung $g_A(\ddot{x}_D) = 0$ als Nebenbedingung zu ergänzen. In anderen Worten: Durch die Vorgabe der Kolbenbewegung hat das System den Freiheitsgrad 0. Wenn die Größe $\ddot{x}_D$ als Variable der Minimumsuche verwendet wird, muss eine Nebenbedingung berücksichtigt werden. Die Bedingung für das Minimum bei Beachtung der Nebenbedingung lautet unter Verwendung eines Lagrange-Multiplikators λ

$$\frac{\partial \mathcal{Z}}{\partial \ddot{x}_D} = -\lambda \frac{\partial g_A}{\partial \ddot{x}_D} \ . \tag{9.15}$$

Das führt auf

$$\lambda = \frac{m(a_S + g)}{\tan \varphi} \ . \tag{9.16}$$

Der Lagrange-Multiplikator λ entspricht der gesuchten Kolbenstangenkraft F_{ST}.

9.3. Schubkurbelgetriebe

Lerninhalte

Mathematik Ableiten

Mechanik Kinematik und Kinetik mit `sympy`, Nutzung der Bewegungsgleichung für das direkte und das inverse Problem, Fortsetzung von Aufgabe 8.14 (Seite 202ff)

Programmierung Python: Nutzung von `sympy` für symbolische Berechnungen, numerische Lösung des AWP mit `odeint`

Aufgabenstellung

Die Schubkurbel (slider-crank) ist eine Standardkonfiguration der Bewegungstechnik bzw. Getriebelehre und wurde bereits in Abschnitt 8.14 untersucht. Zur Erinnerung: Bei einem Schubkurbelgetriebe wird die Drehbewegung der Kurbel in eine Hin- und Herbewegung des Schiebers umgewandelt oder anders herum. Im Unterschied zur Aufgabe in Abschnitt 8.14 soll der Abstand der Punkte A und B l heißen.

Bestimmen Sie das Antriebsmoment M_1 an der Kurbel, wenn am Schieber keine Last angreift und Reibungseffekte vernachlässigt werden.

Kinematik mit Sympy

Für die Kinematik wird das Paket `sympy` benutzt, um die notwendigen Ableitungen vorzunehmen. Für die Lagekoordinate s des Schiebers kann z. B. mit dem Cosinussatz die Beziehung

$$s = \Psi(\varphi) = r\cos(\varphi) + \sqrt{l^2 - r^2 \sin^2(\varphi)} \qquad (9.17)$$

hergeleitet werden. Wir halten nochmals fest, dass das System den Freiheitsgrad 1 hat und somit eine generalisierte Koordinate für die Beschreibung der Kinematik genügt. Durch Differenzieren von Ψ nach φ mittels `sym.diff(Psi,phi)` gewinnt man

$$\begin{aligned}\frac{\partial \Psi}{\partial \varphi} &= -\frac{r^2 \sin(\varphi)\cos(\varphi)}{\sqrt{l^2 - r^2 \sin^2(\varphi)}} - r\sin(\varphi) \\ &= -r\left(\frac{\sqrt{2}r\sin(2\varphi)}{2\sqrt{2l^2 + r^2\cos(2\varphi) - r^2}} + \sin(\varphi)\right).\end{aligned} \qquad (9.18)$$

Die zweite Darstellung ist das Ergebnis von `sym.simplify(Psi_phi)`. Die partielle Ableitung der Bindungsgleichung nach der Koordinate φ kürzen wir im folgenden mit Ψ_φ ab. Die Eingabe von `sym.diff(Psi_phi,phi)` liefert die zweite Ableitung, die wir $\Psi_{\varphi\varphi}$ nennen.

$$\frac{\partial^2 \Psi}{\partial \varphi^2} = -\frac{r^4 \sin^2(\varphi)\cos^2(\varphi)}{\left(l^2 - r^2\sin^2(\varphi)\right)^{\frac{3}{2}}} + \frac{r^2 \sin^2(\varphi)}{\sqrt{l^2 - r^2\sin^2(\varphi)}} - \frac{r^2 \cos^2(\varphi)}{\sqrt{l^2 - r^2\sin^2(\varphi)}} - r\cos(\varphi) \qquad (9.19)$$

Die Ausgabe als LaTeX-Text erfolgt mittels `print(sym.latex((Psi_phiphi)))`. Die Vereinfachung mit `simplify` ergibt hier eine weniger unübersichtliche Darstellung. Die Programmzeilen für die analytischen Berechnungen lauten somit wie folgt.

```
import sympy as sym

phi = sym.symbols('phi')
r, l, JS1, m2 = sym.symbols('r,l,JS1,m2')
Psi = r*sym.cos(phi) + sym.sqrt(l**2 - (r*sym.sin(phi))**2)
Psi_phi = sym.diff(Psi,phi)
Psi_phiphi = sym.diff(Psi_phi,phi)
```

Für die Geschwindigkeit und Beschleunigung von Körper 2 in Abhängigkeit von Orientierung, Winkelgeschwindigkeit und Winkelbeschleunigung des Antriebs folgt durch Ableiten nach der Zeit.

$$\dot{s} = \Psi_\varphi \dot{\varphi} \qquad (9.20)$$

$$\ddot{s} = \Psi_{\varphi\varphi} \dot{\varphi}^2 + \Psi_\varphi \ddot{\varphi} \qquad (9.21)$$

Kinetik: Gibbs-Appell-Gleichung und Sympy

Wir verwenden die Gibbs-Appell-Gleichung. Dazu wird die Größe $\mathcal{S}$ benötigt.

$$\mathcal{S} = \frac{1}{2} J_{S1} \ddot{\varphi}^2 + \frac{1}{2} m_2 \ddot{s}^2 \qquad (9.22)$$

Die Größe $\ddot{s}$ ist keine unabhängige Variable; die Gibbs-Appell-Funktion $\mathcal{S}$ hängt somit nur von $\ddot{\varphi}$ ab. Für die Beschleunigung $\ddot{s}$ ist Gleichung (9.21) zu verwenden.
Die generalisierte Kraft Q_φ zur generalisierten Koordinate φ ist im Fall ohne Last am Schieber und ohne Reibungskräfte nur das Drehmoment $Q_\varphi = M_{\text{an}} = M_1$ am Antrieb. Davon kann man sich leicht überzeugen, wenn die Leistung P_e der eingeprägten Kräfte und Kraftmomente hingeschrieben wird.

$$P_e = M_1 \dot{\varphi} \qquad (9.23)$$

Die Gibbs-Appell-Gleichung für das System mit Freiheitsgrad 1

$$\frac{\partial \mathcal{S}}{\partial \ddot{\varphi}} = Q_\varphi \qquad (9.24)$$

liefert die gesuchte Bewegungsgleichung

$$\left(J_{S1} + m_2 \Psi_\varphi^2 \right) \ddot{\varphi} + m_2 \Psi_{\varphi\varphi} \dot{\varphi}^2 = M_1 \; . \qquad (9.25)$$

Antriebsmoment (inverse Dynamik)

Für die inverse Dynamik ist Gleichung (9.25) die gesuchte Bestimmungsgleichung für das Antriebsmoment M_1. Beim inversen dynamischen Problem ist die Bewegung über die Vorgabe der Zeitfunktion $\varphi(t)$ gegeben. Da φ als Funktion der Zeit gegeben ist, können durch Differenzieren auch die Größen $\dot{\varphi}$ und $\ddot{\varphi}$ gewonnen werden. Somit ist die einzige unbekannte Größe in Gleichung (9.25) das Antriebsmoment M_1.

Direkte Dynamik – erneute Untersuchung

In Abschnitt 8.14 (S. 202ff) wurde bereits die Bewegung mit dem Prinzip des kleinsten Zwangs für $M_1 = 0$ ermittelt. Das gleiche Ergebnis kann durch numerische Integration der Bewegungsgleichung (9.25) mit odeint erfolgen. Dazu können die folgenden Programmzeilen genutzt werden. Mit den Parametern aus Abschnitt 8.14 ergeben sich die bekannten Ergebnisse.

```
def Psi_phi(phi):
    return -r1**2*sin(phi)*cos(phi)/sqrt(lC**2 - r1**2*sin(phi)**2) - r1*sin(phi)

def Psi_phiphi(phi):
    return -r1**4*sin(phi)**2*cos(phi)**2/(lC**2 - r1**2*sin(phi)**2)**(3/2) \
        + r1**2*sin(phi)**2/sqrt(lC**2 - r1**2*sin(phi)**2) \
        - r1**2*cos(phi)**2/sqrt(lC**2 - r1**2*sin(phi)**2) - r1*cos(phi)
```

```
def bewegdgl(z,t):
  phi = z[0]
  omega = z[1]
  return [omega,\
  (M1-m2*Psi_phiphi(phi)*Psi_phi(phi)*omega**2)/(J1 + m2*Psi_phi(phi)**2)]

Nt = 300
tEnde = 0.1
t_tab = np.linspace(0,tEnde,Nt)

ergebnis = odeint(bewegdgl,[0,100],t_tab)
```

Programmieren Sie die Lösung mittels `odeint` und vergleichen Sie die numerischen Ergebnisse mit den bekannten Ergebnissen aus Abschnitt 8.14.

9.4. Ramme

Lerninhalte

Mathematik Ableiten

Mechanik ungleichförmiges Getriebe, Antriebsmoment mittels Gibbs-Appell-Gleichung

Programmierung Python: Nutzung von `sympy` für symbolische Berechnungen

Aufgabenstellung

Es soll die Dynamik der abgebildeten Ramme (Abbildung 9.3) näher untersucht werden. Die Kurbel (Körper 1, Masse m_K, Massenträgheitsmoment bezüglich des Mittelpunktes J_K) dreht sich um ihren Mittelpunkt M mit der Winkelgeschwindigkeit $\omega_1 = \dot\theta$. Die Konstruktion sei so beschaffen, dass eine vollständige Umdrehung der Kurbel möglich ist. Die geschlitzte Schwinge (Körper 2, Länge l) ist in A frei drehbar gelagert. Über das andere Ende B wird die Ramme (Körper 3, Masse m_R) horizontal bewegt. Für erste Berechnungen sollen die Masse und das Massenträgheitsmoment der Schwinge vernachlässigt werden. Zudem sollen Reibungseffekte vernachlässigt werden.

Zahlenwerte: $r = 20\,\text{cm}$, $d = 50\,\text{cm}$, $l = 1\,\text{m}$, $\omega_1 = 3\,\text{s}^{-1}$, $m_R = 10\,\text{kg}$, $m_K = 50\,\text{kg}$, $J_K = 25\,\text{kg}\,\text{m}^2$

Berechnen Sie für den lastfreien Fall das erforderliche Drehmoment an der Kurbel, um die konstante Winkelgeschwindigkeit ω_1 aufrechtzuerhalten.

Lösung

Kinematik

Die Größe θ charakterisiert den Drehwinkel der Antriebs und ist eine gegebene Funktion der Zeit. Im konkreten Fall gilt $\omega_1 = \dot\theta = \text{const}$, d. h. der Winkel θ nimmt linear mit der Zeit zu.

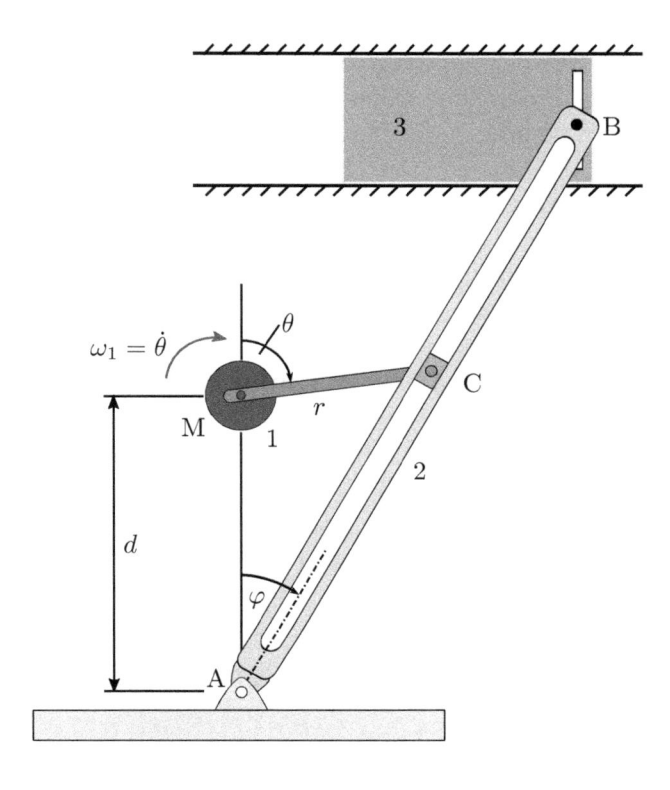

Abbildung 9.3.: Kurbelschwinge mit horizontal geführter Ramme (Skizze nicht maßstäblich))

Für die weitere Betrachtung ist der Drehwinkel φ der Schwinge relevant. Wenn der Drehwinkel θ des Antriebs vorgegeben ist, folgt daraus zwangsläufig der zeitabhängige Drehwinkel φ der Schwinge. Für die Herleitung der kinematischen Beziehung, also der Gleichung, die die beiden Drehwinkel θ und φ miteinander verknüpft, kann sowohl der Weg über den Sinussatz im Dreieck ACM als auch über die Beschreibung des Punktes C in der Form

$$x_C = s \sin\varphi = r \sin\theta \tag{9.26}$$
$$y_C = s \cos\varphi = r \cos\theta + d \tag{9.27}$$

erfolgen. Die Größe s ist der zeitlich veränderliche Abstand zwischen A und C. In beiden Fällen lässt sich die kinematische Beziehung in die Form

$$\tan\varphi = \frac{\sin\theta}{\bar{d} + \cos\theta} \tag{9.28}$$

bringen, wobei die Abkürzung $\bar{d} = d/r$ verwendet wurde. Es ist zu erkennen, dass die kinematische Beziehung nur vom Verhältnis d/r der beiden Längen r und d abhängt[1].

---
[1] Wie groß r und d absolut sind, ist unerheblich. Für die Kinematik kommt es ausschließlich auf das Verhältnis d/r an.

Die Winkelgeschwindigkeit der Schwinge $\omega_2 = \dot{\varphi}$ ergibt sich durch Ableiten der kinematischen Beziehung nach der Zeit. Dazu muss man sich klarmachen, dass die Größe θ eine zeitabhängige Größe ist,

$$\theta = \theta(t) \rightarrow \frac{\mathrm{d}\theta}{\mathrm{d}t} = \dot{\theta}(t) = \omega_1 \,. \tag{9.29}$$

Beachten Sie, dass Gleichung (9.29) stets gilt, auch dann, wenn die Drehgeschwindigkeit ω_1 des Antriebs keine Konstante ist.

Wenn die Zeitableitung händisch (mit Stift und Papier) berechnet werden soll, bietet es sich an, beide Seiten von Gleichung (9.28) nach der Zeit abzuleiten und anschließend nach der gesuchten Größe $\dot{\varphi}$ aufzulösen. Dann braucht nicht die Ableitung von arctan nachgeschlagen zu werden. Wenn mit einem Computeralgebrasystem gerechnet wird, wird Gleichung (9.28) nach φ aufgelöst, d.h.

$$\varphi = g(\theta) = \arctan\left(\frac{\sin\theta}{\bar{d} + \cos\theta}\right) \,. \tag{9.30}$$

Die Schreibweise $\varphi = g(\theta)$ soll darauf hinweisen, dass der Winkel φ als Funktion des Winkels θ geschrieben werden kann. Wir vereinbaren zudem

$$g_\theta(\theta) = \frac{\partial g}{\partial \theta} \tag{9.31}$$

$$g_{\theta\theta}(\theta) = \frac{\partial^2 g}{\partial \theta^2} \,. \tag{9.32}$$

Nach einigem Umformen von Hand oder nach Einsatz der Computeralgebra ergibt sich für die Winkelgeschwindigkeit der Schwinge

$$\dot{\varphi} = \dot{\theta}\, g_\theta(\theta) = \dot{\theta}\, \frac{\bar{d}\cos\theta + 1}{\bar{d}^2 + 2\bar{d}\cos\theta + 1} \,. \tag{9.33}$$

Es sei nochmals daran erinnert, dass beim Ableiten nach der Zeit die Kettenregel zu beachten ist. Abbildung 9.4 zeigt die Winkelgeschwindigkeit $\dot{\varphi}$ der Schwinge in Abhängigkeit vom Kurbelwinkel θ für die gegebene konstante Winkelgeschwindigkeit der Kurbel.

Durch nochmaliges Differenzieren nach der Zeit ergibt sich für die Winkelbeschleunigung der Schwinge

$$\ddot{\varphi} = \ddot{\theta}\, \frac{\bar{d}\cos\theta + 1}{\bar{d}^2 + 2\bar{d}\cos\theta + 1} + \dot{\theta}^2\, \frac{(1-\bar{d}^2)\,\bar{d}\sin\theta}{\left(\bar{d}^2 + 2\bar{d}\cos\theta + 1\right)^2} \,. \tag{9.34}$$

Die Lage der Ramme wird über die Koordinate x_B beschrieben. Es gilt

$$x_B = l\sin\varphi \,, \tag{9.35}$$

d.h. hier wird der Drehwinkel φ der Schwinge benötigt. Für die Geschwindigkeit v_B und die Beschleunigung a_B der Ramme (nur Translation in x-Richtung) ergibt sich

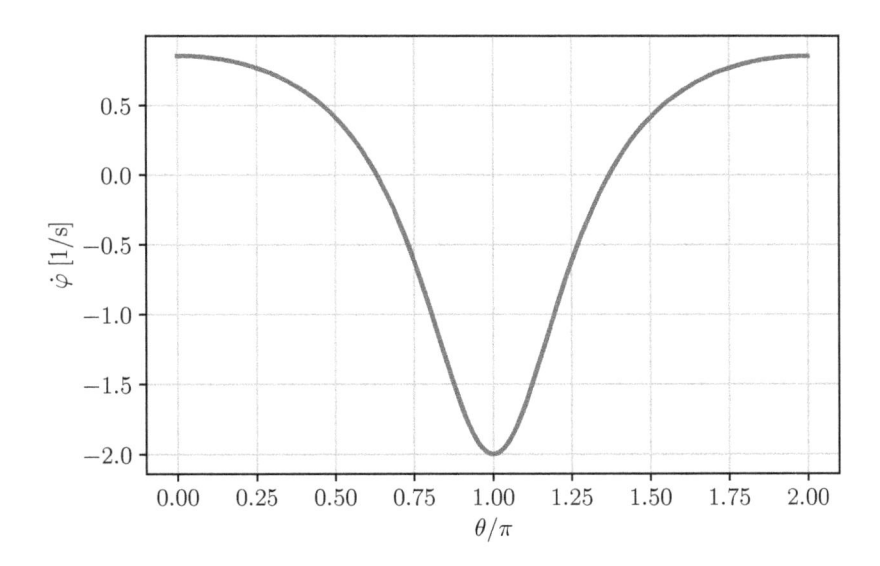

Abbildung 9.4.: Winkelgeschwindigkeit $\dot{\varphi}$ der Schwinge in Abhängigkeit vom Winkel θ des Antriebs bei konstanter Winkelgeschwindigkeit ω_1 des Antriebs

durch Ableiten nach der Zeit

$$v_B = l \cos\varphi \, \dot{\varphi} \tag{9.36}$$
$$a_B = l \cos\varphi \, \ddot{\varphi} - l \sin\varphi \, \dot{\varphi}^2 \, . \tag{9.37}$$

Die Umsetzung der kinematischen Berechnungen mit SymPy gelingt wie folgt.

```
import sympy as sym
import matplotlib.pyplot as plt
import numpy as np
from math import pi

theta, omegaA, alphaA = sym.symbols('theta, omegaA, alphaA')
d, r, l, mR = sym.symbols('d,r,l,mR')
g = sym.atan(r*sym.sin(theta)/(d+r*sym.cos(theta)))
phi = g
phi_t = sym.diff(g, theta)*omegaA
phi_tt = sym.diff(phi_t,theta)*omegaA

f = l*sym.sin(phi)
xB = f
vB = sym.diff(f,theta)*omegaA
aB = sym.diff(f,theta,2)*omegaA**2 + sym.diff(f,theta)*alphaA
```

In der Winkelbeschleunigung $\ddot\varphi$ der Schwinge (hier `phi_tt`) ist bereits $\omega_1 = $ const berücksichtigt. Im Ausdruck für die Beschleunigung a_B der Ramme ist die Winkelbeschleunigung $\dot\omega_1 = \ddot\theta$ (hier `alphaA`) noch nicht zu Null gesetzt worden. Wenn mit der Gibbs-Appell-Gleichung gearbeitet werden soll, wird die Ableitung

$$\frac{\partial \mathcal{S}}{\partial \ddot\theta} \tag{9.38}$$

gebildet werden. Selbstverständlich muss die Winkelbeschleunigung des Antriebs daher bis zum erfolgreichen Durchführen der Ableitung mitgeführt werden. Erst nach dem Ableiten darf die Winkelbeschleunigung des Antriebs zu Null gesetzt werden.

Kinetik: Prinzip von d'Alembert

Es soll das Antriebsmoment M_A bestimmt werden. Dazu werden zum einen das Prinzip von d'Alembert in der Fassung von Lagrange und zum anderen die Gibbs-Appell-Gleichungen benutzt. Alternativ führt die Bilanz der kinetischen Energie ebenfalls zum Ziel. Zur Erinnerung: Die Bilanz der kinetischen Energie liefert eine Gleichung. Hat das System den Freiheitsgrad 1, genügt diese Gleichung zur Bestimmung der Bewegungsgleichung. Häufig bietet es sich an, die Energiebilanz im „Post processing" zur Qualitätssicherung zu nutzen.

Für das Prinzip von d'Alembert in der Fassung von Lagrange werden die virtuelle Arbeit der Trägheitskräfte und die virtuelle Arbeit der eingeprägten Kräfte und Kraftmomente benötigt. Es wird der Fall konstanter Antriebswinkelgeschwindigkeit betrachtet. Die Trägheit der Schwinge und Reibungskräfte werden für eine erste Berechnung vernachlässigt. Dann gilt

$$\delta W = M_A \delta\theta - m_R a_B \delta x_B . \tag{9.39}$$

Aus (9.33) und (9.36) folgt für die virtuelle Verrückung δx_B der Ramme

$$\delta x_B = l \cos\varphi \, \frac{\bar d \cos\theta + 1}{\bar d^2 + 2\bar d \cos\theta + 1} \delta\theta . \tag{9.40}$$

Damit ist alles zusammengetragen, was für die Berechnung des Antriebsmoments M_A notwendig ist.

Kinetik: Gibbs-Appell-Gleichung

Die Gibbs-Appell-Gleichung für das System mit Freiheitsgrad 1 lautet

$$\frac{\partial \mathcal{S}}{\partial \ddot\theta} = Q_\theta \tag{9.41}$$

mit

$$\mathcal{S} = \frac{1}{2} m_R a_B^2 \tag{9.42}$$

$$Q_\theta = M_A . \tag{9.43}$$

In `sympy` wird der Weg über die Gibbs-Appell-Gleichung umgesetzt.

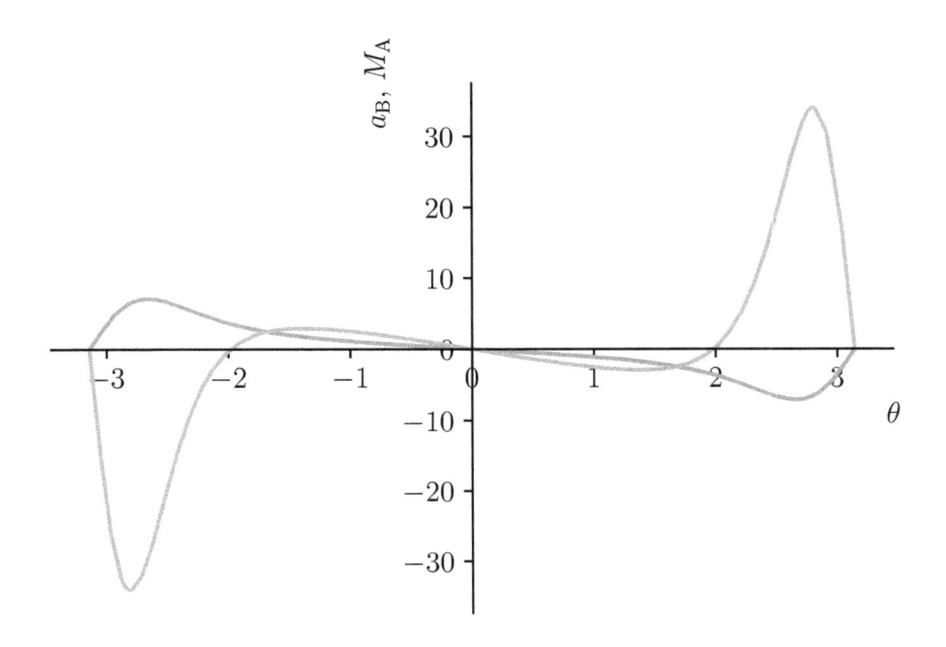

Abbildung 9.5.: Beschleunigung a_B der Ramme in m/s^2 (flachere Kurve) und Antriebsmoment M_A in N m (Kurve mit großen Extrema)

```
S = 1/2*mR*aB**2
MA = sym.diff(S,alphaA).subs({r:2, d: 5, l:1.0, omegaA:3, alphaA:0})
```

Das Paket **sympy** bringt seine eigene Plotfunktionalität mit. Abbildung 9.5 wurde mit dem `plot`-Befehl von **sympy** erstellt. Abbildung 9.4 hingegen wurde mit `matplotlib` erzeugt.

```
p1 = sym.plot((aB.subs({r:2, d:5, l:1.0, omegaA:3, alphaA:0}),(theta,-pi,pi)),\
show=False, xlabel=r'$\theta$',\
ylabel=r'$a_\mathrm{B}$, $M_\mathrm{A}$')
p2 = sym.plot((MA.subs({mR:10}),(theta,-pi,pi)), show=False,line_color='red')
p1.append(p2[0])
p1.show()
```

Setzen Sie den Lösungsweg mittels Prinzip von d'Alembert ebenfalls in **sympy** um und vergleichen Sie die Ergebnisse für das Antriebsmoment.

10. Schwingungsfähige Systeme

10.1. Rollender Zylinder mit Feder

Lerninhalte

Mathematik Lösung der Schwingungsdifferentialgleichung (ungedämpftes System)

Mechanik Rollen ohne Schlupf, Federkraft, freie Schwingung, Eigenkreisfrequenz, Schwingungsdauer

Programmierung Python: Rechnen mit Einheiten (Modul `pint`)

Aufgabenstellung

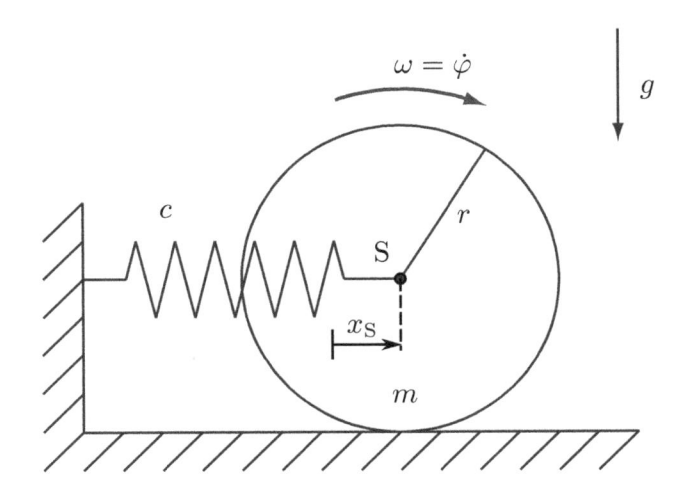

Abbildung 10.1.: Rollender Zylinder mit Feder

Ein homogener Zylinder der Masse m ist über eine Feder der Steifigkeit c an eine feste Wand gekoppelt (Abbildung 10.1). Der Zylinder rollt auf der Unterlage ab (ohne Schlupf). Im Massenmittelpunkt S greift eine konstante Kraft F an (nicht im Bild eingezeichnet). Die Koordinaten x_S und φ seien so definiert, dass $\varphi = 0 \to x_S = 0$ gilt.

Es sind folgende Zahlenwerte gegeben: $r = 0{,}3\,\text{m}$, $m = 1000\,\text{kg}$, $c = 100\,\text{N/m}$. Zur Erinnerung: Für den homogenen Zylinder gilt $J_S = \frac{1}{2}mr^2$. Für $\varphi = 0$ ist die Feder entspannt.

(a) Wie lautet der Ausdruck für die virtuelle Arbeit? Welche Bewegungsgleichung ergibt sich?

(b) Wie groß sind Eigenkreisfrequenz und Schwingungsdauer der freien Schwingung?

Kinematik

Beim Rollen ohne Schlupf gilt
$$\dot{x}_S = r\dot{\varphi} \, . \tag{10.1}$$

Da gemäß Aufgabenstellung $\varphi = 0 \to x_S = 0$ gilt, lautet die integrierte Beziehung
$$x_S = r\varphi \, . \tag{10.2}$$

Im weiteren wird der Winkel φ als generalisierte Koordinate verwendet.

Kinetik: Prinzip von d'Alembert

In der virtuellen Arbeit δW sind die beiden Trägheitsterme, die Feder und die Kraft F zu berücksichtigen. Die Längenänderung der Feder ist cx_S. Sowohl die Kraft F als auch die Federkraft greifen in S an. Es ergibt sich
$$\delta W = -J_S \ddot{\varphi}\, \delta\varphi - m\ddot{x}_S\, \delta x_S + (F - cx_S)\,\delta x_S \, . \tag{10.3}$$

Alles Einsetzen führt auf
$$\delta W = \left[-\frac{3}{2}mr^2\ddot{\varphi} - cr^2\varphi + Fr\right]\delta\varphi \, . \tag{10.4}$$

Da die virtuelle Arbeit δW für beliebige virtuelle Verrückungen $\delta\varphi$ zu Null werden muss, muss der Klammerausdruck identisch Null sein. Die Bewegungsgleichung lautet demnach
$$0 = -\frac{3}{2}mr^2\ddot{\varphi} - cr^2\varphi + Fr \, . \tag{10.5}$$

Eigenkreisfrequenz und Schwingungsdauer

Die Bewegungsgleichung wird auf die Standardform
$$\ddot{\varphi} + \frac{2c}{3m}\varphi = \frac{2F}{3mr} \tag{10.6}$$

gebracht, bei der der Vorfaktor vor der zweiten Ableitung $\ddot{\varphi}$ den Wert 1 hat. Die Bewegungsgleichung mit Null auf der rechten Seite wird die/eine homogene Gleichung genannt. Bei einer konstanten Kraft F lässt sich die Koordinate φ so anpassen, dass die rechte Seite zu Null wird; dann beschreibt die Koordinate φ nicht mehr die Verdrehung gegenüber der Lage bei entspanter Feder, sondern die Verdrehung gegenüber der statischen Gleichgewichtslage.

Die allgemeine Lösung der homogenen Gleichung $\ddot{\varphi} + \omega_0^2 \varphi = 0$ lautet bekanntermaßen

$$\varphi = C_1 \cos \omega_0 t + C_2 \sin \omega_0 t = C \cos(\omega_0 t - \beta) \ . \tag{10.7}$$

Die Größe ω_0, die in der Bewegungsgleichung quadratisch als Vorfaktor vor φ steht, wird Eigenkreisfrequenz genannt. Der Name ergibt sich aus der allgemeinen Lösung der Bewegungsgleichung, in der die Größe ω_0 im Sinus bzw. Cosinus als Vorfaktor vor der Zeit t steht. Die gesuchte Eigenkreisfrequenz ist im vorliegenden Fall demnach

$$\omega_0 = \sqrt{\frac{2c}{3m}} \tag{10.8}$$

und die Schwingungsdauer ist

$$T_0 = \frac{2\pi}{\omega_0} \ . \tag{10.9}$$

Für die numerische Auswertung wird Python mit dem Modul `pint` benutzt.

```
import pint
from math import pi
ureg = pint.UnitRegistry()
r = 0.3*ureg.meter
m = 1000*ureg.kilogram
c = 100*ureg.newton/ureg.meter

omega0 = (2*c/(3*m))**0.5
omega0.ito(ureg.second**(-1))
T0 = 2*pi/omega0
```

Hinweis: Wenn in einer Aufgabe nach der Eigenkreisfrequenz oder der Schwingungsdauer eines mechanischen Systems gefragt ist, dann ist i. a. in einem ersten Schritt die Bewegungsgleichung des Systems zu bestimmen. Aus der Bewegungsgleichung können dann die charakteristischen Größen der Schwingungsbewegung bestimmt werden. Häufig wird die Bestimmung der Eigenfrequenzen bzw. der Schwingungsdauern „Modalanalyse" genannt.

10.2. Rotierende Scheibe mit relativ bewegtem Körper

Lerninhalte

Mathematik Drehbewegungen und orthogonale Transformationen

Mechanik Prinzip von d'Alembert, Beschleunigungen in rotierenden Bezugssystemen (Coriolisbeschleunigung), Eigenkreisfrequenz (in Abhängigkeit von der Winkelgeschwindigkeit der Scheibe)

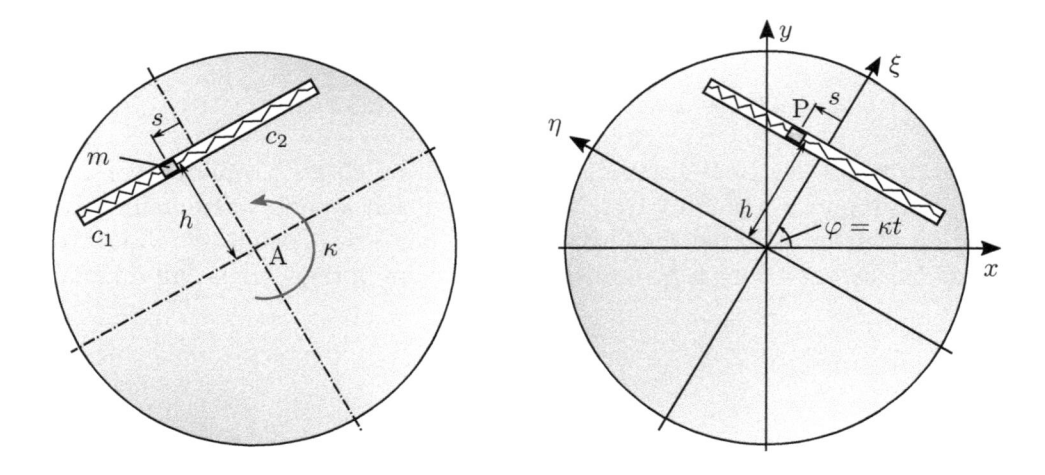

Abbildung 10.2.: Rotierende Scheibe mit relativ bewegtem Körper

Aufgabenstellung

Ein kleiner Körper (Masse m) bewegt sich in einer reibungsfreien Nut einer rotierenden Scheibe (Abbildung 10.2). Die Größe s beschreibt die Lage des Körpers in der Nut. Die Scheibe dreht sich nach dem Zeitgesetz $\varphi(t) = \kappa t$ in einer horizontalen Ebene. Die Gewichtskraft wirkt senkrecht zur Zeichenebene. Beide Federn haben die gleiche Steifigkeit $c_1 = c_2 = c/2$ und seien in der Mittellage (bei $s = 0$) entspannt.

(a) Warum hat das System unter den oben genannten Einschränkungen den Freiheitsgrad 1? Wie lauten die Koordinaten von P im globalen x-y-Koordinatensystem? Leiten Sie Geschwindigkeit $\underline{v}_P$ und Beschleunigung $\underline{a}_P$ her.

(b) Wie lautet der Ausdruck für die virtuelle Arbeit δW für das mechanische System – vor dem Einsetzen der Kinematik und nach dem Einsetzen der Kinematik? Welche Bewegungsgleichung ergibt sich? Unter welcher Bedingung kann der Körper in der rotierenden Scheibe schwingen? Mit welcher Schwingungsdauer schwingt der Körper?

Kinematik

Wir nutzen zwei Koordinatensysteme, das raumfeste x-y-Koordinatensystem und das an der Scheibe befestigte (körperfeste) ξ-η-Koordinatensystem. Im raumfesten Koordinatensystem sind die Koordinaten (x_P, y_P) und im mitrotierenden Koordinatensystem $(\xi_P, \eta_P) = (h, s)$. Beachten Sie: das mitrotierende ξ-η-Koordinatensystem wird für die Lösung der Aufgabe nicht zwingend benötigt. Für die Herleitung der Bewegungsgleichung reicht das globale x-y-Koordinatensystem vollauf. Es ist aber (i) in der Mehrkörpersystemdynamik weit verbreitet, körperfeste Koordinatensysteme zu verwenden und (ii) erleichtert das körperfeste Koordinatensystem die qualitative Beschreibung der auftretenden Phänomene.

Zwischen den Basisvektoren gilt die Umrechnung

$$\underline{e}_\xi = \cos\varphi\, \underline{e}_x + \sin\varphi\, \underline{e}_y\,, \tag{10.10}$$

$$\underline{e}_\eta = -\sin\varphi\, \underline{e}_x + \cos\varphi\, \underline{e}_y\,. \tag{10.11}$$

Man überzeugt sich leicht, dass $\underline{e}_\xi$ und $\underline{e}_\eta$ Einheitsvektoren sind, die senkrecht aufeinander stehen (Tipp: Skalarprodukte berechnen).
Für den Ortsvektor von P gilt in den beiden Basen

$$\underline{r}_P = h\,\underline{e}_\xi + s\,\underline{e}_\eta = (h\cos\varphi - s\sin\varphi)\,\underline{e}_x + (h\sin\varphi + s\cos\varphi)\,\underline{e}_y\,. \tag{10.12}$$

Geschwindigkeit $\underline{v}_P$ und Beschleunigung $\underline{a}_P$ werden aus Gleichung (10.12) durch einmaliges bzw. zweimaliges Differenzieren nach der Zeit gewonnen. Die virtuelle Verrückung von P wird aus der Geschwindigkeitsformel extrahiert. Vorsicht: Für die spätere Nutzung des Prinzips von d'Alembert wird die Absolutbeschleunigung benötigt. Daher leiten wir stets die Darstellung in der Basis $\underline{e}_x$, $\underline{e}_y$ ab[1]. Die Größen s und φ sind zeitabhängig.
Für die Beschleunigung[2] ergibt sich

$$\underline{a}_P = \frac{d^2}{dt^2}\begin{Bmatrix} x_P \\ y_P \end{Bmatrix} = \begin{Bmatrix} -h\dot\varphi^2\cos\varphi - \ddot s\sin\varphi - 2\dot s\dot\varphi\cos\varphi + s\dot\varphi^2\sin\varphi \\ -h\dot\varphi^2\sin\varphi + \ddot s\cos\varphi - 2\dot s\dot\varphi\sin\varphi - s\dot\varphi^2\cos\varphi \end{Bmatrix}\,. \tag{10.13}$$

Für die virtuelle Verrückung von P gilt

$$\delta\underline{r}_P = \begin{Bmatrix}\delta x_P \\ \delta y_P\end{Bmatrix} = \begin{Bmatrix} -\sin\varphi\,\delta s \\ \cos\varphi\,\delta s \end{Bmatrix}\,. \tag{10.14}$$

Die Winkelgeschwindigkeit $\dot\varphi$ ist vorgegeben und kann entsprechend nicht variiert werden.

Kinetik: Prinzip von d'Alembert

Für die virtuelle Arbeit ergibt sich

$$\delta W = -cs\,\delta s - m\ddot x_P\,\delta x_P - m\ddot y_P\,\delta x_P = 0\,. \tag{10.15}$$

Der erste Summand berücksichtigt die Federkraft, die anderen beiden sind die Scheinkräfte nach d'Alembert. Einsetzen der kinematischen Beziehungen (10.13) und (10.14) in den Ausdruck für die virtuelle Arbeit (10.15) und Vereinfachen ergibt nach einiger Rechnung die Bewegungsgleichung

$$m\ddot s + \left(c - m\kappa^2\right)s = 0\,. \tag{10.16}$$

---
[1] Die Basisvektoren $\underline{e}_\xi$ und $\underline{e}_\eta$ drehen sich mit der Scheibe mit; das ξ-η-Koordinatensystem ist kein Inertialsystem. Alternativ können Ableitungsformeln für die mitrotierenden Basisvektoren bestimmt werden. Dann kann auch die Darstellung über die mitrotierenden Basisvektoren für die Herleitung von Geschwindigkeit und Beschleunigung benutzt werden, sofern die Kettenregel beachtet wird.
[2] Die Schreibweise verbindet zwei Konzepte. $\underline{a}_P$ ist Vektor der Beschleunigung. Der Vektor selbst ist nicht an eine bestimmte Basis gebunden. Seine skalarwertigen Komponenten hängen jedoch von der konkreten Basis ab. Rechts vom ersten Gleichheitszeichen stehen Spaltenmatrizen mit den skalarwertigen Komponenten des Vektors im globalen x-y-Koordinatensystem.

Wir wiederholen: Vorsicht bei der Verwendung von beschleunigten Bezugssystemen! Die Scheibe rotiert mit konstanter Winkelgeschwindigkeit. Demnach bewegt sie sich nicht geradlinig gleichförmig gegenüber der ruhenden Umgebung (dem Fixsternhimmel). Die Scheibe bzw. das mitrotierende ξ-η-Koordinatensystem ist kein Inertialsystem. Die Relativbeschleunigung $\ddot{s}$ der Masse gegenüber der Scheibe genügt nicht als Beschleunigung in unserem Naturgesetz (Prinzip von d'Alembert). Es muss stets die Absolutbeschleunigung (10.13) genutzt werden, in der neben der Relativbeschleunigung $\ddot{s}$ weitere Terme mit der Winkelgeschwindigkeit $\dot{\varphi}$ auftreten.

| Vollziehen Sie alle Rechenschritte nach und überzeugen Sie sich von der Richtigkeit der Bewegungsgleichung (10.16).

Die Bewegungsgleichung (10.16) lässt sich in die Standardform

$$\ddot{s} + \left(\frac{c}{m} - \kappa^2\right) s = 0 \tag{10.17}$$

bringen. Die Größe ω im Vorfaktor vor s,

$$\omega^2 = \frac{c}{m} - \kappa^2 = \omega_0^2 - \kappa^2 \quad \text{mit} \quad \omega_0^2 = \frac{c}{m} \tag{10.18}$$

ist die Kreisfrequenz der freien Schwingung der Masse m bei rotierender Scheibe. Die Größe ω_0 ist die Kreisfrequenz der freien Schwingung bei ruhender Scheibe. Zur Erinnerung: $\kappa = \dot{\varphi}$ ist die konstante Winkelgeschwindigkeit der Scheibe. Das Ergebnis bedeutet, dass mit zunehmender Winkelgeschwindigkeit κ der Scheibe die Kreisfrequenz der Schwingung abnimmt. Die Schwingungsdauer

$$T = \frac{2\pi}{\omega} \tag{10.19}$$

wird immer größer, bis bei der Winkelgeschwindigkeit $\kappa^\star = \omega_0$ keine freie Schwingung mehr möglich ist. Das Quadrat bei κ in (10.18) deutet darauf hin, dass es unerheblich ist, ob sich die Scheibe im Uhrzeigersinn oder entgegen dem Uhrzeigersinn dreht.

Nachtrag 1: Beschleunigungen in rotierenden Bezugssystemen

Nach Umformen lässt sich die Beschleunigung (10.13) in der mitrotierenden Basis schreiben,

$$\underline{a}_\mathrm{P} = \left(-h\dot{\varphi}^2 - 2\dot{s}\dot{\varphi}\right) \underline{e}_\xi + \left(\ddot{s} - s\dot{\varphi}^2\right) \underline{e}_\eta \,. \tag{10.20}$$

Betrachtet man die Absolutbeschleunigung eines Punkts, der sich relativ zu einem rotierenden Koordiantensystem bewegt, tritt die sogenannte Coriolisbeschleunigung $-2\dot{s}\dot{\varphi}$ als zusätzlicher Term auf. Die Größe $\ddot{s}$ ist die Relativbeschleunigung im rotierenden Koordinatensystem. Ein mit der Scheibe mitbewegter Beobachter würde diese Beschleunigung sehen. Die verbleibenden Terme heißen Führungsbeschleunigung.

Frage 1 *Warum ist die Absolutbeschleunigung wichtig?*

Das Naturgesetz (Prinzip von d'Alembert oder Kräftegleichung (Newton)) gilt in der üblichen Form nur, wenn die Beschleunigung bezüglich eines Inertialsystems gemessen wird. Häufig tritt aber der Fall auf, dass eine Bewegung relativ zu einem bewegten Koordinatensystem beschrieben werden soll, z. B. weil eine Führung (eine Zwangsbedingung) im bewegten Koordinatensystem gegeben ist (bzw. viel einfacher zu beschreiben ist, als in absoluten Koordinaten). Will man das Naturgesetz anschreiben, muss man bei Verwendung eines bewegten Bezugssystems immer auf die Beschleunigung im Inertialsystem (Absolutbeschleunigung) umrechnen.

Frage 2 *Wann tritt die Coriolisbeschleunigung auf?*

Die Coriolisbeschleunigung tritt auf, wenn sich ein Punkt relativ zu einem rotierenden Koordinatensystem bewegt, bei dem die Drehachse und die Relativgeschwindigkeit nicht parallel sind. Dann besteht die Absolutbeschleunigung nicht nur aus der Führungs- und der Relativbeschleunigung sondern auch aus der Coriolisbeschleunigung. Sie stellt einen kombinierten Effekt aus Drehbewegung und Relativbewegung dar. Die Beschleunigung steht damit im Zusammenhang, dass sich durch die Relativbewegung der betrachtete Punkt in Bereiche größerer oder kleinerer Umfangsgeschwindigkeit bewegt.

Frage 3 *Benötige ich die Begrifflichkeiten „Coriolisbeschleunigung" und „Führungsbeschleunigung" bei der Lösung von konkreten Aufgaben?*

Nein. Wenn Sie stets *ordentlich* die Lage der relevanten Körperpunkte (hier P) in einem raumfesten Koordinatensystem (genauer: Inertialsystem) hinschreiben und dann nach der Zeit ableiten, ergeben sich alle Summanden in den Ausdrücken für Beschleunigung, Geschwindigkeit und virtueller Verrückung automatisch korrekt.

Nachtrag 2: Darstellung von Drehbewegungen über orthogonale Transformationen

In der Dynamik der Mehrkörpersysteme werden meist körperfeste Bezugssysteme benutzt. Zwischen den Darstellungen der Ortsvektoren in zueinander gedrehten Basen gelten dann Transformationen, die sich durch Matrixmultiplikation mit einer orthogonalen Matrix ausdrücken lassen.
Im konkreten Fall gilt hier

$$\begin{Bmatrix} x_P \\ y_P \end{Bmatrix} = \begin{pmatrix} \cos\varphi & -\sin\varphi \\ \sin\varphi & \cos\varphi \end{pmatrix} \begin{Bmatrix} \xi_P \\ \eta_P \end{Bmatrix} \qquad (10.21)$$

Die linke Seite ist die Darstellung des Ortsvektors $\underline{r}_P$ (als Spaltenmatrix) im globalen x-y-Koordinatensystem. Die Spaltenmatrix ganz rechts ist die Darstellung des gleichen Ortsvektors in der mitgedrehten Basis, wobei hier $\xi_P = h$ und $\eta_P = s$ gilt. Häufig wird die Dreh- bzw. Rotationsmatrix mit $\mathbf{R}$ abgekürzt,

$$\mathbf{R} = \begin{pmatrix} \cos\varphi & -\sin\varphi \\ \sin\varphi & \cos\varphi \end{pmatrix}. \qquad (10.22)$$

Die Drehmatrix ist orthogonal, d. h. $\mathbf{R}\mathbf{R}^T = \mathbf{I}$ mit der Einheitsmatrix $\mathbf{I}$. Wird nun nach der Zeit differenziert, ergibt sich

$$\frac{\mathrm{d}}{\mathrm{d}\,t}\begin{Bmatrix} x_P \\ y_P \end{Bmatrix} = \frac{\mathrm{d}}{\mathrm{d}\,t}\begin{pmatrix} \cos\varphi & -\sin\varphi \\ \sin\varphi & \cos\varphi \end{pmatrix}\begin{Bmatrix} \xi_P \\ \eta_P \end{Bmatrix} + \begin{pmatrix} \cos\varphi & -\sin\varphi \\ \sin\varphi & \cos\varphi \end{pmatrix}\frac{\mathrm{d}}{\mathrm{d}\,t}\begin{Bmatrix} \xi_P \\ \eta_P \end{Bmatrix} \quad (10.23)$$

Ohne weitere Herleitung sei erwähnt: Wird die Absolutgeschwindigkeit von P in der mitgedrehten Basis dargestellt, dann taucht der Ausdruck $\mathbf{\Omega} = \mathbf{R}^T\dot{\mathbf{R}}$ auf. Die Matrix $\mathbf{\Omega}$ ist eine schiefsymmetrische Matrix. Wenn man die dritte Richtung senkrecht zur Bewegungsebene ($\underline{e}_z = \underline{e}_\zeta$) ergänzt, kann die Matrix $\mathbf{\Omega}$ als

$$\mathbf{\Omega} = \begin{pmatrix} 0 & -\dot{\varphi} & 0 \\ \dot{\varphi} & 0 & 0 \\ 0 & 0 & 0 \end{pmatrix} \quad (10.24)$$

geschrieben werden. Dieser schiefsymmetrischen Matrix $\mathbf{\Omega}$ kann der Vektor $\underline{\omega} = \dot{\varphi}\underline{e}_z$ zugeordnet werden. An die Stelle der Matrixmultiplikation tritt das Kreuzprodukt. Der der Matrix zuordenbare Vektor $\underline{\omega}$ kann als Drehgeschwindigkeit interpretiert werden.

Nachtrag 3: Was wäre bei Reibung zu tun?

Wenn die Reibung zwischen Körper und Boden der Nut wirkt, folgt die Normalkraft unmittelbar aus der Gewichtskraft des Körpers. Bei einem einfachen Coulombschen Reibgesetz mit konstantem Reibungskoeffizienten wird der Ausdruck für δW nur unwesentlich komplizierter. Wirkt die Reibung hingegen zwischen dem Körper und den seitlichen Führungen, dann muss die Normalkraft in der Führung berechnet werden. Die Normalkraft ist eine zeitabhängige Größe. Die entsprechende Gleichung für die Normalkraft muss simultan mit der Bewegungsgleichung gelöst werden.

10.3. Pendel aus zwei Körpern

Lernziele

Mathematik Bestimmung des Minimums einer skalarwertigen Funktion einer Unbekannten

Mechanik Prinzip des kleinsten Zwangs von Gauß, Prinzip von d'Alembert in der Fassung von Lagrange

Programmierung SMath Studio: Numerische Lösung des AWP

Aufgabenstellung

Es soll das abgebildete mechanische System bestehend aus zwei Körpern untersucht werden (Abbildung 10.3). Körper 1 wird entlang einer vertikalen Stange geführt. Körper 2 bewegt sich ebenfalls nur vertikal auf und ab (keine Pendelbewegung). Beide

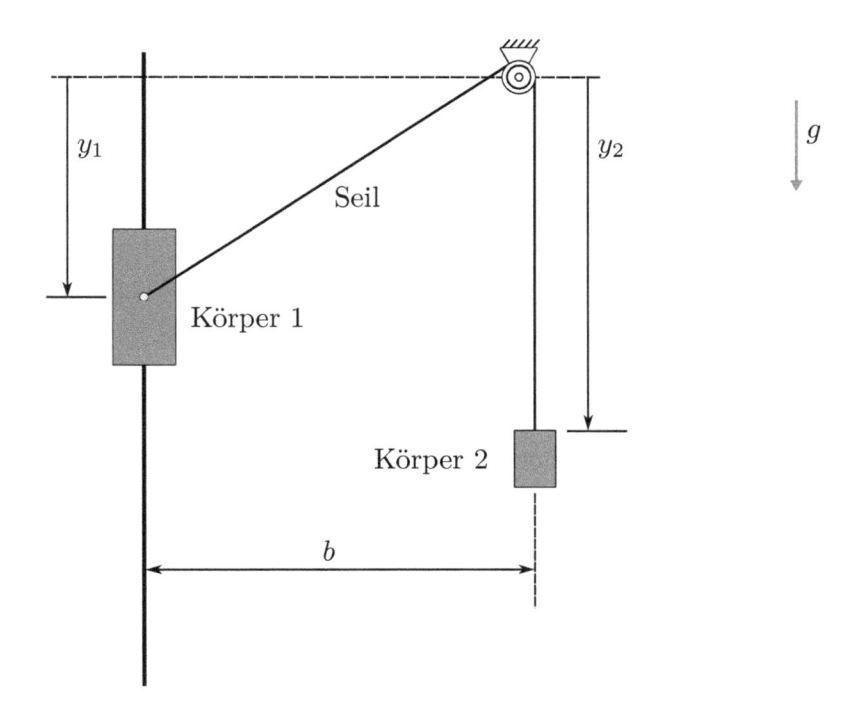

Abbildung 10.3.: Schwinger mit zwei translatorisch bewegten Körpern

Körper sind über ein Seil verbunden. Das Seil wird in erster Näherung als undehnbar und masselos modelliert. Die Gesamtlänge des Seiles ist l. Die Umlenkrolle sei klein und reibungsfrei. Die generalisierte Koordinate zur Beschreibung der Systemdynamik ist die Größe y_1; d. h. die Größe y_2 und ihre Zeitableitungen sind aus allen Gleichungen zu eliminieren.

(a) Warum hat das System unter den oben genannten Einschränkungen den Freiheitsgrad 1? Wie lautet die kinematische Beziehung zwischen den beiden Größen y_1 und y_2? Wie hängen Geschwindigkeit $\dot{y}_2$ und Beschleunigung $\ddot{y}_2$ von Körper 2 von der Größe y_1 und ihren Zeitableitungen ab?

(b) Wie lautet der Ausdruck für die virtuelle Arbeit δW für das mechanische System – vor dem Einsetzen der Kinematik und nach dem Einsetzen der Kinematik? Schreiben Sie die Bewegungsgleichung als Funktion in Python. Beachten Sie, dass die gewöhnliche Differentialgleichung 2. Ordnung in ein System von Differentialgleichungen 1. Ordnung umgeschrieben werden muss.

(c) Es gilt nun für die Massen der beiden Starrkörper $m_2 = 2m_1$. Berechnen Sie die statische Ruhelage des Systems, d. h. berechnen Sie (analytisch) die Lage $y_{1\text{stat}}$, für die das System ohne weitere Störung in Ruhe bleibt. Testen Sie Ihr Ergebnis, indem Sie die Simulation aus der berechneten Ruhelage starten. Körper 1 wird aus der statischen Ruhelage um die Länge $b/50$ nach unten ausgelenkt. Berechnen Sie numerisch die Bewegung, die sich einstellt. Zeichnen Sie Diagramme für die Lage, die Geschwindigkeit und die Beschleunigung beider Körper. Mit welcher Schwingungsdauer schwingt das System hin und her? Erstellen Sie auch ein Diagramm, dass die mechanische Energie im Zeitverlauf zeigt.

Kinematik

Vorbemerkung: Da sich beide Körper nur translatorisch bewegen, ist es unerheblich welchen Punkt des jeweiligen Körpers wir mit den Koordinaten y_1 bzw. y_2 vermaßen. Für die konstante Länge des Seiles l ergibt sich aus der Geometrie der Anordnung bei straffem Seil

$$l = \sqrt{y_1^2 + b^2} + y_2 \ . \tag{10.25}$$

Aufgelöst nach y_2 ergibt sich die kinematische Beziehung in der Form

$$y_2 = l - \sqrt{y_1^2 + b^2} \ . \tag{10.26}$$

Durch Differenzieren nach der Zeit ergibt sich die Geschwindigkeit von Körper 2

$$v_2 = \dot{y}_2 = -\frac{y_1}{\sqrt{y_1^2 + b^2}} \dot{y}_1 \ . \tag{10.27}$$

Entsprechend gilt für die virtuellen Verrückungen

$$\delta y_2 = -\frac{y_1}{\sqrt{y_1^2 + b^2}} \delta y_1 \ . \tag{10.28}$$

Kinetik: Prinzip von d'Alembert

Für die virtuelle Arbeit δW gilt

$$\delta W = m_1 g \delta y_1 - m_1 a_1 \delta y_1 + m_2 g \delta y_2 - m_2 a_2 \delta y_2 \ . \tag{10.29}$$

Wird Gleichung (10.28) in die virtuelle Arbeit eingesetzt, folgt

$$\delta W = \left[m_1 g - m_1 a_1 - m_2 \left(g - a_2 \right) \frac{y_1}{\sqrt{y_1^2 + b^2}} \right] \delta y_1 \ . \tag{10.30}$$

Die virtuelle Arbeit δW muss für beliebige virtuelle Verrückungen δy_1 Null sein. Das ist nur möglich, wenn für den Klammerausdruck $[.] = 0$ gilt, d. h.

$$\left[m_1 g - m_1 a_1 - m_2 \left(g - a_2 \right) \frac{y_1}{\sqrt{y_1^2 + b^2}} \right] = 0 \ . \tag{10.31}$$

Es gilt $a_1 = \ddot{y}_1$ und a_2 kann durch nochmaliges Differenzieren von Gleichung (10.27) ermittelt werden. Alles Einsetzen und Umformen führt auf die Bewegungsgleichung des Systems in der generalisierten Koordinate y_1

$$f_1(y_1) \, \ddot{y}_1 = f_2(y_1, \dot{y}_1) \tag{10.32}$$

mit

$$f_1(y_1) = m_1 + \frac{m_2 y_1^2}{y_1^2 + b^2} > 0 \, , \tag{10.33}$$

$$f_2(y_1, \dot{y}_1) = -\frac{m_2 b^2}{(y_1^2 + b^2)^2} y_1 \dot{y}_1^2 + \left(m_1 - \frac{m_2 y_1}{\sqrt{y_1^2 + b^2}}\right) g \, . \tag{10.34}$$

Nach der höchsten (also der zweiten) Zeitableitung aufgelöst, ergibt sich

$$\ddot{y}_1 = f(t, \mathbf{z}) = \frac{f_2(y_1, \dot{y}_1)}{f_1(y_1)} \, . \tag{10.35}$$

Die Gleichgewichtslage ist durch $\ddot{y}_1 = 0$ und $\dot{y}_1 = 0$ charakterisiert. Einsetzen in die Bewegungsgleichung und Umformen ergibt

$$y_{1\text{stat}} = \frac{b}{\sqrt{3}} \, . \tag{10.36}$$

Wenn das System in der Gleichgewichtslage startet, dann verbleibt es in dieser Lage. Für die numerische Lösung in Python ist die Differentialgleichung 2. Ordnung in ein System 1. Ordnung zu übertragen. Es wird die Spaltenmatrix $\mathbf{z}$ mit den beiden Zustandsvariablen y_1 und $\dot{y}_1$ definiert: $\mathbf{z} = \{y_1, \dot{y}_1\}^{\mathrm{T}}$. Das Differentialgleichungssystems 1. Ordnung lautet somit

$$\frac{\mathrm{d}}{\mathrm{d}\,t} \begin{Bmatrix} z_1 \\ z_2 \end{Bmatrix} = \begin{Bmatrix} z_2 \\ f(t, \mathbf{z}) \end{Bmatrix} =: \mathbf{D}(t, \mathbf{z}) \tag{10.37}$$

Die Funktion $\mathbf{D}(t, \mathbf{z})$ ist im Python-Code zu definieren, wobei in Python die Reihenfolge der Variablen genau anders herum ist (erst die abhängigen Größen $\mathbf{z}$, dann die unabhängige Größe t).

> Führen Sie die oben genannten Schritte selbst durch und überzeugen Sie sich von der Richtigkeit der angegebenen Bewegungsgleichung und der Gleichgewichtslage.
>
> Setzen Sie die Bewegungsgleichung in Python um und erstellen Sie Diagramme für die Lage und Geschwindigkeit beider Körper und kinetische und potentielle Energie des Gesamtsystems im Zeitverlauf.

Kinetik: Prinzip des kleinsten Zwanges und SMath Studio

Für die Lösung mit dem Prinzip des kleinsten Zwanges starten wir mit der Geschwindigkeitsformel für $v_2 = \dot{y}_2$ gemäß Gleichung (10.27). Die Beschleunigung $a_2 = \dot{v}_2 = \ddot{y}_2$ wird in SMath Studio symbolisch durch Differenzieren von v_2 berechnet – der Übersichtlichkeit wegen werden die beiden Anteile zuerst getrennt berechnet. Anschließend wird der Zwang $\mathcal{Z}$ gemäß (5.3) berechnet. Der Ausdruck für $\mathcal{Z}$ ist hier besonders einfach, weil die Bewegung ausschließlich in y-Richtung erfolgt und je Körper nur eine eingeprägte Kraft (die Gewichtskraft) wirkt. Das Prinzip des kleinsten Zwangs lautet

$$\mathcal{Z}(\ddot{y}_1) = \min! \tag{10.38}$$

Nun wird analog zu Aufgabe 8.8, Gleichung (8.68), aus dem Scheitelpunktswert des Zwanges $\mathcal{Z}$ die *wahre* Beschleunigung in Abhängigkeit von den Zustandsvariablen berechnet[3] und als zweiter Eintrag in $\mathbf{D}(t, \mathbf{z})$ eingesetzt. Anschließend wird das Differentialgleichungssystem mit den zwei Befehlen `Rkadapt` und `dn_AdamsMoulton` numerisch gelöst und das Ergebnis für $y_1(t)$ wird geplottet.

Machen Sie sich klar, wie die numerische Berechnung erfolgt.

1. Der Dgl-Löser (hier `Rkadapt` bzw. `dn_AdamsMoulton`) ruft mit dem Startwert $\mathbf{z}_0$ die Funktion der rechten Seite $\mathbf{D}(t, \mathbf{z})$ auf. Die Funktion $\mathbf{D}(t, \mathbf{z})$ liefert eine Spaltenmatrix mit zwei Einträgen zurück. Der erste Wert in $\mathbf{D}(t, \mathbf{z})$ ist die Geschwindigkeit v_1, der zweite Wert ist die Beschleunigung a_1. Die Beschleunigung (zunächst für den Startwert $\mathbf{z}_0$) wird aus der Minimierung des Zwanges berechnet. Mit den vorliegenden Zahlen folgt für den Startwert die Beschleunigung $a_1(0) = -0{,}1649\,\mathrm{m\,s^{-2}}$.

2. Aus $\mathbf{D}(t, \mathbf{z})$ wird im Dgl-Löser ein neuer Zustand $\mathbf{z}_1$ zur Zeit t_1 berechnet. Mit diesem neuen Zustandsvektor $\mathbf{z}_1$ wird wiederum $\mathbf{D}(t, \mathbf{z})$ aufgerufen.

3. Dieses Vorgehen wiederholt sich bis zur angegebenen finalen Zeit.

In jedem Zeitschritt t_i wird für den in diesem Moment gültigen Zustand $\mathbf{z}_i$ aus dem Scheitelpunktwert des Zwanges die Beschleunigung zurückgeliefert. Ein Umformen des Zwanges in eine Funktion, die nur explizit von a_1 abhängt und ein symbolisches Ableiten nach a_1 sind nicht notwendig.

SMath Studio: Kinematische Beziehungen für v_2 und a_2 und Zahlenwerte für die Parameter b, m_1 und m_2

$$v_2\left(v_1;\, y_1\right) := -\frac{y_1}{\sqrt{y_1^2 + b^2}} \cdot v_1$$

$$a_{2\_1} := \frac{\mathrm{d}}{\mathrm{d}\, v_1} v_2\left(v_1;\, y_1\right) \cdot a_1 = -\frac{y_1 \cdot a_1}{\sqrt{y_1^2 + b^2}}$$

$$a_{2\_2} := \frac{\mathrm{d}}{\mathrm{d}\, y_1} v_2\left(v_1;\, y_1\right) \cdot v_1 = -\frac{v_1^2 \cdot \left(-y_1 + \sqrt{y_1^2 + b^2}\right) \cdot \left(y_1 + \sqrt{y_1^2 + b^2}\right)}{\sqrt{y_1^2 + b^2} \cdot \sqrt{y_1^2 + b^2}^2}$$

$$a_2 := a_{2\_1} + a_{2\_2}$$

$b := 4 \qquad m_1 := 100 \qquad m_2 := 2 \cdot m_1 = 200 \qquad g := 9{,}81$

---

[3] Machen Sie sich klar, dass in diesem Beispiel die Beschleunigung der Körper zu jedem Zeitpunkt anders ist. Anders als in der Aufgabe 8.8 kann nicht einmalig ein fester Wert für die Beschleunigung aus der Minimierung des Zwanges $\mathcal{Z}$ berechnet werden, sondern die Beschleunigung muss zu jedem Zeitpunkt aus den dann vorliegenden Zustandsgrößen y_1 und v_1 berechnet werden.

SMath Studio: Zwang $\mathcal{Z}$ gemäß Gleichung (5.3), rechte Seite der Dgl. $\mathbf{D}(t,\mathbf{z})$ und numerische Lösung

$$Z(a_1;v_1;y_1) := \frac{1}{2 \cdot m_1} \cdot (m_1 \cdot a_1 - m_1 \cdot g)^2 + \frac{1}{2 \cdot m_2} \cdot (m_2 \cdot a_2 - m_2 \cdot g)^2$$

$$a_{St} := 1$$

$$D(t;z) := \begin{bmatrix} z_2 \\ \dfrac{a_{St}}{2} \cdot \dfrac{Z(-a_{St};z_2;z_1) - Z(a_{St};z_2;z_1)}{Z(-a_{St};z_2;z_1) - 2 \cdot Z(0;z_2;z_1) + Z(a_{St};z_2;z_1)} \end{bmatrix}$$

$$z_0 := \begin{bmatrix} \dfrac{b}{50} + \dfrac{b}{\sqrt{3}} \\ 0 \end{bmatrix} = \begin{bmatrix} 2,3894 \\ 0 \end{bmatrix}$$

$$D(0;z_0) = \begin{bmatrix} 0 \\ -0,1649 \end{bmatrix}$$

$Lsg1 := \mathrm{Rkadapt}(z_0;0;7;70;D(t;z))$

$Lsg2 := \mathrm{dn\_AdamsMoulton}(z_0;0;7;70;D(t;z))$

SMath Studio: Weg-Zeit-Diagramm, y_1 als Funktion von t, und Vergleich der numerischen Ergebnisse für y_1 für die beiden Dgl-Löser

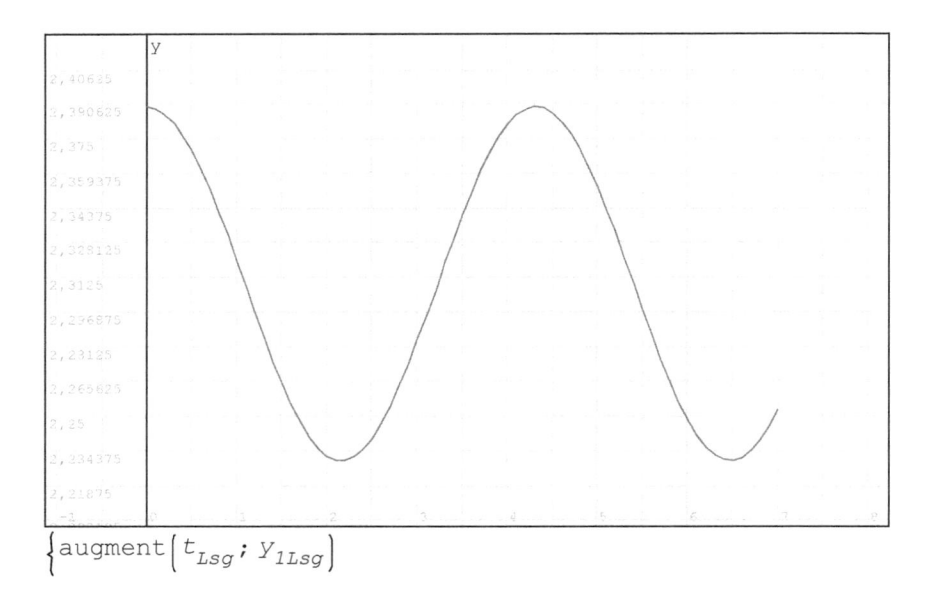

$$t_{Lsg} := \mathrm{col}(Lsg2\,;1) \qquad y_{1Lsg} := \mathrm{col}(Lsg2\,;2) \qquad v_{1Lsg} := \mathrm{col}(Lsg2\,;3)$$

$$\{\mathrm{augment}(t_{Lsg}\,;y_{1Lsg})$$

$$\min(\mathrm{col}(Lsg1\,;2) - \mathrm{col}(Lsg2\,;2)) = -3{,}0019 \cdot 10^{-5}$$
$$\max(\mathrm{col}(Lsg1\,;2) - \mathrm{col}(Lsg2\,;2)) = 6{,}09 \cdot 10^{-5}$$

Die Berechnungen in SMath Studio erfolgten ohne Einheiten. Die Konsistenz der verwendeten Einheiten ist durch den Nutzer zu gewährleisten[4].

10.4. Klappe mit Gegengewicht

Lerninhalte

Mathematik Cosinussatz, Differenzieren (Kettenregel), Bestimmung des Minimums einer skalarwertigen Funktion einer Veränderlichen

Mechanik Kinematische Beziehungen, Prinzip des kleinsten Zwangs von Gauß, Prinzip von d'Alembert in der Fassung von Lagrange, potentielle Energie und Stabilität von Gleichgewichtslagen, kinetische Energie, Seilkraft (Zwangskraft)

Programmierung Python: numerische Lösung des AWP, SMath Studio: symbolisches Differenzieren (Computeralgebra), numerische Lösung des AWP, Minimum des

---
[4] In der benutzten SMath Studio-Version erschien bei Verwendung von Einheiten im konkreten Fall stets die Fehlermeldung `Units don't match`.

Zwangs über Scheitelpunktberechnung, Export von Daten zur Weiterverarbeitung in gnuplot

Aufgabenstellung

Eine in O drehbar gelagerte homogene Rechteckklappe (Masse m_1) ist mit einem in A befestigten Seil mit einem Gegengewicht (Masse m_2) verbunden (siehe Abbildung 10.4). Die Zahlenwerte können dem unten stehenden Python-Code entnommen werden.

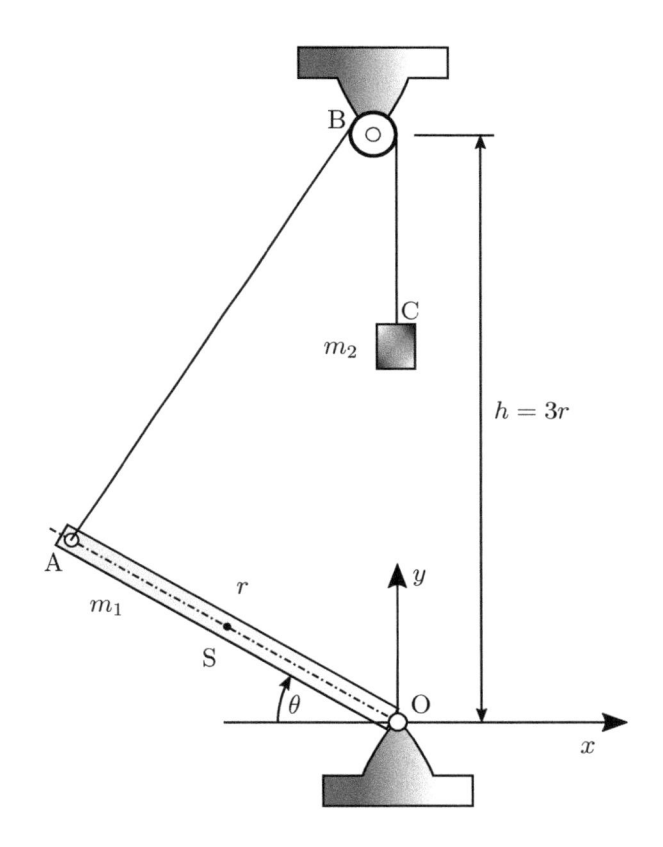

Abbildung 10.4.: Klappe mit Gegengewicht

(a) Wie lautet die kinematische Beziehung zwischen den beiden Größen θ und y_C? Im weiteren soll der Winkel θ als generalisierte Koordinate benutzt werden.

(b) Welche Gleichgewichtslagen existieren bei den gegebenen Zahlenwerten? Welche sind stabil?

(c) Leiten Sie die Bewegungsgleichung her, entweder basierend auf dem Prinzip von d'Alembert oder auf dem Prinzip des kleinsten Zwanges. Lösen Sie die Bewegungsgleichung numerisch und erstellen Sie Diagramme für θ, ω, y_C und $\dot{y}_C$. Das System soll aus der Lage $\theta_0 = 27°$ aus der Ruhe starten.

(d) Berechnen Sie die potentielle und die kinetische Energie als Funktion der Zeit. Erstellen Sie ein Diagramm, das beide Größen und die Summe zeigt. Berechnen Sie die Seilkraft. Ist das Seil stets gespannt?

Kinematik

Wenn das Seil stets gespannt ist und das Gegengewicht sich ausschließlich vertikal bewegt (nicht pendelt), dann gehört zu jedem Drehwinkel θ der Klappe eindeutig eine Position y_C des Gegengewichtes. Daher genügt eine generalisierte Koordinate für die Beschreibung des Systems; entsprechend ist der Freiheitsgrad 1. Für die Gesamtlänge des näherungsweise undehnbaren Seiles gilt

$$l = h - y_C + l_{AB} \,. \tag{10.39}$$

Die Länge l_{AB} des Seilabschnittes AB lässt sich entweder mit dem Cosinussatz im Dreieck OBA bestimmen oder mit dem Satz des Pythagoras im rechtwinkligen Dreieck DBA. Wird $h = 3r$ eingesetzt, ergibt sich schließlich

$$y_C = h - l + r\sqrt{10 - 6\sin\theta} \,. \tag{10.40}$$

Daraus folgt für die Geschwindigkeit von C durch Ableiten der Ausdruck

$$\dot{y}_C = -\frac{3r\cos\theta}{\sqrt{10 - 6\sin\theta}} \dot{\theta} \,. \tag{10.41}$$

Vollziehen Sie alle Rechenschritte nach. Überzeugen Sie sich insbesondere von der Richtigkeit der Ergebnisse, wo Rechenschritte übersprungen wurden. Leiten Sie anschließend eine Formel für die Beschleunigung von C her.

Vorüberlegung: Potentielle Energie

Die potentielle Energie des Systems lässt sich als

$$E_\text{pot} = m_1 g \frac{r}{2} \sin\theta + m_2 g y_C \tag{10.42}$$

schreiben, wobei y_C aus Gleichung (10.40) folgt und das Nullniveau in den Punkt O gelegt wurde. Die potentielle Energie ist eine Funktion des Winkels θ. Abbildung 10.5 zeigt die potentielle Energie E_pot in Abhängigkeit vom Winkel θ für die gewählten Werte der Parameter. Deutlich sind die zwei lokalen Minima bei $\pm\pi/2$ und ein lokales Maximum bei $\pi/6$ zu erkennen. Sowohl Minima als auch Maxima der potentiellen Energie kennzeichnen Gleichgewichtslagen des Systems. Die Lagen $\theta = \pm\pi/2$ sind stabil (lokale Minima der potentiellen Energie), die Lage $\theta^\star = \pi/6$ ist instabil (Maximum der potentiellen Energie). Instabil heißt, dass kleinste Störungen der Gleichgewichtslage dazu führen, dass das System die Gleichgewichtslage „dauerhaft" verlässt. Ohne

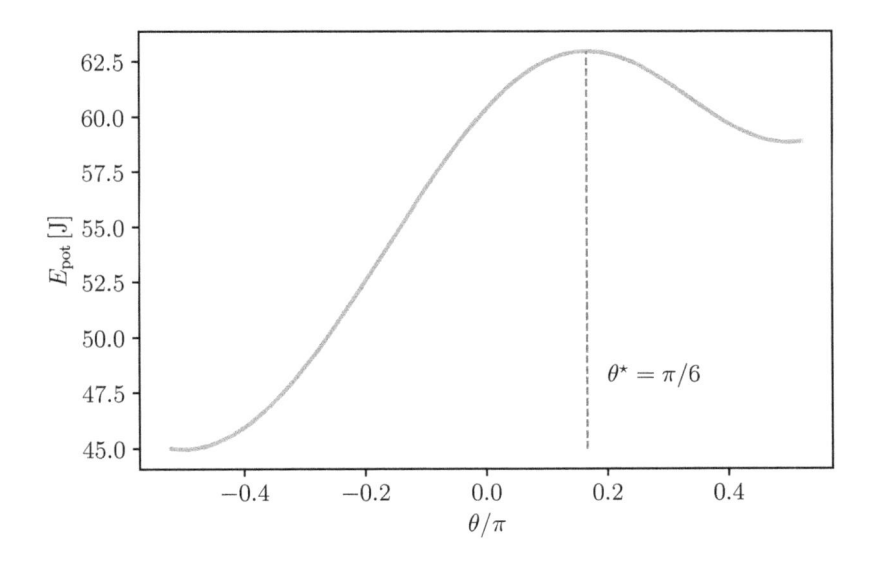

Abbildung 10.5.: Potentielle Energie E_{pot} in Abhängigkeit vom Winkel θ

Dämpfung wird das System dauerhaft schwingen. Falls (geschwindigkeitsproportionale) Dämpfung vorhanden ist, wird das System letztendlich in einer der beiden stabilen Gleichgewichtslagen zur Ruhe kommen.

> Leiten Sie die potentielle Energie nach dem Winkel θ ab und setzen Sie die Ableitung zu Null. Ermitteln Sie auf diese Weise die Werte des Winkels, für die die potentielle Energie Extrema aufweist.

Kinetik: Prinzip von d'Alembert und Python

Für die virtuelle Verrückung von C folgt aus (10.41)

$$\delta y_C = -\frac{3r\cos\theta}{\sqrt{10 - 6\sin\theta}} \delta\theta . \tag{10.43}$$

Für die virtuelle Arbeit δW gilt bei Vernachlässigung der Seilmasse, der Drehträgheit der Umlenkrolle und von Widerstands- bzw. Dämpfungskräften

$$\delta W = -J_{O1}\ddot{\theta}\delta\theta - m_1 g \delta y_{S1} - m_2 g \delta y_C - m_2 \ddot{y}_C \delta y_C . \tag{10.44}$$

Nach Einsetzen der Kinematik für die virtuellen Verrückungen ergibt sich

$$\delta W = \left[-J_{O1}\ddot{\theta} - m_1 g \frac{1}{2} r \cos\theta + m_2 g \frac{3r\cos\theta}{\sqrt{10 - 6\sin\theta}} + m_2 \ddot{y}_C \frac{3r\cos\theta}{\sqrt{10 - 6\sin\theta}} \right] \delta\theta . \tag{10.45}$$

Die virtuelle Arbeit δW muss für beliebige virtuelle Verdrehungen $\delta\theta$ zu null werden. Demnach muss der Klammerausdruck [.] verschwinden,

$$\left[-J_{\mathrm{O}1}\ddot{\theta} - m_1 g \frac{1}{2} r \cos\theta + m_2 g \frac{3r\cos\theta}{\sqrt{10 - 6\sin\theta}} + m_2 \ddot{y}_{\mathrm{C}} \frac{3r\cos\theta}{\sqrt{10 - 6\sin\theta}}\right] = 0 \,. \quad (10.46)$$

Um die Bewegungsgleichung herzuleiten, muss nun der Ausdruck für die Beschleunigung $\ddot{y}_{\mathrm{C}}$ eingesetzt und die Gleichung (10.46) nach $\ddot{\theta}$ aufgelöst werden. Das Ergebnis ist dem unten stehenden Python-Skript zu entnehmen. Die Größen `f1` und `f2` wurden für eine bessere Übersichtlichkeit eingeführt. `f1` und `f2` sind die Vorfaktoren vor $\dot{\theta}$ bzw. $\ddot{\theta}$ im Ausdruck für δW (bevor nach $\ddot{\theta}$ aufgelöst wurde). Auf Befehle zur grafischen Ergebnisaufbereitung wurde im dargestellten Ausschnitt des Programmcodes verzichtet.

Im dargestellten Programmcode wird die Bewegung aus einer Lage $\theta_0 < \theta^\star$ untersucht. Die Berechnungsergebnisse für die freien Schwingungen sind in Abbildung 10.6 dargestellt (Lösung mit SMath Studio).

```python
from scipy.integrate import odeint
from math import sqrt, asin, pi, sin, cos
import numpy as np
import matplotlib.pyplot as plt

l = 5.0 #m
r = 1.0 #m
h = 3.0 #m
m1 = 12.0 #kg
m2 = 7.0**0.5/6.0*m1;
JS1 = m1*r**2/12
JO1 = JS1 + m1*(0.5*r)**2
g = 9.81 #m/s^2

z0 = [pi/6*0.9,0.0]

def bewegungsdgl(z, t):
    theta = z[0]
    omega = z[1]
    f2 = JO1 + m2*(3*r*cos(theta))**2/(10 - 6*sin(theta))
    f1 = ((9*r**2*cos(theta))*m2/(10 - 6*sin(theta))**2)*(3
        + 3*(sin(theta))**2 - 10*sin(theta))
    F = -(f1*omega**2 + g*r*cos(theta)*(0.5*m1
        - 3*m2/sqrt(10 - 6*sin(theta))))/f2
    return [omega,F]

N=200
t_end = 12.0 #s
t_output = np.linspace(0.0,t_end,N)
ergebnis = odeint(bewegungsdgl, z0, t_output)
```

```
theta_tab = ergebnis[ : , 0]
omega_tab = ergebnis[ : , 1]

vC = -3*omega_tab*r*np.cos(theta_tab)/(10 - 6*np.sin(theta_tab))**0.5
```

Als Ergebnis der numerischen Integration des Dgl-Systems gibt der Löser eine Tabelle mit den Auswertezeitpunkten t_j sowie den zugehörigen Werten θ_j und ω_j aus. Im Nachgang können daraus andere kinematische und kinetische Größen berechnet werden. Exemplarisch wird hier die Geschwindigkeit $\dot{y}_C$ des Gegengewichtes berechnet. Beachten Sie, dass die Zeile `vC =` gleichzeitig für alle Zeiten den zugehörigen Wert der Geschwindigkeit berechnet. Dazu werden die Funktionen `sin` und `cos` aus dem Paket `numpy` benutzt, die die Funktion auf alle Elemente einer Matrix anwenden. Das Programmieren einer Schleife ist nicht notwendig.

Kinetik: Prinzip des kleinsten Zwanges und SMath Studio

Zuerst wird die Kinematik in SMath Studio umgesetzt. Lediglich die kinematischen Beziehungen für y_C, x_S und y_S werden vorgegeben. Die zugehörigen Geschwindigkeiten und Beschleunigungen werden als Zeitableitungen symbolisch mit SMath Studio berechnet.

Kinematik

$$y_C := h - l + r \cdot \sqrt{10 - 6 \cdot \sin(\theta)}$$

$$v_C := \omega \cdot \frac{d}{d\theta} y_C = -\frac{3 \cdot \omega \cdot r \cdot \cos(\theta)}{\sqrt{2} \cdot \sqrt{5 - 3 \cdot \sin(\theta)}}$$

$$a_C := \omega^2 \cdot \frac{d^2}{d\theta^2} y_C + \alpha \cdot \frac{d}{d\theta} y_C$$

$$a_C = -\frac{3 \cdot r \cdot \left(\omega^2 \cdot \left(-2 \cdot \sin(\theta) \cdot \sqrt{5 - 3 \cdot \sin(\theta)}^2 + 3 \cdot \cos(\theta)^2\right) + 2 \cdot \alpha \cdot \cos(\theta) \cdot \sqrt{5 - 3 \cdot \sin(\theta)}^2\right)}{2 \cdot \sqrt{5 - 3 \cdot \sin(\theta)} \cdot \sqrt{2} \cdot \sqrt{5 - 3 \cdot \sin(\theta)}^2}$$

$$x_S := -\frac{r}{2} \cdot \cos(\theta) \qquad y_S := \frac{r}{2} \cdot \sin(\theta)$$

$$v_{Sx} := \omega \cdot \frac{d}{d\theta} x_S = \frac{\omega \cdot r \cdot \sin(\theta)}{2} \qquad v_{Sy} := \omega \cdot \frac{d}{d\theta} y_S = \frac{\omega \cdot r \cdot \cos(\theta)}{2}$$

$$a_{Sx} := \omega^2 \cdot \frac{d^2}{d\theta^2} x_S + \alpha \cdot \frac{d}{d\theta} x_S = \frac{r \cdot \left(\omega^2 \cdot \cos(\theta) + \alpha \cdot \sin(\theta)\right)}{2}$$

$$a_{Sy} := \omega^2 \cdot \frac{d^2}{d\theta^2} y_S + \alpha \cdot \frac{d}{d\theta} y_S = \frac{r \cdot \left(-\omega^2 \cdot \sin(\theta) + \alpha \cdot \cos(\theta)\right)}{2}$$

In die Funktion des Zwanges $\mathcal{Z}$ gehen nur die Gewichtskräfte ein. Im gewählten x-y-Koordinatensystem wirken die Gewichtskräfte in negative y-Koordinatenrichtung. Wenn es Reibung im Lager in O gäbe, wäre dies als eingeprägtes Moment zu berücksichtigen.

Zahlenwerte

$r := 1 \qquad m_1 := 12 \qquad g := 9,81$

$h := 3 \cdot r \qquad m_2 := \dfrac{\sqrt{7}}{6} \cdot m_1 = 5,2915 \qquad J_{S1} := \dfrac{1}{12} \cdot m_1 \cdot r^2 = 1$

Zwang

$$Z_1(\alpha;\omega;\theta) := \frac{1}{2 \cdot m_1} \cdot \left(m_1 \cdot \begin{bmatrix} a_{Sx} \\ a_{Sy} \end{bmatrix} - \begin{bmatrix} 0 \\ -m_1 \cdot g \end{bmatrix} \right)^2 + \frac{1}{2 \cdot J_{S1}} \cdot \left(J_{S1} \cdot \alpha \right)^2$$

$$Z_2(\alpha;\omega;\theta) := \frac{1}{2 \cdot m_2} \cdot \left(m_2 \cdot a_C - \left(-m_2 \cdot g \right) \right)^2$$

$$Z(\alpha;\omega;\theta) := Z_1(\alpha;\omega;\theta) + Z_2(\alpha;\omega;\theta)$$

Das Prinzip des kleinsten Zwangs lautet

$$\mathcal{Z}(\ddot{\theta}) = \min! \tag{10.47}$$

Vollziehen Sie alle Rechenschritte nach dem Prinzip des kleinsten Zwanges nach und prüfen Sie die Richtigkeit der Formeln in der SMath Studio-Lösung.

Für ein System mit Freiheitsgrad 1 folgt wie gewohnt ein System 1. Ordnung mit zwei Differentialgleichungen. $\mathbf{D}(t, \mathbf{z})$ ist die rechte Seite des Dgl.-Systems. Wie bereits mehrmals gezeigt, wird die Beschleunigung aus dem Scheitelwert des Zwanges berechnet.

Aufstellen des Dgl-Systems (Minimierung des Zwanges)

$a_{St} := 1$

$$D(t;z) := \begin{bmatrix} z_2 \\ \dfrac{a_{St}}{2} \cdot \dfrac{Z(-a_{St}; z_2; z_1) - Z(a_{St}; z_2; z_1)}{Z(-a_{St}; z_2; z_1) - 2 \cdot Z(0; z_2; z_1) + Z(a_{St}; z_2; z_1)} \end{bmatrix}$$

Anschließend werden der Startwert festgelegt und das Differentialgleichungssystem numerisch gelöst. In diesem Fall wird der Löser `dn_AdamsMoulton` aus dem Plugin `DotNumerics` benutzt.

Startwert und Auswertung der rechten Seite für den Startwert

$$z_0 := \begin{bmatrix} \frac{\pi}{6} \cdot 0,9 \\ 0 \end{bmatrix} = \begin{bmatrix} 0,4712 \\ 0 \end{bmatrix}$$

$$D(0; z_0) = \begin{bmatrix} 0 \\ -0,1092 \end{bmatrix}$$

Numerische Lösung des Dgl-Systems und Darstellen der Lösung

$N_{output} := 300 \quad t_{end} := 12$

$Lsg := \text{dn\_AdamsMoulton}(z_0; 0; t_{end}; N_{output}; D(t; z))$

$t_{Lsg} := \text{col}(Lsg; 1) \quad \theta_{Lsg} := \text{col}(Lsg; 2) \quad \omega_{Lsg} := \text{col}(Lsg; 3)$

Abbildung 10.6 zeigt die Berechnungsergebnisse für die Bewegung des Systems. Für den Start mit $\theta_0 = 27°$ dreht die Klappe nach unten und das Gegengewicht bewegt sich entsprechend nach oben. Ohne Dämpfung bzw. Reibung erreicht die Klappe die gespiegelte Lage auf der anderen Seite $(-180° - 27° = -207°)$. Die Gleichgewichtslage $\theta^\star = 30°$ ist nicht stabil. Kleine Abweichungen von der Ruhelage führen zu großen Schwingungen und nicht zu kleinen Schwingungen um die Gleichgewichtslage. Der Winkel $\theta^\star$ der instabilen Gleichgewichtslage trennt die beiden „Einzugsgebiete" der beiden stabilen Gleichgewichtslagen $\theta = \pm 90°$. Praktisch heißt dies: Wird die Klappe oberhalb von $\theta^\star$ losgelassen, öffnet sie sich weiter (θ wird größer), andernfalls schwenkt sie nach unten (θ wird kleiner).

Hinweis: Das Stabilitätsverhalten und die Existenz und der konkrete Zahlenwert von $\theta^\star$ hängen für die gegebene Geometrie vom Massenverhältnis m_1/m_2 ab.

> Setzen Sie die Bewegungsgleichungen in SMath Studio oder in Python um und experimentieren Sie mit verschiedenen Startwerten und Massen. Was passiert in der Simulation, wenn das System mit $\theta_0 > \theta^\star$ startet? Welchen Einfluss hat das Verhältnis der Massen auf die Gleichgewichtslagen und die Stabilität der Gleichgewichtslagen. Fügen Sie anschließend etwas geschwindigkeitsproportionale Dämpfung im Gelenk hinzu und wiederholen Sie Ihre numerischen Experimente.

Zur Überprüfung der Ergebnisse werden im folgenden die mechanische Energie und die Seilkraft berechnet. Für die potentielle Energie müssen die y-Koordinaten y_{S1} und y_C berechnet werden, siehe Gleichung (10.42). In die kinetische Energie gehen die Geschwindigkeiten $\dot{x}_{S1}$, $\dot{y}_{S1}$ und $\dot{y}_C$ und die Winkelgeschwindigkeit ω ein.

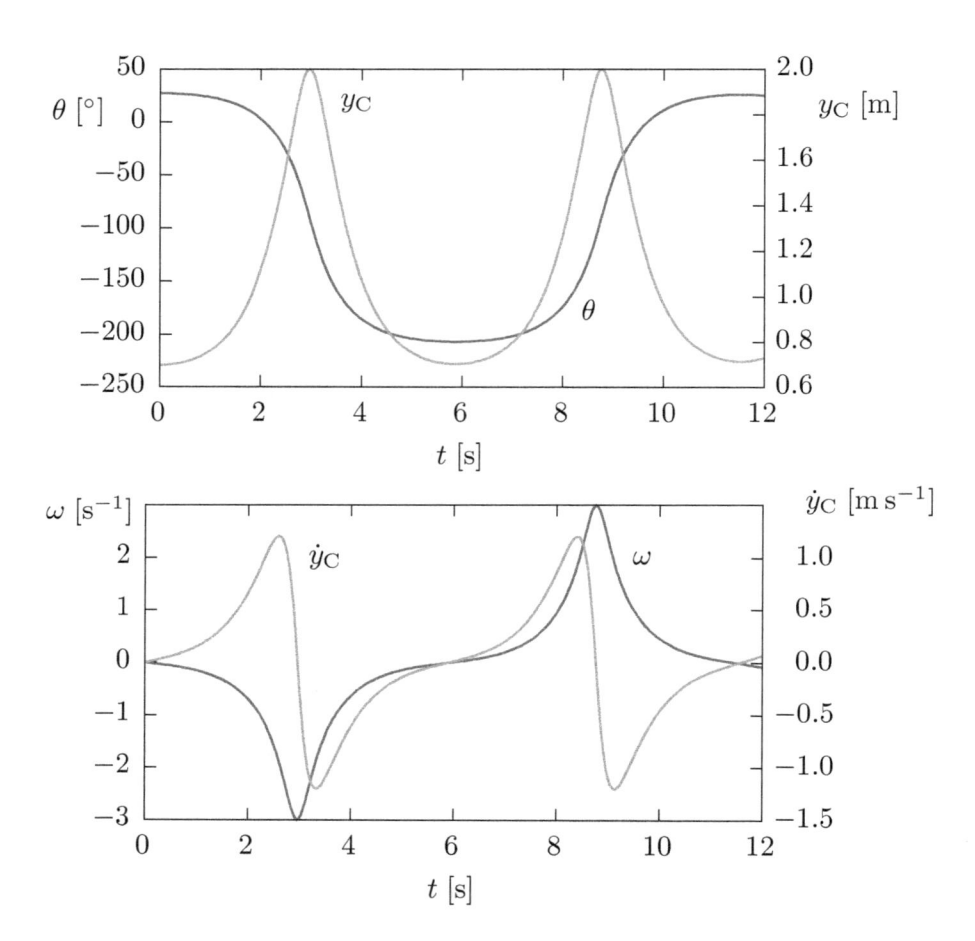

Abbildung 10.6.: Berechnungsergebnisse: Zeitverlauf von θ und y_C (oberes Diagramm) und Zeitverlauf von ω und $\dot{y}_C$ (unteres Diagramm)

Post processing: Mechanische Energie

$l := 5 \cdot r$

$f_1(\theta) := y_C = \sqrt{2} \cdot \left(-\sqrt{2} + \sqrt{5 - 3 \cdot \sin(\theta)}\right) \qquad f_2(\theta) := y_S = \dfrac{\sin(\theta)}{2}$

$g_1(\theta\,;\,\omega) := v_C = -\dfrac{3 \cdot \omega \cdot \cos(\theta)}{\sqrt{2} \cdot \sqrt{5 - 3 \cdot \sin(\theta)}}$

$g_2(\theta\,;\,\omega) := v_{Sx} = \dfrac{\omega \cdot \sin(\theta)}{2}$

$g_3(\theta\,;\,\omega) := v_{Sy} = \dfrac{\omega \cdot \cos(\theta)}{2}$

$\text{for } j \in [1 .. \text{length}(t_{Lsg})]$

$\left| \begin{array}{l} E_{pot_j} := m_2 \cdot g \cdot f_1\!\left(\theta_{Lsg_j}\right) + m_1 \cdot g \cdot f_2\!\left(\theta_{Lsg_j}\right) \\[4pt] E_{kin_j} := \dfrac{m_2}{2} \cdot g_1\!\left(\theta_{Lsg_j};\,\omega_{Lsg_j}\right)^2 + \dfrac{m_1}{2} \cdot \left[g_2\!\left(\theta_{Lsg_j};\,\omega_{Lsg_j}\right)^2 + g_3\!\left(\theta_{Lsg_j};\,\omega_{Lsg_j}\right)^2\right] + \dfrac{J_{S1}}{2} \cdot \left(\omega_{Lsg_j}\right)^2 \end{array} \right.$

Abbildung 10.7 zeigt im oberen Diagramm die mechanische Energie des Systems einschließlich der Aufschlüsselung nach potentieller und kinetischer Energie. Es lässt sich erkennen, dass potentielle und kinetische Energie im Zeitverlauf schwanken. Die Summe ist erwartungsgemäß eine Konstante, da ausschließlich die Gewichtskräfte wirken. Die zeitliche Konstanz der mechanischen Energie ist kein Beweis, dass die Aufgabe richtig bearbeitet wurde, aber es ist ein gutes Indiz dafür.

Zur Berechnung der Seilkraft F_S muss ein Freischnitt des Gegengewichtes erstellt werden. Aus dem Freischnitt ergibt sich

$$F_S = m_2(\ddot{y}_C + g) . \qquad (10.48)$$

Für die Berechnung muss demnach aus den Ergebnissen für θ und ω die Winkelbeschleunigung $\dot{\omega}$ für alle Zeitpunkte berechnet werden und daraus die Werte für $\ddot{y}_C$. Bei der praktischen Umsetzung kann man sich entscheiden, ob man die rechte Seite des Dgl-Systems aufruft und den zweiten Eintrag extrahiert oder die Beschleunigung, wie hier geschehen, ein weiteres Mal aufschreibt.

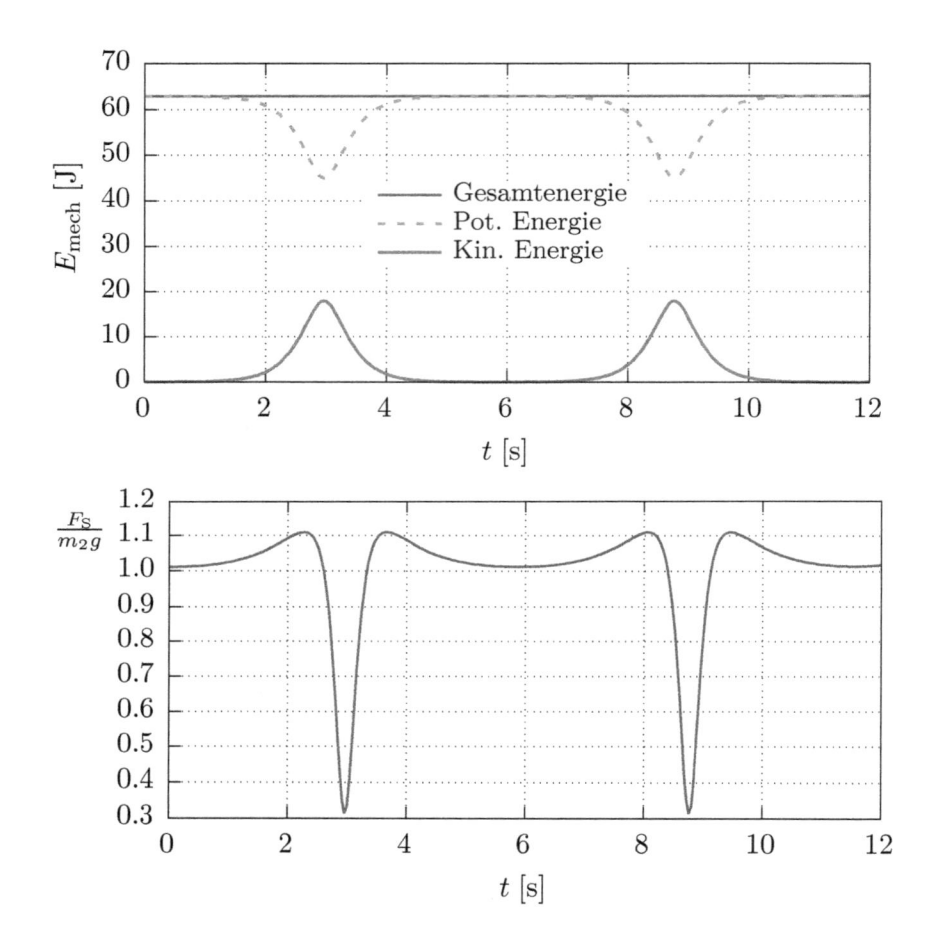

Abbildung 10.7.: Berechnungsergebnisse: Zeitverlauf der mechanischen Energie (potentielle, kinetische und Gesamtenergie) und Zeitverlauf der Seilkraft (bezogen auf die Gewichtskraft des Gegengewichtes)

Post processing: Seilkraft

$h_1(\theta; \omega; \alpha) := a_C$

$A(\theta; \omega) := \dfrac{a_{St}}{2} \cdot \dfrac{Z(-a_{St}; \omega; \theta) - Z(a_{St}; \omega; \theta)}{Z(-a_{St}; \omega; \theta) - 2 \cdot Z(0; \omega; \theta) + Z(a_{St}; \omega; \theta)}$

$\text{for } j \in [1 .. \text{length}(t_{Lsg})]$
$\quad \left\| \begin{array}{l} \alpha_{2_j} := A(\theta_{Lsg_j}; \omega_{Lsg_j}) \\ a_{2_j} := h_1(\theta_{Lsg_j}; \omega_{Lsg_j}; \alpha_{2_j}) \\ F_{S_j} := m_2 \cdot (a_{2_j} + g) \end{array} \right.$

Abbildung 10.7 zeigt im unteren Diagramm die Seilkraft. Die Seilkraft ist stets positiv; das Seil entsprechend stets gespannt. Das System hat durchgehend den Freiheitsgrad 1. Die genutzte Bewegungsgleichung hat während der gesamten Bewegung Gültigkeit. Die mit SMath Studio erstellten Diagramme sind für Präsentationsunterlagen oder Berichte ggf. nicht hinreichend „schön". Dann sollte für die Erstellung der Diagramme auf andere Werkzeuge (z. B. Python mit dem Paket `matplotlib` oder gnuplot) zurückgegriffen werden. Die für die Darstellung notwendigen Daten können als csv-Datei exportiert werden. Im gezeigten Beispiel werden die Ergebnisse des Dgl-Lösers, die potentielle und kinetische Energie, die Seilkraft, die Winkelbeschleunigung der Klappe und die Beschleunigung des Gegengewichtes exportiert. Anschließend werden die Ergebnisse mit gnuplot dargestellt.

Export der Ergebnisse

$myExport := \text{augment}(Lsg; E_{pot}; E_{kin}; F_S; \alpha_2; a_2)$

$exportData_{csv}(myExport; \text{"klappelast"}) = 1$

Beispielhaft wird der gnuplot-Code für die Erzeugung des Energie-Zeit-Diagramms zur Weiterverwendung in LaTeX angegeben.

```
reset
set terminal cairolatex pdf
set key center center reverse Left
set output "energie-zeit-diagramm.tex"
set ytics format "%.0f"
set ylabel '\vspace{2mm} $E_\mathrm{mech}\; [\mathrm{J}$]'
plot "klappelast.csv" using 1:($4 + $5) with lines ls 1 
      title "\\small Gesamtenergie",\
  "klappelast.csv" using 1:($4) with lines ls 4 title "\\small Pot. Energie",\
  "klappelast.csv" using 1:($5) with lines ls 5 title "\\small Kin. Energie"
```

Zum Schluss soll eine letzte Prüfung für die Beschleunigung $\ddot{y}_C$ erfolgen. Die Beschleunigung $\ddot{y}_C$ wurde analytisch hergeleitet und bei der Herleitung der Bewegungsgleichung eingesetzt. Zudem kann bei bekanntem Zeitverlauf der Geschwindigkeit $\dot{y}_C$ diese numerisch differenziert werden, indem für jeden Zeitschritt der Differenzenquotient berechnet wird. Das in der Bewegungsgleichung hinterlegte analytische Ergebnis und das durch numerische Differentiation gebildete Ergebnis sollten gut übereinstimmen, wenn alles richtig implementiert wurde.

Der unten stehende SMath Studio-Ausschnitt zeigt die numerische Differentiation zur näherungsweisen Berechnung von $\ddot{y}_C$ aus $\dot{y}_C$.

Numerische Approximation der Beschleunigung der Last

$$\text{for } j \in \left[1 .. \text{length}\left(t_{Lsg}\right)\right]$$
$$v_{CLsg_j} := g_1\left(\theta_{Lsg_j} ; \omega_{Lsg_j}\right)$$

$$\text{for } j \in \left[1 .. \left(\text{length}\left(t_{Lsg}\right) - 1\right)\right]$$
$$a_{Cap_j} := \frac{v_{CLsg_{j+1}} - v_{CLsg_j}}{t_{Lsg_{j+1}} - t_{Lsg_j}}$$
$$t_{ap_j} := 0{,}5 \cdot \left(t_{Lsg_{j+1}} + t_{Lsg_j}\right)$$

10.5. Pendel mit vertikal bewegtem Aufhängepunkt

Lerninhalte

Mathematik Differenzieren (Kettenregel)

Mechanik Kinematische Beziehungen, Prinzip von d'Alembert in der Fassung von Lagrange, Eigenkreisfrequenz, Parameteranregung

Aufgabenstellung

Wir betrachten ein Pendel mit vertikal bewegtem Aufhängepunkt (Abbildung 10.8). Mittels numerischer Simulation kann die Bewegung des Pendels für verschiedene Amplituden und Frequenzen der harmonischen Bewegung des Aufhängepunktes untersucht werden. Dabei geht es u. a. um die Frage der Stabilität der beiden Gleichgewichtslagen $\varphi = 0$ und $\varphi = \pi$. Eine ausführliche Behandlung dieser Fragestellung findet sich im Buch von Wittenburg [54].

Die Untersuchungen zeigen, dass durch geeignete harmonische Bewegung des Aufhängepunktes das aufrecht stehende Pendel stabilisiert werden kann. In anderen Worten:

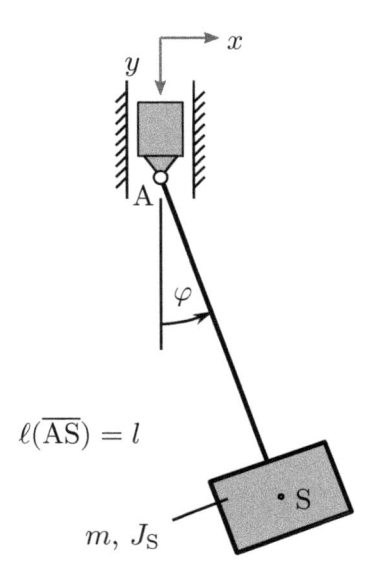

Abbildung 10.8.: Pendel mit vorgegebener Vertikalbewegung $u(t)$ des Lagerpunktes

Durch geeignete Auf- und Abbewegung des Aufhängepunktes wird die sonst instabile obere Gleichgewichtslage stabil. Außerdem kann die normalerweise stabile untere Gleichgewichtslage durch geeignete Bewegung des Aufhängepunktes instabil werden. Das hier untersuchte Verhalten ist auch für Zeigermessgeräte auf schwingender Unterlage relevant. Instabilität des Pendels bedeutet in diesem praktischen Anwendungsfall eine fehlerhafte Anzeige am Messgerät.

Leiten Sie die Bewegungsgleichung des Pendels her. Nehmen Sie u als gegebene Zeitfunktion an.

Lösung

Für die virtuelle Arbeit gilt beim hängenden Pendel

$$\delta W = -m\ddot{y}_S \delta y_S - m\ddot{x}_S \delta x_S - J_S \ddot{\varphi} \delta \varphi + mg \delta y_S \,. \tag{10.49}$$

Für die Kinematik ergibt sich

$$x_S = l \sin \varphi \,, \tag{10.50}$$
$$y_S = u(t) + l \cos \varphi \tag{10.51}$$

und damit folgt

$$\dot{x}_S = l \cos \varphi \, \dot{\varphi} \,, \tag{10.52}$$
$$\dot{y}_S = \dot{u}(t) - l \sin \varphi \, \dot{\varphi} \,. \tag{10.53}$$

Aus den Geschwindigkeiten lassen sich die virtuellen Verrückungen

$$\delta x_S = l \cos \varphi \, \delta \varphi \, , \tag{10.54}$$
$$\delta y_S = -l \sin \varphi \, \delta \varphi \tag{10.55}$$

und die Beschleunigungen

$$\ddot{x}_S = l \cos \varphi \, \ddot{\varphi} - l \sin \varphi \, \dot{\varphi}^2 \, , \tag{10.56}$$
$$\ddot{y}_S = \ddot{u}(t) - l \sin \varphi \, \ddot{\varphi} - l \cos \varphi \, \dot{\varphi}^2 \tag{10.57}$$

bestimmen. Einsetzen in den obigen Ausdruck (10.49) für die virtuelle Arbeit und Vereinfachen ergibt

$$\delta W = \left[-(J_S + ml^2)\ddot{\varphi} - mgl \left(1 - \frac{\ddot{u}}{g}\right) \sin \varphi \right] \delta \varphi \, . \tag{10.58}$$

Es gilt $\delta W = 0$ für beliebige Verrückungen $\delta \varphi$. Damit folgt die Bewegungsgleichung des hängenden Pendels

$$(J_S + ml^2)\ddot{\varphi} + mgl \left(1 - \frac{\ddot{u}}{g}\right) \sin \varphi = 0 \, . \tag{10.59}$$

| Leiten Sie die Bewegungsgleichung des stehenden Pendels her. Nutzen Sie dazu eine andere Methode als die hier gezeigte, z. B. das Prinzip des kleinsten Zwangs.

Die in Gleichung (10.59) auftretende Art von Fremderregung wird Parametererregung genannt. Typischerweise wird eine harmonische Erregung $u(t) = u_0 \cos \Omega t$ untersucht. Ω ist die Kreisfrequenz der Erregung. Zudem wird die Größe

$$\omega_0 = \sqrt{\frac{mgl}{J_S + ml^2}} \tag{10.60}$$

eingeführt. Es ist die bekannte Eigenkreisfrequenz des hängenden Pendels ohne Bewegung des Aufhängepunktes. Die Bewegungsgleichung (10.59) lässt sich schließlich in der Form

$$q'' + (\lambda + \gamma \cos \tau) \sin q = 0 \tag{10.61}$$

schreiben. Die Auslenkung q ist dann eine Funktion der dimensionslosen Zeit $\tau = \Omega t$. Es gilt $q(\tau) = \varphi(t)$. Die Ableitung q' ist die Ableitung von q nach der dimensionslosen Zeit τ. Für die beiden Parameter λ und γ gilt

$$\lambda = \pm \frac{\omega_0^2}{\Omega^2} \, , \tag{10.62}$$
$$\gamma = \frac{u_0 \omega_0}{g} \, . \tag{10.63}$$

Positive Werte von λ beschreiben das für $\varphi = 0$ hängende Pendel und negative Werte von λ beschreiben das für $\varphi = 0$ stehende Pendel.

Erstellen Sie ein Programm in Python oder Julia, mit dem Sie die Bewegung des Pendels für verschiedene Anfangsbedingungen und verschiedene Werte der Parameter λ und γ simulieren können. Kann die harmonische Vertikalbewegung des Aufhängepunktes so gewählt werden, dass die aufrechte Lage des Pendels stabil ist?

Für kleine Schwingungen um die Gleichgewichtslage wird $\sin q \approx q$ und es folgt

$$q'' + (\lambda + \gamma \cos \tau) q = 0 . \tag{10.64}$$

Die Differentialgleichung (10.64) wird Mathieu-Gleichung genannt. Das Stabilitätsverhalten dieser linearen Differentialgleichung mit periodischem Koeffizient war Gegenstand umfangreicher Untersuchungen und wird ausführlich im Buch von Wittenburg [54] diskutiert.

10.6. Pendel mit horizontal bewegtem Aufhängepunkt

Lerninhalte

Mathematik Differenzieren (Kettenregel)

Mechanik Kinematische Beziehungen, Prinzip von d'Alembert in der Fassung von Lagrange

Aufgabenstellung

Wir betrachten ein mathematisches Pendel mit horizontal bewegtem Aufhängepunkt (Abbildung 10.9). Prinzipiell sind zwei Fälle denkbar: das hängende und das stehende Pendel. Für ersteres ist ein Anwendungsfall das Anfahren der Laufkatze eines Krans. Es stellt sich dann die Frage, welche Pendelbewegung sich beim hängenden Pendel ergibt, wenn die Bewegung $u(t) = x_\mathrm{A}(t)$ vorgegeben ist.
Für zweiteres ist ein Anwendungsfall die Stabilisierung eines Segways (senkrecht stehendes Pendel). Für die Regelungstechnik ergibt sich hier die Frage, wie durch Regelung der Größe $u(t)$ das aufrecht stehende Pendel stabilisiert werden kann.

Leiten Sie die Bewegungsgleichung exemplarisch für das bei $\varphi = 0$ stehende Pendel her.

Lösung

Wenn die Bewegung u des Aufhängepunktes eine gegebene Funktion der Zeit ist, hat das System den Freiheitsgrad 1. Es genügt eine Koordinate, um die Bewegung zu beschreiben. Beim Pendel wählen wir typischerweise den Drehwinkel φ als generalisierte Koordinate. Achtung: Der Aufhängepunkt A ist ein beschleunigter Punkt. Ein mit A mitgeführtes Bezugsystem ist demnach kein Inertialsystem.

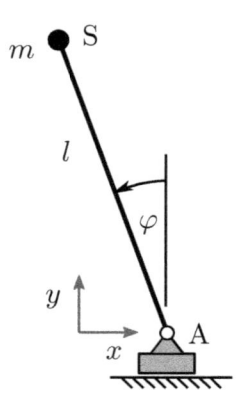

Abbildung 10.9.: Pendel mit vorgegebener Horizontalbewegung $u(t)$ des Lagerpunktes A

Wie gefordert wird im folgenden die Bewegungsgleichung für das bei $\varphi = 0$ stehende Pendel hergeleitet. Für die virtuelle Arbeit gilt beim stehenden Pendel

$$\delta W = -m\ddot{x}_S \delta x_S - m\ddot{y}_S \delta y_S - mg\delta y_S \,. \tag{10.65}$$

Für die Kinematik ergibt sich

$$x_S = u(t) - l\sin\varphi \,, \tag{10.66}$$
$$y_S = l\cos\varphi \tag{10.67}$$

und damit

$$\dot{x}_S = \dot{u}(t) - l\cos\varphi\,\dot{\varphi} \,, \tag{10.68}$$
$$\dot{y}_S = -l\sin\varphi\,\dot{\varphi} \,. \tag{10.69}$$

Aus den Geschwindigkeiten lassen sich die virtuellen Verrückungen

$$\delta x_S = -l\cos\varphi\,\delta\varphi \,, \tag{10.70}$$
$$\delta y_S = -l\sin\varphi\,\delta\varphi \tag{10.71}$$

und die Beschleunigungen

$$\ddot{x}_S = \ddot{u}(t) - l\cos\varphi\,\ddot{\varphi} + l\sin\varphi\,\dot{\varphi}^2 \,, \tag{10.72}$$
$$\ddot{y}_S = -l\sin\varphi\,\ddot{\varphi} - l\cos\varphi\,\dot{\varphi}^2 \tag{10.73}$$

bestimmen. Einsetzen in den obigen Ausdruck (10.65) für die virtuelle Arbeit und Vereinfachen ergibt

$$\delta W = \left[-ml^2\ddot{\varphi} + mgl\sin\varphi + ml\cos\varphi\,\ddot{u}\right]\delta\varphi \,. \tag{10.74}$$

Es gilt $\delta W = 0$ für beliebige Verrückungen $\delta\varphi$. Damit folgt die Bewegungsgleichung des stehenden Pendels

$$\ddot{\varphi} = \frac{g}{l}\sin\varphi + \frac{\ddot{u}}{l}\cos\varphi \ . \tag{10.75}$$

Für eine gegebene Funktion $u(t)$ kann die Differentialgleichung für den Drehwinkel φ gelöst werden. Die nichtlineare Gleichung (10.75) wird man in der Praxis numerisch lösen.

Für kleine Auslenkungen aus der oberen Gleichgewichtslage gelingt die Lösung analytisch, weil Gleichung (10.75) dann in die lineare Differentialgleichung

$$\ddot{\varphi} = \frac{g}{l}\varphi + \frac{\ddot{u}}{l} \tag{10.76}$$

übergeht. Diese lineare Differentialgleichung wird man heranziehen, wenn es um die Regelung des stehenden Pendels geht.

> Leiten Sie die Bewegungsgleichungen mit dem Prinzip des kleinsten Zwangs her und vergleichen Sie Ihr Ergebnis mit Gleichung (10.75).
>
> Lösen Sie die Bewegungsgleichung numerisch für verschiedene Anfangsbedingungen und visualisieren Sie die Ergebnisse.
>
> Wie ändert sich die Bewegungsgleichung, wenn das bei $\varphi = 0$ hängende Pendel beschrieben wird?

10.7. Doppelpendel

Lerninhalte

Mathematik Differenzieren (Kettenregel)

Mechanik Kinematische Beziehungen, Prinzip von d'Alembert in der Fassung von Lagrange, Prinzip des kleinsten Zwanges

Programmierung Lösen des AWP in Python oder Julia

Aufgabenstellung

Es soll das in Abbildung 10.10 gezeigte Doppelpendel untersucht werden. Die beiden Körper sind in D gelenkig miteinander verbunden. Der Schwerpunkt des oberen Körpers liegt exakt auf der Verbindungslinie von O nach D.
Stellen Sie die Bewegungsgleichungen für die Pendelbewegung auf. Idealerweise erstellen Sie ein Programm (in Python oder Julia), das eine Animation der Pendelbewegung zeigt.

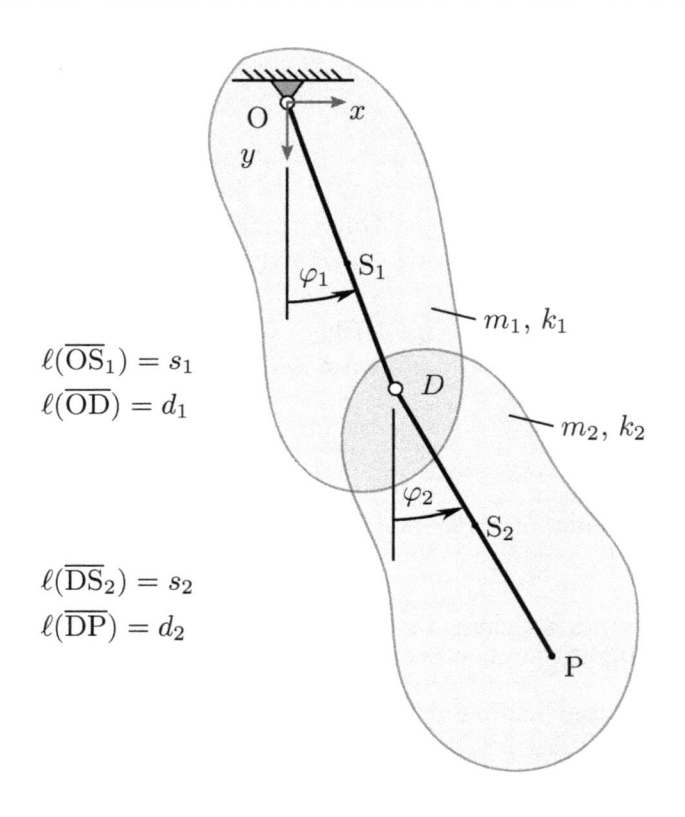

Abbildung 10.10.: Doppelpendel

$\ell(\overline{OS_1}) = s_1$
$\ell(\overline{OD}) = d_1$

$\ell(\overline{DS_2}) = s_2$
$\ell(\overline{DP}) = d_2$

Zeigen Sie in einem ersten Schritt, dass die Schwerpunkte der beiden Körper über

$$x_{S1} = s_1 \sin \varphi_1 , \qquad (10.77)$$

$$y_{S1} = s_1 \cos \varphi_1 , \qquad (10.78)$$

$$x_{S2} = d_1 \sin \varphi_1 + s_2 \sin \varphi_2 , \qquad (10.79)$$

$$y_{S2} = d_1 \cos \varphi_1 + s_2 \cos \varphi_2 \qquad (10.80)$$

beschrieben werden.

Die Herleitung der Bewegungsgleichungen gelingt über das Prinzip von d'Alembert in der Fassung von Lagrange, das Prinzip des kleinsten Zwangs oder über ein beliebiges anderes Verfahren. Wichtig ist vor allem die Erkenntnis, dass der Punkt D nicht raumfest ist. Ein in D befestigtes Koordinatensystem ist demnach kein Inertialsystem.

Eine Herleitung der Bewegungsgleichungen mit den Lagrange-Gleichungen (2. Art) kann z. B. im Buch von Klotter [21] gefunden werden.

Lösung

Die Lösung steht auf der Website zur Verfügung.

10.8. Feder-Masse-Schwinger mit harmonischer Kraftanregung

Lerninhalte

Mathematik Lösung der Schwingungsdifferentialgleichung (harmonische Anregung)

Mechanik Einmassenschwinger, Kraftanregung, eingeschwungener Zustand

Aufgabenstellung

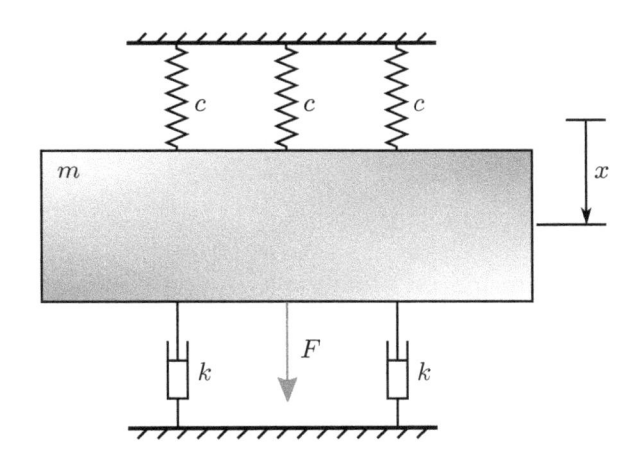

Abbildung 10.11.: Feder-Masse-Schwinger unter harmonischer Kraftanregung

Es wird der abgebildete Schwinger unter harmonischer Kraftanregung gemäß dem Zeitgesetz $F = F_0 \cos \Omega t$ betrachtet. Der Körper (Masse m) kann sich ausschließlich translatorisch bewegen. Es gelten die folgenden Zahlenwerte: $c = 100\,\text{N/m}$, $k = 10\,\text{N\,s/m}$, $m = 25\,\text{kg}$, $F_0 = 3\,\text{N}$, $\Omega = 3\,\text{s}^{-1}$.
Bestimmen Sie die Amplitude im eingeschwungenen Zustand bei der gegebenen Kraftanregung.

Lösung

Bei ausschließlich translatorischer Bewegung in x-Richtung hat das System den Freiheitsgrad 1. Um die Amplitude im eingeschwungenen Zustand zu bestimmen, muss zuerst die Bewegungsgleichung bestimmt werden. Mit dem d'Alembert-Prinzip oder einer beliebigen anderen Methode kann diese wie gewohnt hergeleitet werden. Es ergibt sich

$$m\ddot{x} + 2k\dot{x} + 3cx = F_0 \cos \Omega t. \tag{10.81}$$

Die Standardform der Bewegungsgleichung für den linearen Schwinger mit Dämpfung und „einfacher" harmonischer Anregung lautet bekanntermaßen

$$\ddot{x} + 2D\omega_0 \dot{x} + \omega_0^2 x = \hat{f} \cos \eta \omega_0 t \,. \tag{10.82}$$

Um die bekannte Lösung der Differentialgleichung (10.82) aus einem Buch anwenden zu können, muss die für das spezielle Problem hergeleitete Bewegungsgleichung (10.81) in die Standardform (10.82) überführt werden[5].
Die Überführung ist hier einfach. Es genügt, die Gleichung (10.81) durch die Masse m zu dividieren. Koeffizientenabgleich liefert die folgenden vier Beziehungen.

$$\omega_0 = \sqrt{\frac{3c}{m}} \tag{10.83}$$

$$D = \frac{k}{m\omega_0} = 0{,}1155 \tag{10.84}$$

$$\eta = \frac{\Omega}{\omega_0} = 0{,}866 \tag{10.85}$$

$$\hat{f} = \frac{F}{m} \tag{10.86}$$

Die statische Auslenkung unter der Wirkung von F_0 ergibt sich zu

$$x_0 = \frac{\hat{f}}{\omega_0^2} = \frac{F_0}{3c} = 10\,\text{mm}\,. \tag{10.87}$$

> Leiten Sie die Bewegungsgleichung selbst her. Überzeugen Sie sich von der Richtigkeit der obenstehenden Gleichungen, indem Sie selbst rechnen.

Die Lösung im eingeschwungen Zustand kann als

$$x_\text{p} = V_1 x_0 \cos(\Omega t - \varphi) \tag{10.88}$$

geschrieben werden. Das ist die partikuläre Lösung der Schwingungsgleichung (10.82). Meist interessiert nur die Amplitude $V_1 x_0$ dieser harmonischen Schwingung und weniger der Phasenwinkel φ. Die Größe V_1 nennt man Vergrößerungsfunktion. Sie kann Büchern entnommen werden oder eigenständig hergeleitet werden. Für den hier behandelten Fall der Kraftanregung gilt

$$V_1 = \frac{1}{\sqrt{(1-\eta^2)^2 + 4D^2\eta^2}}\,. \tag{10.89}$$

Die Vergrößerungsfunktion V_1 gibt an, wie viel größer die Amplitude im eingeschwungenen Zustand ist im Vergleich zur Auslenkung x_0 bei statischer Aufbringung der Kraft

---
[5] Man könnte natürlich auch bei jeder Aufgabe erneut die Lösung der Differentialgleichung bestimmen. Das ist für die Praxis jedoch kein effizientes Vorgehen.

F_0. Mit den vorliegenden Zahlenwerten ergibt sich für die Amplitude im eingeschwungenen Zustand
$$V_1 x_0 = 31{,}2\,\text{mm}\,. \tag{10.90}$$
Anmerkung: Je nach Anfangsbedingungen und Systemparametern übersteigt die Auslenkung während des Einschwingvorgangs den Wert $V_1 x_0$.

| Berechnen Sie den Zahlenwert für V_1 und das Ergebnis für die Amplitude im eingeschwungenen Zustand selbst.

10.9. Feder-Masse-Schwinger mit Stoßanregung

Lerninhalte

Mathematik Impuls- und Sprungantwort

Mechanik Feder-Masse-Schwinger mit stoßartiger Anregung, Kraftstoß

Aufgabenstellung

Bei der Behandlung des Themas *elastische Wellenkupplungen in Antriebssträngen* im Rahmen der Maschinenelemente-Vorlesung wird meist von der stoßmindernden Wirkung einer elastischen Wellenkupplung gesprochen. Wir wollen uns dieser Problematik mit einem einfachen Beispiel nähern. Konkret: bestimmen Sie bei einem Feder-Masse-Schwinger die Kraft in der Feder bei stoßförmiger Anregung. Welchen Einfluss hat die Stoßdauer auf die Federkraft?

Impulsantwort des Einmassenschwingers

Wir untersuchen zuerst einen Einmassenschwinger mit stoßartiger Kraftanregung. Die Bewegungsgleichung lautet
$$m\ddot{x} + d\dot{x} + cx = F(t)\,. \tag{10.91}$$
Die freie, ungedämpfte Schwingung (also ohne äußere Kraft F und mit $d=0$) erfolgt mit der Eigenkreisfrequenz ω_0 bzw. der Schwingungsdauer T_0 gemäß
$$\omega_0 = \sqrt{\frac{c}{m}} \tag{10.92}$$
$$T_0 = \frac{2\pi}{\omega_0} = 2\pi\sqrt{\frac{m}{c}}\,. \tag{10.93}$$
Wird die Dämpfung berücksichtigt, gilt für die Kreisfrequenz der freien Schwingung
$$\omega_\text{d} = \sqrt{1-D^2}\,\omega_0 \tag{10.94}$$
mit
$$D = \frac{d}{2m\omega_0} = \frac{d}{2\sqrt{mc}}\,. \tag{10.95}$$

Für das Zustandekommen einer freien Schwingung ist $D < 1$ notwendig. Die Kraftanregung $F(t)$ in Gleichung (10.91) soll nur über ein kurzes Zeitintervall T_S wirken. Bei der Untersuchung von Stoßvorgängen wird meist der sogenannte Kraftstoß Φ als neue physikalische Größe gemäß

$$\Phi = \int_0^{T_S} F(t)\,dt \qquad (10.96)$$

eingeführt[6]. Dabei wurde stillschweigend unterstellt, dass die Krafteinwirkung bei $t = 0$ beginnt. Wenn es sich um einen Rechteckimpuls handelt, dann kann

$$\Phi = \int_0^{T_S} F(t)\,dt = F_S T_S \qquad (10.97)$$

geschrieben werden, wobei F_S die während des Stoßes wirkende konstante Kraft ist. Wenn die Kraft nicht in Form eines Rechteckimpulses wirkt, dann ist die rechte Seite von Gleichung (10.97) im Sinne des Mittelwertsatzes der Integralrechnung zu verstehen.

Wenn der Körper bei $t = 0$ aus der Ruhe startet, dann gilt bei schwacher Dämpfung für die Lösung[7] bei impulsartiger Anregung ($T_S \to 0$)

$$x(t) = \frac{\Phi}{m\omega_d} e^{-D\omega_0 t} \sin(\omega_d t)\,. \qquad (10.98)$$

Bei sehr schwacher Dämpfung ($D \ll 1$) gilt für den ersten Maximalausschlag in guter Näherung

$$x_{\max} = \frac{\Phi}{m\omega_0}\,. \qquad (10.99)$$

Für die maximale Kraft in der Feder gilt demnach in guter Näherung

$$F_{F\max} = c x_{\max} = c \frac{\Phi}{m\omega_0} = \Phi \omega_0 = 2\pi \frac{F_S T_S}{T_0} \ll F_S\,. \qquad (10.100)$$

Fazit: Wenn die Stoßdauer T_S erheblich kleiner als die Schwingungsdauer T_0 ist (und das haben wir ja vorausgesetzt), dann ist die maximale Kraft in der Feder deutlich kleiner als die von außen aufgebrachte Kraft F_S. Die Nachgiebigkeit des Systems mindert die Wirkung des Stoßes[8].

Um dem Verhalten bei stoßartigen Kraftanregungen noch weiter auf den Grund zu gehen, wird im folgenden die Bedingung $T_S \to 0$ bzw. $T_S \ll T_0$ fallengelassen. Es wird die Federkraft für Stöße endlicher Dauer berechnet.

---

[6] Für den Kraftstoß gibt es kein einheitliches Formelzeichen. Im Englischen heißt der Kraftstoß *impulse*. Deshalb wird manchmal das Formelzeichen I verwendet. Randnotiz: Die Bewegungsgröße Impuls heißt auf Englisch *momentum*.

[7] Die Lösung kann in den meisten Büchern zur Schwingungslehre nachgelesen werden, z. B. in Abschnitt 1.3.7 im Buch von Wittenburg [54] oder in Abschnitt 4.5.1 im Buch von Rao [39]. Wie wir sehen werden, meint die mathematische Bedingung $T_S \to 0$ für unsere praktische Fragestellung $T_S \ll T_0$.

[8] Ob eine Stoßdauer als kurz oder lang zu bezeichnen ist ist relativ. Kurz oder lang bemisst sich an der charakteristischen Zeit des Systems, und das ist die Schwingungsdauer T_0 der freien Schwingung. Die hergeleitete Lösung ist die sogenannte Impulsantwort des Systems und gilt <u>ausschließlich</u> für $T_S \ll T_0$.

Systemantwort bei endlicher Stoßdauer

Nun wird ein Rechteckimpuls endlicher Länge T_S betrachtet[9]. Wir machen für die dimensionslose Größe β, die die Länge des Stoßes zur Schwingungsdauer ins Verhältnis setzt, die folgende Einschränkung[10]

$$\beta = \frac{T_S}{T_0} \leq 0{,}5 \ . \tag{10.101}$$

Für ein System mit schwacher Dämpfung gilt dann in guter Näherung für die maximale Kraft in der Feder

$$F_{\text{Fmax}} = \Phi\sqrt{\frac{c}{m}}\frac{\sin(\pi\beta)}{\pi\beta} = \frac{2\pi F_S T_S}{T_0}\frac{\sin(\pi\beta)}{\pi\beta} = 2F_S \sin(\pi\beta) \ . \tag{10.102}$$

Jetzt betrachten wir den Fall, dass die Dauer T_S des Stoßes fest ist. Wie hängt die maximale Federkraft vom Systemparameter Federsteifigkeit c ab?

Wir betrachten zwei Grenzfälle $\beta = 0{,}5$ und $\beta \ll 1$.

- Für $\beta = 0{,}5$ ergibt sich $F_{\text{Fmax}} = 2F_S$. Wenn das System so steif ist, i. a. W. die Steifigkeit c so hoch ist, dass die Schwingungsdauer von der gleichen Größenordnung wie die Stoßdauer ist (präziser: $T_0 = 2T_S$), dann ist die Kraft in der Feder doppelt so groß wie die Kraft während des Stoßes. Es gibt keine Stoßminderung sondern sogar eine Überhöhung der Kraft.

- Für $\beta \ll 1$, also für $T_S \ll T_0$, gilt $F_{\text{Fmax}} \approx 2\pi\beta F_S$. Dieses Ergebnis ist identisch zu Gleichung (10.100) für den unendlich kurzen Stoß. Zahlenbeispiel: Ist das System so weich, dass $\beta = 0{,}01$ gilt, dann ergibt sich als maximale Federkraft $F_{\text{Fmax}} = 0{,}063\,F_S$. Die Federkraft ist in diesem Fall sehr viel kleiner als die von außen wirkende Kraft F_S. Der äußere Stoß wird durch die Nachgiebigkeit des Systems gemindert.

Weiche Systeme weisen eine deutlichen Minderung der in die Feder übertragenen Kraft auf. Bei *steifen* Systemen gibt es die Minderung nicht.

Eine Bemerkung zum Schluss: Für $\beta > 0{,}5$ bleibt die maximale Federkraft bei $2F_S$. Das ist das bekannte Ergebnis für die Sprungantwort des betrachteten mechanischen Systems.

10.10. Balkenschwingung

Lerninhalte

Mathematik Integrieren

---

[9] Die maximale Auslenkung beim Stoß endlicher Dauer wird im Buch von Wittenburg [54] im Abschnitt 1.3.7 untersucht.

[10] Die Einschränkung ist nicht zwingend. Die folgenden Überlegungen können auch für $\beta > 0{,}5$ erweitert werden. Für unsere Zwecke benötigen wir diese Erweiterung aber nicht.

Mechanik Kontinuumschwinger, Biegelinie und elastische Energie, Produktansatz, Grundschwingung, Gibbs-Appell-Gleichung, Ritz-Ansatz

Programmierung Python: Nutzung von `sympy` für symbolische Berechnungen

Aufgabenstellung

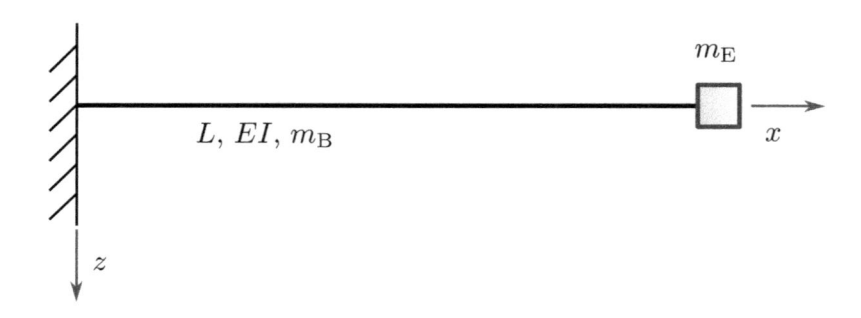

Abbildung 10.12.: Massebehafteter elastischer Balken mit Endmasse

In den meisten Aufgaben werden Masse bzw. Trägheit der elastischen Elemente (Federn) vernachlässigt. Jetzt soll an einem Beispiel die Masse einer Feder (hier Blattfeder) berücksichtigt werden. Dazu sollen die Biegeschwingungen des dargestellten Balkens (Länge L, Biegesteifigkeit EI, Masse m_B) mit Endmasse m_E untersucht werden. Die Schwingungen seien so klein, dass die aus der Festigkeitslehre bekannten Formeln der technischen Biegelehre, z. B. für die elastische Energie, gelten. Es sei näherungsweise Schubstarrheit des Balkens angenommen. Die Effekte der Drehträgheit der Endmasse seien vernachlässigbar.
Bestimmen Sie eine Näherung für die erste Eigenkreisfrequenz des Systems (Grundschwingung). Nehmen Sie die statische Biegelinie für den elastischen Balken mit Endkraft als Ausgangspunkt Ihrer Überlegungen. Werten Sie Ihr Ergebnis für den Spezialfall $m_E/m_B = 3/4$ aus.

Lösung mittels Gibbs-Appell-Gleichung und Sympy

Für die Auslenkung wird ein Produktansatz aus einer Funktion $f(x)$ des Ortes x und einer Zeitfunktion $q(t)$ gewählt. Für eine erste Näherungsrechnung wird für die Ortsfunktion die statische Biegelinie genutzt.

$$w(x,t) = \frac{1}{2}\left[3\left(\frac{x}{L}\right)^2 - \left(\frac{x}{L}\right)^3\right] q(t) \qquad (10.103)$$

Man überzeugt sich leicht, dass der Ansatz für die Ortsfunktion so skaliert wurde, dass $w(L,t) = q(t)$ gilt. Die im Balken gespeicherte potentielle Energie ist

$$E_{\text{pot}} = \frac{1}{2}EI \int_0^L (w'')^2 \, dx = \frac{3EIq^2}{2L^3} \, . \qquad (10.104)$$

Wenn der Balken die Masse $m_B = AL\rho$ hat, so folgt für die Gibbs-Appell-Funktion

$$S = \frac{1}{2}m_E\ddot{q}^2 + \frac{1}{2}A\rho\int_0^L (\ddot{w})^2\,\mathrm{d}x = \left[\frac{m_E}{2} + \frac{33m_B}{280}\right]\ddot{q}^2 \ . \tag{10.105}$$

Die Gibbs-Appell-Gleichung

$$0 = \frac{\partial S}{\partial \ddot{q}} + \frac{\partial E_{\text{pot}}}{\partial q} = \left[m_E + \frac{33m_B}{140}\right]\ddot{q} + \frac{3EI}{L^3}q \tag{10.106}$$

führt auf die Standardform der Schwingungsdifferentialgleichung

$$\ddot{q} + \frac{3EI}{L^3\left[m_E + \frac{33m_B}{140}\right]}q = 0 \ , \tag{10.107}$$

die wir typischerweise in der Form

$$\ddot{q} + \omega_1^2 q = 0 \tag{10.108}$$

schreiben. Die Eigenkreisfrequenz ω_1 des System ist somit näherungweise zu

$$\omega_1 = \sqrt{\frac{3EI}{L^3\left[m_E + \frac{33m_B}{140}\right]}} \tag{10.109}$$

bestimmt. Zur Masse m_E sind demnach $0{,}24 m_B$ hinzuzuaddieren, wenn die Masse der Feder berücksichtigt werden soll.

Für den (willkürlich gewählten) Spezialfall $m_E/m_B = 3/4$ folgt

$$\omega_1 \approx 1{,}745\sqrt{\frac{EI}{L^3 m_B}} \ . \tag{10.110}$$

Die Eigenkreisfrequenz der Grundschwingung, die sich durch Lösung der partiellen Differentialgleichung für die Biegeschwingung ergibt, lautet für den betrachteten Spezialfall[11]

$$\omega_1 \approx 1{,}742\sqrt{\frac{EI}{L^3 m_B}} \ . \tag{10.111}$$

Die Näherungslösung für unser System mit Freiheitsgrad 1 weicht im konkreten Fall weniger als 1% von der „exakten" Lösung für die Grundschwingung des Kontinuumsschwingers ab.

Die Umsetzung in Python gelingt wie folgt. Die Variable `qtt` steht für $\ddot{q}$; der Ausdruck `glg` steht für die Gibbs-Appell-Gleichung.

```
import sympy as sym

x, q, qtt = sym.symbols('x,q,qtt')
```

---
[11] siehe dazu z. B. Gross et al. [12]

Seite 284

```
L, EI, A, rho, mB, mE = sym.symbols('L,EI,A,rho,mB,mE')

f = (3*(x/L)**2 - (x/L)**3)/2
w = q*f
print(w.subs({x:L}))

A = mB/(rho*L)
Epot = sym.integrate(EI*sym.diff(w,x,2)**2/2,(x,0,L))
S = A*rho/2*sym.integrate((qtt*f)**2,(x,0,L)) + mE*qtt**2/2
glg = sym.diff(S,qtt) + sym.diff(Epot,q)
omega1 = sym.sqrt(glg.coeff(q)/glg.coeff(qtt))
```

Literaturverzeichnis

[1] BOHL, W. : Technische Strömungslehre. 11. Auflage. Würzburg : Vogel Buchverlag, 1998

[2] BÄTTIG, D. : Angewandte Mathematik 1 mit Matlab und Julia. Berlin : Springer Vieweg, 2020

[3] BÄTTIG, D. : Angewandte Mathematik 2 mit Matlab und Julia. Berlin : Springer Vieweg, 2021

[4] CEDER, N. : The Quick Python Book. 3. Auflage. Shelter Island : Manning, 2018

[5] DANKERT, J. ; DANKERT, H. : Technische Mechanik - Statik, Festigkeitslehre, Kinematik/Kinetik. 7., ergänzte Auflage. Wiesbaden : Springer Vieweg, 2013

[6] DOUGLAS, J. F. ; GASIOREK, J. M. ; SWAFFIELD, J. A.: Fluid Mechanics. 4th edition. Harlow : Pearson Education, 2001

[7] FISCHER, U. ; LILOV, L. : Dynamik von Mehrkörpersystemen. In: Technische Mechanik 5 (1984), S. 40–45

[8] FRICKE, A. ; GÜNZEL, D. ; SCHAEFFER, T. : Bewegungstechnik – Konzipieren und Auslegen von mechanischen Getrieben. München : Fachbuchverlag Leipzig, 2015

[9] GLOCKER, C. : An introduction to impacts. In: [16], S. 45–101

[10] GROLLIUS, H.-W. : Grundlagen der Pneumatik. 3., aktualisierte Auflage. München : Fachbuchverlag Leipzig im Carl Hanser Verlag, 2012

[11] GROSS, D. ; HAUGER, W. ; SCHRÖDER, J. ; WALL, W. : Technische Mechanik 3 – Kinetik. 14. Auflage. Berlin : Springer Vieweg, 2019

[12] GROSS, D. ; HAUGER, W. ; WRIGGERS, P. : Technische Mechanik 4 – Hydromechanik, Elemente der Höheren Mechanik, Numerische Methoden. 10. Auflage. Berlin : Springer Vieweg, 2018

[13] GUMMERT, P. R. W. ; RECKLING, K.-A. : Mechanik. 3., verbesserte Auflage. Wiesbaden : Vieweg, 1994

[14] HAMEL, G. : Mechanik der Kontinua. 1. Auflage. Stuttgart : B. G. Teubner Verlagsgesellschaft, 1956

[15] HAMEL, G. : Theoretische Mechanik. Nachdruck der 1. Auflage von 1949. Berlin : Springer Verlag, 1978

[16] HASLINGER, J. (Hrsg.) ; STAVROULAKIS, G. E. (Hrsg.): Nonsmooth Mechanics of Solids. New York : Springer, 2006

[17] HAUG, E. J.: Computer-aided Kinematics and Dynamics of Mechanical Systems - Volume I: Basic Methods. 1. edition. Needham Heights : Allyn and Bacon, 1989

[18] HEIMANN, B. ; GERTH, W. ; POPP, K. : Mechatronik. 2. Auflage. München : Fachbuchverlag Leipzig, 2003

[19] ITSKOV, M. : Tensor Algebra and Tensor Analysis for Engineers. 2. edition. Berlin : Springer, 2009

[20] KAY, D. C.: Tensor Calculus. New York : McGraw Hill, Schaum's Outline Series, 1988

[21] KLOTTER, K. : Technische Schwingungslehre, Band 2: Schwinger von mehreren Freiheitsgraden. 2. Auflage. Berlin : Springer, 1960

[22] LANCZOS, C. : The variational principles of mechanics. Unabridged and unaltered republication of the 4. edition. New York : Dover Publications, Inc., 1986

[23] LANDAU, L. D. ; LIFSCHITZ, E. M.: Lehrbuch der theoretischen Physik - I Mechanik. 14. Auflage. Frankfurt am Main : Harri Deutsch, 2001

[24] LANDAU, L. D. ; LIFSCHITZ, E. M.: Lehrbuch der theoretischen Physik - VI Hydrodynamik. 5. Auflage. Frankfurt am Main : Harri Deutsch, 2007

[25] LAUWENS, B. ; DOWNEY, A. B.: Think Julia – How to Think Like a Computer Scientist. Sebastopol, CA : O'Reilly, 2019

[26] LINDGREN, B. W.: Vector Calculus. 1. Auflage. New York : The Macmillian Company, 1963

[27] LIPSCHUTZ, M. M.: Theory and Problems of Differential Geometry. New York : McGraw Hill, Schaum's Outline Series, 1969

[28] MAGNUS, K. ; MÜLLER-SLANY, H. H.: Grundlagen der Technischen Mechanik. 7., durchgesehene und ergänzte Auflage. Wiesbaden : Springer Fachmedien, 2005

[29] MCPHEE, J. : On the use of linear graph theory in multibody system dynamics. In: Nonlinear Dynamics 9 (1996), S. 73–90

[30] MEYBERG, K. ; VACHENAUER, P. : Höhere Mathematik 1. 6. Auflage. Berlin : Springer, 2001

[31] MEYBERG, K. ; VACHENAUER, P. : Höhere Mathematik 2. 4. Auflage. Berlin : Springer, 2001

[32] MÜLLER, I. : Grundzüge der Theromdynamik. 3. Auflage. Heidelberg : Springer, 2001

[33] NOVAK, K. : Numerical Methods for Scientific Computing. 2. Auflage. Arlington, VA : Equal Share Press, 2022

[34] PAPASTAVRIDIS, J. G.: Analytical Mechanics. Reprint of 2002 edition. Singapore : World Scientific, 2014

[35] PAPULA, L. : Mathematik für Ingenieure und Naturwissenschaftler 2. 14. Auflage. Berlin : Springer Vieweg, 2015

[36] PERKO, L. : Differential Equations and Dynamical Systems. 2. edition. New York : Springer, 1996

[37] PRANDTL, L. : Strömungslehre. Braunschweig : Friedr. Vieweg u. Sohn, 1957

[38] PÄSLER, M. : Prinzipe der Mechanik. Berlin : Walter de Gruyter & Co., 1968

[39] RAO, S. : Mechanical Vibrations. 4. Upper Saddle River, New Jersey : Pearson Education, 2004

[40] SCHADE, H. ; KUNZ, E. ; KAMEIER, F. ; PASCHEREIT, C. O.: Strömungslehre. 4. Auflage. Berlin : De Gruyter, 2013

[41] SELVADURAI, A. P. S.: Partial Differential Equations in Mechanics 2. Berlin : Springer, 2000

[42] SHI, P. ; MCPHEE, J. : Dynamics of flexible multibody systems using virtual work and linear graph theory. In: Multibody System Dynamics 4 (2000), S. 355–381

[43] SMIRNOW, W. I.: Lehrgang der Höheren Mathematik, Teil 1. Berlin : Deutscher Verlag der Wissenschaften, 1953

[44] STÄCKEL, P. : Bemerkungen zum Prinzip des kleinsten Zwanges. In: Sitzungsberichte der Heidelberger Akademie der Wissenschaften 11 (1919)

[45] SWEIGART, A. : Automate the Boring Stuff with Python. 3. Auflage, mit wesentlichen Ergänzungen. San Francisco : no starch press, 2020

[46] SZABO, I. : Einführung in die Technische Mechanik. Nachdruck der 8., neubearbeiteten Auflage. Berlin : Springer Verlag, 1984

[47] SZABO, I. : Höhere Technische Mechanik. 2. Nachdruck der 5., verbesserten und erweiterten Auflage. Berlin : Springer Verlag, 1985

[48] SZABO, I. : Geschichte der mechanischen Prinzipien. Korrigierter Nachdruck der 3. Auflage. Basel : Birkhäuser Verlag, 1996

[49] TRUESDELL, C. : Die Entwicklung des Drallsatzes. In: Zeitschrift für angewandte Mathematik und Mechanik 44 (1964), S. 149–158

[50] UDWADIA, F. E. ; KALABA, R. E.: A New Perspective on Constrained Motion. In: Proceedings of the Royal Society A: Mathematical, Physical and Engineering Sciences 439 (1992), S. 407–410

[51] UDWADIA, F. E. ; KALABA, R. E.: Equations of Motion for Nonholonomic, Constrained Dynamical Systems via Gauss's Principle. In: Journal of Applied Mechanics, American Society of Mechanical Engineers 60 (1993), S. 662–667

[52] UDWADIA, F. E. ; KALABA, R. E.: Analytical Dynamics – A New Approach. Cambridge : Cambridge University Press, 1996

[53] ULBRICH, H. ; WEIDEMANN, H.-J. ; PFEIFFER, F. : Technische Mechanik in Formeln, Aufgaben und Lösungen. 3. Auflage. Wiesbaden : B. G. Teubner Verlag, 2006

[54] WITTENBURG, J. : Schwingungslehre. Berlin : Springer, 1996

[55] WOYAND, H.-B. : Python für Ingenieure und Naturwissenschaftler. 2. überarbeitete und erweiterte Auflage. München : Hanser, 2018

Milton Keynes UK
Ingram Content Group UK Ltd.
UKHW030626131123
432470UK00014B/742